# Tier im Text

## Exemplarität und Allegorizität literarischer Lebewesen

Publikationen zur
Zeitschrift für Germanistik
Neue Folge

Band 29

PETER LANG
Bern · Berlin · Bruxelles · Frankfurt am Main · New York · Oxford · Wien

# Tiere im Text

## Exemplarität und Allegorizität literarischer Lebewesen

Herausgegeben von

Hans Jürgen Scheuer
Ulrike Vedder

PETER LANG
Bern · Berlin · Bruxelles · Frankfurt am Main · New York · Oxford · Wien

**Bibliografische Information Der Deutschen Nationalbibliothek**
Die Deutsche Nationalbibliothek verzeichnet diese Publikation in der Deutschen Nationalbibliografie; detaillierte bibliografische Daten sind im Internet über ‹http://dnb.d-nb.de› abrufbar.

Herausgegeben von der
Philosophischen Fakultät II /Institut für deutsche Literatur
der Humboldt-Universität zu Berlin, D–10099 Berlin

Redaktion:
Prof. Dr. Ulrike Vedder
(Geschäftsführende Herausgeberin)
Dr. Brigitte Peters
https://www.projekte.hu-berlin.de/zfgerm
Tel.: 0049 30 2093 9609 – Fax: 0049 30 2093 9630

Redaktionsschluss: 1. 8. 2015

Abbildung auf der ersten Umschlagseite:
Johann Heinrich Ramberg, Aquarell zu Friedrich Krug von Niddas Erzählung „Der Missionair" (1821), mit freundlicher Genehmigung des Landesmuseums Hannover (Inv. Nr. Z 766).

Bezugsmöglichkeiten und Inseratenverwaltung:
Peter Lang AG
Internationaler Verlag der Wissenschaften
Moosstrasse 1
CH – 2542 Pieterlen
Tel.: 0041 32 3761717 – Fax: 0041 32 3761727

ISBN 978-3-0343-1652-1 pb.
ISSN 1660-0088 pb
ISBN 978-3-0351-0875-0 eBook
ISSN 2235-5898 eBook

Diese Publikation wurde begutachtet.

# Inhaltsverzeichnis

# Tier im Text
# Exemplarität und Allegorizität literarischer Lebewesen
# Vorwort

Auf seinem vorerst führerlosen Weg durch die „selva oscura", den „wild wald rauch und ungeheure, / der an gedanken mir erneut das zagen" (1. Gesang, VV. 5 f.),[1] begegnet Dantes *alter ego,* die Erzählerpersona der *Divina Commedia,* vier sonderbaren Kreaturen: einer „lonza leggiera e presta molto" (einem „leopardel schmeidig und viel schnelle", V. 32), einem „leone ... con rabbiosa fame" (einem Löwen, „sein haupt erreckt mit hungers wut geberden", VV. 45–47), einer „lupa, che di tutte brame / sembiava carca nella sua magrezza" (einer Wölfin, „die mit allen gehrden / beladen lief in ihrer hageren gräme", VV. 49 f.) und schließlich dem Dichter Vergil, dessen Existenzform zweifelhaft ist: „od ombra od omo certo" (V. 66), schwankend zwischen Schatten und leibhaftigem Menschen. Sein schwankender Status erlaubt Rückschlüsse auf die drei vorhergehenden animalischen Erscheinungen. Auch sie, die dem Erzähler-Ich in seiner somnambulen Entrücktheit und Bewegtheit („tant' era pieno di sonno a quel punto", V. 11) abseits des geraden Wegs der wachen Sinne entgegenkommen, sind Phantasmen, nicht Fleisch, nicht Spuk; eher dem Bereich der ungezügelten seelischen Tätigkeit ihres Beobachters zugeordnet als der aktuellen Wahrnehmung seiner Außenwelt. Sie sind – mit anderen Worten – Figurationen der moralischen Innenwelt, auslegbar als Anfechtungen des im Wald seines Lebens irrlaufenden Wanderers, die nur mit Hilfe eines Psychopomps zu umgehen sind, damit die Seele ihr „itinerarium mentis in Deum"[2] abschreiten kann, ohne

1 Das italienische Original wird zitiert nach: Dante Alighieri: La Commedia. Die Göttliche Komödie. I. Inferno/Hölle. Italienisch/Deutsch. In Prosa übers. u. komment. v. Hartmut Köhler, Stuttgart 2010; die Übersetzungen stammen aus Rudolf Borchardt: Dantes Comedia Deutsch. Gesammelte Werke in Einzelbänden, hrsg. v. Marie Luise Borchardt unter Mitarbeit v. Ernst Zinn, Ulrich Ott, Stuttgart 1967.

2 Vgl. den Kommentar Köhlers (wie Anm. 1) zum 1. Gesang, V. 32 mit dem Hinweis auf Gotthard Strohmaier, der die Serie der Phantasmen, die dem Erzähler erscheinen, auf die von Aristoteles inspirierte Seelenlehre Avicennas zurückführt (vgl. ders.: Chaj ben Mekitz – die unbekannte Quelle der Divina Commedia. In: Ders.: Von Demokrit bis Dante. Die

unterwegs den animalischen Begierden, ihren Zwängen und Vereinseitigungen zum Opfer zu fallen.

Der erste Gesang der *Commedia* Dantes ist, so verstanden, nicht bloß die Erzählung einer gefährlichen, Angst einflößenden Mensch-Tier-Begegnung. Er zeigt darüber hinaus in Vergil, dem Prototypus des mit allen Erscheinungen der Seele vertrauten Epikers, die Kapazität der Literatur, Szenarien psychischer Intensität zu versammeln und ihnen einen imaginären Schauplatz zu schaffen. Dessen Exemplarität und Allegorizität ermöglicht es Lesern oder Hörern, am Beispiel der Tiere zu entwickeln, was Thomas von Aquin eine „experimentalis cognitio" der eigenen Seelenbewegungen nannte, die von den natürlichen Eigenschaften und Bewegungsmustern der *animalia* abzuleiten sei.

Giorgio Agamben hat jene Formulierung des Aquinaten seiner Reflexion über *Das Offene. Der Mensch und das Tier* (ital. 2002; dt. 2003) als Motto vorangestellt und sie folgendermaßen weitergedacht:

> Wir müssen den Einsatz im Spiel dieser *cognitio experimentalis* begreifen. Vielleicht sind nicht nur Theologie und Philosophie, sondern auch Politik, Ethik und Jurisprudenz in dieser Differenz zwischen Mensch und Tier aufgespannt und aufgehoben. Das kognitive Experiment, von dem hier die Rede ist, betrifft letztlich die Natur des Menschen – genauer aber: die Herstellung und Definition dieser Natur.[3]

Alle Beiträge des vorliegenden Bandes kreisen um eben dieses Problem: die Produktion und Organisation des menschlichen Wissens von sich selbst aus der Begegnung mit dem Tier und der daraus konstruierten gemeinsamen oder divergierenden Natur der trieb-, erinnerungs- und urteilsgesteuerten Lebewesen. Die Aufsätze untersuchen jenes „kognitive Experiment" vornehmlich an literarischen, gelegentlich auch an pikturalen Gegenständen in dreierlei Hinsicht:

Bewahrung antiken Erbes in der arabischen Kultur, Hildesheim 1996, S. 449–465). In dessen möglicherweise über eine hebräische Zwischenstufe an Dante vermitteltem Itinerar ‚Der lebendige, Sohn des Wachenden' wird der Wanderer von einem Lügner, einem Zornigen, einem Habgierigen und einem weisen Jenseitsführer begleitet, der als Verkörperung des aktiven Intellekts die verirrte Seele vor dem Absturz in Hölle und Tod bewahrt.

3 Giorgio Agamben: Das Offene. Der Mensch und das Tier, aus dem Ital. v. Davide Giuriato, Frankfurt a. M. 2003, S. 32.

- mit Blick auf die Typen der Moralität, die das Feld der *animalia* besonders in der Spannung zwischen Handlungsweisen und Sprachgebrauch entwickeln;
- mit Blick auf das Politische, Soziale und Ökonomische, das sich im Zeichen von Tierkollektiven darstellen lässt; und
- mit Blick auf die poetischen Operationen, die sich durch literarische Lebewesen vorantreiben und zu spezifischen Werk- oder signifikanten Gattungspoetiken ausbauen lassen.

## *I. Anthropomorphe Tiere, theriomorphe Menschen: Literarische Lebewesen in sprachlicher und moralischer Hinsicht*

Ein gern aufgesuchter Gemeinplatz besagt, dass alle Rede vom Tier notwendig vom Menschen handele. Wie es sich für einen brauchbaren Topos gehört, liefert die umgekehrte Aussage ein nicht minder bedenkenswertes Argument: Wann immer von Menschen gesprochen wird, spricht das Tier mit. Beide Aussagen zusammengedacht, zeigen, worauf sie implizit abzielen: nicht auf die angenommene oder in Frage gestellte Grenze zwischen *homo* und *animal*, sondern auf das Doppelwesen der Sprache. Auch wenn sie immer wieder als das distinktive Merkmal des Menschseins ins Feld geführt wurde, ist die Sprache doch zutiefst geprägt und angetrieben von Regungen und Bedürfnissen, die gerade die vormoderne Seelenlehre davon ausgehen ließen, dass es etwas geben müsse, was allen beseelten Lebewesen gemeinsam sei: die *sensus animales* als psychisches und wahrnehmungsphysiologisches Fundament der Weltorientierung sämtlicher *animalia*.[4]

Neben und in gewisser Weise noch vor jenem Bezug der Sinnesphysiologie auf Sprache und Sprechen verbindet Mensch und Tier ihre Teilhabe an der Ausdruckssphäre: Bevor überhaupt von Sprache die Rede sein kann, stehen Lebewesen schon in einer Dimension, in welcher die Gestalt und das Zucken eines Körpers (Physiognomie, Kinästhesie), der Klang einer Stimme oder die Schärfe eines Geruchs sich Geltung verschaffen – und zwar als sinnlicher Eindruck beim jeweiligen Gegenüber. Dadurch kommt jeglicher

4 Vgl. dazu Martha C. Nußbaum: Aristotle's ‚De motu animalium'. Text with Translation, Commentary and Interpretive Essays by M. N., Princeton 1978; Jörg Alejandro Tellkamp: Sinne, Gegenstände und Sensibilia. Zur Wahrnehmungslehre des Thomas von Aquin, Leiden u. a. 1999; Daniel Heller-Roazen: The Inner Touch. Archaeology of a Sensation, New York 2007.

Sinneseindruck als möglicher Bedeutungsträger ins Spiel und verlangt nach Deutung noch dort, wo keinerlei Absicht oder Bewusstsein unterstellt werden kann. Die besondere Raffinierung und Übersteigerung jener gemeinsamen Ausdruckssphäre erst bildet sich beim Menschen mit seinem zeichengebundenen Ausdrucksvermögen zur Sprache aus.[5]

Wenn es daher bei der Frage nach Tier und Mensch in der Literatur insgeheim um die auf Wahrnehmung und Ausdruck basierten Qualitäten des Sprachvermögens geht, kann der Topos noch weiter entfaltet werden: Als das sprechende Tier verfügt der Mensch über ein ambivalentes Instrument, das mit denselben Mitteln Differenzen setzt, mit denen es Einheit geltend macht – ein irritierendes Vermögen, wie es die Äsopische Fabel von Mensch und Satyr pointiert zur Sprache bringt: Beide schließen miteinander ein Freundschaftsbündnis, das solange hält, bis der Satyr etwas Unheimliches beobachtet. In der Winterkälte benutzt sein Gegenüber den Atem, um seine Hände aufzuwärmen; später beim Essen denselben, um die Speise abzukühlen. Schockiert kündigt daraufhin der Satyr die Freundschaft. Mit einem Wesen, das aus demselben Mund mit demselben Anhauch Wärme wie Kälte hervorbringt, möchte er nicht in Gemeinschaft leben.[6]

Die Ironie des allegorischen Exempels liegt in seiner inversiven Struktur. Der Satyr ist selbst ein Mischwesen, das zwar des aufrechten Gangs und der Sprache mächtig ist, aber mit beiden Ziegenbeinen auf dem Boden der Tierheit steht, die in seiner Bocksgestalt insistiert. Solch offensichtliche Doppelnatur hat der Mensch dagegen abgelegt; er ist seiner äußeren Erscheinung und seinem Auftreten nach ganz und gar, was er ist: ein Mensch. Dazu aber gehört, dass sich der äußere Riss des Mischwesens in sein inneres Wesen verlagert hat und unter dem Mantel seiner Menschheit immer dann hervortritt, wenn er von Mund und Atem Gebrauch macht, um sich seiner Sprachwerkzeuge zu bedienen. Denn was immer er damit produziert, trägt den Stempel des verinnerlichten und vertieften Widerspruchs, der es un-

5 Vgl. Erik Porath, Tobias Robert Klein: Zwischen Kinästhetik und Kommunikation: Ausdruck als Grenzphänomen in Theorie und Praxis von Wissenschaften und Künsten seit dem 19. Jahrhundert. In: Dies. (Hrsg.): Kinästhetik und Kommunikation: Ränder und Interferenzen des Ausdrucks, Berlin 2013, S. 7–39.

6 Vgl. Ἄνθρωπος καὶ σάτυρος – Der Mensch und der Satyr. In: Äsop: Fabeln. Griechisch/Deutsch, Übers. u. Anm. v. Thomas Voskuhl, Nachwort v. Niklas Holzberg, Stuttgart 2005, S. 40–43 (Nr. 35). In die mittelalterliche Fabeltradition gelangt das Exempel über die lateinische Version des Avian (vgl. De viatore et Satyro. In: Les fabulistes latins, hrsg. v. Leopold Hervieux, Bd. 3: Avianus et ses anciens imitateurs, Paris 1895, [Nr. 29]).

möglich macht, sich auf das Wort des Menschen zu verlassen. Die Doppeldeutigkeit, die mit jeder Rede auch eine Andersrede, mit jeder Bezeichnung eine Allegorie, mit jedem Ruf einen Widerruf erzeugt, ist ihm zur zweiten Natur geworden. Dadurch bleiben seine Äußerungen demgegenüber indifferent, was sie im Feld der animalischen Natur anrichten: Sie transportieren Wärme und Kälte im selben Atemzug und gründen darauf – das begreift der Satyr intuitiv – den kulturellen Anspruch auf Dominanz über die naturgegebenen Gegensätze. Deshalb erscheint ihm Sprache in ihrer Uneigentlichkeit als das Eigentliche des Menschen. In ihrer Doppelzüngigkeit verbirgt sich seine wirkliche Gestalt: seine Ambition, sich die Natur zu unterwerfen *und* sie zu beherrschen; darin ist Sprache zutiefst anthropomorph. Zugleich bildet sie die wesentliche List des Menschen, die er zum Überleben benötigt wie die Tiere ihre je eigenartige Wendigkeit im Jagd- oder Fluchtverhalten.

In solcher Beweglichkeit ist Sprache theriomorph: Einem geschmeidigen Tier vergleichbar, passt sie sich den existenziellen Anforderungen ihrer Umgebung an. Dabei ist sie als kulturelles Mittel der Dissimulation weitaus gefährlicher als die natürliche Geschicklichkeit der Tiere: Die sprachliche Anpassung eröffnet eine neue Dimension, die der animalischen gerade abgeht, weil der Erfindungsreichtum des natürlichen Verhaltens der Tierwelt wesentlich konkret, situationsbestimmt und gegenwartsgebunden bleibt. So erreichen die jeweiligen Überlegenheiten von Mensch und Tier ganz unterschiedliche Register, die in ihrer Spezifik irreduzibel sind: Was die Sinnesschärfe dem Raubtier jahrtausendelang an unübertroffener Fernsicht geleistet hat, vermag der vorausschauende, sprachlich planende Verstand gegenüber dem vergleichsweise stumpfen menschlichen Auge zu kompensieren. Nachdem Nietzsche „den Menschen [...] unter die Thiere zurückgestellt“ hatte, erklärte er in diesem Sinne kurz und bündig: „Er gilt uns als das stärkste Thier, weil er das listigste ist“.[7]

Die so aufgewiesene innere Spaltung, die entlang der Differenz Mensch vs. Tier die Sprache in der Äsopischen Fabel charakterisiert, konstituiert insgesamt das literarische Feld der *animalia* als eines der Selbstbewegtheit und Selbstbehauptung zwischen innerem Trieb und äußerem Zwang. Sie kehrt als Dispositiv der Morallehre allenthalben in den Figurationen literarischer Lebewesen wieder:

7 Friedrich Nietzsche: Der Antichrist. Fluch auf das Christenthum (1888), Aphorismus 14. In: Kritische Studienausgabe der Werke, hrsg. v. Giorgio Colli, Mazzino Montinari, Bd. VI, München u. a. [2]1988, S. 180.

- sei es in Gestalt natürlicher oder phantastischer, jedenfalls wohlorganisierter Lebensformen, die jedoch mit auffälligen, wenn nicht gar widernatürlichen, nur aus codifiziertem Wissen ableitbaren Merkmalen ausgestattet sind;[8]
- sei es in chimärischen (monströs aggregierten), grotesken (durch zerfließende Konturen deformierten), hybriden (synergetisch gattungsmischenden) und metamorphotischen (Gattung transgredierenden) Körpern;
- oder in Allegorien topischer, dynamischer, ökonomischer und polytroper Seelenmodelle, die im Inneren der *animalia* operieren und an ihren Bewegungs- und Verhaltensmustern sichtbar werden.

Nicht nur gilt daher, dass das Reden über das Tier immer auch eines über den Menschen ist – vielmehr bleibt das, was dem Menschen als Tiersein erscheint, davon nicht unberührt: „der Mensch vermenschlicht die Tiere. Eine Folge davon: sie begannen zu reden."[9] Alle Reden vom Tier erweisen sich also als Rede des Menschen *durch das Tier* – und als menschliche Sprache der Tiere. Hugo Loetscher hat darauf hingewiesen, dass in literarischer Hinsicht die Sprache der Menschen das Esperanto der Tiere sei:

> Soweit die Tiere sich hienieden sprachlich äußern wollten, waren sie auf ein Esperanto angewiesen. Ihnen wurde als Verkehrssprache die der Menschen zugewiesen, obwohl diese keine verbindende Sprache besitzen, dafür kinderreiche Sprachfamilien. Demnach begannen die Tiere in unserem Europa mit klassischem Griechisch und klassischem Latein.[10]

## *II. Schwärme, Herden, Staaten, Zoos: Literarische Lebewesen in politischer, gesellschaftlicher und ökonomischer Hinsicht*

Das individuelle Unterscheidungsvermögen und die Gemeinsamkeit, ja Gemeinschaft der Vorstellungen – beides immer schon sprachlich vermittelt – sind konstitutive Elemente des *zoon politikon:* Laut Aristoteles hat gerade die durch die Sprache ermöglichte „Gemeinschaftlichkeit der Vorstellungen"

8 Beispiele dafür wären die naturkundlichen Tiercharakteristiken des ‚Physiologus', die antikes Wissen über das kluge Verhalten einzelner Tierarten über Parallelen aus der Heiligen Schrift beglaubigen und damit die nach genera unterschiedene Natur als Allegorie des göttlichen Schöpfungs- und Heilsplans zu verstehen geben.

9 Hugo Loetscher: Der predigende Hahn. Das literarisch-moralische Nutztier, Zürich 1992, S. 5.

10 Ebenda, S. 7.

eine *oikos*- und *polis*-bildende Kraft.[11] Die dem Menschen notwendige Produktivität und Vermittlung durch Sprechen und Sprache verliert jedoch, trotz aller Überformungen, nie den Kontakt zum Vor- oder Außergesellschaftlichen:

> Einerseits nämlich lässt sich noch im äffischen Tierlaut der Sound eines Draußen und einer sprachlosen Welt vernehmen, die mit einer altgriechischen Onomatopoesie einmal der Bezirk des Gestammels oder des *barbaros*, des Barbarischen genannt worden war: Stigma einer Restwelt, die sich eben nicht laut- und reibungslos in diese oder jene Sprache, in den Kode der antiken Zivilität übersetzen wollte. Andererseits aber machte dieser Außenbezirk den markanten Unterschied nur, sofern er sich selbst nicht unterschied. Dies bestimmt den Schauplatz des *zoon politikon*, des politischen Tiers.[12]

Diese konstitutive Asymmetrie zwischen Tier- und Menschenwelt vermag keine Versöhnungsperspektive aufzuheben, es sei denn um den Preis einer Aufhebung der animalischen Existenzweisen und -bedingungen. Zwar ist der kategorische Unterschied zwischen Mensch und Tier historisch gesehen recht jung: eine Setzung des 18. Jahrhunderts, das ja auch die Anthropologie als Disziplin erfunden hat.[13] Aber auch in den Zeiten ohne systematisch zäsurierende Anthropologie und Zoologie blieb für das abendländische Wissen das asymmetrische Verhältnis zu einem Nicht-Wissen bzw. einem Unbestimmten grundlegend:

> Der Unterschied des *zoon politikon* setzt sich einem Bereich entgegen, der sich nicht von ihm unterscheiden kann und immer weiter mit dem vermengt, was sich von ihm absetzt; das politische Tier unterscheidet sich, das aber, wovon es sich unterscheidet, macht keinen Unterschied. Es ist also nur konsequent, wenn sich jenseits der politischen Demarkation die Gestalten des Menschlichen, des Göttlichen und des Tierischen unterschiedslos miteinander vermischen.[14]

Anders gesagt: „[E]s gibt nicht DEN MENSCHEN versus DAS TIER“[15]. Mit Elias Canetti kann gleichwohl behauptet werden, dass sich hier jeweils

11 Aristoteles: Politik, 1. Buch, Reinbek b. Hamburg 1965, S. 10 (1, 1253 a).

12 Anne von der Heiden, Joseph Vogl: Vorwort. In: Dies. (Hrsg.): Politische Zoologie, Zürich, Berlin 2007, S. 7–12, hier S. 7 f.

13 Vgl. Thomas Macho: Zoologiken: Tierpark, Zirkus und Freakshow. In: Konkursbuch 35 (2001): TheaterPeripherien, S. 13–33, hier S. 13.

14 von der Heiden, Vogl (wie Anm. 12), S. 8.

15 Jacques Derrida, Elisabeth Roudinescu: Woraus wird Morgen gemacht sein? Ein Dialog, Stuttgart 2006, S. 111.

Massen gegenüberstehen:[16] Es ist das Gewimmel und Gewusel, das die Menschen ebenso beeindruckt wie erschreckt und sie als Gattung – und das heißt kulturell – zur wiederholten Selbstbestimmung treibt.

Der Vergleich mit den Lebens- und Organisationsweisen der Tiere und „Tiergemeinschaften“ hat nicht nur eine lange Tradition, sondern erweist sich als unausweichlich in allen Diskursen über den Menschen, seine Gesellschafts-, Wirtschafts- und Kulturformen. Gleichwohl gilt Frederik Buytendijks skeptisches Diktum nach wie vor:

> Jeder Vergleich zwischen den sogenannten Tierstaaten und dem Menschenstaat beruht auf *scheinbaren* Ähnlichkeiten.[17]

Gegenüber der Mannigfaltigkeit, Uneinheitlichkeit, Unverständlichkeit und Unvorhersehbarkeit von Flora und Fauna vermag der Mensch, als höchst unwahrscheinliche Kreatur, Kontur zu gewinnen durch Abgrenzung, Selbstbestimmung, Identitätsbehauptung und Planung.

Der Mensch, das nicht nur natürliche Lebewesen und „nicht festgestellte Thier“[18] (Nietzsche), ist als Gemeinschaftswesen darauf angewiesen, sich seine Ordnung zu erfinden: „Nur Menschen *bilden* eine Gemeinschaft, eine Gesellschaft und einen Staat.“[19] Nicht von ungefähr spielen deshalb Sprache und mehr noch Schrift und Text eine zentrale Rolle in den Prozessen der Verfassungsgebung und -gewinnung menschlicher Gemeinwesen, die sich auf keinerlei natürliche Ordnung stützen können, obwohl sie sich auf eine solche zu berufen versuchen und deren Überhöhung bzw. Beglaubigung durch Ableitung aus einer höheren, göttlichen oder gottgewollten Ordnung betreiben. Texte erlauben – wie Rituale und andere gemeinschaftlich sanktionierte Verfahren – eine Stabilisierung des Gemeinwesens. Allerdings ist der auf Vergesellschaftung angewiesene Mensch zugleich ein tendentieller

16 Elias Canetti: Masse und Macht [1960], Frankfurt a. M. 1980. Durch das gesamte Buch wird die Argumentation von Tieren begleitet.

17 Und weiter: „Man spricht bei der Beschreibung des Verhaltens der Bienen und Ameisen über ‚Arbeitsteilung‘, Aufgaben, Führung, Arbeiter, Soldaten, Wärter usw. Die Bienenkönigin hat mit einer menschlichen Fürstin sehr wenig gemein. Die Metaphern sind kein Grund für einen Vergleich des menschlichen und tierischen Zusammenlebens.“ (Frederik J. J. Buytendijk: Mensch und Tier. Ein Beitrag zur vergleichenden Psychologie, Hamburg 1958, S. 76).

18 Friedrich Nietzsche: Jenseits von Gut und Böse (1886), Aphorismus 62. In: Kritische Studienausgabe (wie Anm. 7), S. 82.

19 Buytendijk (wie Anm. 17), S. 76.

Solitär, der gegen jede konstituierte soziale Ordnung opponiert und nach eigenen Wegen und Lösungen sucht:

> Denn so sehr *Ordnungswesen* [...] wie Bienen, Ameisen oder Herdentiere aller Art seit langem vorgemacht haben mögen, wie man in Gemeinschaft lebt, so sehr hat sich gerade der neuzeitliche Mensch kein Beispiel daran genommen und gilt nun als politisches Tier nur, sofern er nicht für die Gesellschaft bestimmt ist. Spätestens seit dem 17. Jahrhundert gibt es Sozialtheoreme deshalb, weil sich der Mensch als dysfunktional erweist, nicht fürs Soziale gemacht.[20]

So kommt neben dem Topos vom Menschen als sprechendem Tier ein weiterer Topos ins Spiel der literarischen Lebewesen: das Gemeinschaften und Staaten bildende politische Tier. Zu den gemäß der Sprachfähigkeit bestimmten Differenzen und Zusammengehörigkeiten zwischen Tier und Mensch treten die an den Lebensweisen orientierten hinzu. Als eine Brücke zwischen Sprachfähigkeit und Lebensweisen mag die in Volksmythen wiederholt auftauchende Begründung dafür dienen, warum die Tiere, hier Affen, von Natur aus nicht arbeiten:

> Der holländische Arzt Jacob Bontius, einer der Zuträger für Georges de Buffons berühmte „Naturgeschichte" (1749–1808), zitiert die Javanesen, die behaupten, „diese Tiere könnten sprechen, hüteten sich jedoch es zu tun, aus Angst, man könnte sie zur Arbeit zwingen".[21]

Tiere bestimmen demnach in vielfältiger Hinsicht die Lebensweise der Menschen und nehmen zentrale Stellen in der Organisation von Kultur und Gesellschaft ein; die Funktionen, die sie dabei erfüllen, sind auf realer, symbolischer und imaginärer Ebene verortet. Umgekehrt greift der Mensch als Einzelwesen wie als gesellschaftliches Kollektivwesen in die Lebensräume und Verhaltensweisen der Tiere ein: oft genug eine Entscheidung über Leben und Tod, zum mindesten eine folgenreiche, die beide beteiligten Wesen tiefgreifend zu verändern vermag.

20 von der Heiden, Vogl (wie Anm. 12), S. 9.

21 Margit Knapp: Der Affe in der Literatur. Nachwort. In: Dies. (Hrsg.): Affenmensch und Menschenaff. Geschichten und Gedichte, Berlin 1999, S. 125–135, hier S. 126. Hugo Loetscher verlegt die analoge Behauptung auf einen anderen, von Affen bewohnten Kontinent: „In Westafrika betrachten die Menschen die Affen als ebenbürtig und sind überzeugt, die Tiere verweigern sich dem Reden, um nicht in den Arbeitsprozeß eingeschaltet zu werden." (Loetscher [wie Anm. 9], S. 8).

### *III. Künstler(innen)-Bestiare: Literarische Lebewesen in poetologischer Hinsicht*

Ob Tiere als Begleiter des Menschen oder als seine Gegenspieler die Literatur bevölkern, ob sie als Exempel, Symbole, Allegorien eingesetzt werden, ob sie sprachlos oder sprechend sind oder ob sie gänzlich unabhängig in einer eigenen Lebens- und Zeichenwelt situiert werden – in literarischen Texten sind Tiere stets mehr und anderes als nur stumme Elemente einer realen oder imaginären Welt. Sie bilden einen „Topos Tier", über den der Mensch seine Identität mit und seine Alterität gegenüber dem Animalischen beobachten und zu einer exemplarischen Kenntnis dessen kommen kann, was ihn vom Natur- und Schöpfungszusammenhang ausschließt und ihn zugleich daran gebunden hält. Weil die Literatur, mehr noch als die Sprache, aufgrund ihrer medialen Verfasstheit nicht nur der Artikulation und Kommunikation, sondern der Selbstbeobachtung und Analyse zu dienen vermag, kann die literaturwissenschaftliche Fokussierung auf das *Tier im Text* eine aufschließende Rolle für eine literarische Zoologie übernehmen.

In der Literatur- und Kulturgeschichte sind Tiere häufig als anthropologischer Spiegel oder als ‚das Unbekannte' funktionalisiert worden:

> [D]as Fabeltier liefert Gesellschaftsporträts, das Symboltier Ausdrucksbündel künstlicher Verabredungen, das Monstertier den prickelnden Schauer dunkler Herkunft oder die Wehmut verlorener Unschuld, das Karikatur-Tier Darstellungen menschlicher Unzulänglichkeiten, das Maschinen-Tier der Science-fiction-Welt Hinweise auf die Bodenlosigkeit menschlicher Ingenieurs-Kunst.[22]

In gattungspoetisch, motiv- und diskursgeschichtlich sowie wissenspoetologisch verfahrenden Lektüren[23] lässt sich hingegen zeigen, dass die literarischen Tiere weder „metaphorischer Joker"[24] noch plane lehrhafte Charaktere sind, sondern – wenn sie wie etwa in Goethes Versepos *Reineke Fuchs*

22 Silvia Bovenschen: Tierische Spekulationen. Bemerkungen zu den kulturellen Mustern der Tierprojektionen. In: Dies.: Schlimmer machen, schlimmer lachen. Aufsätze und Streitschriften, hrsg. v. Alexander García Düttmann, Frankfurt a. M. 1998, S. 220–254, hier S. 249.

23 Vgl. entsprechende methodologische Überlegungen, v. a. in Richtung auf Literary Animal Studies, von Roland Borgards: Zoologie. In: Ders., Harald Neumeyer, Nicolas Pethes, Yvonne Wübben (Hrsg.): Literatur und Wissen. Ein interdisziplinäres Handbuch, Stuttgart, Weimar 2013, S. 161–167, hier S. 162 f.

24 Bovenschen (wie Anm. 22), S. 249.

(1794) nicht auf den „Klartext einer Moral“[25] reduziert werden – eine eigene Anschaulichkeit als ästhetische und gattungspoetologische Reflexionsfigur, als Differenzargument oder „Agent des Wissens“[26] gewinnen.

Das betrifft etwa die Benennung der Tiere, wie sie z. B. in Sibylle Lewitscharoffs Roman *Pong* (1998) erfolgt, wo nicht nur Raubtiere, Affen, Vögel und Fische namentlich durchdekliniert werden, sondern auch die Insekten: Gespenstschrecken, Wandelnde Blätter, Weinhähnchen, Schneefloh, Wanzen, Mosaikjungfern, Binsenjungfern, Keil-, Azur- und Quelljungfern, Blaupfeil, Florfliegen, Trauermücken, Dungmücken, Zuckmücken, Schwebfliegen, Köcherfliegen, Dasselfliegen, Essigfliegen, musca domestica.[27] Eine solche literarisch-adamitische Sprachgeste benennt und erschafft eine Tierwelt, die ihre eigene poetische Ordnung hat – bzw. eine literarische (Um-) Ordnung der Tiere vollzieht, so wie es die berühmte Aufzählung einer chinesischen Enzyklopädie der Tiere des Kaisers unternimmt, die Jorge Luis Borges in *Die analytische Sprache John Wilkins'* geschildert hat. Mit ihr taucht Michel Foucault in *Les mots et les choses* die Frage nach der „Ordnung der Dinge“ in ein befremdliches Licht, das auf die vertrauten Kategorisierungen eigener Ordnungsvorstellungen zurückfällt und die Einsicht in die Möglichkeit einer allem Vertrauten zugrunde liegenden Kontingenz öffnet.[28] Darüber hinaus sind literarische Tiere stets durch eine besondere Spannung zwischen Selbst- und Fremdreferenz gekennzeichnet, die sowohl die ästhetische Gestaltung und poetologische Funktion von Tieren in Texten als auch den Verweis auf außerliterarische Tiere und deren unterschiedliche Situierungen und Kontextualisierungen einbegreift.

Die Literatur verfährt demnach anders als etwa die Philosophie. Deren Aufgabe, so Adorno, liege zwar darin, „das einzulösen, was im Blick eines

25 Dietmar Schmidt: Die Physiognomie der Tiere. Von der Poetik der Fauna zur Kenntnis des Menschen, München 2011, S. 174.

26 Julia Bodenburg: Tier und Mensch. Zur Disposition des Humanen und Animalischen in Literatur, Philosophie und Kultur um 2000, Freiburg i. Br. 2012, S. 31.

27 Vgl. Sibylle Lewitscharoff: Pong, Berlin 1998, S. 39.

28 Vgl. Michel Foucault: Die Ordnung der Dinge. Eine Archäologie der Humanwissenschaften, Frankfurt a. M. 1974, S. 17: „Dieser Text zitiert ‚eine gewisse chinesische Enzyklopädie‘, in der es heißt, daß ‚die Tiere sich wie folgt gruppieren: a) Tiere, die dem Kaiser gehören, b) einbalsamierte Tiere, c) gezähmte, d) Milchschweine, e) Sirenen, f) Fabeltiere, g) herrenlose Hunde, h) in diese Gruppierung gehörige, i) sich wie Tolle gebärden, k) die mit einem ganz feinen Pinsel aus Kamelhaar gezeichnet sind, l) und so weiter, m) die den Wasserkrug zerbrochen haben, n) die von weitem wie Fliegen aussehen‘.“

Tieres liegt";[29] deren Infragestellung der Grundlagen unseres begrifflich-argumentativen Selbst- und Weltverständnisses ebenso wie der Bedingungen des philosophischen Gesprächs selber arbeitet jedoch einer tiefen Skepsis gegenüber den Möglichkeiten einer Verständigung (sowohl über das Tier als auch mit dem Tier) zu. Der Löwe wurde als Prüfstein solcher Selbsterkenntnis fördernden Befragungen schon bei Wittgenstein bemüht: „Wenn ein Löwe sprechen könnte, wir könnten ihn nicht verstehen".[30] Der Streit über die Möglichkeit der Verständigung auch über Sprach-, Kultur- und Gattungsgrenzen hinweg hat zu einer ausufernden philosophischen Fachliteratur geführt. Dem literarischen Erzählen stehen andere Wege offen als der rein argumentative, auf logische Schlüssigkeit oder empirisch-wissenschaftliche Belegbarkeit setzende Diskurs, wie Sibylle Lewitscharoff in ihrem Roman *Blumenberg* (2011) über die Begegnung zwischen dem Philosophen und einem Löwen festhält: „Mit einem Löwen zu konversieren, das hatte Blumenberg nicht geübt."[31] Im Roman gelingt es.

Der vorliegende Band geht auf eine Ringvorlesung zurück, die die Herausgeber im Wintersemester 2013/14 am Institut für deutsche Literatur der Humboldt-Universität zu Berlin veranstaltet haben. Unser herzlicher Dank gilt allen Kolleginnen und Kollegen, die zur Ringvorlesung und zum Buch beigetragen haben, sowie Brigitte Peters für die umsichtige Organisation und Redaktion des Bandes.

*Hans Jürgen Scheuer* und *Ulrike Vedder*
Berlin, im Juli 2015

29 Adorno in einem Brief an Horkheimer, zit. nach Lorenz Jäger: Adorno. Eine politische Biographie, Frankfurt a. M. 2003, S. 11.

30 Ludwig Wittgenstein: Philosophische Untersuchungen, 2. Teil, Frankfurt a. M. [12]1999, S. 568.

31 Sibylle Lewitscharoff: Blumenberg. Roman, Berlin 2011, S. 11.

# I. Anthropomorphe Tiere, theriomorphe Menschen: Literarische Lebewesen in sprachlicher und moralischer Hinsicht

Julia Weitbrecht

# Lupus in fabula
# Mensch-Wolf-Relationen und die mittelalterliche Tierfabel*

## *I. Das Tier in der Fabel*

Tiere dienen dem Menschen auf unterschiedlichste Weise als Projektionsfläche. Die mittelalterliche Tierdichtung etwa ermöglicht die Identifikation mit ihren animalischen Akteuren und schafft zugleich eine reflexive Distanz. Tiere werden hier selten im Wortsinne anthropomorph dargestellt, da sie als (mitunter einzige) Differenzmarkierung ihre Gestalt behalten; sie sind nicht einmal notwendigerweise sprachbegabt, doch sprechen sie stets zum und vom Menschen, ohne dabei ihre *Tierheit,* den Eigensinn ihrer jeweiligen Spezies, zu verlieren. Diese literarischen Inszenierungen sind durch Selbstverständigungsprozesse bestimmt, die sich in der menschlichen Perspektive auf das Tier wie auch im imaginierten Blick des Tieres auf den Menschen jeweils vollziehen.

Das betrifft auch die Fabel, nach gängiger Definition eine „Gattung uneigentlichen, argumentativ funktionalisierten Erzählens“,[1] in der „nichtmenschliche Akteure (Tiere, Pflanzen, unbelebte Gegenstände usw.) agieren, als stünden ihnen die Möglichkeiten menschlichen Bewusstseins zur Verfügung“.[2] Diese Fabeldefinition geht auf ein unter dem Namen ‚Aesop‘ ge-

* Für die Anregung zu diesem Titel wie auch zum „poetologischen Wolf“ danke ich Michael Waltenberger. Allen Teilnehmer(inne)n seines Oberseminars an der Goethe-Universität Frankfurt a. M. danke ich für die fruchtbare Diskussion.

1 Klaus Grubmüller: Fabel$_2$. In: RLL 1 (1997), S. 555–558, hier S. 555. Ich verzichte auf eine ausführliche Darstellung zur Fabeltheorie; für weiterführende Literatur vgl. Niklas Holzberg: Die antike Fabel. Eine Einführung, 3., bibliograph. erg. Aufl., Darmstadt 2012; Klaus Grubmüller: Meister Esopus. Untersuchungen zur Geschichte und Funktion der Fabel im Mittelalter, München 1977.

2 Ebenda, S. 555.

sammeltes Korpus antiker griechischer Erzählungen zurück, das, ins Lateinische übertragen, zum zentralen Bestandteil des mittelalterlichen Schulunterrichts wurde. Die Litterati des Mittelalters kannten somit die aesopischen Fabeln und waren mit ihren nicht-menschlichen Akteuren ebenso vertraut wie mit der Auslegungstradition, die Handlungen dieser Tiere auf den Menschen zu beziehen und in ihnen einen Spiegel des Humanen zu sehen.

Eine an ihrer Referentialisierbarkeit orientierte Bestimmung der Fabelakteure entwickelt auch Lessing in seiner einflussreichen Abhandlung *Von dem Gebrauche der Tiere in der Fabel:*

> Ich komme vielmehr sogleich auf die wahre Ursache – die ich wenigstens für wahr halte –, warum der Fabulist die Tiere oft zu seiner Absicht bequemer findet als die Menschen. – ich setze sie in die allgemein bekannte Bestandheit der Charaktere.[3]

Die Bestandheit bezieht sich bei unbelebten Objekten auf ihre materielle Beschaffenheit: Die Binse ist biegsam, der irdene Topf zerbrechlich. Bei den Tieren geht es dagegen häufig um Relationen und naturalistisch begründete Machtverhältnisse: Das Lamm ist schwächer als der Wolf, der Adler stärker als die Taube. Lessing weist zu Recht darauf hin, dass durch den Gebrauch von Tieren in der Fabel eine „umständliche Charakterisierung“[4] vermieden werden kann. Dieser Umstand scheint aber, und hier muss eine historische Differenzierung des Gebrauchs der Tiere in der Fabel ansetzen, nicht zuletzt auch auf den historisch gut eingeführten Konventionen bestimmter „Tier-Charaktere“ zu beruhen, bei denen weniger Eigenschaften als humanisierende Zuschreibungen zum Tragen kommen, die sich als „natürliche“ Eigenschaften kulturell verfestigt haben: Das Lamm ist friedfertig, der Wolf ist gierig, der Fuchs ist listig.

Auch in der Fabel ist der menschliche Blick auf das Tier durch ein kulturell geformtes Wissen über die Natur präfiguriert, und es werden wirkmächtige Bilder vom Tier etabliert, die gleichermaßen auf dem Wissen über Tiere und der Projektion auf sie beruhen.

3 Gotthold Ephraim Lessing: Von dem Gebrauche der Tiere in der Fabel. In: Fabeln / Abhandlungen über die Fabeln, hrsg. v. Heinz Rölleke, Stuttgart 1981, S. 110.

4 Ebenda, S. 110.

## *II. Der Wolf in der Fabel*

Für die Analyse der kulturellen Konstruktionen, die der Tierdarstellung in der Fabel zugrunde liegen, erscheint der Wolf besonders gut geeignet, denn seine Rolle als Antagonist des Menschen und als das aus der menschlichen Sphäre ausgeschlossene naturhaft Animalische ist von langer kulturhistorischer Dauer.[5] Die Geschichte der Mensch-Wolf-Relationen verläuft somit im Rahmen einer fortwährenden Reflexion über die Grenzziehung zwischen Kultur und Natur: Ob er gefürchtet und dämonisiert, naturkundlich beschrieben oder zum Gegenstand von Erzählungen wird – immer wird der Wolf als die Kultur von außen bedrohend imaginiert.[6]

Die Angst der antiken Bauern- und Hirtenkulturen vor dem großen bösen Wolf trägt zunächst ökonomische Züge, weil er die domestizierten Tiere angreift, dann auch religiöse, weil im Christentum das pastorale Mensch-Tier-Verhältnis auf das Kollektiv der Gläubigen übertragen wird. Mit dem Übergang zur produzierenden Wirtschaftsweise im Prozess der Neolithisierung[7] und der systematischen Domestizierung von Tieren, angefangen mit Hund und Schaf,[8] tritt menschheitsgeschichtlich eine neue Form der Abhängigkeit von Mensch und Tier ein. Bei aller menschlichen Dominanz ist diese durchaus wechselseitig zu denken, denn der Mensch ist von nun an vom Erhalt seiner Herden abhängig und fühlt sich darin von Raubtieren bedroht.

5 „Der Wolf ist das gefährliche Supplement binäroppositioneller Logiken von Natur und Kultur, Anarchismus und Zivilisation, Bürgerkriegsgewalt und kontraktualistischer Gesellschaft sowie letztlich das Paradigma für alles, was den Menschen vom Tier unterscheidet." Arno Meteling: Werwolf, der. In: C. Kassung, J. Mersmann, O. B. Rader (Hrsg.): Zoologicon. Ein kulturhistorisches Wörterbuch der Tiere, München 2012, S. 439–442, hier S. 439.

6 Vgl. umfassend Garry Marvin: Wolf, London 2012. Zur Metapher für fehlende Soziabilität vgl. Joseph Vogl, Ethel Matala de Mazza: Bürger und Wölfe. Versuch über politische Zoologie. In: C. Geulen u. a. (Hrsg.): Vom Sinn der Feindschaft, Berlin 2002, S. 207–217.

7 Zwischen dem 10. und 8. Jahrtausend v. u. Z. Vgl. Der große Plötz. Enzyklopädie der Weltgeschichte, 35., völl. neu bearb. Aufl., Göttingen 2008, S. 33.

8 Thomas Macho: Tier. In: Ch. Wulf (Hrsg.): Vom Menschen. Handbuch historische Anthropologie, Weinheim, Basel 1997, S. 62–85, hier S. 72. Mit der Zucht von Hütehunden hat sich der Mensch eines Verwandten des Wolfs bemächtigt, auf den er angewiesen ist, den er zugleich aber auch fürchtet, weil der Hund, das „kulturgezeugte Wächtertier", die Grenze zur Wildnis markiert. Vgl. Roland Borgards: Wolf, Mensch, Hund. Theriotopologie in Brehms Tierleben und Storms Aquis Submersus. In: A. von Heiden, J. Vogl (Hrsg.): Politische Zoologie, Zürich, Berlin 2007, S. 131–147, hier S. 142. Vgl. Christoph Wulf: Wolf, Der. In: Zoologicon (wie Anm. 5), S. 453–457.

Die ökonomische Dimension der Domestizierung wird immer wieder metaphorisch aufgenommen,[9] und sie erklärt auch die Prominenz von Wolf, Hund und Lamm in den antiken Fabeln. Diese erzählen auf der Handlungsebene auch von Mensch-Wolf-Schaf-Relationen: In der sprichwörtlich gewordenen Fabel vom *Wolf im Schafspelz* versucht der Wolf, sich in die Herde einzuschleichen und wird vom Hirten totgeschlagen.[10] Der Entstehungskontext der Agrargesellschaft erklärt auch, warum in diesen Fabeln so häufig das Verhältnis von Kultur und Natur sowie Fragen der Domestizierung thematisiert werden, insbesondere in den diversen Fabeln von Wolf und Hund, in der diese „Verwandten" ihre Lebensweisen vergleichen.[11]

Die religiöse Dimension der Angst vor dem großen bösen Wolf steht in Verbindung mit der Bedeutungsaufladung, welche die pastorale Semantik im Christentum erhält. In diesem Kontext ist die moralisierende Übertragung von *beutegierig* zu *böse* zu sehen, aber auch die Übertragung des Verhältnisses von Hirten und Schafen auf die Beziehungen Jesu und seiner Anhänger.[12] Der Wolf wird so zur Inkarnation des Bösen und Verkörperung des Teufels, der die Gotteslämmer jagt.[13] Diese Diabolisierung ist für die Wolfsfabeln

9 „Mitten in [dem Land Israel] sind seine Beamten wie Wölfe, die auf Beute aus sind; sie vergießen Blut und richten Menschenleben zugrunde, um Gewinn zu machen." (Ez 22,27). Vgl. Borgards (wie Anm. 8), S. 135 f.

10 Vgl. unter: „Wolf in Sheep's Clothing Gains Admission to the Fold". In: H.-J. Uther: The types of international folktales 1: Animal tales, tales of magic, religious tales, and realistic tales, Helsinki 2004, Nr. 123B. Im „Perry-Index" aesopischer Fabeln u. d. T. *Wolf in Sheep's Clothing*. In: Babrius and Phaedrus, newly ed. and transl. into Engl., together with an historical introduction and a comprehensive survey of Greek and Latin fables in the Aesopic tradition by Ben Edwin Perry, London 1965, Nr. 451.

11 Vgl. etwa Uther (ebenda), Nr. 101–103 bzw. Babrius and Phaedrus (ebenda), Nr. 701, 342, 346.

12 Dabei überlagern sich ökonomischer und religiöser Diskurs: Auch in der christlichen Pastoraltheologie wird die gewaltige ökonomische Umwälzung sichtbar, wenn das Tier von der Beute zum Besitz wird. Vgl. den Vergleich vom guten Hirten und dem Tagelöhner, der flieht, sobald er den Wolf erblickt (Joh 10,11–15).

13 So heißt es am Beginn der Katharinenlegende im *Passional* (um 1400) über die Christenverfolgungen des römischen Kaisers Maxentius: „der wolf was in die schafe kumen, / da er von lebene vil erbeiz, / wand sich niemannes kraft do vleiz, / der uber den wolf da riefe. / Cristus tet als er sliefe / obe sinen lieben schafen, / und liez sie wol hie strafen / uf daz si mit den burden / genzlich gelutert wurden." Von sante katherinen einer iuncvrowen. In: Das Passional. Eine Legenden-Sammlung des dreizehnten Jahrhunderts, hrsg. v. Friedrich Karl Köpke, Quedlinburg, Leipzig 1852, S. 667–690, hier S. 668, VV. 42–50. Vgl. auch Gherardo Ortalli: Lupi, genti, culture. Uomo e ambiente nel Medioevo, Turin 1997, S. 57–154, bes. S. 68–72.

selbst zunächst von untergeordneter Bedeutung, doch da sie für das Verständnis des Phantasmas vom großen bösen Wolf im Mittelalter konstitutiv ist, prägt sie wiederum ihre Auslegungsgeschichte.

Aus dieser Faszinationsgeschichte vom großen bösen Wolf lässt sich noch ein zusätzlicher, poetologischer Aspekt entwickeln, der sich auf Reflexion und Inszenierungsformen dieses grundlegenden Mensch-Wolf-Antagonismus in literarischen Texten bezieht. Wolfs-Fabeln reflektieren nämlich nicht nur, was der Wolf dem Menschen ist, sondern sie imaginieren zusätzlich den Blick des Wolfs:

> Ein Wolf sah, wie Hirten in ihrer Hütte ein Schaf verzehrten. Er ging hinzu und sprach: „Ein schönes Geschrei hättet ihr erhoben, wenn ich dasselbe getan hätte“.[14]

Im Wolf wird die Abgrenzung der Kultur von der Natur erst fassbar, denn er besitzt eine Außensicht auf den Menschen. Dieser entlarvende Blick wird gefürchtet,[15] doch zugleich immer wieder thematisiert.

In besonderer Weise eröffnet die aesopische Fabel *Der Wolf und die alte Frau* einen Reflexionsraum für die Grenzziehungen zwischen Tier und Mensch, denn sie bedient sich seiner „allgemein bekannten Bestandheit“, um diese als kulturelle Projektion zu entlarven:

> Ein Wolf hatte Hunger und war auf der Suche nach Nahrung. Als er zu einem Hof kam, hörte er, wie eine alte Frau einem quengelnden Kind damit drohte, es dem Wolf vorzuwerfen, wenn es nicht aufhöre. Er wartete also dort, weil er glaubte, sie habe es im Ernst gemeint. Als es nun Abend wurde und den Worten nichts Entsprechendes folgte, machte er sich davon, und sagte zu sich: „Auf diesem Hof sagen die Menschen das eine und tun das andere.“ Die Fabel mag auf die Menschen passen, die nicht tun, was sie sagen.[16]

14 Fabeln der Antike. Griechisch – lateinisch – deutsch, hrsg. u. übers. v. Harry C. Schnur, 2. überarb. Aufl. v. Erich Keller, München, Zürich 1985, S. 119.

15 In vielen traditionalen Gesellschaften ist es ein Tabu, den Namen des Wolfes auszusprechen, da er dann erscheint. Vgl. Christian Hünemörder: Wolf. In: Der Neue Pauly 12/2 (2002), Sp. 567–570, hier Sp. 568. Wenn der Wolf den Menschen zuerst erblickt, kann er ihm die Sprache rauben: „Ambrosius spricht: Ist, daz dich der wolf ê sicht wann du in, so benimt er dir die stimm, vnd wenne du gestumst, so entsliuzz deinev cleider darvmb, daz du die stimme entsliest.“ Konrad von Megenberg: Das ‚Buch der Natur‘, Bd. 2: Kritischer Text nach den Handschriften, hrsg. v. Robert Luff, Georg Steer, Tübingen 2003 , III.A.42 „Von dem wolf.“, S. 172 f., hier S. 173.

16 Äsop: Fabeln, griech./dt., übers. v. Thomas Voskuhl, Stuttgart 2005, S. 152–155. Der Text nach Babrius u. d. T. *The Disappointed Wolf*. In: Babrius and Phaedrus (wie Anm. 11), S. 26 f.

In dieser Fabel treten Tier und Mensch gemeinsam auf, doch sie agieren in klar voneinander getrennten Sphären von Natur und Kultur. Ein Wolf hört, wie eine alte Frau einem quengelnden Kind damit droht, es den Wölfen vorzuwerfen, und ist am Ende darüber enttäuscht, dass diese Frau nicht hält, was sie verspricht. Oft scheint bei Äsop die *moralisatio* hinter die Komplexität der *narratio* zurückzufallen, und so wirkt es zunächst etwas trivial, dass im Epimythion der Unterschied von tatsächlicher und übertragener Bedeutung moralisch auf Menschen ausgelegt wird, die „nicht tun, was sie sagen". Würde die Mutter im Sinne der Fabel konsequent handeln und ihr Kind aussetzen, wäre sie damit ja nicht unbedingt in moralischer Hinsicht überzeugender. Aber wie jedermann (nur eben nicht der Wolf) weiß, spricht die alte Frau uneigentlich – ihre Drohung mit dem bösen Wolf setzt voraus, dass da faktisch *kein* Wolf ist, denn keine Frau der Welt würde ein Baby einem echten Wolf überlassen, egal wie sehr es ihr auf die Nerven fällt.

Die im Genre grundsätzlich erwartbare Diskrepanz von eigentlicher und uneigentlicher Rede wird also in die Fabel*handlung* überführt, weil das dahingesagte „Ich werfe Dich dem Wolf vor", das sich auf einen imaginären Wolf bezieht, von einem echten *Tier* wörtlich genommen wird, das in diesem Moment auf der eigentlichen Ebene – recht eigentlich – nichts zu suchen hat. In dieser Vermischung von Handlungs-, Diskurs- und Auslegungsebene verschwimmt die klare Fiktionalität des Fabeltiers. Um zur Übermittlerin „ganz bekannter Sätze und Lebensregeln"[17] zu werden und zu bestätigen, dass die Menschen eben „nicht tun, was sie sagen", benötigt die Fabel den hungrigen Wolf und nicht nur das dem Kind angedrohte Phantasma des Menschenfressers, doch mit seinem unvermittelten Auftreten verschiebt sich zugleich die verhandelte Lehre weg vom Wahrheitsgehalt des Gesagten hin zum poetologischen Status der Rede vom Wolf.

Somit reflektiert der Wolf auch in dieser Fabel menschliches Verhalten, doch ist er kein animalischer Agent einer alltäglichen Erfahrungsmoral. In der Gegenüberstellung des imaginären und des faktischen Wolfes entsteht ein dritter, poetologischer Wolf, der neben dem basalen Mensch-Wolf-Antagonismus zugleich auch das Verhältnis von eigentlicher und uneigentlicher Rede, von Handlungs- und Auslegungsebene der Fabel verhandelt: Die Beobachtung des wölfischen Blicks auf den Menschen entlarvt den menschlichen Blick auf den Wolf als Projektion. Dieser poetologische Wolf ist in der

17 Johann Jakob Breitinger: Critische Dichtkunst, zitiert nach: Lessing (wie Anm. 3), S. 105. Lessing spricht vom Exempel, „in welchem sich diese oder jene moralische Wahrheit anschauend erkenne ließe" (S. 110).

aesopischen Fabel angelegt, doch nehmen sich die spätmittelalterlichen Fabelbearbeiter seiner, und damit auch des inhärenten Reflexionspotentials, in auffälliger Weise an.

## *III. Wolf und Weib in der mittelalterlichen Fabel*

*Der Wolf und die alte Frau* ist in zwei wichtigen spätantiken Sammlungen aesopischer Fabeln überliefert: Sie findet sich bei Babrius und ist von Avianus ins Lateinische übertragen worden, in dessen Fabelsammlung sie den Anfang bildet.[18] Der *Nürnberger Prosa-Aesop,* vor 1412 als erste deutsche Prosaübersetzung lateinischer Fabeln entstanden, überliefert die Fabel unter dem Titel *Rustica quedam* bzw. *Wolf und Weib* ebenfalls an erster Stelle.[19] Auch der humanistische Fabeldichter Burkard Waldis hat die Erzählung in seinen *Esopus* (1548) aufgenommen.[20] Im Zuge dieser Transfers bleibt die *narratio* in den Grundzügen gleich, doch wird in den spätmittelalterlichen Fassungen das inhärente Reflexionspotential der Fabel in Bezug auf das Mensch-Wolf-Verhältnis unterschiedlich genutzt. Bereits durch Babrius und Avianus werden Verschiebungen in Bezug auf die anthropologische Perspektive der Fabel vorgenommen. Das bezieht sich zunächst einmal auf das Verhältnis von Frau und Kind, die bei Aesop lediglich als „alte Frau" (γραῦς) und „Kind" (παῖς), in den Bearbeitungen dagegen als Amme und Säugling bezeichnet werden.[21]

Im spätmittelalterlichen *Prosa-Aesop* ist die Fabel detaillierter gestaltet. Das Verhältnis der menschlichen Akteure erscheint intensiviert, hier handelt es sich um die Mutter des Kindes, dieses ist überdies ihr einziges.[22] Auch in struktureller Hinsicht ist der Text komplexer: Aesop erzählt noch strikt aus der Perspektive des Wolfes, im *Prosa-Aesop* dagegen wird zunächst die Frau

18 Vgl. Gert Dicke, Klaus Grubmüller: Die Fabeln des Mittelalters und der frühen Neuzeit. Ein Katalog der deutschen Versionen und ihrer lateinischen Entsprechungen, München 1987, Nr. 647 („Wolf und Weib").

19 Nürnberger Prosa-Aesop, hrsg. v. Klaus Grubmüller, Tübingen 1994, S. 9.

20 Burkard Waldis: Esopus. 400 Fabeln und Erzählungen nach der Erstausgabe von 1548, hrsg. v. L. Lieb, J. Mohr, H. Vögel, 2 Bde., Text, Kommentar, Berlin 2011, I,86, S. 109 f. Vgl. Ludger Lieb: Erzählen an den Grenzen zur Fabel. Studien zum *Esopus* des Burkard Waldis, Frankfurt a. M. u. a. 1996.

21 Vgl. Babrius (wie Anm. 16) sowie Avianus: De nutrice et infante. In: Fabeln der Antike (wie Anm. 15), S. 322 f.

22 Nürnberger Prosa-Aesop (wie Anm. 19), S. 9, Z. 6.

dargestellt, dann heißt es unvermittelt: „daz erhört ein wolff, der die selb czeit fur das haus nach seiner narung gie.“[23] Im Perspektivwechsel entstehen unterschiedliche semantische Räume: Die Differenzierungen von Dorf/Wald, Haus/Gasse, innen/außen werden in der Fabelfassung dazu genutzt, die Grenze zwischen Mensch und Tier zunächst zu erzeugen und dann wieder in Frage zu stellen: Das zivilisatorische „Draußen“ der Tierwelt wird zum „Drinnen“, wenn der Wolf seiner Frau sagt, er sei „auzzen“, also im Dorf gewesen.[24] So erhält der faktische Wolf ein Eigenleben: In ihren Beziehungen und Handlungsräumen erscheinen Wölfe ganz menschlich, jedoch nicht im Hinblick auf eine daraus abzuleitende Verhaltensregel, sondern als Kontrast zur „unmenschlichen“ Drohung der Bäuerin. Die Wölfin dagegen sorgt sich um ihre Kinder, hat die ganze Nacht auf den Wolf gewartet und begegnet ihm entsprechend zänkisch, als er ohne „speis“ zurückkommt: „wez er mit den [chinden] gedacht hiet, ob die hungers sterben scholten.“[25]

Diese Betonung der mütterlichen Gefühle ist insofern auffällig, als bereits bei Babrius die Auslegung dieser Fabel eine misogyne Tendenz annimmt. Parallel damit, dass die Frau ihrem einzigen leiblichen Kind droht, es den Wölfen zu geben, lautet die Lehre nun, dass man *Frauen* nicht über den Weg trauen, „den wortn weipleicher gehaiz nicht gelauben“[26] solle. Hier wird die Diskrepanz von Handlungs- und Auslegungsebene noch zusätzlich gesteigert und in der Identifikation mit der Wolfsfamilie eine distanzierte Haltung zur menschlichen Sphäre eingenommen.

Auf die anthropologische Dimension der Fabel bezieht sich auch Burkard Waldis, doch geht er einen anderen Weg, wenn er als abschließende Moral formuliert:

> Bey diesem Weib wirdt angezeigt
> Die liebe/ welche die Mutter tregt
> Zu jren vnartigen Kinden:
> Thuts dennocht/ waschen/ wischen/ winden/
> Mit jren Brüsten selber seugen
> Vnd was sie jm sunst kann erzeigen/
> Auff das die Mütterliche liebe

23 Ebenda, S. 9, Z. 13.
24 Ebenda, S. 9, Z. 31.
25 Ebenda, S. 9, Z. 28 f.
26 Ebenda, S. 9, Z. 2–4.

Gegn den Kindern sich ernstlich jebe.
Man sagt/ das man die bschißne Kindt
Nicht offtmals weg geworffen findt.[27]

Hier gehen *narratio* und *moralisatio* erstmals ganz ineinander auf. Der faktische Wolf verschwindet damit zwar nicht aus der Handlung, aber der poetologische Wolf gerät aus der Fabel: Letztlich erzählt uns Waldis von einer Frau, die ihrem Kind damit droht, es den Wölfen vorzuwerfen – und es dann doch nicht tut. Als vermeintliche anthropologische Konstante macht diese Erzählung nur eines deutlich: dass Mutterliebe durch kein Fehlverhalten der Welt zu erschüttern ist. Um das zu verstehen, benötigt man keinen Wolf.

## *IV. „Crying wolf": Der Wolf in Mære und Sprichwort*

Die Bedeutung des wölfischen Fabel-Akteurs liegt, so hat sich gezeigt, nicht alleine darin, dass er von „allgemein bekannter Bestandheit" ist. Vielmehr produziert der in der Beobachtung des wölfischen Blicks auf den Menschen emergierende poetologische Wolf einen imaginativen und epistemischen Überschuss, der sich nicht nur auf die Fabelliteratur beschränkt. Das Phänomen, dass der „Wolf, von dem die Rede ist" erscheint, sobald man seinen Namen nennt, liegt auch der sprichwörtlichen Redewendung vom *lupus in fabula* zugrunde. Ihr Ursprung könnte in der Fabel von *Wolf und Weib* liegen, doch es gibt noch eine weitere, sehr bekannte aesopische Fabel mit dem Titel *Der Wolf und der Schäferjunge,*[28] in der das Sprechen vom Wolf mit einem faktischen Wolf konfrontiert wird.

Sie handelt von einem Hirtenjungen, der aus Langeweile mehrmals um Hilfe ruft, weil ein Wolf seine Herde bedroht, um die Dorfbewohner herbeizulocken. Als dann tatsächlich ein Wolf auftaucht, kommt dem Jungen niemand mehr zu Hilfe. In beiden Fabeln wird also von einem Wolf gesprochen, ohne dass man mit ihm rechnet, den man aber damit gerade „beschreit". Als *lupus in fabula* wird (erstmals belegt bei den Dramatikern Terenz und Plautus)

27 Burkard Waldis (wie Anm. 20), I,86,49–58, S. 110.

28 Der lügnerische Hirtenknabe. In: Aesop (wie Anm. 16), S. 138 f. „The Shepherd who Cried ‚Wolf!' Too Often". In: Uther (wie Anm. 10), Nr. 1333 bzw. „The Shepherd Who Cried ‚Wolf!' in Jest". In: Babrius and Phaedrus (wie Anm. 10), Nr. 210.

daher eine unvermittelt auftauchende Person bezeichnet, über die gerade gesprochen wurde.[29]

Während für die Fabel der faktische Wolf konstitutiv ist, bezeichnet die Redewendung nur noch dieses unvermittelte Auftauchen; zugleich bleibt in der kognitiven Verbindung von Tierfabel, alltäglicher Erfahrungsmoral und sprichwörtlicher Redensart auch das kulturelle Wissen vom Wolf gespeichert und wird in unterschiedlicher Form immer wieder produktiv gemacht. Das lässt sich in Erzählformen fassen, die gegenüber der knappen Fabel differenzierter sind, sich aber gleichwohl auf ihre Darstellungstraditionen beziehen,[30] wie Strickers Mære vom *Klugen Knecht*.[31]

Darin wird ein Bauer von seiner Frau mit dem Pfarrer betrogen: Wann immer er und sein Knecht in den Wald fahren, kauft sie ein und bewirtet ihren Buhlen großzügig. Der Knecht will seinem Herrn die unschöne Wahrheit mitteilen, doch soll es auf ihn nicht zurückfallen. Deshalb sorgt er dafür, dass sie einmal früher als erwartet zurückkehren, so dass die Frau ihr schönes Essen und auch den Nebenbuhler schnell verstecken muss, und erzählt dem Bauern dann eine Geschichte. Eines Tages, so berichtet der kluge Knecht, sei ein Wolf unter die ihm anvertrauten Schweine gefahren und habe ein Ferkel gerissen, „daz was rehte als daz värhelîn, / daz *dort* ûfe lît gebrâten“[32] – *dort,* wo die Bäuerin es versteckt hat. Der Bauer denkt sich nichts und isst fröhlich, der Knecht aber erzählt weiter von dem Wolf. Er habe also einen großen Stein ergriffen, so groß wie das Weißbrot, dass *dort* liegt. Aus der Wunde, die er dem Wolf damit geschlagen habe, sei so viel Blut geflossen wie Met *dort* in der Kanne ist. Schließlich habe der Wolf aus seiner „veste“ herausgelugt, er „sach vil rehte her wider, / als jener pfaffe iezuo siht / (der trûwet ouch genesen niht), / der *dort* stecket under der banc.“[33] Damit ist

29 In Terenz' *Adelphoe* unterhält sich Ktesiphon mit seinem Sklaven Syrus über seinen Vater: „SY. em tibi autem! CT. quidnamst? SY. lupus in fabula!“ („Syrus. Doch was ist dort los? Ctesipho. Was denn? Syrus. Wird der Wolf genannt, kommt er gerannt.“) P. Terentius Afer: Adelphoe/Die Brüder. Lat./Dt., übers. u. hrsg. v. Herbert Rädle, Stuttgart 1977, IV,1, S. 58.

30 Vgl. Martin Wierschin: Einfache Formen beim Stricker? Zu Strickers Tierbispel und seinen kurzen Verserzählungen. In: I. Glier, G. Hahn (Hrsg.): Studien zu poetologischen Bedingungen in der älteren deutschen Literatur, Stuttgart 1969, S. 118–136.

31 Stricker: Der kluge Knecht. In: Novellistik des Mittelalters. Märendichtung, hrsg. v. Klaus Grubmüller, Frankfurt a. M. 1996, S. 10–29. Für den Hinweis auf den *Klugen Knecht* danke ich Nina Nowakowski.

32 Ebenda, S. 22, V. 226 f.

33 Ebenda, S. 24, VV. 276–279.

der Betrug enttarnt, Bäuerin und Pfaffe werden ordentlich verprügelt und der Knecht erhält großes Ansehen, weil er die delikate Angelegenheit so „kündic“[34] und „mit rehter vuoge“[35] geregelt hat. Dass der Knecht mehr weiß als sein Herr, löst er, „ohne seine Überlegenheit auszuspielen und somit die Grenzen des sozialen Gefüges zu verletzen“[36].

Hierfür behilft er sich mit dem *lupus in fabula,* denn der markiert einen hinter dieser Binnenerzählung liegenden Sinn, auf den sie sich wie eine Fabel befragen lässt. Das funktioniert aber gerade nicht über den Rückschluss auf „bekannte[ ] Sätze und Lebensregeln“[37], denn der Wolf erscheint hier nicht als Sinnbild für Gier oder Wollust, sondern bezieht sich auf den individuellen Fall – die Betrügereien der Bauersfrau – und die Erzählsituation – den Raum mit den versteckten Lebensmitteln. Die Moral von der Geschichte reicht nicht weiter als bis zur Ofenbank, in der sich der Pfaffe versteckt hat; und lediglich über das wiederholt gebrauchte räumliche Deiktikon wird auf das für diese (und nur diese) Erzählsituation Spezifische verwiesen:[38] dass *dort* der Pfarrer unter der Bank hervorlugt wie in der Erzählung des Knechts der Wolf aus seinem Bau.

Mehr als die *narratio* animiert der Wolf selbst den Bauern dazu, mit dem „mære an ein ende komen“[39] und den Sinn der Geschichte ergründen zu wollen, denn mit ihm suggeriert der Knecht, dass hier etwas Lehrreiches erzählt wird. Man könnte dem Stricker eine selbstreferentielle Auseinandersetzung mit dem Fabelgenre unterstellen, in der er demonstriert, dass sich mit Hilfe des *lupus in fabula* jede Aussage als mehrdeutig im Sinne der Fabel markieren lässt. Aber damit würde man weder der Komplexität der Erzählung noch der Virtuosität des Strickers im Spiel mit unterschiedlichen Genrekonventionen gerecht werden. Im Kontext dieses Beitrags wird am *Klugen Knecht*

34 Ebenda, S. 26, V. 308.

35 Ebenda, S. 26, V. 309.

36 Klaus Grubmüller: Kommentar zu Stricker: Der kluge Knecht (ebenda), S. 1025 f. Vgl. a. Hedda Ragotzky: Gattungserneuerung und Laienunterweisung in Texten des Strickers, Tübingen 1981, S. 84. Zur Binnenerzählung vgl. Wolfgang Achnitz: Ein *maere* als Bîspel. Strickers Verserzählung ‚Der kluge Knecht‘. In: V. Honemann, T. Tomasek (Hrsg.): Germanistische Mediävistik, Münster 1999, S. 177–203.

37 Breitinger (wie Anm. 17).

38 Vgl. Michael Waltenberger: Situation und Sinn. Überlegungen zur pragmatischen Dimension märenhaften Erzählens. In: E. Andresen, M. Eikelmann, A. Simon (Hrsg.): Texttyp und Textproduktion in der deutschen Literatur des Mittelalters, Berlin, New York 2005, S. 287–308, hier S. 308.

39 Stricker (wie Anm. 31), S. 24, V. 283.

vor allen Dingen deutlich, dass der Verweis auf den Wolf immer schon einen poetologischen Wolf in sich trägt. Wie ubiquitär dieser noch in der Gegenwartskultur ist, soll ein letztes Beispiel zeigen.

An der Redewendung vom *lupus in fabula* wurde deutlich, dass ihr der faktische Wolf abhandengekommen ist, das Wölfische aber darin zugleich präsent gehalten wird. Mit dem Wissen um die Genese sprichwörtlicher Redensarten aus der Fabel wird auch in einer Episode der Zeichentrickserie *The Simpsons* mit dem Titel *Marge gets a Job* gespielt.[40] Darin soll Bart Simpson eine Klausur nachschreiben und behauptet mehrmals, krank zu sein – u. a. leidet er an Windpocken, der Tollwut, der Taucherkrankheit und einem nicht näher benannten Frauenleiden („my ovaries!“[41]). Barts Lehrerin Edna Krabappel wird schließlich misstrauisch und fragt: „Bart, have you ever read *The Boy Who cried Wolf*?“[42]

Diesen Titel trägt im anglo-amerikanischen Sprachraum die Fabel von *Wolf und Schäferjunge*. Diese Fabel hat neben der lateinischen Rede vom *lupus in fabula* eine weitere idiomatische Wendung geprägt: Im Englischen bezeichnet *crying wolf* einen blinden Alarm bzw. eine so oft wiederholte Lüge, dass dem Lügner schließlich nicht mehr geglaubt wird.[43] Gleichzeitig wird auf den Wolf rekurriert, der, wenn man ihn nennt, irgendwann eben auch „gerennt“ kommt. Hier wird die Engführung von Fabel und kulturellem Wissen deutlich, denn die Redewendung verlangt die Kenntnis der Fabel und vermittelt damit in komprimiertester Form alltägliche Erfahrungsmoral.

Die *Simpsons*-Episode spielt nun damit, dass die Redewendung ein bestimmtes Verhalten bezeichnet, das keinen faktischen Wolf voraussetzt, wohl aber die Kenntnis der Geschichte vom Wolf, also des poetologischen Wolfes. Das erfährt Bart am eigenen Leib, denn der hat die Geschichte fatalerweise nicht zu Ende gelesen: „I glanced at it. Boy cries wolf, has a few laughs. I forget how it ends.“[44] Eingesperrt in einen Klassenraum, muss Bart den Test schließlich nachschreiben – und plötzlich erscheint ein Wolf! Es ist der *lupus in fabula* – aus einer Fabel, die Bart nicht kennt, und den Bart nicht gerufen hat.

40 The Simpsons, Season 4, Episode 7: Marge gets a Job. R: Jeff Lynch, Drehbuch: Bill Oakley, Josh Weinstein, Twentieth Century Fox Film Corporation, 1992, 1993. Fassung: DVD, Twentieth Century Fox Home Entertainment, 2009, 23 Minuten.

41 Ebenda, TC: 00:13:16–17.

42 Ebenda, TC: 00:10:00–03.

43 Wolf. 9a. In: The Oxford English Dictionary, Bd. 12, Oxford 1933, S. 244.

44 The Simpsons (wie Anm. 40), TC: 00:13:26–30.

Auch hier verweist der Wolf auf den Unterschied von tatsächlicher und übertragener Bedeutung, aber nun auf der abstrakten Ebene der Verbindung von Fabel und sprichwörtlicher Redensart. In Barts Geschichte geht es nämlich didaktisch gesehen nicht um den Wolf, sondern um die im Wolf konkretisierte Konfrontation mit der eigenen Lüge. Käme das Prinzip *crying wolf* im Sinne der Fabel folgerichtig zur Anwendung, dann würde Bart jetzt tatsächlich krank werden – was ihm wiederum niemand glauben würde, weil er so oft behauptet hat, an der Tollwut zu leiden. Stattdessen wird er aber von dem sprichwörtlichen Wolf faktisch-brutal angegriffen, und niemand kommt ihm zu Hilfe. Außer Bart hat auch keiner diesen Wolf gesehen, so dass, als Ms. Krabappel ihn anschließend fragt, ob er jetzt nicht doch die Wahrheit erzählen möchte, die Erzählung, angelehnt an das Handlungsschema der Fabel, nun wieder am Ausgangspunkt ankommt und die didaktisch gesehen schlimmste Wendung nimmt, die man sich denken kann. Im Wissen darum, dass ihm niemand den faktischen Wolf abnehmen wird, sagt Bart: „The truth is – there is no wolf. I faked the whole thing."[45] Der *lupus in fabula* zwingt Bart zur Lüge – es hätte ihm den Wolf wohl auch niemand geglaubt, wenn er vorher die Wahrheit erzählt hatte –, und alle sind glücklich: „There. Doesn't it feel better to tell the truth?"[46] fragt Ms. Krabappel in der Gewissheit, dass ihr zu Beginn (mit Hilfe des poetologischen Wolfes) erklärtes pädagogisches Programm sich am Ende der Episode auch erfüllt hat.

Wie schon der Stricker, so fragt auch die *Simpsons*-Episode nach dem poetologischen Status der Rede vom Wolf, doch wird dies hier mit einer kindlichen Erzählperspektive konfrontiert, die, wenn die Erwachsenen lediglich eine Redensart gebrauchen, immer nach dem Verbleib des faktischen Wolfs fragt (der sich am Ende der Episode bei Hausmeister Willie in guten Händen befindet). Damit wird zugleich die Vermittlungssituation von Fabeln (die Schule) und ihre Intention (die Reduktion auf schlichte Alltagswahrheiten) fundamental in Frage gestellt: Dass der Schäferjunge aus der Fabel die rechte Lehre gezogen und nie wieder gelogen hat, mag schon sein – dass Bart Simpson in der Schule schon aus Prinzip nichts lernt, bildet gewissermaßen die alltägliche Erfahrungsmoral seiner Figur.

45 Ebenda, TC: 00:18:51–00:19:00.

46 Ebenda, TC: 00:19:04–06.

Hans Jürgen Scheuer

# Aspekte einer vormodernen Poetik der *animalia* Tierkataloge und Minnebestiare in mittelhochdeutscher Dichtung

## *I. Antike Mimesis: Anim(alis)ierte Dichtung oder der Text, als Tier betrachtet*

Was hat die vormoderne Literatur an ihren Tieren? Dass sie in Antike oder Mittelalter durch alle Genres hindurch eine bedeutende Rolle spielen, fällt sofort ins Auge und ließe sich kulturgeschichtlich möglicherweise damit erklären, dass der Gegensatz zwischen wilder und domestizierter Natur in Adelskulturen deren Mitgliedern eine Richtschnur zur Bestimmung ihres zivilisatorischen Selbstverständnisses an die Hand gibt. In standesbezogener Perspektive erscheinen Tiere dann als Gradmesser: Sie sind für den Adligen nützlich oder schädlich; sie dienen der Repräsentation von Zugehörigkeit oder Nicht-Zugehörigkeit zu seinem sozialen Stand, weil die Berührung mit ihnen auszeichnet oder herabsetzt; sie erlauben als beseelte Lebewesen *(animalia)* durch die Beobachtung ihrer Selbstbewegtheit (besonders in Situationen des Konflikts und der Bedrängnis) Rückschlüsse auf die psychischen Antriebe und Handlungsoptionen des Menschen innerhalb einer hierarchisch geordneten, aber nie vollends befriedeten Lebenswelt.[1]

1 Zum Problem der Grenzziehung zwischen Mensch und Tier vgl. Udo Friedrich: Menschentier und Tiermensch. Diskurse der Grenzziehung und Grenzüberschreitung im Mittelalter, Göttingen 2009; Markus Wild: Die anthropologische Differenz. Der Geist der Tiere in der frühen Neuzeit bei Montaigne, Descartes und Hume, Berlin, New York 2006; Joyce E. Salisbury: The Beast Within. Animals in the Middle Ages, New York, London 1994. Zur Bedeutung des Konzepts „Bewegung" in mittelalterlicher Naturphilosophie, Seelenlehre und Ethik vgl. August Nitschke: Naturerkenntnis und politisches Handeln im Mittelalter. Körper – Bewegung – Raum, Stuttgart 1967; ders.: Verhalten und Bewegung der Tiere nach frühen christlichen Lehren. In: Studium Generale 20 (1967), H. 4, S. 235–262; Andreas Speer: Die entdeckte Natur. Untersuchungen zu Begründungsversuchen einer ‚scientia naturalis' im 12. Jahrhundert, Leiden u. a. 1995; Pieter de Leemans: The Discovery and Use of Aristotle's ‚De Motu Animalium' by Albert the Great. In:

Paradigmatisch steht dafür seit alters die Äsopische Fabel. Von einem Trickster-Erzähler *(logopoiós – λογοποιός)* vorgebracht,[2] verknüpft sie den menschlichen Logos in Form von Weisheitssprüchen und Moralitäten mit dem sprachlosen Naturzusammenhang, dem sie ihr Personal entnimmt. Indem die Fabel Analogien herstellt zwischen der menschlichen Sphäre der Rede und dem animierten Reich der Natur, lässt sie die Tiere (gelegentlich auch andere stumme Akteure wie Pflanzen und Steine) zur Sprache kommen und eine praktische, oft buntschillernde Vernunft *(poikilía – ποικιλία; prudentia)* artikulieren, die in ausweglosen Situationen *(amēchanía/ aporía – ἀμηχανία/ ἀπορία)* Rat weiß und Beispiele für Wendigkeit *(polytropía – πολυτροπία)* gibt, wo eigentlich tödlicher Stillstand herrscht. Mit der Sprache wird der Natur die Dimension der Klugheit gleichnishaft eingeschrieben, dank derer auf naturwüchsige Zwänge eine polytrope Rationalität *(mêtis – μῆτις)* mit Widerspruch und Winkelzug *(mēchánēma – μηχάνημα)* zu antworten vermag. An den sonst nicht sprachbegabten Protagonisten der Fabel lässt sich so exemplifizieren, dass der Logos, verstanden als elementares (vorrhetorisches, vorphilosophisches) Sprechhandeln, den Ursprung jeglicher Optionalität in und gegenüber einer lebenswidrigen Umwelt bildet. Seine simplen Unterscheidungen bestätigen zwar die Unentrinnbarkeit innerweltlicher Gewaltverhältnisse: Die Natur eines jeden Fabelakteurs ist unveränderlich festgelegt und kehrt in jedem

J. A. Aertsen, A. Speer (Hrsg.): Geistesleben im 13. Jahrhundert, Berlin, New York 2000, S. 170–188; Wolfgang Achtner: Vom Erkennen zum Handeln. Die Dynamisierung von Mensch und Natur im ausgehenden Mittelalter als Voraussetzung für die Entstehung naturwissenschaftlicher Rationalität, Göttingen 2008; Bernd Roling: Physica sacra, Wunder, Naturwissenschaft und historischer Schriftsinn zwischen Mittelalter und Früher Neuzeit, Leiden, Boston 2013.

2 Jener Erzähler tritt nur selten – etwa in Rahmenkonstruktionen einzelner Fabeln – als persona Äsops hervor. Sie ist aber stets mitzudenken, wie der Überlieferungsbefund bestätigt, dass dem Corpus Aesopicum (als expandierbarer Sammlung von Einzelfabeln) traditionell die *Vita Aesopi* vorangestellt ist. Zur wegweisenden These, die Äsop-Vita könne ein hermeneutisches Organon zum Verstehen des gesamten Äsopischen Fabelcorpus bereitstellen, vgl. Michael Schilling: Macht und Ohnmacht der Sprache. Die *Vita Aesopi* als Anleitung zum Gebrauch der Fabel bei Steinhöwel. In: D. Rose (Hrsg.): Europäische Fabeln des 18. Jahrhunderts zwischen Pragmatik und Autonomisierung. Traditionen, Formen, Perspektiven, Bucha 2010, S. 39–54. Zur Beschreibung des Formtyps in der Tradition der spätantiken Philosophenvita vgl. Hans Jürgen Scheuer: From Aesop to Owlglass. The Transformation of Knowledge in Ancient, Medieval, and Early Modern Trickster-Biographies. In: E. Wåghäll Nivre (Hrsg.): Allusions and Reflections. Greek and Roman Mythology in Renaissance Europe, Newcastle upon Tyne 2015, S. 439–452. Zur Marginalisierung und Verdrängung der *Vita Aesopi* in den protestantischen Fabelsammlungen des 16. Jahrhunderts vgl. Erik Zillén: Reconfigurations of Mythology in Sixteenth-Century Lutheran Collections of Aesopic Fables. In: Wåghäll Nivre, S. 465–479, bes. S. 475, Anm. 28.

neuen Exempel unverkennbar wieder. Doch eröffnen sich, weil die Differenzen in Sprache übersetzt werden und dadurch nicht mehr Naturgegebenheiten, sondern deren Metaphern sind, zugleich gedankliche Spielräume für Allianzen, Aufschübe und Ausflüchte aus der von Not, Mangel, Bedrohung und Unterdrückung geprägten Lage. Insofern spiegeln die Tiere der Äsopischen Fabel ein Elementarwissen von der Welt menschlichen Handelns, seinen Limitationen und Möglichkeiten, indem sie redend und gestikulierend Allegorien des Logos und seiner (Ohn-)Macht bilden.

Die Allegorie, die Tiere wählt, um mit ihnen Typen intellektueller Beweglichkeit durch's Gleichnis auszuprägen, operiert im Bezirk des *sensus moralis* oder, wie mittelalterliche Kommentatoren von ihr sagen würden: *ethice supponatur* – sie soll der Ethik zugeordnet werden. Mit dem Stichwort *moralitas/moralité* ist die Domäne jeglicher Dichtung und Literatur benannt, die zur Deutung keiner zusätzlichen theologischen Expertise bedarf.[3] Jede als ethisch qualifizierte Schrift gewährt Einblicke in ein sprachliches Feld, das keineswegs durch fixe Wertvorstellungen bereits bestellt ist, sondern innerhalb seiner Grenzen – es sind die Grenzen der Analogiebildung – höchst dynamisch erscheint. Insofern bestehen nicht bloß assoziative, sondern wesentliche Ähnlichkeiten zwischen Tier und Text. Sie sind vermittelt über die Dynamik der Psyche, die Körper in Bewegung setzt und Handlungen auslöst, und über die auf die Psyche einwirkende Kraft des Wortes, metaphorische Übertragungen zu leisten und so in exemplarische Narrative einzuflechten, dass eine kontinuierlich durchgeführte Metapher entsteht, an der sich die Auf- und Abschwünge seelischer Erregung modellieren und präformieren lassen. Zwei klassische Beispiele mögen jene Kopplung von Wort und Seele, Text und Tier belegen. Sie führen zugleich ins Zentrum vormoderner Poetik: zur Platonischen Mimesis *(μίμησις)* und zum Aristotelischen *eusýnopton (εὐσύνοπτον)*, deren formbildende Operationen ihr Maß jeweils an den *animalia* nehmen.

In seinen beiden fragmentarischen Dialogen *Timaios* und *Kritias* und einem dritten angekündigten, aber nie ausgeführten *Hermokrates* lässt Platon die drei genannten Gesprächspartner an einen früheren Dialog anknüpfen, den Sokrates – so die Fiktion – am Vortag mit ihnen geführt habe. In der *Politeia* ging es ihm um eine Modellbildung, die zugleich in zwei Richtungen verlief:

3 Zur Frage der Fabel-Moralität vgl. Hans Robert Jauß: Untersuchungen zur mittelalterlichen Tierdichtung, Tübingen 1959, S. 24–55. Jauß betont die Unveränderlichkeit der Tiernatur und den strikten ordo-Charakter der mittelalterlichen Fabel und geht auf Distanz zu gradualistischen Deutungsansätzen, weil er den Anthropomorphismus der Fabel sozial und nicht primär sprachlich und psychisch fasst.

Nach innen gerichtet, arbeitete sie an einer Vorstellung der Seele, die, vergrößert nach außen projiziert, die Gestalt des idealen Gemeinwesens annahm. So korrespondierte der Drei-Stände-Staat aus Philosophen-Herrschern, Wächter-Soldaten und Handwerkern/Bauern über die jeweiligen Leittugenden Weisheit, Tapferkeit und Genügsamkeit mit den drei Seelenteilen: dem *logistikón (λογιστικόν)* der Vernunft, dem *thymoeidés (θυμοειδές)* des Mutes und dem *epithymetikón (ἐπιθυμετικόν)* der Begierde. Nun, am Folgetag, sollen Timaios, Kritias und Hermokrates ihr Versprechen einlösen und in ihren Diskursen das starre Schema *in actu* zeigen, um es ihrem Lehrer Sokrates verlebendigt vor Augen zu führen. Seine Bitte zielt dabei auf ein *eû mimeîsthai (εὖ μιμεῖσθαι)*,[4] d. h. auf einen Darstellungsmodus, den er durch folgende Analogie aus der Tierwelt charakterisiert:

> So hört denn nun hiernach, wie es mir mit dem Staate, den wir dargestellt haben, erging. Ich habe nämlich ein ähnliches Gefühl *(páthos – πάθος)* wie etwa jemand, der irgendwo schöne Tiere *(zôa kalá – ζῷα καλά)* – ob nun von Malern dargestellte oder auch wirklich lebende, aber im Zustand der Ruhe befindliche – sah, den Wunsch hegen dürfte, sie in Bewegung *(kinoúmena – κινούμενα)* und etwas von dem, was ihren Körpern angemessen zu sein scheint, im Wettkampf leisten zu sehen *(katà tèn agōnían athloûnta – κατὰ τὴν ἀγωνίαν ἀθλοῦντα)*.[5]

Gute Mimesis erkennt man nach Platon also daran, dass sie nicht einfach nachahmend abbildet, sondern ihren Gegenstand im Übergang vom Ruhezustand zu gerichteter Bewegung erfasst, als wäre er ein animierter Körper, dazu gezwungen, unter konfliktträchtigen Umständen agierend, reagierend und antizipierend sich seiner Natur gemäß zu verhalten. In solch agonal gesteigerter Bewegtheit gleicht jede anschauliche Darstellung einem schönen, geschmeidigen Tier im Kampf.

Doch nicht nur Platon orientiert sich am Tier, wenn es darum geht, die Qualität der Mimesis zu veranschaulichen. Auch Aristoteles greift auf den Tiervergleich zurück, um zu erläutern, was er unter dem Gesichtspunkt formaler Einheit als *mythos (μῦθος)* bezeichnet. Wie sich aus dem 7. Kapitel der *Poetik* ergibt, versteht er darunter eine *sýstasis tôn pragmátōn (σύστασις τῶν*

4 Platon: Timaios 19e2 (zitiert n. d. Ausgabe: Platonis Opera. Recognovit brevique adnotatione critica instruxit Ioannes Burnet, Tom. IV: Tetralogiam VIII continens, Oxford 1902).

5 Platon: Timaios 19b4–c1 (in der Übers. d. Ausgabe Platon: Sämtliche Werke; Bd. 5: Politikos, Philebos, Timaios, Kritias. Nach der Übers. v. Friedrich Schleiermacher u. Hieronymus Müller mit der Stephanus-Numerierung hrsg. v. Walter F. Otto, Ernesto Grassi, Gert Plamböck, Hamburg 1959, S. 146).

*πραγμάτων):* einen Plot oder eine narrative Fabel, die der Disposition eines Werks als Bauplan zugrundeliegt:

> [Wir wollen nunmehr darlegen], welche Beschaffenheit die Zusammenfügung der Geschehnisse [*σύστασις τῶν πραγμάτων*] haben muß, da diese ja der erste und wichtigste Teil der Tragödie ist.
> Wir haben festgestellt, daß die Tragödie die Nachahmung [*μίμησις*] einer in sich geschlossenen und ganzen Handlung [*teleía kaì holè prâxis – τελεία καὶ ὅλη πρᾶξις*] ist, die eine bestimmte Größe hat [*echoûsá ti mégethos – ἔχουσά τι μέγεθος*] [...]. Ein Ganzes [aber] ist, was Anfang [*arché – ἀρχή*], Mitte [*méson – μέσον*] und Ende [*teleuté – τελευτή*] hat.[6]

In dieser klaren Strukturiertheit gleicht jeder wohlgeformte Mythos der zweckmäßigen Organisation eines Tieres:

> Ferner ist das Schöne [*kalón – καλόν*] bei einem Lebewesen [*zôon – ζῷον*] und bei jedem Gegenstand, der aus etwas zusammengesetzt ist, nicht nur dadurch bedingt, daß die Teile in bestimmter Weise angeordnet sind; es muß vielmehr auch eine bestimmte Größe haben. Das Schöne beruht nämlich auf der Größe [*mégethos – μέγεθος*] und der Anordnung [*táxis – τάξις*]. Deshalb kann weder ein ganz kleines Lebewesen schön sein (die Anschauung [*theōría – θεωρία*] verwirrt sich nämlich, wenn ihr Gegenstand einer nicht mehr wahrnehmbaren Größe nahekommt) noch ein ganz großes (die Anschauung kommt nämlich nicht auf einmal zustande, vielmehr entweicht den Anschauenden die Einheit und die Ganzheit aus der Anschauung, wie wenn ein Lebewesen eine Größe von zehntausend Stadien hätte). Demzufolge müssen, wie bei Gegenständen und Lebewesen eine bestimmte Größe erforderlich ist und diese übersichtlich sein soll [*eusýnopton – εὐσύνοπτον*], so auch die Handlungen eine bestimmte Ausdehnung haben, und zwar eine Ausdehnung, die sich dem Gedächtnis leicht einprägt [*eumnêmóneuton – εὐμνημόνευτον*].[7]

Der Vergleich mit dem Tier ermöglicht es Aristoteles, zwei Arten der Angemessenheit miteinander zu koppeln: Er verbindet die Rücksicht auf Überschaubarkeit der äußeren Gestalt (das *εὐσύνοπτον* des übersichtlich gegliederten Organismus, der sich weder durch Winzigkeit noch durch Monstrosität der Erkennbarkeit entzieht) mit dem Anregen innerer Wahrnehmungen (zumal des *εὐμνημόνευτον* im Sinne der guten Einprägsamkeit des Wahrgenommenen ins Gedächtnis des Betrachters). Zudem knüpft Aristoteles an die Überlegung zum rechten Ausmaß des Werkkörpers eine weitere, qualitativ-intensionale Bestimmung:

6 Aristoteles: Poetik 1450b21–27 (in der Übers. der Ausgabe Aristoteles: Poetik. Griechisch/Deutsch, übers. u. hrsg. v. Manfred Fuhrmann, Stuttgart 1982, S. 25).

7 Ebenda, 450b34–1451a6, S. 25–27.

> Für die Begrenzung, die der Natur der Sache folgt, gilt, daß eine Handlung, was ihre Größe betrifft, desto schöner ist, je größer sie ist, vorausgesetzt, daß sie faßlich bleibt. Um eine allgemeine Regel aufzustellen: die Größe hat die richtige Begrenzung [*hóros – ὅρος*], die erforderlich ist, um mit Hilfe der nach der Wahrscheinlichkeit oder der Notwendigkeit aufeinander folgenden Ereignisse einen Umschlag [*metabállein – μεταβάλλειν*] vom Unglück ins Glück oder vom Glück ins Unglück herbeizuführen.[8]

Im *μῦθος* erscheinen äußere und innere Wahrnehmung dadurch korreliert, dass in der Folge der dargestellten Ereignisse ein Umschlagen *(metabolé – μεταβολή)* der impliziten Werteverhältnisse vorgeführt wird. Ein solcher Metabolismus des Darstellungskalküls, der Extension in Intensität transformiert *et vice versa,* verankert den Tiervergleich in einer mimetischen Dimension, die wiederum eine Beweglichkeit ins Auge fasst, wie sie sonst nur den beseelten Körpern der *animalia* eignet.

Der Umschlag von einem Zustand in sein Gegenteil (man könnte auch sagen: der rasche Wechsel von einer Richtung in die Gegenrichtung), die Beweglichkeit des segmentierten Tierkörpers und seine Geschicklichkeit im Kampf (beim Angriff wie in der Verteidigung) sind bei Platon und Aristoteles Echos eines älteren, weisheitlichen Wissens vom Tier, wie es sich bei den Griechen nicht nur in Fabel und Epos (Äsop/Homer) sedimentiert hat, sondern auch in Traktaten zur Technik der Jagd (Oppian) oder in naturkundlich-ethischen Reflexionen über die Intelligenz der Tiere (Plutarch: *De sollertia animalium – Πότερα τῶν ζῴων φρονιμώτερα τὰ χερσαία ἢ τὰ ἔνυδρα;* ders.: *Bruta animalia ratione uti – Περὶ τοῦ τὰ ἄλογα λόγῳ χρῆσθαι;* Aelian: *De natura animalium – Περὶ ζῴων ἰδιότητος*) wieder aufgegriffen wird. In jenem weiten Wissensfeld herrscht das Tier durch das Repertoire seiner Techniken, mit deren Hilfe es dem Mangel an Überlebenschancen in der Welt begegnet.[9] Noch in der tödlichen Klemme kann es durch seine Listintelligenz und Anpassungsfähigkeit ein rettendes Schlupfloch finden: Es kann eine Falle bauen, die es vom Gejagten zum Jäger macht; kann den Fallen, in die es selbst getappt ist, entkommen (indem es etwa wie der Fuchsfisch einfach sein Innerstes nach außen stülpt und den verschluckten Angelhaken wieder ausstößt) oder seinerseits ganz zur Falle werden (wie der Fuchs, der die ihm unerreichbaren Vögel fängt, indem er sich totstellt und plötzlich nach dem ersten neugierigen

8 Ebenda, 1451a9–15, S. 27.

9 Vgl. Marcel Detienne, Jean-Pierre Vernant: Les Ruses de l'intelligence. La Mètis des grecs, Paris 1974 (engl. Übers.: Cunning Intelligence in Greek Culture and Society, übers. v. Janet Lloyd, Chicago 1991).

Vogel schnappt).[10] Das mimetische Vermögen des Tieres reicht durch sein *natürliches* Verhalten soweit, dass es in der Anpassung an seine vielgestaltige Umwelt dieser immer um *eine* rettende Wendung voraus ist, solange es nicht durch noch raffiniertere *künstliche* Vorrichtungen am Ende doch bezwungen wird. All jene Eigenschaften des Tierseins spielen, vermittelt über die Folie des Vergleichs, in das poetische Mimesisverständnis hinüber. Sie sprechen, übersetzt in die moderne Terminologie der Literaturwissenschaft, nicht einfach vom *Tier im Text,* sondern lassen den wohlorganisierten *Text als Tier* erscheinen.

## *II. Mittelalterliche Mimesis: Der Körper der Chimäre als Allegorie des Werkbauplans*

Auch die mittelalterliche Poetik arbeitet in ihrer Dispositionslehre mit der Vorstellung der Segmentierbarkeit des lebendigen Körpers in *principium – medium – finis.* Die *Poetria Nova* des Galfred von Vinsauf (entstanden zwischen 1208 und 1214) knüpft freilich nicht an das Aristotelische Postulat der organischen Einheit an, sondern an das Modell der *Ars Poetica* des Horaz (epist. II,3, VV. 1–4) und an deren berühmtes Emblem: das Fischweib, dessen Venuskopf auf einem Pferdehals sitzt und dessen Glieder, von verschiedenen Tieren stammend, mit bunten Federn ausgeschmückt sind.[11] Die Horaz'sche Poetik ordnet den Körper des Werks wie den Körper jenes Kompositwesens der Leitdifferenz von *ordo naturalis* und *ordo artificialis* unter. Im Vergleich mit Aristoteles' Doktrin vom übersichtlich gegliederten Lebewesen steigert der Gedanke des *ordo artificialis* die Variabilität des literarischen Bauplans.[12] Galfred nennt immerhin acht kombinatorische Alternativen der Eröffnung eines Werks, die über sententiöse und exemplarische Erweiterungen bis zur vollständigen Verkehrung des *ordo naturalis* reichen. Dadurch kann der Naturordnung, die Aristoteles' Poetik als das Maß seines Begriffsrealismus galt, durch Technik (und das heißt immer auch: durch

10 Zu den Beispielen vgl. ebenda, S. 27–54, hier S. 37.

11 Vgl. Q. Horatius Flaccus: Ars Poetica. Die Dichtkunst. Lateinisch/Deutsche Übers. u. m. e. Nachwort vers. v. Eckart Schäfer, Stuttgart 1984. Zur Präsenz der Horaz'schen Chimäre im mittelalterlichen Artus-Roman vgl. Nicola Kaminski: „Wâ ez sich êrste ane vienc, Daz ist ein teil unkunt". Abgründiges Erzählen in der Krone Heinrichs von dem Türlin, Heidelberg 2005, S. 15–17.

12 Zur Differenz zwischen den Poetik-Konzepten des Aristoteles und des Horaz vgl. Friedrich Gaede: Logik und Poetik, München, Bern 1978, S. 38 f.

List!) von Fall zu Fall ein verblüffend neues gedankliches und imaginatives Potential abgewonnen werden. Was bestehen bleibt, ist allerdings die Forderung nach unbedingter Finalität des künstlichen Körpers, so dass noch der extreme Positionstausch zwischen Anfang und Ende auf das Erzeugen einer geschlossenen tiergleichen Werkgestalt abzielt. Das so konzipierte Artefakt tendiert deshalb dazu, Chimären hervorzubringen und sich in ihnen durch Aggregationen von Körpergliedern unterschiedlichster Herkunft – bei der Homerischen Chimaira sind es genau drei artverschiedene Lebewesen: Löwe, Ziege, Drache – in *einer* deutlich zäsurierten Gestalt allegorisch zu figurieren.[13] Der Bauplan eines solchen *mixtum compositum* ist weiterhin erkennbar als der eines kohärenten Tierkörpers, auch wenn seine Zusammensetzung nicht mehr dem Anfang, der Mitte und dem Ende eines natürlichen Lebewesens entspricht. Das Horaz'sche und mit ihm das mittelalterliche Mimesisverständnis zielt daher nicht auf „einfache Nachahmung der Natur". Es richtet sich auf eine vom natürlich Gegebenen abgezogene, daran erinnernde, aber ihm durchaus unähnliche, mit ihm nicht zur Deckung zu bringende *figura*. Ihr Zweck besteht darin, aus widerstreitenden Elementen, alternativen Optionen und Wertungen unter wechselnden Vorzeichen eine *concordia discors* (Hor. *epist.* I,12, V. 19)[14] zu formen. Sie soll die Unterscheidbarkeit einzelner Positionen innerhalb des Ganzen hervorheben, die Urteilskraft des Publikums affektiv/ imaginativ/ rational ansprechen und dadurch exemplarisch den Anspruch eines konsensuellen *aptum* geltend machen: einer Angemessenheit, die nicht durch die Naturordnung vorgegeben ist, sondern auf die man sich durch Beurteilung der vom Artefakt angestoßenen inneren Bilder

13 Insofern beruht die Chimäre auf einem topischen Prinzip der Darstellung: Jedes einzelne der zusammengefügten Glieder besetzt und markiert einen locus, der potentiell mit der (Un-)Entscheidbarkeit eines Dilemmas verbunden ist. Von jener Topik ist der dynamische Darstellungsmodus des grotesken Körpers und der ökonomische Darstellungsaspekt des hybriden Körpers zu unterscheiden. Geht es dem einen um die Deformation des Körpers durch Verschiebung seiner Konturen und Proportionen (besonders an den Körperöffnungen, um das Fließen der Übergänge zwischen Innen- und Außenwelt zu fokussieren), zielt die hybride Darstellung auf die Variationen von Funktionen innerhalb einer systematischen Einheit, in der sich Merkmale verschiedener Gattungen synergetisch überlagern. Zum Gesamtkomplex einer chimärischen Poetik des mittelalterlichen Romans vgl. Eva Bolta: Die Chimäre als dialektische Denkfigur im Artusroman. Mit exemplarischen Analysen von Teilen des Parzival Wolframs von Eschenbach, des Wigalois Wirnts von Grafenberg und der Crône Heinrichs von dem Türlin, Frankfurt a. M. 2014.

14 Vgl. Q. Horatius Flaccus: Opera, hrsg. v. Friedrich Klingner, Leipzig 1982, S. 260.

erst einigen muss.[15] Die Herausforderung, die für Hörer/ Leser/ Betrachter damit verbunden ist, besteht in einem gesteigerten Aufwand an ethischer Phantasie.

Wie im Fall der Baupläne des *ordo artificialis* treiben mittelalterliche Autoren jenen rationalen Schematismus des *iudicium* auf die Spitze, wenn sie künstliche Tierkörper erzeugen, in denen sich die immanente Poetik bzw. der Problemlösungsanspruch der Dichtung allegorisch formiert. So setzt sich etwa im *Wigalois,* dem Artusroman Wirnts von Gravenberc,[16] der Drache Pfetân aus einem Katalog von nicht weniger als acht Tierarten zusammen: aus *swîn, kokodrille, wurm, han, mûl, grîfe, pfâw* und *steinbock*. Seine Körperteile entfesseln zudem ein totales chromatisches Spiel: ein schwarzes Haupt, ein grüner Bauch, rote Augen, gelbe Flanke, ein falber Rückenkamm, das Ganze überragt von zwei Fittichen, die in allen Farben der Pfauenfeder irisieren.[17] In solch einer Über-Chimäre sammeln und verdichten sich kontrastierende Farb- und Gestalttopoi, die für die Widerspruchsspannung des gesamten Romans signifikant erscheinen. In Pfetâns kampfbereitem Körper werden die phantasmatischen Auswüchse einer Mimesis der höfischen Welt manifest. Indem die Werkkomposition den monströsen Kompositkörper des Drachens in vielerlei Transformationen (als heraldisches Emblem, Helmzier, Gewandschließe, changierendes Farbmuster etc.) wieder aufnimmt und seine Bestandteile über den ganzen Roman verstreut, stellt sie am polymorphen und perversen, verwirrend unübersichtlichen und disseminierten Tier-

15 In diesem Sinne hat Karl Kerényi auf den paradoxen Zusammenhang von Chimäre und rationalem Schema der Begriffsbildung hingewiesen: „Die Mischgestalt ist in der griechischen Mythologie überhaupt ein Zeichen der Urweltlichkeit. Formen verschiedenartiger Wesen in einer Gestalt vereinigt zu haben, bedeutet für die Griechen eher etwas Negatives als Positives, ja, es bedeutet die Gestaltlosigkeit selbst. Mischgestalt und Begrifflichkeit stehen in demselben Gegensatz zu den mit griechischen Augen erblickten reinen Gestalten der Weltwirklichkeiten. Urweltliche, vorhomerische Götter haben in Vergleich mit den homerischen Göttergestalten beides in höherem Maße: sowohl Begrifflichkeit wie Mischgestalt. Die Begrifflichkeit stützt die Mischgestalt und erhält sie bis in spätere Zeiten hinein, wo gerade das fortschreitende Begrifflichwerden neue Mischungen hervorzubringen fähig ist, und am Ende zur Verwirklichung der Paradoxie führt: reinste Begrifflichkeit – reinste Chimäre. Es ist auch mit der Nemesis ähnlich: auf späteren Darstellungen erscheint sie als geflügeltes Wesen. Und wir haben Grund anzunehmen, daß darin das Begrifflich-Werden die Urweltlichkeit der Göttin zutage treten läßt." (Die Geburt der Helena samt humanistischen Schriften aus den Jahren 1943–45, Zürich 1945, S. 18).

16 Zitiert nach: Wirnt von Grafenberg: Wigalois. Text d. Ausg. v. J. M. N. Kapteyn übers., erl. u. m. e. Nachwort vers. v. Sabine Seelbach, Ulrich Seelbach, Berlin, New York 2005.

17 Die gesamte *descriptio* Pfetâns ebenda, S. 115 f. (VV. 5019–5075).

corpus die Allegorie einer wilden, kaum zu bezähmenden Krise der erzählten Ordnung dar, zugleich aber auch die Form, jene Krise in der Chimäre zu erfassen und zu bearbeiten.

## *III. Tierkataloge im politisch-theologischen Kontext*

Freilich hat sich der Urteilsrahmen, in den mittelalterliche Tierdarstellungen sich einfügen, gegenüber der Antike verschoben. Zwar bestehen die Tiercharakteristiken des *Physiologus*, dessen Grundbestand auf eine im ägyptischen Alexandreia entstandene Kompilation des 2. Jahrhunderts zurückgeht,[18] ebenfalls aus Beschreibungen des Listverhaltens, das die einzelnen Tiere an den Tag legen, um Beute zu machen oder selbst ihren Jägern zu entgehen. So zeichnet sich der Löwe durch drei *physeis/proprietates* aus: Erstens verwischt er, sobald er die Witterung seiner Verfolger aufnimmt, die eigenen Spuren mit seinem Schweif, so dass niemand sein Lager aufzuspüren vermag. Zweitens schläft er mit allzeit offenen Augen, und drittens erweckt der Löwenvater sein Junges, das die Löwin tot zu gebären pflegt, am dritten Tag, indem er es anbläst und mit seinem Atem belebt.[19] Doch bleibt es nicht bei der Auflistung derartiger Merkwürdigkeiten. Vielmehr erscheinen sie in der Schrift des Physiologus als Glossen der Natur zum heiligen Text der Schöpfung: Über Bezüge zum Alten wie zum Neuen Testament wird das Verwischen der Spur mit der Paulinischen *kénōsis*-Lehre (Phil. 2,5–11)[20] verbunden, die besagt, dass Gott durch seine Menschwerdung die Spuren seines Gottseins verborgen habe; die unermüdliche Wachsamkeit wird auf den Todesschlaf der Menschnatur des gekreuzigten Gottessohnes hin gedeutet, während zugleich seine Gottnatur zur Rechten des Vaters in Ewigkeit wacht; die Erweckung des Löwenjungen schließlich vollendet figurativ das Inkarnationsmysterium durch ihre Auslegbarkeit auf Christi Auferstehung von den Toten hin. All das führt vor Augen, dass die Geheimnisse des göttli-

18 Zur Überlieferungs- und Rezeptionsgeschichte des Physiologus vgl. Christian Schröder: Physiologus. In: VL2, Bd. 7, 1988, Sp. 620–634; Nikolaus Henkel: Studien zum Physiologus im Mittelalter, Tübingen 1976.

19 Vgl. Physiologus. Griechisch/Deutsch, übers. u. hrsg. v. Otto Schönberger, Stuttgart 2001, S. 4–7.

20 Explizit verweist der griechische Physiologus in diesem Punkt durch Anspielung und Zitat auf andere Bibelstellen: Apk 5,5 (Wurzel Davids), Joh 1,14 (Wort ist Fleisch geworden) und Ps 24,10 (König der Ehren).

chen Heilsplans bereits den elementaren Naturtatsachen vollständig eingeschrieben sind.[21] Die Namen, Eigenschaften und Verhaltensweisen der Tiere reihen sich so als Buchstaben einer geheimen und doch offenbaren Schrift aneinander, die zu einem Ainos *(αἶνος)*, einem Dingrätsel der *mysteria regni caelorum*, zusammentreten. Man muss nur über die Deutungskompetenz eines Physiologus verfügen, um im Buch der Schöpfung wie in der Bibel lesen und wie sonst nur die gesalbten Herrscher an der göttlichen Providenz teilhaben zu können.

Die politisch-theologische Dimension solch allegorischer Proprietäten-Reihen in Form von Tierkatalogen ist beispielhaft in einer Version der Vita Alexanders des Großen aus dem letzten Viertel des 12. Jahrhunderts gestaltet. Mit dem makedonischen Eroberer wählt der *Straßburger Alexander* einen Protagonisten, der, wie kein anderer Mensch vor oder nach ihm, die gesamte Welt der Länge, Breite und Tiefe nach durchmisst. Er bekommt alle Wunder der Schöpfung zu sehen, versteht sie aber nicht zu lesen. Sie bleiben ihm Rätsel, weil er als dritter Weltherrscher in der Sukzession der *translatio imperii* zwar dem vierten, messianischen Reich zugewandt ist, doch noch nicht im Bewusstsein der christlichen Offenbarung agieren kann: Die Botschaften des Buchs der Natur sind für ihn versiegelt, obwohl er ihnen physisch nahe kommt. So überschreitet er nach einem beispiellosen Eroberungszug durch Persien und Indien mit der Passage eines Flusses, der bald bitteres, bald süßes Wasser führt, die Grenze der bis dahin bekannten Welt und betritt mit seinen Soldaten jenen äußersten Orient, wo nach der Darstellung der mittelalterlichen Weltkarten das unzugängliche irdische Paradies liegt.[22] Es ist von einer Zone umgeben, in der sich wildeste Tiere und chimärische Wundergeschöpfe in großer Zahl und Dichte befinden. Reihenweise treten sie dem Eindringling entgegen: Cocodrillen fressen 27 seiner Pioniere; Skorpione, Löwen und riesige Eber bedrohen das Heer; Elefanten, Schlangen, sechsarmige Menschenaffen greifen die Griechen an. Erst das Abbrennen des Waldes, aus dem sie hervorbrechen, stoppt den bedrohlichen Ansturm, scheucht aber auch den mörderischen Odontotyrannos mit seinen drei Hörnern aus dem Versteck, gefolgt von aasfressenden Füchsen und Fledermäusen, die

21 Vgl. Dietrich Schmidtke: Geistliche Tierinterpretation in der deutschsprachigen Literatur des Mittelalters (1100–1500), 2 Bde., Berlin 1968.

22 Zum folgenden Tierkatalog vgl. den in den Roman inserierten Brief Alexanders an seine Mutter Olympias und seinen meister Aristoteles in der Ausgabe Pfaffe Lambrecht: Alexanderroman. Mittelhochdeutsch/Neuhochdeutsch, hrsg., übers. u. komm. v Elisabeth Lienert, Stuttgart 2007, S. 414–423 (VV. 4456/4906–4605/5055).

den überlebenden Rittern Nasen und Ohren abnagen, es also auf deren Sinne abgesehen haben. Der Andrang der Bestien, die das Eindringen der Griechen in die unbekannte, von *mirabilia* bewohnte Welt hemmen und begleiten, erinnert an die Portal- und Eingangszonen romanischer Kapellen und Gotteshäuser, die nur an Monstren vorbei zu betreten sind, dann aber den Weg zur Heilszone – im Alexander-Roman ist es das *Iter ad Paradisum* – bahnen und freigeben. Entsprechend gilt: Je weiter Alexander vordringt, desto weniger bedrohlich erscheinen die ihm begegnenden Tiere. Am Ende sieht er Paradiesvögel (*die wâren samfte gemût / und ne forhten niwit den tôt,* VV. 4686 f./ 5137 f.) und sogar den Vogel *Fenix,* dessen Singularität *ubir alle di lant / und ubir al ertrîche* (VV. 4702 f./5152 f.) den initialen Tierkatalog des *Straßburger Alexander* krönt.

Auch wenn Alexander in der *Epistola* an seine Mutter und seinen Lehrer Aristoteles jenes Zusammentreffen mit dem Phoenix nicht kommentiert, ist den Lesern der Bezug zum heilsgeschichtlich fundierten Herrschaftsverständnis der Stauferzeit (wie es sich paradigmatisch etwa auch im *Brief des Priesterkönigs Johannes* äußert) deutlich: Der Phönix, der sich selbst verbrennt und aus seiner Asche verjüngt wieder aufsteigt, ist laut *Physiologus* eine *figura Christi* und zugleich Symbol eines korporativ gedachten Königtums, in dem das Amt die Sterblichkeit seines jeweiligen Trägers überdauert und sich in jedem Nachfolger unverändert regeneriert.[23] Auf diese Weise greifen die Tierbegegnungen Alexanders, des Königs der Könige, in letzter Konsequenz seiner Selbstbegegnung vor. Ihren Höhepunkt erreicht die Rätselkommunikation *qua* Tierkatalog nämlich, als Alexander in unmittelbarer Nachbarschaft zum östlichen Ende der Welt ins Reich der schwarzhäutigen Königin Candacia gelangt.[24] Den herannahenden Herrscher, der sich selbst als *novus*

23 Nach Ernst Kantorowicz bezeichnet der Phoenix im erbrechtlichen Kontext einen „der seltenen Fälle, in denen das Einzelwesen zugleich die ganze Art darstellte, so daß Art und Individuum zusammenfielen. Nun war die Art selbstredend unsterblich, das Individuum dagegen sterblich. Der Phantasievogel enthüllte somit einen Dualismus: er war zugleich Phönix und die Phönix-Art, sterblich als Einzelwesen, aber auch unsterblich, weil er die ganze Art war. Er war zugleich individuell und kollektiv, da die ganze Art immer nur ein einziges Exemplar hervorbrachte. […] Die Phönix-Sage paßte gut zu alldem [sc. zur Rechtfertigung der Primogenitur], da sie fast ausnahmslos die personale Identität des toten Phönix mit seinem lebenden Nachfolger betonte." (Die zwei Körper des Königs. Eine Studie zur politischen Theologie des Mittelalters, übers. v. Walter Theimer, München 1990, S. 387 f., 391).

24 Die Gabentausch-Szene zwischen Alexander und Candacia findet sich ebenda, VV. 5063/ 5511–5150/5598. Zur Interpretation vgl. Marion Oswald: Gabe und Gewalt. Studien zur

*Dionysos,* sprich: als inkarnierten Sohn des obersten Gottes versteht, begrüßt sie standesgemäß, indem sie ihm einige der bemerkenswertesten Exemplare der Weltrandfauna zum Geschenk macht, darunter neben 60 Panthern und 100 Leoparden das eine und einzigartige Monoceros:

> [...] ein tier,
> daz was edele unde hêr,
> daz den carbunkel treget
> und daz sih vor di magit leget. (VV. 5131/5579–5134/5582)

Könnte Alexander die Natur mit der Kompetenz des christlichen Naturdeuters auslegen, dann wüsste er etwa aus dem *Althochdeutschen Physiologus* Folgendes über das Einhorn:

> So heizzit ein andir tier rinocerus, daz ist einhurno, un ist uile lucil un ist so gezal, daz imo niman geuolgen nemag, noh ez nemag ze neheinero uuis geuanen uuerdin.[25]

> Ein weiteres Tier heißt „rinoceros", das bedeutet: „Einhorn". Es ist sehr klein und so schnell, dass weder jemand ihm zu folgen vermag noch es auf irgendeine Weise gefangen werden kann.

Es sei denn, so erfahren wir weiter, man setze eine Jungfrau auf seine Bahn. Ihr laufe es, sobald es sie wahrnehme, zu und springe ihr, sofern es sich um eine wirklich unbefleckte, *uuarhafto magit* handele, in den Schoß, um mit ihr zu spielen. Währenddessen könne sich der Jäger nähern und es in dieser Lage dennoch einfangen oder töten. An die Beschreibung seines Aussehens und Verhaltens schließt eine auslegende Passage an:

> Daz bezeichenet unserin trotin Christin, der dir lucil uuas durih di deumuti der menischun geburte. Daz eina horin daz bezeichenet einen got. Also demo einhurnin niman geuolgen nemag, so nemag ouh nehein man uernemin daz gerune unsiris trotinis, noh nemahta uone nehenigemo menislichemo ougin geseuin uuerdin, er er uon der magede libe mennesgen lihhamin finc, dar er unsih mite losta.

> Dies bezeichnet unseren Herrn Christus, der sich um deinetwillen kleinmachte, indem er demütig die menschliche Geburt auf sich nahm. Das eine Horn bezeichnet den einen

Logik und Poetik der Gabe in der frühhöfischen Erzählliteratur, Göttingen 2004, S. 57–134.

25 Zitiert aus: Der altdeutsche Physiologus. Die Millstätter Reimfassung und die Wiener Prosa (nebst dem lateinischen Text und dem althochdeutschen Physiologus), hrsg. v. Friedrich Maurer, Tübingen 1967, S. 92.

Gott. Wie dem Einhorn niemand zu folgen vermag, so kann auch kein Mensch das Geheimnis unseres Herrn vernehmen noch konnte er von einem menschlichen Auge gesehen werden, bevor er durch den Leib der Jungfrau menschliche Gestalt annahm, womit er uns erlöste.

Das *eine* Horn steht für die Einzigartigkeit Gottes, die Uneinholbarkeit des Tieres für das Mysterium des Gottessohnes und sein dennoch möglicher Fang für die ins Bild einer Jagdlist gefasste Menschwerdung aus dem Schoß Marias durch das Wirken des Heiligen Geistes. So wird aus dem Naturwunder ein trinitarisch geprägter Typus Christi. Von ihm heißt es zusammenfassend in der mittelhochdeutschen *Physiologus*-Version der Millstädter Handschrift, dass er, der „haltunde Christ, [...] ein geistlich Einhurn ist" (V. 30).[26]

Zugleich geschieht in jener Auslegung etwas buchstäblich Tiefsinniges: Dem theologisch begründeten Inkarnationsmysterium wird ein weiteres Mysterium eingesenkt – das der Sinnlichkeit. Seine unfassbare Wildheit und Schnelligkeit machen nämlich das Einhorn sowohl für die innersten Zirkel des himmlischen Hofstaates (die *principatus, potestates, troni* und *dominationes,* die nach Gregor dem Großen Gott als Attribute seiner Herrschaft umgeben) als auch für den äußersten Kreis der Hölle unsichtbar. Sein Sichtbar-Werden allein vor den Augen des Menschen fängt das Einhorn dagegen in einem Prozess der inneren Verbildlichung ein. Seine Möglichkeit zu sein ist – mit anderen Worten – begründet in einem Akt der menschlichen Wahrnehmung und Imagination. Alexander wird dies am eigenen Leib erfahren, wenn Candacia ihn selbst wie die Jungfrau das Tier Monoceros einfangen wird und durch die Konfrontation mit seinem heimlich erstellten Porträt zur Einsicht in die Grenzen seiner Macht bewegt. Denn das Bild zeigt den Sohn des unsterblichen Gottes als Kind einer sterblichen Mutter. Das theologisch-politisch gedeutete Einhorn nimmt jene Selbsterkenntnis vorweg. Es antizipiert und enthüllt aus christlicher Sicht die Doppelnatur des Herrschers: die Göttlichkeit seiner Amtswürde und die Kreatürlichkeit seiner menschlichen Existenz.[27] Beide Aspekte aber, die zusammengenommen die mittelalterliche

26 Ebenda, S. 13.

27 Die spätmittelalterliche Bearbeitung des antiken Apollonius-Romans, in der Heinrich von Neustadt den König von Tyros zu einer Art „Über-Alexander" ausbaut, kennt eine vergleichbare Tierbegegnung. Sie stellt das exzeptionelle Wesen seines Königtums heraus, noch bevor der wie Odysseus irrfahrende Protagonist unter den Menschen als König der Könige anerkannt wird (zitiert nach: Heinrichs von Neustadt Apollonius von Tyrland nach der Gothaer Handschrift. Gottes Zukunft und Visio Philiberti nach der Heidelberger Handschrift, hrsg. v. Samuel Singer, Berlin 1906). Auf einer Insel von seinen Leuten ge-

Ethik des Souveräns ausmachen, beruhen auf einer Deutung der *sensualitas:* des seelischen Wahrnehmungsvermögens. Im Bezirk des *sensus moralis* lenkt sie die Psyche entweder mit Hilfe der inneren Augen *(sensus interiores)* und ihres rationalen Schematismus hinauf zu den himmlischen oder auf Grundlage der äußeren Sinne *(sensus animales),* die der Mensch mit den Tieren gemein hat, hinab zu den irdischen Dingen.[28]

## *IV. Minne und Maria: Bestiare der Liebe*

Wenn Tierkataloge in mittelalterlicher Dichtung wie Rätsel aufgebaut sind und als solche entschlüsselt werden können, geben sie Auskunft über geistliche und weltliche Geheimnisse: über die *mysteria regni caelorum* ebenso wie über die *arcana imperii.* Beides wurzelt in der Darstellbarkeit seelischer Regungen, ausgelöst durch äußere und innere Wahrnehmungsprozesse, wie prägnant die Einhorn-Allegorese zeigt: Dass die Sinnlichkeit der reinen Jungfrau das Einhorn lockt, einfängt und bis in den Tod festhält, ist sowohl eine spirituelle als auch eine erotische Aussage. Für die weitere Entwicklung der Tierkataloge seit dem letzten Viertel des 12. Jahrhunderts geht von sol-

trennt und verlassen, huldigt ihm das Tier Milgot, von dem der Seher Albedacus erklärt: „Alle tier nach seinem gepott / Mussen leben und wesen, / Mit im sterben und genesen: / Es ist kunig uber alle tier" (VV. 7026–7029). Wie ein Freund versorgt es den Fremdling, der sich beim Verfolgen eines einzigartigen Vogels in der Wildnis verlaufen hat, mit allem zum Überleben Notwendigen und lässt „ain schar / Von maniger hande wilde" (VV. 6684 f.) an ihm vorbeidefilieren: „Liebarten, leuwen, panthier, / Ain hüren, wisen[t] komen schir./ Wilde peren und eberschwein / Helffan und kamelein / Drungen alle sampt zu." (VV. 6687–6691) Die Gestalt des einzigartigen Tieres gleicht wiederum einer aus Formen und Farben heraldisch zusammengezogenen Über-Chimäre, hier aber nicht als Drache realisiert, sondern ausdrücklich als „schone creature" (V. 6635): „Sein varbe di was wunderleich. / Senft leich was sein gangk. / Es was wol ains speres langk. / Sein haut was grun als der chle, / Sein pauch weiß als der schne. / Stumpfat was im der munt / Und murrat als ain vogelhunt. / Mer dan tausent lay var / Was das tier her und dar. / Sein haupt trug es schon enpar, / Auff seinem hirne da vor / Ain krone von ir selber art: / So schone nie gemachet ward / Von goltschmides henden" (VV. 6620–6633). Dadurch erscheint Milgot als animierte Insignie des Apollonius. Vgl. damit Chrétiens de Troyes Beschreibung der barbioletes, jener farbig schillernden Wundertiere, aus deren Fell die Pelzverbrämung von Erecs Krönungsmantel besteht (Erec und Enide, übers. u. eingel. v. Ingrid Kasten, München 1979, S. 386 [VV. 6791–6801]).

28 Zu den psychohistorischen Grundlagen der sensus animales vgl. Daniel Heller-Roazen: The Inner Touch. Archaeology of a Sensation, New York 2007.

cher Simultaneität der entscheidende Impuls zur Psychologisierung des Bestiars im Zeichen der *minne* aus. Die anagogische, auf den Spiritualsinn gerichtete Tendenz der Auslegung wird dabei von einer starken tropologischen Psycho- und Moraldynamik unterfangen und getragen. Sie grenzt nicht einen „höheren" von einem „niederen" Sinn ab, sondern bildet Motor und Unterströmung für die Metamorphosen des Sinns, die im perfekten Phantasma der *virgo* die Heiligkeit wie die Sinnlichkeit der *figura* zugleich sehen lassen.[29] Präziser gesagt: Das Einhorn als Typos Christi macht in Verbindung mit der reinen Jungfrau klar, dass zum Mysterium der Inkarnation das Mysterium der Sichtbarkeit Gottes in der Welt hinzukommen muss, damit in Gestalt Marias die Kontaktstelle zwischen Transzendenz und Wahrnehmungsphysiologie gedacht und andächtig vor Augen gestellt werden kann.[30]

29 Darin liegt deswegen kein Widerspruch und schon gar keine Blasphemie, weil unter den Bedingungen der vormodernen Imaginationstheorie das vollendete innere Bild, in dem die äußeren Sinneseinträge durch den sensus communis zur perfekten synästhetischen Harmonie ausbalanciert worden sind, stets als erotisches Phantasma gedacht wird. Das Ende jener selbstverständlichen Einheit von Erotik und Spiritualität ist in dem historischen Moment besiegelt, in dem die katholische Kirche am 4.12.1563 im Dekret der 25. Sitzung des gegenreformatorischen Konzils von Trient solche Bilder von der Andachtspraxis ausschließt, deren Wirkung – wie im Falle des Einhorntableaus – als lasziv beurteilt wird: „Omnis porro superstitio in sanctorum invocatione reliquiarum veneratione et imaginum sacro usu tollatur omnis turpis quaestus eliminetur omnis denique lascivia vitetur ita ut procaci venustate imagines non pingantur nec ornentur." – „Ferner soll jeder Aberglaube bei der Anrufung der Heiligen, der Verehrung der Reliquien und dem heiligen Gebrauch der Bilder beseitigt, jeder schändliche Gelderwerb ausgeschaltet und schließlich [alles Laszive vermieden werden, so dass keine Bilder von verführerischer Schönheit gemalt und ausgeschmückt werden sollen.]" (modifizierte und ergänzte Übersetzung des Konzilsbeschlusses aus Heinrich Denzinger: Enchiridion Symbolorum, Definitionum et Declarationum de Rebus Fidei et Morum. Kompendium der Glaubensbekenntnisse und kirchlichen Lehrentscheidungen. Lateinisch – Deutsch, hrsg. v. Peter Hünermann, Freiburg [44]2014, S. 1563). Der schlichte Ausdruck omnis denique lascivia vitetur bedeutet nichts Geringeres als eine radikale bild- und mediengeschichtliche Zäsur: den Abschied vom erotischen Phantasma und den Bruch mit seinen epistemischen Voraussetzungen.

30 Ikonographisch ist jenes Doppelmysterium der Fleisch- und Bildwerdung Gottes im Motiv der „mystischen Einhornjagd" ausformuliert, bei der das überaus schnelle Tier von einem Jäger, dem Erzengel Gabriel, und seinen vier nach den Kardinaltugenden benannten Hunden in den Schoß der Jungfrau Maria getrieben wird. Auf einem Wandteppich aus dem Dominikanerinnen-Kloster Adelhausen (vgl. Jutta Eißengarten: Mittelalterliche Textilien aus Kloster Adelhausen im Augustinermuseum Freiburg, Freiburg 1985, S. 50–56) werden die Verkündigung nach Lukas als Hauptszene und die mystische Einhornjagd im Rankenwerk um die Szene sogar simultan dargestellt. Es geht dabei nicht um eine Variation desselben, sondern um die Unterscheidung zwischen Inkarnation und Imagination.

Die Verschiebung des Interesses vom Plan der Schöpfung auf die Natur der Seele, wie sie sich seit Mitte des 12. Jahrhunderts beobachten lässt, wirkt sich in groben Zügen so auf die vom Wissen des *Physiologus* gespeiste Tierkunde aus, dass unter dem Einfluss der spätantiken Enzyklopädie (Plinius, Isidor von Sevilla) der Katalog der signifikanten Tiere erweitert und zu umfangreichen Bestiaren ausgebaut wird.[31] Statt exegetischer Kommentare enthalten sie nun Moralisationen, die von den Eigenschaften der Tiere auf menschliche Verhaltensweisen schließen. Da die stärkste Wirkung auf Psyche und Handeln des Menschen vom Affekt der Liebe ausgeht, formieren sich im Kontext der höfischen Minnekultur zudem Auslegungen, die das Listhandeln und die Beweglichkeit der Tiere pointiert auf den Zustand der minnenden Seele hin deuten: Zunächst in der Troubadour-Dichtung (Rigaut de Berbezilh, Guiraut Bornelh, Peire Vidal); dann, befeuert durch die Aristoteles-Rezeption im Umkreis des Hofes Friedrichs II., in den Kanzonen und Sonetten der *Scuola Siciliana* bzw. der toskanischen Dichtung (Giacomo da Lentini: Chiaro Davanzati); schließlich in der lyrischen Produktion der Trouvères (Thibaut de Champagne), im spielerisch-gelehrten Prosa-Traktat (Richard de Fournival) bzw. in der Minneallegorie (Nicole de Margival: *Le Dit de la Panthère d'Amours*) entstehen provenzalische, italienische und altfranzösische Minnebestiare.[32]

Weiterführend zum Motiv Henrike Manuwald: Die Einhornjagd im hortus conclusus. Ein marianisches Bildmotiv zwischen Narrativierung und Diagrammatisierung. In: LiLi 176 (2014): Diagramm und Narration, hrsg. v. Hartmut Bleumer, S. 127–148; Jürgen Werinhard Einhorn: Spiritalis unicornis. Das Einhorn als Bedeutungsträger in Literatur und Kunst des Mittelalters, München 1998, S. 288–308.

31 Zur Geschichte der Bestiare vgl. Willene B. Clark: A Medieval Book of Beasts. The Second-Family Bestiary. Commentary – Art – Text and Translation. Woodbridge, Rochester 2006; dies.: Meredith McMunn: Beasts and Birds of the Middle Ages. The Bestiary and its Legacy, Philadelphia 1989; Marie-Hélène Tesnière, Thierry Delcourt (Hrsg.): Le Bestiaire du Moyen Age. Les animaux dans les manuscripts, Paris 2004; Debra Hassig (Hrsg.): The Mark of the Beast. The Medieval Bestiary in Art, Life, and Literature, New York, London 1999; Gisela Febel, Georg Maag (Hrsg.): Bestiarien im Spannungsfeld zwischen Mittelalter und Moderne, Tübingen 1997.

32 Die einschlägigen provenzalischen und altfranzösischen Dichtungen sind zusammengestellt u. übers. v. Ralph Dutli in: Richard de Fournival: Das Liebesbestiarium, a. d. Franz. des 13. Jahrhunderts übertr. u. m. e. Essay v. R. D., Göttingen 2014. Die Entwicklung jenes speziellen Typs kulminiert in der enzyklopädischen Fusion von moralisierendem und Minnebestiar. Dafür stehen die Fiore di virtù des Bologneser Dominikaners Tommaso Gozzadini und seine deutsche Bearbeitung, Hans Vintlers Pluemen der tugent. Vgl. Hans Jürgen Scheuer: Ex motu animalium. Spuren der Imagination in Schrift und Bild. Hans

Echos davon finden sich auch im deutschen Sprachraum: etwa in einem Minnelied Burkarts von Hohenvels, der im Umkreis Friedrichs II. nachgewiesen und möglicherweise dadurch mit den romanischen Modellen in Berührung gekommen ist. Burkarts Lied II verzeichnet die Amplituden einer von *minne* angestoßenen Seelenbewegung in Form eines Tierkatalogs:

Nach des arn sitte ir ere
hohe sweimet vnde ir muot
schande wenket von ir sere
sam vor valken lerche tuot
swer ir gruos nimt derst vor schanden   banden   vri sist selden wer.

Der wilde visch in deme bere
nie genam so manigen wank
als min herze in iamers lere
nach ir dest min fröide krank
wan min vriheit sich vür eigen   neigen   der vil lieben kan.

Swie der affe si gar wilde
doch so vahet in sin schin
sor in den spiegel siht sin bilde
svs nimt mir diu frowe min
sin lip herze muot vnd ougen   tougen   dest min vngewin.

Einen fürsten hant bien
swar der vert si volgent nach
minen gedenken den vrien
ist sus nach der lieben gach
ir vil vröiden flühtig lachen   machen   kan wol fröide mir.

Der einhürn in megede schose
git dvr kiusche sinen lib
dem wild ich mich wol genose
sit ein reine selig wib
mich verderbet an den triuwen   riuwen   mag si der gerich.[33]

Vintlers Pluemen der tugent in der Handschrift Innsbruck, Tiroler Landesmuseum Ferdinandeum, Dip. 877, und das Bestiar im Runkelsteiner Westpalas. In: E. Locher, H. J. Scheuer (Hrsg.): Archäologie der Phantasie. Vom „Imaginationsraum Südtirol" zur longue durée einer „Kultur der Phantasmen" und ihrer Wiederkehr in der Kunst der Gegenwart, Innsbruck u. a. 2012, S. 161–184.

33 Zitiert nach der Ausgabe: Deutsche Liederdichter des 13. Jahrhunderts, hrsg. v. Carl von Kraus, Bd. 1: Text, 2. Aufl., durchges. v. Gisela Kornrumpf, Tübingen 1978, S. 33 f.

In einer Reihe von sieben Tieren exemplifiziert das Sänger-Ich unterschiedliche Intensitätsstufen der Minne zu seiner Dame: den hochfliegenden *muot* der erotischen Attraktion (1: *ar – valke – lerche*); das Ins-Netz-Gehen des Liebenden (2: *der wilde visch*); das Hineinspiegeln der Dame ins *herze* (3: *affe*); das Denken, das unablässig das Phantasma der Geliebten umschwärmt (4: *fürst der bîen*). Am Ende jenes allegorischen „Romans eines Minneschicksals" steht mit dem Bild der Einhornjagd (5) ein widersprüchliches Tableau. Es überhöht einerseits die erotische Passion nach dem Muster des *Physiologus* ins Spirituelle: „der einhürn in megede schôze" (Str. V,1) bezeichnet, wie gesehen, das Mysterium der Inkarnation durch den Schoß der Gottesmutter Maria. Andererseits zeigt es den Sänger als Minneopfer: „sît ein reine sælig wîb / Mich verderbet" (Str. V,4 f.) deutet die Präfiguration der Kreuzigung Christi im Einhorntod zu einem Sinnbild der todbringenden heroischen Minne *(amor hereos)* um. Das Resultat ist paradox wie die Minne selbst: In der Position des Erlösers bleibt der Sänger unerlöst, gefesselt von der Attraktion des reinen, ungreifbaren Phantasmas.

Das allegorische Spektrum zwischen natürlicher und spiritueller Realisierung des Minne-Phantasmas, vermittelt über den Topos „Tier", findet seine wohl komplexeste Ausgestaltung in der Lyrik Frauenlobs[34] (alias: Heinrich von Meißen), besonders in seinem *Minneleich*.[35] Zum Lob des Namens *wîp* in 33 Strophen wendet sich der Sänger an sein eigenes Vorstellungsvermögen mit der Bitte, ein vollendetes *bilde* zu erzeugen, an das der hyperbolische Lobpreis zu richten wäre: „Her Sin, nu bildet mir ein wip" (III,2, V. 1). Dreierlei Gestalt nimmt jenes Frauenbild an: die historisch-typologische der alttestamentlichen Esther als Präfiguration Marias; die tropologische der Natura nach Alanus ab Insulis als formenreiches *involucrum* (*der formen cleit,* III,1, V. 5) der in Maria kulminierenden Schöpfung;[36] und die anagogische in „der

34 Zu den Tiervergleichen bei Heinrich von Meißen, Lied 4 (XIV,16–20. In: Frauenlob [Heinrich von Meissen]: Leichs, Sangsprüche, Lieder, 1. Teil: Einleitungen, Texte. Auf Grund der Vorarbeiten v. Helmuth Thomas hrsg. v. Karl Stackmann, Karl Bertau, Göttingen 1981, S. 566 f.), vgl. Susanne Köbele: Frauenlobs Lieder. Parameter einer literaturhistorischen Standortbestimmung, Tübingen, Basel 2003, S. 148–162.

35 Frauenlob III,1–33. In: Stackmann (wie Anm. 34), S. 330–378.

36 Der Bezug auf Alanus ab Insulis und seinen Planctus Naturae bildet den naturphilosophischen Schlüssel zur impliziten Wahrnehmungstheorie des Minneleichs. Vgl. Christoph Huber: Die Aufnahme und Verarbeitung des Alanus ab Insulis in mittelhochdeutschen Dichtungen. Untersuchungen zu Thomasin von Zerklare, Gottfried von Straßburg, Frauenlob, Heinrich von Neustadt, Heinrich von St. Gallen, Heinrich von Mügeln und Johannes von Tepl, Zürich, München 1988, S. 136–199. Speziell zur Erschließung des Minne-

hochsten vrouwen minne" (III,1, V. 6), mit der, vorbereitet durch das prophetische Wort eines gewissen Selvon, Maria als Herrin direkt angesprochen ist. Der Weg zur *hochsten vrouwen* führt dabei über die Exploration einer Zone, die der Sänger durch die Buchstabenetymologie des Wortes *wîp* absteckt:

Wip schribet sich mit drin buchstaben:
w wunne wil ze diute haben,
i irdisch in im hat begraben,
p paradis gesprochen. (III,22, VV. 1–4)

Um jenes irdische Paradies herum sind – wie im Alexander-Roman und wie in der daran orientierten Ebstorfer Weltkarte[37] – die Tiere des *Physiologus* und der Bestiare angeordnet.

III,16

Noch süzer dan ein küler wint dem heizen pilgerine,
noch süzer dan dem durstendigen ackerman ein kalt ursprinc,
Noch süzer dan ins lewen hitzic sunne ein schate schine,
noch süzer dan dem niuwen leben der süzen armonien clinc,

III,17

Noch süzer dan des lewen welf ir vater quickendiger gelf,
noch süzer dan ein stolze meit in vlucht dem eingehürne,
Noch süzer dan dem adelar in siner muze ein brunne clar,
noch süzer dan dem fenice sin wandel nach der bürne,

III,18

Noch süzer dan der honiktrage
der blüte honicsaffec nage,
noch süzer dan dem salamander viures wage,
noch süzer dan der luft dem gamalione,

leichs vgl. Ralf-Henning Steinmetz: Liebe als universales Prinzip bei Frauenlob. Ein volkssprachlicher Weltentwurf in der europäischen Dichtung um 1300, Tübingen 1994; Thomas Bein: Sus hup sich ganzer liebe vrevel. Studien zu Frauenlobs Minneleich, Frankfurt a. M. u. a. 1988.

37 Vgl. Uwe Ruberg: Die Tierwelt auf der Ebstorfer Weltkarte im Kontext mittelalterlicher Enzyklopädik. In: H. Kugler (Hrsg.): Ein Weltbild vor Columbus. Die Ebstorfer Weltkarte. Interdisziplinäres Colloquium 1988, Weinheim 1991, S. 319–346.

Noch süzer dan der erden zins
dem moltwerfe und sins ordens vlins,
noch süzer dan dem hering dünke wazzers glins,
noch süzer dan dem vögelin morgens vrone,

Noch süzer dan dem lebartin
dri roubes gernde sprünge sin,
noch süzer dan dem pantier tut sins ruches fin,
noch süzer dan dem kempfen siges crone,

III,19

Noch süzer ist der formelicher vröuden tag,
der dir uz wibes bilde bliczet durch din ougen in dins herzen eigen.
Wie hochgelobt, wie wunnen rich ein twinclich smac,
wie gar durchsüzet und durchsenftet und durchliuchtet ist ir lichlich zeigen!

Diejenigen Tierarten, die dem Katalog des *Physiologus* entstammen *(lewe, eingehürn, adelar, fenice, pantier)*, beziehen sich dort zwar sämtlich auf Christus, werden aber über das gemeinsame Merkmal der *süeze* (als Geschmacks- und Heiligkeitsqualität in einem Wort) mit der Wahrnehmung des *wîbes*/Marias verbunden, auf die hin die *metaphora continua* zuläuft.[38] Das dazwischen ein-

38 Entsprechendes findet sich im Marienlob Konrads von Würzburg (Die Goldene Schmiede, hrsg. v. Edward Schröder, Göttingen 1926), im Marienleich Frauenlobs (I,12, in: Stackmann [wie Anm. 34], S. 260) bzw. im Tum Heinrichs von Mügeln (VI,18–22/Str. 127–131, in: Die kleineren Dichtungen Heinrichs von Mügeln. I. Abt.: Die Spruchsammlung des Göttinger Cod. Philos. 21, 2. Teilbd.: Text der Bücher V–XVI, hrsg. v. Karl Stackmann, Berlin 1959, S. 164–169). Die dort aufgerufenen Tierbilder – Löwe, Pelikan, Adler, Phönix, Einhorn – hat Michael Stolz als metonymische Bestandteile einer tota allegoria analysiert: „Prinzipiell steht das Verfahren in der Tradition des ‚Physiologus' und der ihm verwandten Literatur, wo die Ausdeutung der einzelnen Tiere in der Regel ebenfalls auf Gott bzw. den Menschensohn zentriert ist. [...] Frauenlob weist den Weg, wie die Gottesmutter dennoch in die Allegorie eingebracht werden kann; sie wird durch einen Bestandteil des Eigenschaftsbereichs verbildlicht: die stimme des Löwen, das Blut des Pelikans, das Feuer, in dem sich der Phönix verjüngt. [...] Prinzipiell besteht eine metonymische Beziehung zwischen dem Tier und der stimme bzw. dem blut als Mittel seines Handelns. Indem das Tier seinerseits den Erlöser Christus symbolisiert, wird die Genitivkonstruktion insgesamt zur Anredemetapher für die Gottesmutter: Marie ‚ist' des louwen stimme, sie ‚ist' das milde blut des pellicanus. Im Hintergrund dieses Sprachgebarens steht die Auffassung von der Heilsmittlerschaft der Madonna, von ihrer Teilhabe an Inkarnation und Erlösung. [...] Die mediatrix-Rolle der Gottesmutter wird in der metonymischen Funktion eines agens instrumentalis versprachlicht." (Tum-Studien. Zur dich-

geschaltete Quartett aus *salamander, gamelione, moltwerfe* und *hering* ist, vermittelt über die charakteristischen Lebensräume jener Tiere (*viure, luft, erde* und *wazzer*), den vier Elementen zugeordnet.[39] Sie liegen der Materialität jeder pneumatischen Phantasmenbildung, verstanden als Kommunikation zwischen Makro- und Mikrokosmos, zugrunde und belegen, dass über das Bestiar der elementare Prozess der inneren Verbildlichung anvisiert wird. Solch hyperbolische Allegorisierung des Imaginationsgeschehens steigert sich bis zur höchsten Freude, von der ein Minnepreis Zeugnis ablegen kann: „im vröuden tag, / der dir uz wibes bilde bliczet durch din ougen in dins herzen eigen“. Gemeint ist damit der Blickwechsel, der das erotische Phantasma ins Herz des Sängers einwandern lässt: Voraussetzung für den vollendeten Herzenstausch unter Minnenden.

Die Erfahrung, die das „klassische“ Minnebestiar bearbeitet, ist dagegen eine andere, wenig euphorisierende: Wie bei Burkart von Hohenvels steht auch bei Richard de Fournival statt der *vröude* das Opfer im Vordergrund. Die *minne,* so klagt die Ich-*persona* des *Bestiaire d'Amours,* habe sich an ihm dafür gerächt, dass er ihren Extremen stets aus dem Wege gegangen sei, um das höfische Maß zu halten. Sie habe ihm deshalb eine Jungfrau auf seinen Weg gesetzt, mit der sie ihn in den lähmenden Zustand einer verzweifelten Hoffnung ohne Aussicht auf Lohn versetzt habe, um ihm den Willen zu rauben und ihn – wie der Panther seine Beute mit Wohlgeruch anlockt – schließlich durch ihren süßen Atem in den Tod zu reißen. Als einen solchen Tod aber versteht das Sprecher-Ich den völligen Kontrollverlust über die fünf Sinne im Schlaf der eigenen *ratio:*

> Deshalb sage ich, dass mich diese drei Sinne gefangen haben: Hören, Sehen und Riechen. Und wenn ich noch durch die beiden anderen Sinne gefangen worden wäre, nämlich durch den Geschmackssinn beim Küssen und durch den Tastsinn beim Anschmiegen und Umarmen, wäre ich ganz und gar eingeschläfert worden. Denn der Mensch schläft dann, wenn er seine fünf Sinne nicht mehr spürt. Und von dieser Betörung durch die Liebe rührt die ganze Gefahr. Denn auf allen Schlaf folgt der Tod, genau wie beim Einhorn, das

terischen Gestaltung im Marienpreis Heinrichs von Mügeln, Tübingen, Basel 1996, S. 229 f.).

39 Die Tierkonfiguration der Elemente kehrt bei Heinrich von Mügeln in Lied 4 (in: Stackmann I,2 [wie Anm. 37], XIV, 10–12/393–395, S. 480–482) rudimentär wieder, vgl. Köbele (wie Anm. 34), S. 148 f., 152–154.

im Schoß der Jungfrau eingeschlummert ist, oder wie bei einem Mann, der von der Sirene betört wird.[40]

Damit ist die Umkehrung der *Physiologus*-Allegorese im Kontext der Minneallegorie komplett vollzogen: Das Paradoxon der Sinnlichkeit und ihrer erotischen Macht, das im Einhornbild von der Fleisch- und Bildwerdung des Messias insgeheim angelegt war, tritt in der Minnereflexion nach außen. Es zeigt an der überlisteten Beweglichkeit des Tieres, das nicht mehr kämpft, dass die Kraft, die den stärksten Antrieb der Seele bewirkt, sie zugleich am stärksten bedroht.

## *V. Zusammenschau*

Die Passage vom kämpfenden Tier des Sokrates zum gefesselten, durch Passion stillgestellten Tier Richards de Fournival führte durch ein Kapitel vormoderner Poetikgeschichte als Teil einer umfassenden Psychohistorie. Darin zeigt sich das Interesse an den *animalia* eng verknüpft mit dem Interesse an der menschlichen Seele, ihrer nach außen auf den Körper wie nach innen auf die Wahrnehmung wirkenden Beweglichkeit. Das scheint vor allem dem Gemeinplatz des unvermeidlichen Anthropomorphismus jeglicher Rede vom Tier zuzuarbeiten.

Darüber hinaus ergibt sich aber mit Blick auf Fabel und moralisierende Tiercharakteristik eine Art Zoomorphismus der Rede, dort nämlich, wo die Klugheit der Tiere und die Kunst der gegliederten, wohlkomponierten Dichtung aufeinander bezogen werden: Die Dispositionsmuster, sei es des übersichtlichen, sei es des chimärisch zusammengesetzten Werk-/Tierkörpers, verfügen über klar voneinander abgesetzte, bewegliche Kompartimente. Tier und Text berühren sich entsprechend darin, dass sie eine gestalthaft geschlossene Einheit bilden, die zu raschen Änderungen der Bewegungsrichtung fähig ist. Im Rahmen der Analogie von Sprache und tierischem Organismus kongruiert ein solch unvermitteltes Umspringen mit dem tropologischen Moment der Allegorie: mit der *inversio.* Ihr Umschwenken und Umschlagen konstituiert den *sensus moralis,* d. h.: diejenige Dimension der Allegorese, die

40 Zitiert in der Übersetzung Dutlis (wie Anm. 32), S. 27. Zur Funktion der Sinneswahrnehmung in Richards Minnebestiar vgl. Elizabeth Sears: Sensory Perception and its metaphors in the time of Richard de Fournival. In: W. u. R. Porter (Hrsg.): Medicine and the Five Senses, Cambridge 1993, S. 17–39.

aus jeder Allegorie einen Schauplatz der Psychomotorik macht. Dafür liefern Tiere als beseelte, selbstbewegliche Körper Anschauungsmaterial: Die Beschreibung ihrer Bewegungsweisen dient dem Erfassen und Unterscheiden von Rationalitätstypen. In ihrer mittelalterlichen Fortschreibung und Reinterpretation wird das so typisierte prudentielle Wissen der Tierkataloge und Bestiare einerseits mit der Providenz des Schöpfers, andererseits mit den Intensitäten der *minne* in Verbindung gebracht. In beiden Fällen führt die Tierallegorie zum epistemologischen Kern vormoderner Wahrnehmungstheorie und Seelenlehre: zum vollendeten Phantasma, das alle psychischen Energien bündelt und bindet.

Astrid Lembke

# Drachen
# Begegnungen im Mittelalter und in der Moderne

Drachen trifft man gegen Ende des 20. und zu Beginn des 21. Jahrhunderts in Europa oder in den USA meist entweder in der Kinder- und Jugendliteratur oder in Büchern, Filmen und TV-Serien an, die sich im weitesten Sinn dem Fantasy-Genre zurechnen lassen. Begegnungen zwischen Drachen und Menschen verlaufen in diesen modernen Werken oft harmonisch. Dies ist vor allem dann der Fall, wenn Drachen selbst als Protagonisten auftreten, wie etwa in der italienischen Zeichentrickserie *Draghetto Grisú* aus den 1970er Jahren. Doch auch Geschichten, die aus der Perspektive menschlicher Protagonisten erzählt werden, handeln oft von freundschaftlichen, manchmal sogar geradezu symbiotischen Beziehungen zwischen Drachen und Menschen.

In einem wissenschaftlichen Kontext konstatierte zuletzt Timo Rebschloe, dass der Drache in der Moderne „in der Summe zu einer freundlicheren, positiveren Figur wird, als er es über die Jahrhunderte der Opposition gegen den Helden war".[1] Dass Beziehungen zwischen Drachen und Menschen in der Gegenwartskultur mitunter als kooperativ, partnerschaftlich und sogar intim in Szene gesetzt werden, ist keineswegs selbstverständlich. Denn in antiken und mittelalterlichen europäischen Erzählungen verlaufen Begegnungen zwischen Drachen und Menschen – bis auf wenige Ausnahmen – stets antagonistisch und konfrontativ. Die Aufgabe der menschlichen Protagonisten besteht hier meist darin, den Drachen aus der Gegenwart der Menschen zu entfernen. Zugleich werden jedoch auch in der Vormoderne Drachen und Menschen keineswegs als absolut gegensätzlich gedacht: Menschliche Helden nehmen oft Merkmale ihrer besiegten Gegner an. Drachenhafte Elemente, die als ordnungsstörend und gesellschaftsge-

1 Timo Rebschloe: Der Drache in der mittelalterlichen Literatur Europas, Heidelberg 2014; vgl. auch Lutz Röhrich: Drachen – gestern und heute. Vom Wandel eines Feindbildes. In: Österreichische Zeitschrift für Volkskunde 103 (2000), S. 183–194.

fährdend markiert sind, bleiben somit selbst nach der Vertreibung oder Tötung des Drachen in der Welt der Menschen zurück.

Auf der Grundlage bisheriger Forschungsergebnisse argumentiere ich, dass im Mittelalter die literarische Inszenierung von Begegnungen zwischen Menschen und Drachen dazu genutzt wird, über die Identität heroischer, höfischer und heiliger Protagonisten sowie über ihr jeweiliges Verhältnis zu sozialer Hierarchie und politischer Herrschaft zu reflektieren. Aus dieser Perspektive fungieren Drachenkämpfe als Erzählanlässe, um die Positionierungsbemühungen der menschlichen Protagonist(inn)en innerhalb ihrer Gemeinschaft zu thematisieren. Ähnlich gilt dies auch für moderne Erzählungen: Ebenso wie die mittelalterlichen Texte diskutieren auch die Romane, Filme und TV-Serien des 20. und 21. Jahrhunderts das Wesen von Hierarchien in menschlichen Nahbeziehungen und die Frage nach richtiger oder falscher Machtausübung und Herrschaft. Auch in ihnen ringen Menschen in Interaktion mit ihrem monströsen Gegenüber um Identität und soziale Verortung, und auch hierbei spielt die Ähnlichkeit zwischen Mensch und Drache eine entscheidende Rolle.

Allerdings verläuft der Prozess im Mittelalter anders als in der Moderne: Im Mittelalter findet der Held zu sich selbst und gelangt zu einer herausgehobenen Position innerhalb seiner Gemeinschaft, indem er einen Drachen beseitigt. In der Moderne hingegen erringen die Protagonisten Identität und Macht in Prozessen der Auseinandersetzung mit lebendigen Drachen. Wie im Mittelalter dient der Drache auch in der Moderne als narrativer Katalysator, um über die Anwendung von Gewalt zu sprechen. Gewalt wird an dieser Stelle im mittelalterlichen Sinn keineswegs als Gegensatz zu Frieden und Recht verstanden: „Das Mittelhochdeutsche kennt den Begriff ‚gewalt‘ primär als Ausdruck für Herrschaft, Amt, Vollmacht, Summe des Kriegsvolks und nicht als Störung einer Ordnung, das Verb ‚gewalten‘ [...] bezeichnet schlicht den Vorgang des Herrschens.“[2] Gewalt kann zwar, muss aber keinen Angriff auf einen Körper implizieren, der auf dessen Schädigung oder Zerstörung abzielt. Gewalt gegenüber anderen auszuüben bedeutet, sie zu unterwerfen. Wer sich wiederum freiwillig unterordnet und diszipliniert, übt Gewalt gegen sich selbst aus, was etwa in theologischen Diskursen positive Implikationen besitzt. Udo Friedrich spricht für das Mittelalter und vor allem für die höfische Epik von „Fremd- und Selbstunterwerfung“ als von

2 Udo Friedrich: Unterwerfung. Das Dispositiv der Gewalt im Mittelalter. In: K. M. Bogdal, A. Geisenhanslücke (Hrsg.): Michel Foucault. Die Abwesenheit des Werkes. Nach Foucault, Heidelberg 2006, S. 141–165, hier S. 143.

„zwei gegenläufige[n] Subjektivierungsmodelle[n]".[3] Beide Modelle werden aber nicht nur im Mittelalter, sondern auch in der Moderne erzählerisch in Szene gesetzt. An drei mittelalterlichen und drei modernen Werken sowie einigen schlaglichtartig beleuchteten Vergleichstexten werde ich exemplarisch untersuchen, wie sich menschliche Helden in der Begegnung mit einem Drachen gewaltsam *erstens* ihr eigenes Selbst aneignen, wie sie sich *zweitens* fremde Territorien aneignen und wie sie sich *drittens* ein personales Gegenüber aneignen. Im Mittelpunkt steht die Frage, inwiefern die menschlichen Figuren selbst Merkmale der Drachen aufweisen, denen sie begegnen, und wie solche Korrespondenzen in den jeweiligen Werken dazu genutzt werden, über Identität, Hierarchie und Herrschaft zu sprechen.

## *I. Das Mittelalter: den Drachen beseitigen*

In den Romanen, Legenden und Heldenepen des europäischen und damit auch des deutschsprachigen Mittelalters sind Drachen Wesen, denen Menschen notwendigerweise feindlich gegenüberstehen müssen.[4] Sie gelten als angriffslustig, stark und bedrohlich und werden zuweilen, wie Schlangen, als Inkarnationen oder Gehilfen des Teufels oder als das personifizierte Heidentum, mindestens aber als wilde und gefährliche Tiere betrachtet.[5] Während es daher für die Protagonisten mittelalterlicher Texte unter Umständen möglich ist, mit anderen, von der menschlichen Norm abweichenden Wesen wie beispielsweise mit Zwergen, Tiermenschen oder Riesen einen gemeinsamen Lebensraum zu teilen, werden Drachen fast ausnahmslos getötet oder

3 Ebenda, S. 162.

4 Einen Überblick über Darstellungsmodi von Drachen in mythologischen, naturkundlich-historiographischen, politisch-historiographischen sowie biblischen und hagiographischen Texten gibt Joyce Tally Lionarons: The Medieval Dragon. The Nature of the Beast in Germanic Literature, Entfield Lock 1997.

5 Hingewiesen wird oft auf die Schilderung des Drachens in Offb 12,3 ff. Vgl. Winder McConnell: Mythos Drache. In: U. Müller, W. Wunderlich (Hrsg.): Dämonen, Monster, Fabelwesen, St. Gallen 1999, S. 171–183, bes. S. 174; Christa Tuczay: Drache und Greif – Symbole der Ambivalenz. In: Mediaevistik 19 (2006), S. 169–211, bes. S. 175; Helmut Brall-Tuchel: Drachen und Drachenkämpfe in Geschichtsschreibung, Legende und Roman des Mittelalters. In: Saeculum 57 (2006), S. 213–230, bes. S. 219. Timo Rebschloe macht allerdings darauf aufmerksam, dass letztere Zuschreibung in naturkundlichen Diskursen oft nicht zu finden ist und auch in weltlichen und sogar in legendarischen Texten keine Selbstverständlichkeit darstellt. Vgl. Rebschloe (wie Anm. 1), S. 381 ff.

auf andere Weise entfernt.[6] In vielen Texten allerdings verschwinden die besiegten Drachen nicht spurlos. Joyce Tally Lionarons zeigt, dass die mythische Struktur der Erzählung vom Drachenkampf ein Paradox enthält:

> To win is to legitimate oneself and gain the name of a hero, but it is not finally to annihilate the dragon. Instead, the dragon conceals its existence in a new form that simultaneously reveals itself in the ‚dragonish' characteristics acquired by the dragon slayer.[7]

Diese Dynamik korrespondiert auf erzähltheoretischer Ebene mit dem Modell narrativer Konflikte, das Rainer Warning auf der Grundlage von Algirdas Julien Greimas' Aktantenmodell formuliert hat: Er spricht von einem Dreischritt von Konfrontation, Domination und Attribution.[8] Dass also der Drachentöter oder die Drachentöterin Merkmale des bezwungenen Gegners annimmt, heißt nicht, dass er oder sie selbst zu einer Verkörperung der gerade erst besiegten bösen Macht wird. Es kann aber zur Folge haben, dass sich der Mensch unter bestimmten Umständen seinerseits das Potential des Drachen attribuiert, die bestehende gesellschaftliche Ordnung zu erschüttern – mit unterschiedlichen Auswirkungen für den Helden wie auch für das System, in dem er lebt.

## *II. Die Aneignung des Selbst*

In manchen Fällen, etwa in Hartmanns von Aue *Iwein,* gelingt es dem Helden mit der Tötung des Drachen, dessen chaotisches Potential restlos zu exorzieren (VV.°3828–3864).[9] Indem Iwein einem Löwen beim Kampf gegen einen Drachen zum Sieg verhilft, kämpft er auch um seine Identität als Ritter, Liebender und Landesherr, die er durch einen früheren Regelverstoß verloren hatte. Er widersagt damit der Unordnung und Unorganisiertheit, die ihn zuvor in eine prekäre Lage versetzt hatten, und kann sich im

6 Vgl. etwa Erecs Freundschaft mit dem Zwerg Guivreiz, die freundliche Begegnung Iweins mit dem ‚wilden Mann' im Wald oder König Rothers Unterstützung durch die Riesen Witold und Asprian.

7 Lionarons (wie Anm. 4), S. 11.

8 Vgl. Rainer Warning: Formen narrativer Identitätskonstruktion im höfischen Roman. In: O. Marquard, K. Stierle (Hrsg.): Identität, München 1979, S. 553–589, bes. S. 559.

9 Vgl. Hartmann von Aue: Iwein. Text und Übersetzung, 4. überarb. Aufl.,. Text der siebenten Ausgabe v. G. F. Benecke, K. Lachmann, L. Wolff, Übers. u. Nachw. v. Thomas Cramer, Berlin, New York 2001.

Folgenden erfolgreich rehabilitieren. Monströse Überreste bleiben an ihm nicht haften.

Anders verhält es sich im *Nibelungenlied,* wo sich der Protagonist wesenhaft an den Drachen annähert, obgleich dieser nur einen denkbar kurzen Auftritt hat. Als eines Tages der strahlende Held Siegfried am Wormser Hof erscheint, um die schöne Schwester der Könige Gunther, Gernot und Giselher zu umwerben, berichtet deren Gefolgsmann Hagen, was er über Siegfried weiß. Siegfried habe einst einen Drachen getötet und sei dadurch unverwundbar geworden:

> Noch weiz ich an im mêre, daz mir ist bekant:
> einen lintrachen, den sluoc des heldes hant.
> er badet sich in dem bluote. sîn hût wart hurnîn.
> des snîdet in kein wâfen. daz ist dicke worden schîn. (Str. 98)

> Ich weiß noch mehr von ihm, was mir zu Ohren gekommen ist. Einen Drachen hat der Held mit der Hand erschlagen. Er badete sich in dem Blut, und daraufhin hat er eine Hornhaut bekommen. Deshalb verwundet ihn keine Waffe. Das hat sich schon oft gezeigt.[10]

Siegfried sei, so Hagen, durch sein Bad im Drachenblut mit der Stärke seines Gegners gleichsam imprägniert worden. Zudem habe er zuvor bei einem Ritt durch das Reich der Nibelungen deren Könige getötet und sich ihren Schatz angeeignet (Str. 85–97). Kein Wunder also, dass die Wormser Könige zunächst angespannt auf die Ankunft des Helden reagieren – müssen sie doch damit rechnen, dass der unverwundbare Siegfried auch sie bekämpft, unterwirft und ihnen mit ihrer Schwester Kriemhild ihren größten Schatz nimmt. Durch den Kampf gegen die Nibelungen und gegen den Drachen eignet sich Siegfried eine heroische Identität an, die er, der wohlerzogene und wohlbehütete Xantener Königssohn, zuvor nicht besessen hatte. Die äußeren Anzeichen seiner Heldenhaftigkeit sind Hornhaut und Hort. Von nun an ist er herausgehoben aus der höfischen Gesellschaft und sowohl in positiver als auch in negativer Weise von ihr unterschieden. Seine heroische Exorbitanz erweitert in jeder Hinsicht Siegfrieds Möglichkeiten, besitzt aber auch das Potential, Unheil zu stiften. Denn mit dem besonderen körperlichen Vorteil, den Siegfried in Folge seiner Begegnung mit dem Drachen erhält, ist untrennbar die Möglichkeit verbunden, von den Vertretern des höfischen Kollektivs als Risiko für das bestehende Herrschaftssystem angesehen

10 Das Nibelungenlied. Mittelhochdeutsch/neuhochdeutsch, nach der Handschrift B, hrsg. v. Ursula Schulze, ins Neuhochdeutsche übers. u. komm. v. Siegfried Grosse, Stuttgart 2011.

zu werden.[11] Es ist die Ähnlichkeit des Helden mit dem gefährlichen Untier, die dafür sorgt, dass er das gleiche Ende nimmt wie der Drache, den er vor seiner Reise nach Worms getötet hatte. Siegfried ist nämlich ebenso wenig unbesiegbar wie der Drache. Kriemhild klärt Hagen darüber auf, wie Siegfried tödlich getroffen werden kann:

> Dô von des trachen wunden vlôz daz heize bluot,
> und sich dar inne badete der küene ritter guot,
> dô viel im zwischen di herte ein lindenblat vil breit.
> dâ mac man in versnîden. des ist mir sorgen vil bereit. (Str. 899)

> Als aus den Wunden des Drachen das heiße Blut herausfloss und der tapfere, gute Ritter sich darin badete, da fiel ihm zwischen die Schulterblätter ein ziemlich breites Lindenblatt. An dieser Stelle kann man ihn verwunden, und deshalb mache ich mir große Sorgen.

Hagens Speer trifft den Helden genau an der Stelle, an der das Lindenblatt auf seinem Rücken gelegen hatte. Wie sich die Stärke des Drachen nach seinem Tod auf seinen Bezwinger Siegfried übertragen hatte, so überträgt sich nach Siegfrieds Tod dessen destruktives Potential auf seinen Mörder Hagen. Dieser wiederum führt die Seinen in den Untergang an Etzels Hof und stirbt am Ende selbst durch Kriemhilds Hand. Nach Kriemhilds Tod schließlich ist von den Protagonisten des Epos kein einziger mehr am Leben.

Ähnlich wie in Hartmanns *Iwein* spielt der Drachenkampf im *Nibelungenlied* eine wichtige Rolle beim Prozess der Identitätsfindung des Helden und zukünftigen Herrschers. Im *Iwein* steht der Gewaltakt gegen den Drachen für die notwendige Selbstunterwerfung des Ritters unter die höfische Norm. Das Epos hingegen nutzt den Drachenkampf, um von den Katastrophen zu erzählen, die dann eintreten, wenn ein Protagonist den Drachen nicht völlig entfernt, sondern seine Monstrosität teilweise absorbiert. Der Text thematisiert ein „problematisches, dennoch unablässig faszinierendes Gewaltpotential".[12] Er führt vor, wie die anfängliche Gewalt gegen die Nibelungenkönige und gegen den Drachen eine Kette von Gewalttaten nach sich zieht, die im Untergang nicht nur des Drachentöters, sondern eines ganzen Kollektivs gipfeln.

11 Vgl. Andreas Hammer: Der heilige Drachentöter: Transformationen eines Strukturmusters. In: J. D. Müller, P. Strohschneider, A. Hammer, S. Seidl (Hrsg.): Helden und Heilige. Kulturelle und literarische Leitbilder des europäischen Mittelalters, Heidelberg 2010, S. 143–179, bes. S. 147.

12 Friedrich (wie Anm. 2), S. 162.

*III. Die Aneignung eines Territoriums*

Zuweilen hat ein erfolgreicher Drachenkampf den Erwerb einer Ehefrau und einer Landesherrschaft zur Folge. In Wirnts von Grafenberg *Wigalois* etwa muss der männliche Protagonist u. a. den gefährlichen Drachen Phetan töten, bevor er heiraten und die Herrschaft über das Land seiner Frau antreten kann (VV.°5004–5122).[13]

Das Agieren von heiligen Drachentötern in mittelalterlichen Legenden hingegen wird – im Gegensatz zu den Taten der Epen- und Romanhelden – in weitaus geringerem Maß mit weltlicher Herrschaft und Landgewinn in Verbindung gebracht. Indem die heiligen Held(inn)en sich im Konflikt gegen einen Drachen behaupten, besiegen sie in erster Linie eine „Präfiguration der Gegner Gottes“[14]. Ihr Kampf weist über weltliche Zusammenhänge weit hinaus. Manche Heilige nehmen allerdings sehr konkret Einfluss auf die weltlichen Machtstrukturen, in denen sie sich bewegen. Besonders deutlich wird dies bei St. Georg, dem vielleicht bekanntesten Ritterheiligen. In der lateinischen *Legenda Aurea* wie auch in einer deutschen Übertragung, dem *Passional* (13. Jahrhundert), wird erzählt, dass Georg nach seinem Tod den Kreuzfahrern erschienen sei und aktiv geholfen habe, die Stadt Jerusalem zu erobern. Zu Lebzeiten habe er vor seiner Begegnung mit einem heidnischen Tyrannen einen Drachen getötet, der die Bewohner einer Stadt terrorisierte: Nachdem Georg die Tochter des Königs gerettet hat, führt er den besiegten Drachen lebendig in die Stadt. In einer Rede an die Einwohner setzt er die Herrschaft des Drachen in Beziehung zur Unterwerfung der Menschen unter falsche Götter. Georg stellt den Stadtbewohnern in Aussicht, den Drachen zu töten, so sie denn zum christlichen Glauben überträten – was, wenig erstaunlich, eine massenhafte Konversion zur Folge hat:

> „mich hat“, sprach er, „der gotes sun,
> Iesus Cristus genant,
> zu uch lan kumen in diz lant,
> daz ich uch von deme trachen
> mitalle vri sal machen.
> […]
> ez hat der tuvel geboten,
> daz man mit dienste si bereit

13 Wirnt von Grafenberg: Wigalois. Text der Ausgabe v. J. M. N. Kapteyn, übers., erläut. u. m. e. Nachw. versehen v. Sabine u. Ulrich Seelbach, Berlin, New York 2005.

14 Hammer (wie Anm. 11), S. 154.

der abgote valscheit.
ir sult in genzlich widerstan
und rechten gelouben han,
so will ich tot den wurm slan
und siner herschaft uch erlan,
der er ob uch hat gepflogen,
mit grimmer kraft so ungezogen".
swaz da was verre oder na,
daz schrei allez „ia, ia". (VV. 296–416)

„Mich hat", sprach er, „Gottes Sohn, Jesus Christus genannt, zu euch in dieses Land kommen lassen, damit ich euch alle von dem Drachen befreie. [...] Der Teufel hat geboten, der Falschheit der Götzen zu dienen. Ihr sollt ihnen ganz widerstehen und wahrhaftig glauben. Dann werde ich den Wurm erschlagen und euch von seiner Herrschaft erlösen, die er so grimmig und ruchlos über euch ausgeübt hat." Nah und fern schrien alle „ja, ja!"[15]

Um weltlichen Ehrungen zu entgehen, reitet sodann der Heilige, der in dieser Version als besonders höfisch und ritterlich charakterisiert wird, rasch davon und seinem Martyrium entgegen.[16] Auffällig ist in dieser wie auch in vielen anderen Versionen der Legende, dass der heilige Georg *(vgl. Abb. 1)* gegen Teufel, Vielgötterei und Heidentum antritt – dass sein Sieg über den Drachen aber auch geostrategische Folgen hat. Georg rettet nicht nur Seelen, sondern erobert auch Territorien. Anders als Wigalois tut er dies allerdings weniger für sich selbst als vielmehr im Auftrag Gottes und im Interesse der Verbreitung des Christentums.

Eine gewisse Ähnlichkeit zwischen den christlichen Heiligen und den bekämpften Drachen besteht insofern, als auch die Heiligen ein bestehendes System bedrohen, indem sie gegen die Interessen der heidnischen Machthaber den christlichen Glauben propagieren. Sie versetzen diejenigen in Angst und Schrecken, die sich gegen ihren Gott wenden. In den Legenden ist allerdings die Störung der Ordnung anders konnotiert als in den höfischen Texten. In der Hagiographie ist alle Unruhe, sind auch Subordinierte, die sich gegen ihre Herrscher erheben, und Frauen, die Drachen besiegen, zuletzt Teil

15 Das Passional. Eine Legenden-Sammlung des dreizehnten Jahrhunderts, zum ersten Male hrsg. u. m. e. Glossar versehen v. Friedrich Karl Köpke, Quedlinburg, Leipzig 1852, S. 253 ff.

16 Vgl. Stephanie Seidl: Blendendes Erzählen. Narrative Entwürfe von Ritterheiligkeit in deutschsprachigen Georgslegenden des Hoch- und Spätmittelalters, New York, Berlin 2012, S. 56.

Abb. 1: Meister IAM von Zwolle: St. Georg, Stich, ca. 1480–1490.
Standort: The Metropolitan Museum of Art;
<www.metmuseum.org>, zuletzt: 1.5.2015.

von Gottes Heilsplan. St. Georg stört die überkommene Ordnung, um eine neue im Namen Gottes zu errichten.

In Romanen wie dem *Wigalois* liegt der Akzent auf der erfolgreichen Eroberung eines Territoriums durch einen Helden, der durch seinen Sieg über den Drachen zwar durchaus Züge eines Heilsbringers im religiösen Sinn erhält, für den der Drachenkampf aber letztlich vor allem ein Schritt auf dem Weg zu weltlicher Herrschaft ist. In Legenden oder Legendenromanen verhält es sich umgekehrt: Sie handeln von der Ausweitung des Reiches Gottes in einem geistlichen Sinn. Dass es im Zuge der Bekehrungsbemühungen ihrer heiligen Helden auch zu geopolitischen Expansionen kommt, steht nicht im Vordergrund. Sobald aber in der realen Kreuzzugspolitik die geistlichen Oberhäupter des Christentums zum Kampf gegen die ‚Ungläubigen' und damit zu einer Ausweitung sowohl geistlicher als auch weltlicher Herrschaft aufrufen, kann dieser Aspekt auch herrschaftspolitisch eine enorme Wirkung entfalten. Die gewaltsame Unterwerfung der Andersgläubigen erscheint dann als ebenso gerechtfertigt wie die Tötung eines gefährlichen, Jungfrauen verschlingenden Untiers.

## *IV. Die Aneignung eines Gegenübers*

Der siegreiche Kampf eines Helden gegen einen Drachen führt häufig nicht nur zum Erlangen eines Territoriums, sondern auch zum Erwerb einer Frau. Dies gilt in besonders problematischer Weise für den höfischen Helden Tristan bei Gottfried von Straßburg. Er, der für seinen Herrn und Onkel, König Marke, um die Hand Isoldes werben soll, tötet in Irland einen Drachen, der bis dahin das Land verwüstet hatte (VV.°8902–9446).[17] Statt nun selbst die irische Königstochter zu heiraten, führt er sie seinem König zu, wird aber noch auf der Überfahrt ihr Liebhaber und stürzt auf lange Sicht sich, Isolde und König Marke ins Unglück. Auch in diesem Text besitzt damit der Drachentöter ein ähnlich gesellschaftsgefährdendes, zerstörerisches Potential wie der Drache.[18]

17 Gottfried von Straßburg: Tristan, Bd. 1: Text, Verse 1–9982. Nach dem Text von Friedrich Ranke neu hrsg., ins Neuhochdeutsche übers., m. e. Stellenkommentar u. e. Nachw. versehen v. Rüdiger Krohn, Stuttgart 2001.

18 Vgl. Monika Unzeitig-Herzog: Vom Sieg über den Drachen. Alte und neue Helden. In: T. Ehlert (Hrsg.): Chevaliers errants, demoiselles et l'Autre. Höfische und nachhöfische

Auch in Ulrichs von Zatzikhoven *Lanzelet* muss ein Drache beseitigt werden, damit sich ein Ritter eine Frau aneignen kann. Etwas kurios ist die betreffende Romanepisode insofern, als Drache und Frau in einer Figur zusammenfallen. Lanzelet erfährt, dass in einem fernen Wald ein bärtiger und grauenerregender Drache hause, der vorbeiziehende Ritter dadurch in die Flucht schlage, dass er von ihnen verlange, auf den Mund geküsst zu werden. Lanzelet sucht diesen Drachen auf und lässt sich tatsächlich überzeugen, ihn zu küssen. Die Folgen sind erstaunlich:

> er erbeizte ûf di erde
> und kuste den wirsgetânesten munt,
> der im vordes ie wart kunt.
> zehant vlôch der wurm hin dan,
> dâ ein schœne wazzer ran,
> und badet sînen rûhen lîp.
> er wart daz schœneste wîp,
> di ieman ie dâ vor gesach. (VV. 7932–7993)

> Er [Lanzelet, A. L.] stieg von seinem Pferd und küsste den missgestaltetsten Mund, den er jemals gesehen hatte. Sogleich flog der Drache hinweg, wo ein schönes Wasser rann, und badete seinen rauen Körper. Er wurde die schönste Frau, die jemals irgendjemand zuvor gesehen hatte.[19]

Nachdem Lanzelet diese schöne Frau namens Elidia an seinen Hof mitgenommen und sie dort als Richterin in Liebesangelegenheiten eingesetzt hat, wird berichtet, wie es dazu gekommen war, dass sie die Gestalt eines Drachen annahm: Elidia hatte einst einen Mann zurückgewiesen, der um ihre Liebe geworben hatte. Die Sitte ihres Heimatlandes sah als Strafe für dieses inakzeptable Verhalten die Verwandlung in einen hässlichen Drachen vor. Eine Erlösung sollte nur auf die wohlwollend gewährte erotische Annäherung eines Mannes folgen (vgl. VV. 7983–8025). Mittels der Strafe, aber auch der Erlösung der verzauberten Prinzessin und ihrer Resozialisierung am Hof demonstriert der Erzähler, dass ‚Drachenhaftigkeit' nicht ausschließlich mit physischer Gewalttätigkeit und einer Tendenz zur Ablehnung

Literatur im europäischen Mittelalter. FS zum 65. Geburtstag von Xenja von Ertzdorff, Göppingen 1998, S. 41–61, bes. S. 54; Hammer (wie Anm. 11), S. 153.

19 Ulrich von Zatzikhoven: Lanzelet. Text – Übersetzung – Kommentar. Studienausgabe, hrsg. v. Florian Kragl, Berlin, New York 2009.

Gottes verbunden sein muss.[20] Die anerkannte höfische Ordnung kann auch dadurch gestört werden, dass sich eine Frau dem Begehren eines Mannes verweigert. Das Abweisen von Avancen wird in diesem Roman ausschließlich Männern zugestanden, etwa dem Protagonisten Lanzelet, der wiederholt begierige Liebhaberinnen zurücklässt, oder den Rittern, die vor dem um einen Kuss flehenden Ungeheuer fliehen. Dass es sich bei Elidias Strafe um eine spiegelnde Strafe handelt, wird daran deutlich, dass sie in ihrer Drachengestalt als „bärtig" („gebart", V. 7874) geschildert wird. Sie, die sich ein männliches Verhaltensprivileg angeeignet hatte, wird nun mit einem Übermaß an monströser Männlichkeit bestraft, von der sie wiederum nur die Gnade eines Mannes befreien kann. Die widerspenstige Frau wird dadurch gezähmt, dass man die Widerspenstigkeit an ihrem Äußeren ablesen kann, bis sie in die für sie bestimmte Rolle als dankbar die Gunst eines Mannes Annehmende zurückfindet. Lanzelet wiederum hat mit der Zähmung der Drachenfrau nicht nur seinen herausragenden Mut unter Beweis gestellt, sondern (durch die Einsetzung Elidias als Liebesrichterin) auch seine Fähigkeit, das Sozialverhalten seiner Untertanen zu kontrollieren und zu disziplinieren. Mit seiner Tat eignet er sich nicht nur eine neue Funktionsträgerin für seinen Hof an, sondern bestätigt auch seine stabile Identität als Ritter, Liebender und Landesherr. Gerade aufgrund ihrer monströsen Vergangenheit kann Elidia an Lanzelets Stelle dafür sorgen, dass die Geschlechterordnung am Hof des Herrschers gewahrt wird. Anders als Tristan stellt Lanzelet das bestehende System nicht in Frage, sondern bestätigt es. Auch eliminiert der Ritter den Drachen nicht, indem er ihn tötet. Dass aber die widerständige Frau in Drachengestalt unterworfen werden muss, steht auch in diesem Fall außer Frage.

## *V. Die Moderne: den Drachen benutzen*

Die mittelalterlichen Texte betonen den Konflikt und betrachten den Drachen als Feind, der beseitigt werden muss, damit der Held das erlangen kann, was er will und braucht. Diese Konfliktkonstellation wird in moder-

20 Allerdings sollte die Verbindung zwischen einer verführerischen (um einen Kuss bittenden) Frau in Wurmgestalt und der Schlange im Paradies nicht außer Acht gelassen werden. Vgl. Anne Berthelot: Le Fier Baiser, ou comment apprivoiser un dragon (femelle): In: F. Chen, T. Honegger (Hrsg.): Good dragons are rare. An Inquiry into Literary Dragons East and West, Frankfurt a. M. u. a. 2009, S. 77–95.

nen Texten zuweilen aufgenommen, etwa in J. R. R. Tolkiens *The Hobbit* (1937). Insgesamt scheint aber die Faszination für Situationen zu überwiegen, in denen eine komplexere, länger andauernde und häufig sogar kooperative Beziehung zwischen Menschen und Drachen entsteht. Weiterhin wird von Drachen häufig in Zusammenhängen erzählt, in denen vom Verlangen nach Unterwerfung die Rede ist – sei es im Kontext gewaltsamer Zusammenstöße zwischen Drachen und Menschen, unter Drachen oder unter Menschen. Auch in der Moderne werden dabei Hierarchien innerhalb von Partnerschaften und Herrschaftsverhältnissen verhandelt.

## *VI. Die Aneignung eines Gegenübers*

Das vielleicht prägendste Motiv moderner Erzählungen über Menschen und Drachen ist das der Freundschaft. In Romanen wie Christopher Paolinis *Eragon* (2002), Simon R. Greens *Blue Moon Rising* (1991) oder Cornelia Funkes *Drachenreiter* (1997) wird davon erzählt, wie ein junger Mensch mit einem Drachen in Kontakt gerät und aus der Begegnung und anhaltenden Beziehung die Kraft schöpft, die er braucht, um zu einem anerkannten Mitglied seiner Gemeinschaft zu werden. Auch solche Erzählungen über Freundschaften, die besonders dem physisch schwächeren menschlichen Partner zu einer Position erweiterter Handlungsfähigkeit verhelfen, enthalten Aussagen kolonialpolitischer, ökopolitischer oder genderpolitischer Art.

In dem auf einer Kinderbuchreihe basierenden *DreamWorks Animation*-Film *How to Train Your Dragon* von 2010 etwa kämpft ein Volk von Wikingern gegen eine Vielzahl von Drachen, die sich regelmäßig über die Viehbestände der Menschen hermachen.[21] Eines Tages gelingt es überraschend ausgerechnet dem Jungen Hiccup, der dafür stets verspottet wird, den kämpferischen und draufgängerischen Idealen seines Volkes nicht zu genügen, einen besonders gefährlichen Drachen so zu verletzen, dass dieser fluguntähig in einem entlegenen Tal eingesperrt ist. Statt den Drachen zu töten, schließt Hiccup Freundschaft mit ihm. Durch das Anbringen einer mechanischen Apparatur an der verstümmelten Schwanzflosse des Drachen sorgt er dafür, dass dieser wieder fliegen kann – allerdings nur, solange Hiccup auf ihm reitet und die Apparatur bedient. Auf dem Höhepunkt der Handlung schließlich kann der Junge mit Unterstützung des Drachen und genau durch

21 How to Train Your Dragon, Regie: Chris Sanders, Dean DeBlois 2010 (Paramount Pictures).

jene Art von Heldenhaftigkeit, die ihm zuvor niemand zugetraut hatte, die Anerkennung seiner Gemeinschaft gewinnen. Dadurch, dass er dabei ein Bein verliert und nun seinerseits auf den Drachen wie auf eine Prothese angewiesen ist, um bewegungsfähig zu sein, werden die beiden einander auf körperlicher Ebene ähnlich.

Wie stark der junge Protagonist diese Ähnlichkeit von Beginn an empfindet, zeigt sich, als er gefragt wird, warum er den Drachen denn nicht getötet habe. Seine Antwort lautet: „I looked at him and I saw myself" (1:09:00). Hier wird deutlich: Wenn der Blick auf den Drachen einem Blick in den Spiegel gleichkommt, dann kann der Drache nicht länger als Repräsentant feindlicher oder sogar böser Mächte betrachtet werden. Gleichzeitig wird er weniger als eigenständiges Subjekt imaginiert denn als Vehikel, das dem Protagonisten dazu dient, etwas über sich selbst zu erfahren. Der Blick des Menschen auf den Drachen ist also zunächst ein narzisstischer Blick. Hiccup erkennt sich in dem von ihm selbst verletzten und dadurch flugunfähigen Drachen wieder, weil auch er, Hiccup, ein in seinen eigenen Augen wie auch in denen seiner Mitmenschen schwaches und defizitäres Mitglied seiner Gemeinschaft ist – bis er sich mit dem Drachen zusammentut. Das überlegene Gegenüber muss zwar erst verstümmelt werden, bevor man sich mit ihm anfreunden kann. Zugleich aber überwindet der Mensch auf einer individuellen Ebene seine narzisstische Selbstbezogenheit, indem er zugunsten seines Gegenübers zu agieren beginnt und dem Drachen ebenso hilft wie dieser ihm.

In einem größeren, überindividuellen Zusammenhang allerdings bleiben Menschen und Drachen in diesem Film einander unebenbürtig. Anders als die Menschen leben die Drachen in einem destruktiven politischen System, das zu verändern sie selbst nicht in der Lage sind. Ebenso wie sie die Menschen in Angst und Schrecken versetzen, werden auch sie selbst terrorisiert von einem despotischen Riesendrachen, der sie zu ihren Raubzügen auf menschlichem Territorium zwingt und gegen den sie sich aus nicht näher erläuterten Gründen nicht selbst zur Wehr setzen können. Nur indem die Drachen mit den Menschen kooperieren, gelingt es Drachen und Menschen gemeinsam, sich des Unterdrückers zu entledigen. Der Film erzählt somit nicht nur von Freundschaft und vom Erwachsenwerden. Er erzählt auch von einem Volk, das den Beistand eines anderen Volkes benötigt, um seinen eigenen Tyrannen loszuwerden und nach dem Umsturz den Helfern in dankbarer Freundschaft verbunden ist. Aus dieser Perspektive lässt sich der vordergründig pazifistische Kinder- und Jugendfilm auch als Kommentar auf die zeitgenössische westliche Politik etwa im Nahen Osten betrachten.

Der Vergleich der Drachen mit denen, die in der Realität vom Beistand durch westliche Truppen betroffen waren und sind, fällt für die Befreiten nicht eben schmeichelhaft aus: Im Film gelangen die vormals bedrohlichen Drachen durch den Sieg über ihren Despoten nicht etwa zu gesteigerter Unabhängigkeit, sondern nehmen freiwillig und zum Vergnügen der Wikingerkinder den Status von exotischen Haustieren ein. Der Name, den Hiccup seinem Gefährten gibt, lautet „Toothless". In diesem Film ist der Drache, anders als in den mittelalterlichen Texten, kein Feind, der beseitigt werden muss. Allerdings wird ihm sehr anschaulich der Zahn gezogen. Der Drache ist noch immer das Objekt des Menschen, um den und um dessen Identitäts- und Eroberungsprojekte es letztlich geht. In diesem Film wird, ähnlich wie im mittelalterlichen *Lanzelet,* körperliche Gewalt gegenüber dem Drachen abgelehnt – nur um ihn dann letztlich durch freundliche Unterwerfung umso erfolgreicher zu domestizieren.

## *VII. Die Aneignung eines Territoriums*

Um Kampf und Unterwerfung geht es auch in vielen Romanen, in denen Drachen als Waffen zur Eroberung oder Verteidigung eines Territoriums eingesetzt werden, etwa in Tad Williams' *War of the Flowers* (2003). Kurz vor dem Ende des Kalten Krieges schuf das deutsche Autorenduo Wolfgang und Heike Hohlbein in dem Jugendroman *Drachenfeuer* (1988) ein Szenario, in dem ein bedrohtes Volk zu seiner Verteidigung gegen vordergründig barbarische Aggressoren einen Drachen einsetzt.[22] Dieser allerdings lässt sich schon nach kurzer Zeit nicht mehr beherrschen und vernichtet schließlich nicht nur die Angreifer, sondern auch seine eigenen Herren. Damit formulieren die Autoren eine Absage an militärische Auseinandersetzungen. Da der Drache lediglich ein Instrument der Menschen ist, müssen diese, sobald sie ihn einsetzen, für ihr eigenes gewaltbereites und aggressives Wesen und Verhalten die Verantwortung übernehmen. Indem der jugendliche Protagonist dies erkennt und den von ihm selbst einsatzfähig gemachten Drachen schließlich tötet, stellt er das Bestreben seiner Verbündeten und schließlich

22 Wolfgang u. Heike Hohlbein: Drachenfeuer, Wien 1988.

auch seinen eigenen Willen in Frage, gegenüber als ‚anders' betrachteten Nationen eine herausgehobene Machtposition zu erlangen und zu verteidigen.

Eine eher affirmative Haltung gegenüber der Eroberung eines Territoriums zu einem vermeintlich guten Zweck nimmt hingegen die auf der Buchreihe des amerikanischen Autors George R. R. Martin basierende TV-Serie *Game of Thrones* ein (seit 2011).[23] Eine der Protagonistinnen, die hellhäutige und blonde Prinzessin Daenerys Targaryen, brütet am Ende der ersten Staffel drei Dracheneier aus und benutzt die Drachen in der Folgehandlung dazu, ihre politischen und militärischen Ziele durchzusetzen. Auf der Suche nach einer Armee, mit deren Hilfe sie den umkämpften Herrscherthron auf dem Kontinent Westeros für sich gewinnen will, bewegt sie sich über den östlich gelegenen Kontinent Essos und erobert mit Hilfe ihrer menschlichen Anhänger und ihrer Drachen eine Stadt nach der anderen. Sie nennt sich nicht nur selbst „Mother of Dragons", sondern wird auch von all den braunen und schwarzen Menschen als Mutter bezeichnet, die sie auf ihrem Eroberungsfeldzug aus der Sklaverei befreit und die sich ihr daraufhin dankbar anschließen. Aus der Perspektive dieser ‚Mutter' nehmen die Tiere ebenso den Status von führungsbedürftigen und manchmal unbotmäßigen Kindern an, wie es auch die braunen, als rückständig gezeichneten Menschen tun, denen die weiße und zugleich zivilisatorisch scheinbar überlegene Frau die Freiheit bringt, sie zu ihren eigenen Zwecken instrumentalisiert und dafür mit hingebungsvoller Dankbarkeit belohnt wird.

Wie die in einem orientalisierenden Modus charakterisierten Gefolgsleute stehen die Drachen ein für das ganz Andere. Mit ihm muss sich die Heldin auseinandersetzen, um ihren Vorrang als Herrscherin durchzusetzen und dabei zugleich auch ihre moralische Suprematie unter Beweis zu stellen. Dieses Andere kann gezähmt und geliebt, benutzt, bekämpft oder ausgelöscht werden. Subjektcharakter wird ihm nur sehr eingeschränkt zugestanden: „Once again, the Other serves as a convenient prop piece for the journey and development of a white character."[24] Der Osten (Essos) ist in dieser Konstellation ein Ort, der mit seinen unermesslichen Ressourcen und Gefahren die Eroberer aus dem Westen (Westeros) zugleich lockt, verführt und gefährdet. So lange sich die weiße Befreierin in diesem Land befindet, läuft sie Gefahr, von dessen despotischen Strukturen korrumpiert zu werden. Die

23 Game of Thrones, Produktion: David Benioff, Daniel B. Weiss seit 2011 (Home Box Office).

24 Aamer Rahman: Game of Thrones and Racist Fantasy. In: artthreat.net, <http://art-threat.net/2013/06/game-of-thrones-and-racist-fantasy/>, zuletzt: 1.5.2015.

Eroberung des fremden Territoriums im Osten erweist sich somit zunehmend als Hindernis auf dem Rückweg in den Westen. Es bleibt abzuwarten, wie sich die Handlung entwickelt und wie stark die Vorstellung von einem östlichen Teil der Welt, der einer Intervention westlicher Befreier bedarf, um in den Genuss eines humaneren Herrschaftssystems zu kommen, im künftigen Verlauf der Serie wie auch der Romanvorlage noch dekonstruiert wird – zumal ja auch das politische System des fiktiven ‚Westens' alles andere als idealisiert erscheint. Doch wenn auch in *Game of Thrones* die Vorstellung eines ethisch vertretbaren und auf lange Sicht funktionierenden kolonialistischen Projekts an manchen Stellen in Frage gestellt wird, so entsteht doch über weite Strecken der Eindruck, dass Drachen wie auch ‚Orientalen' von Vertretern der westlichen Welt kontrolliert werden müssen – zum Vorteil der westlichen Eroberer, aber auch zu ihrem eigenen Besten.

In *Drachenfeuer* wird gezeigt, wie schwierig und sogar nahezu unmöglich es unter bestimmten Umständen ist, keine Gewalt anzuwenden. Vor allem dadurch, dass die Instrumentalisierung eines Drachen als höchst wirksame Waffe gegen andere Menschen einleuchtend plausibilisiert wird, erscheint die Ablehnung einer gewaltsamen Reaktion auf erlittene Gewalt umso eindrücklicher. Während *Drachenfeuer* die Dichotomie zwischen zivilisierten Sympathieträgern und barbarischen Feinden nur aufbaut, um sie im Verlauf der Handlung zu dekonstruieren, hält die Serie *Game of Thrones* an exotisierenden Gegenüberstellungen fest. Zugleich erhält sie auch die Faszination an der Ausübung von Gewalt aufrecht – die Frage ist hier nicht, ob Gewalt angewandt werden darf oder nicht, sondern nur, wer sie anwenden darf und zu welchem Zweck.

## *VIII. Die Aneignung des eigenen Selbst*

In mittelalterlichen Texten bestehen für einen Helden für gewöhnlich zwei Möglichkeiten, in einer Begegnung mit einem Drachen an der eigenen Identität zu arbeiten: Entweder werden mit dem Drachen alle drachenhaften Anteile an der Persönlichkeit des Ritters exorziert, oder der Drache wird beseitigt und seine Eigenschaften werden attribuiert. In der Moderne hingegen kann zusätzlich einerseits die Vorstellung artikuliert werden, dass ein Mensch zu eigenständiger Handlungsfähigkeit gelangt, indem er einen drachenhaften Anteil von sich abspaltet und diesen an seiner Stelle agieren lässt, oder der Mensch wird selbst zum Drachen. Ein Beispiel für die erste Möglichkeit ist die Kurzgeschichte *The Hidden Dragon* von Barbara Delaplace (1992).[25] In diesem Text erhält eine von ihrem Ehemann regelmäßig misshandelte Frau unerwartet Hilfe von einem Drachen, der immer dann erscheint, wenn ihre Not am größten ist, und in dem sie sich schließlich selbst wiedererkennt. Als die Frau, die bisher nie aufzubegehren wagte, einen Wutanfall erleidet, tötet der Drache den Ehemann. In dieser Erzählung hat das Entdecken gewalttätiger, drachenhafter Anteile im eigenen Selbst einen Akt der Subjektivierung und der Befreiung zur Folge.

Eine andere Möglichkeit besteht darin, die vollständige Verwandlung in einen Drachen zu imaginieren. In einem Beispiel aus der zeitgenössischen Performance-Kunst etwa nimmt der agierende Mensch nicht nur Eigenschaften eines Drachen an, sondern wird selbst zum Drachen und der Drache somit zum Subjekt. Im Jahr 2008 hielt sich die kalifornische Künstlerin Micha Cárdenas im Rahmen eines Kunstprojekts insgesamt 365 Stunden lang in dem virtuellen Raum der dreidimensionalen Online-Realität *Second Life* auf. Sie bewegte mittels Headset und Motion-Capture-System einen Avatar namens „Azdel Slade", dem sie die Gestalt eines Drachen gab. Ziel war es, sich im Rahmen der Live-Performance mit den Themen Identität, Gender, Kunst und Biotechnologie zu beschäftigen und sich über diese Themen mit anderen Menschen sowohl im Videolabor als auch innerhalb von *Second Life* auszutauschen. Bevor die Künstlerin die Aktion aufnahm, begann sie mit einer Hormontherapie mit dem Ziel der Geschlechtsangleichung. Die Performance entstand vor dem Hintergrund der in den Vereinigten Staaten von vielen Ärzten angewandten Regel, dass Personen, die eine Geschlechtsangleichung mit Hilfe von Hormonbehandlungen und chirurgischen Eingriffen vornehmen lassen wollen, zuvor eine Zeit lang in und mit dem von ihnen bevorzugten Geschlecht leben müssen. Diese Personen sollen performativ unter Beweis stellen, dass sie tatsächlich willens und in der Lage sind, als Angehörige des angestrebten Geschlechts zu leben.

Das Beharren auf dieser Regel zeigt, wie sehr es beim Mannsein oder Frausein darauf ankommt, überzeugend eine Rolle zu spielen. Es ist notwendig, bestimmte Verhaltensregeln zu erfüllen, um als Mann oder Frau zu gelten. Cárdenas zeichnet in ihrem Experiment nach, wie Identität im Dialog mit Anderen geschaffen wird: „We can think of virtual worlds as a way of not just finding one's ‚true self', but engaging in an act of construction of a

25 Barbara Delaplace: Der verborgene Drache. In: M. Weis (Hrsg.): Drachen füttern verboten. Das große Buch der Lindwürmer, Bergisch Gladbach 1995, S. 334–351 ([1]1992).

self, of training, of becoming."[26] Indem Cárdenas sich in *Second Life* einen fantastischen Drachenavatar schafft, der sich nicht auf den ersten Blick als männlich oder weiblich identifizieren lässt, stellt sie in Frage, dass Verhalten, Aussehen und Sein auf die immer gleiche Weise miteinander korrespondieren. Cárdenas entzieht sich dem Dualismus von männlicher und weiblicher Identität und experimentiert stattdessen mit dem Konzept ‚genderqueer', d. h.: „a million genders for a million people"[27]. Es geht Micha Cárdenas in ihrer Performance nicht darum zu zeigen, was mit dem Fremden, mit dem nicht eindeutig Zuzuordnenden und insofern Drachenhaften zu tun ist, wie man es also beseitigen oder wie man es benutzen kann, um zu herrschen und Macht über andere zu erlangen. Ihr geht es in erster Linie um die Frage, was es bedeutet und welche Folgen es hat, selbst als fremd, bedrohlich, unkontrollierbar und nicht festlegbar betrachtet zu werden. Das eigentlich Bedrohliche ist von einem solchen Standpunkt aus nicht der Drache, sondern die Gesellschaft, die mit ihren Verhaltensmaßstäben all diejenigen einschränkt, die sich den Konventionen eines heteronormativen Geschlechterkonzepts nicht anpassen können oder wollen.

Micha Cárdenas erkundet in ihrer Performance die Funktionsweisen bestehender Herrschaftsverhältnisse und Unterwerfungspraktiken wie auch die Freiräume, die sich der oder die Einzelne schaffen kann. Indem sie sich in einer virtuellen Realität als Drache imaginiert, macht sie epistemische Gewalt sichtbar. Die fundamentale Verunsicherung, die ihr Rollenspiel hervorruft, wird nicht eliminiert oder gezähmt, sondern produktiv gemacht für ein Nachdenken über die Prozesshaftigkeit, die Instabilität und den Facettenreichtum menschlicher Existenz.

## *IX. Gewalt unter Gegnern und Freunden*

Anders als etwa Steven Spielbergs Weißer Hai ist der Drache ein Tier ohne Wirklichkeitsreferenz und fällt daher nicht unter das Artenschutzgesetz. Er bedarf keiner Apologie. Statt zu entscheiden, ob ein Drache in moralischer Hinsicht gut oder schlecht ist oder ob er von einem Autor oder einer Autorin gut oder schlecht erfunden wurde, führt eine andere Frage weiter: Wie

26 Micha Cárdenas: Becoming Dragon: a mixed reality, durational performance in second life; <http://transreal.org/wp-content/uploads/2009/08/becoming-dragon-micha-carde-nas-edit1.pdf>, S. 2, zuletzt: 1.5.2015.

27 Ebenda, S. 10.

werden Drachen als Repräsentanten mächtiger und gefährlicher Fremdheit eingesetzt, um über Unterwerfungsmechanismen, soziale Normen und Hierarchien zu sprechen, die die Gesellschaft prägen, in der die jeweiligen Werke entstehen? Die Fülle unterschiedlicher Möglichkeiten, Aussagen über politische oder soziale Verhältnisse zu machen, wird bereits an der kleinen Auswahl von Beispielen aus der mittelalterlichen und modernen Kunst deutlich.

Es scheint, als träten bei der Betrachtung von Werken des Mittelalters wie auch der Moderne wiederkehrende Strukturen zutage: Im Mittelalter stellt der Drache für den Helden ein Objekt dar, das entfernt werden muss, damit der Mensch in Übereinstimmung mit den gesellschaftlichen Normen zum Erfolg gelangen kann. In der Moderne hingegen ist der Drache ein Objekt, das der Held längerfristig benutzt, um erfolgreich zu sein. Wie die Beispiele aus beiden Epochen gezeigt haben, experimentieren mittelalterliche und moderne Künstler mit unterschiedlichen Medien (erzählende Texte und bildliche Darstellungen, im 20. und 21. Jahrhundert außerdem Kinofilme, TV-Serien und Live-Performances), aber auch mit zahlreichen Darstellungsmodi, die über einfache Bewertungen von gelingenden oder katastrophalen Begegnungen zwischen Menschen und Drachen hinausreichen. Das Streben nach Macht wird gefeiert oder problematisiert, Geschlechterrollen werden normativ bestätigt oder aufgebrochen, Regeln des Zusammenlebens werden kritisiert oder bestätigt, monströse Anteile im eigenen Selbst werden exorziert oder begrüßt, ‚drachenhafte', also andersartige und für die Mehrheitsgesellschaft irritierende Eigenschaften werden beklagt oder in gesteigerte Handlungsfähigkeit umgesetzt.

Sowohl in der Vormoderne als auch in der Moderne werden Texte über die Gewaltanwendung gegenüber oder durch Drachen dazu genutzt, gesellschaftliche Transformationen wie auch konkrete zeitgenössische Ereignisse zu kommentieren und zu beurteilen. Die Themen reichen von der Legitimation hegemonialer Anmaßungen aufgrund geschlechtlicher, religiöser, klassen- oder standesbezogener und rassisierender Kriterien bis zu den Kreuzzügen, dem Kalten Krieg und den neokolonialen Praktiken des 21. Jahrhunderts. Jeder Drache in jedem Text und Medium kann auf seine Art dazu dienen, die Konflikte sichtbar zu machen, die sich beim Streben nach Identität und Herrschaft ergeben. Aus dieser Wandelbarkeit heraus erklärt sich das anhaltende Faszinationspotential dieses fiktiven Geschöpfs.

ANDREAS KRASS

# Die Spur der Zentauren
# Pferde- und Eselsmänner in der deutschen Literatur des Mittelalters

Die Zentauren hinterließen in der deutschen Literatur des Mittelalters zwei Spuren: eine mythologische und eine naturkundliche.[1] Diese Spuren führen zu zwei verschiedenen Untergattungen der Zentauren. Während in der Mythologie die Pferdemänner (Hippozentauren) vorherrschen, dominieren in der Naturkunde die Eselsmänner (Onozentauren). Der folgende Beitrag zeichnet beide Spuren in aller Kürze nach und zieht am Ende einige Schlussfolgerungen.

## *I. Pferdemänner: Zentauren in der Mythologie*

Die mythologische Spur der Pferdemänner findet sich in den mittelalterlichen Antikendichtungen. Zu nennen ist einerseits Albrechts von Halberstadt Übersetzung der *Metamorphosen* Ovids, die nur in wenigen Fragmenten überliefert, aber in Georg Wickrams frühneuhochdeutscher Bearbeitung erhalten ist, und andererseits Konrads von Würzburg Roman *Trojanerkrieg*, der die *Achilleis* des römischen Dichters Statius als Quelle heranzieht. Während Ovid, Albrecht und Wickram vom Konflikt des Herakles mit dem räuberischen Zentauren Nessos berichten, schildern Statius und Konrad von Würzburg, wie der weise Zentaur Cheiron den jungen Achill ausbildet.

1 Zu den Zentauren in der antiken Mythologie: Christine Walde, Anne Ley: Kentauren. In: Der neue Pauly. Enzyklopädie der Antike, Stuttgart, Weimar 1999, Bd. 6, Sp. 413–415; Tobias Leuker: Kentauren. In: M. Moog-Grünewald (Hrsg.): Der Neue Pauly, Ergänzungsband Mythenrezeption, Stuttgart 2008, Sp. 388–390; in der deutschen Literatur des Mittelalters: Manfred Kern: Centauri. In: M. Kern, A. Ebenbauer (Hrsg.): Lexikon der antiken Gestalten in den deutschen Texten des Mittelalters, Berlin, New York 2003, S. 162 f.; Udo Friedrich: Menschentier und Tiermensch. Diskurse der Grenzziehung und Grenzüberschreitung im Mittelalter, Göttingen 2009, S. 240 f.

### *I.1. Ungezügelte Männlichkeit: Nessos*

Ovid erzählt in den *Metamorphosen* zwei Geschichten, in denen Zentauren als Frauenräuber auftreten: Nessos entführt Deianeira, die Frau des Herakles;[2] Eurytos raubt Hippodame, die Braut des Peirithoos.[3] Beide Geschichten werden im deutschen Mittelalter wiedererzählt. Der höfische Dichter Albrecht von Halberstadt erstellte an der Wende vom 12. zum 13. Jahrhundert, vermutlich im Auftrag des Landgrafen und Literaturmäzens Hermann von Thüringen, eine mehr als 20.000 Verse umfassende Bearbeitung der *Metamorphosen* Ovids, die nur in wenigen Bruchstücken überliefert ist.[4] Die Erzählungen über die Zentauren sind darin nicht erhalten. Doch bildete Albrechts Übersetzung die Grundlage für eine frühneuhochdeutsche Bearbeitung der *Metamorphosen* Ovids, die der elsässische Dichter Georg Wickram im Jahr 1545 vorlegte. Nach Albrechts Vorbild transformiert er die lateinischen Hexameter in deutsche Reimpaarverse. Nur in der ersten Geschichte ist weiterhin von einem Zentauren die Rede, in der zweiten (die hier vernachlässigt werden kann) werden sie durch Riesen ersetzt. In der Bearbeitung der ersten Geschichte, die von Nessos und Herakles handelt, fügen Albrecht und Wickram einige szenische Details hinzu, die das Erzählte anschaulicher machen. Während Ovid die Körpergestalt des Zentauren als bekannt voraussetzt, findet sich bei Wickram eine knappe Beschreibung:[5]

> Nessum / welcher eyn halber man
> Von oben nider was gar schon
> Von unden auß eyn halbes pferdt. (IX, 206–208)

Nessus, der von oben herab ein halber Mensch und sehr schön, von unten hinauf aber ein halbes Pferd war.

2 Publius Ovidus Naso: Metamorphosen, hrsg. u. übers. v. Gerhard Fink, Düsseldorf, Zürich 2004, Buch IX, VV. 98–133.

3 Ovid (wie Anm. 2), Buch XII, VV. 210–535. Bereits Homer spielt auf diese Szene an (Ilias 2,742 ff.; Odyssee 21,295 ff.); der Kampf der Lapithen gegen die Zentauren, in deren Zusammenhang diese Szene steht, ist auf den Metopen der Südseite des Parthenon dargestellt (heute im British Museum, London).

4 Vgl. Karl Stackmann: Albrecht von Halberstadt. In: Verfasserlexikon 1 (1978), Sp. 187–191.

5 Georg Wickram: Sämtliche Werke, hrsg. v. Hans-Gert Roloff, 13. Bd., 2. Teil: Ovids Metamorphosen, Berlin, New York 1990, S. 498.

Auch die Szene, in der Herakles seine Gattin dem Zentauren anvertraut, enthält ein körperliches Detail, das die Szene der auf dem Rücken des Pferdemanns sitzenden Frau veranschaulicht:[6]

Doch so du mir deß wilt vertrawen
So setz uff mein rucken die frawen. (IX, 218 f.)

Doch wenn du mir vertrauen willst, so setze die Dame auf meinen Rücken.

Ovid und Wickram porträtieren Nessos als einen Tiermenschen, der sein Begehren nicht zu zügeln weiß, mit sozialen Verhaltensregeln bricht und dafür mit dem Tod bestraft wird. Der Pferdekörper verweist auf das Animalische seines Charakters.

### *I.2. Gezügelte Männlichkeit: Cheiron*

Publius Papinius Statius, römischer Dichter des ersten nachchristlichen Jahrhunderts, erzählt in seiner *Achilleis,* einer Jugendgeschichte des griechischen Helden Achill, wie die Nymphe Thetis den Zentauren Cheiron aufsucht, um ihren Sohn abzuholen.[7] Cheiron hat Achill ausgebildet, doch nun befürchtet Thetis, dass er aufgrund der gewonnenen Kampfkraft in den Trojanischen Krieg verwickelt werden könnte. Statius zeichnet Cheiron als alten, weisen und höflichen Mann; über seine Körpergestalt gibt er keine Auskunft. Cheiron erzählt Thetis, dass Achill früher gehorsam gewesen, nun aber nicht mehr zu bändigen sei; selbst die Zentauren beklagten sich, dass er ihre Hütten plündere und ihre Herden stehle. Achill hat also den Habitus der Zentauren angenommen und übertrifft diese noch an Kraft und Wildheit. Thetis ist entsetzt und nimmt den kampfwütigen Jungen mit sich fort, um ihn, als Mädchen verkleidet, am Hof des Königs Lycomedes zu verstecken.

Konrad von Würzburg, höfischer Dichter des 13. Jahrhunderts, übertrug die antike Geschichte in das ritterlich-höfische Milieu seiner Zeit und schmückte sie in allen Einzelheiten aus.[8] Im *Trojanerkrieg* beschreibt er den Zentauren Schyron (wie dieser bei ihm heißt) wie folgt:

6 Ebenda.
7 Statius: Achilleis. In: Statius (Werke in zwei Bänden), with an English translation by John Henry Mozley, London, New York 1928, Bd. 2, S. 508–595, hier VV. 95–197.
8 Konrad von Würzburg: Der Trojanische Krieg, hrsg. v. Adelbert von Keller, Stuttgart 1858, Nachdruck Amsterdam 1965.

Schŷron was er geheizen
und hete ein vremdez bilde;
wan sîn figûre wilde
truoc an ir zweiger hande schîn.
daz oberteil der forme sîn
was gestellet als ein man
und stiez ein underteil dar an,
daz eime rosse was gelîch
der selbe meister künsterîch
was ob allen tieren starc
die grîfen und die löuwen arc
erbibenten von sîner kraft.
er twanc mit sîner meisterschaft
die tracken und die würme.
sîn angestlichen stürme
entsaz mit vorhten allez wilt.
er kunde swert beid und schilt
gebrûchen baz, denn alle man.
swaz man ze strîte liste kan,
dar zuo was er vil nütze.
er was der beste schütze,
der ie zer welte wart geborn
sîn hût was herte alsam ein horn
und aller sîner lide vel.
kein vogel was sô snel,
der balder flüge, denne er lief. (5850–5875)

Er hieß Schyron und bot ein fremdartiges Bild, denn seine wilde Gestalt war doppelt. Der obere Teil war wie ein Mann geformt, und daran grenzte der untere Teil, der einem Pferd glich. Dieser kunstreiche Meister war stärker als alle Tiere. Die Greife und die schrecklichen Löwen erbebten vor seiner Kraft. Er bemeisterte die Drachen und die Schlangen. Sein Kampfeszorn vertrieb das verängstigte Wild. Er wusste Schwert und Schild besser zu führen als alle anderen. Zu jeglicher Kampfeslist war er sehr gut zu gebrauchen. Er war der beste Schütze, den die Welt jemals gesehen hatte. Seine gesamte Haut war hart wie Horn. Kein Vogel war so schnell, dass er hätte schneller fliegen können, als jener lief.

Schyron ist ein Mischwesen, das beide Spezies, die es in sich vereint, übertrifft. Als Pferd ist er stärker als alle anderen Tiere, als Mensch übertrifft er alle Kämpfer und Schützen. Dies macht ihn zum idealen Ausbilder für Achill, der sich die Fähigkeiten seines Lehrers aneignet. Im nächsten Schritt schildert Konrad die Ankunft der Thetis. Er nutzt die Gelegenheit, um Schyron ein zweites Mal zu beschreiben, nun aus der Perspektive der Nymphe. Diesmal bezieht er Kleidung und Haartracht in die Beschreibung mit ein:

si vant den wirt dâ heime,
der wunderlichen was gestalt.
ein man schein er unmâzen alt,
als ich von im gelesen hân.
swaz menschlich an im was getân,
daz hete wunneclîchiu lider.
hâr unde bart im beidiu nider
ûf den gürtel sluogen.
diu gâben unde truogen
altlichen schîn vil grâwen.
er hete lange brâwen,
dâ stuonden ougen under,
diu vaster denne ein zunder
ûz sîme kopfe brunnen.
er mohte dur die sunnen
geblicket hân mit der gesiht.
diu wârheit sprichet und giht,
er hete liehte varwe,
diu was gemischet garwe
mit wîze und ouch mit rôte.
sîn houbet was genôte
z'eim alten manne schœne gnuoc.
ein hütelîn er ûfe truoc
ûz schinen wol geziunet.
ein wurmes hût gebriunet
dar über was von im gedenet.
Schŷron, der hete sich gewenet,
daz er von leder truoc ein cleit,
daz er schant wîlent unde sneit
ab einem wilden vische rûch.
ez sluoc im nider vür den bûch
und schein rôt als ein lösche,
weich unde niht ze rösche
was diu liderîne wât,
diu mit riemen sunder nât
zesamen stuont gebestet;
niht anders was gegestet
oberthalben dirre man,
der vil schône sich versan,
swie wunderlich sîn forme schine.
sîn underteil, ûf dem er hine
gienc über vels und über mos,
daz was gestellet als ein ros,
als ich dâ vorne hân geseit,
doch was ein varwe dran geleit

noch swerzer, denne ein brûner zobel.
gebirge steic er unde tobel
reht als ein wilder steinboc.
ez wære flins, ez wære stoc,
dar über clam er hôhe enbor;
an im lac hinden unde vor
vil gar ein wunderlich geschaft. (5918–5969)

Sie traf den Hausherrn daheim an, der eine wunderliche Gestalt hatte: Er erschien wie ein sehr alter Mann, so las ich über ihn. Was an ihm menschlich geschaffen war, das hatte anmutigen Wuchs. Seine Haar und auch sein Bart hingen ihm bis über den Gürtel. Diese verliehen ihm ein altes, sehr graues Aussehen. Er hatte lange Augenbrauen, unter denen Augen saßen, die stärker als Feuer aus seinem Kopf brannten. Er hätte durch die Sonne blicken können mit diesem Gesicht. Es ist als wahr überliefert, dass er einen hellen Teint hatte, der ganz aus Weiß und Rot gemischt war. Sein Kopf glich dem eines schönen, alten Mannes. Er trug einen kleinen Hut, der aus Schienen zusammengesetzt war. Eine braune Schlangenhaut hatte er darüber gezogen. Schŷron pflegte lederne Kleidung zu tragen, die er zuvor von einem wilden, rauen Fisch abzog und abschnitt. Über lag auf seinem Bauch und glänzte wie rotes Leder, weich und nicht zu spröde war das lederne Gewand, das seitlich nicht genäht, sondern mit Riemen verschnürt war. Nicht anders war dieser Mann oberhalb gekleidet, der sehr verständig war, wie wunderlich auch seine Gestalt erschien. Sein unterer Teil, mit dem er über Fels und Moos ging, war wie ein Pferd gestaltet, wie ich zuvor schon sagte. Doch war dieser Teil noch schwärzer als brauner Zobel. Er stieg über Gebirge und Schluchten ganz so wie ein wilder Steinbock. Über Stock und Stein kletterte er hoch empor. Hinten und vorn war er ganz wunderlich beschaffen.

Auch Kleidung und Frisur markieren das gemischte Wesen des Zentauren. Das Gewand ist aus Fischleder gefertigt, der Hut aus Schlangenhaut, und der Bart hängt so tief herab, dass er an einen Steinbock gemahnt. Die rosige Gesichtsfarbe hingegen verweist auf einen höfischen Ritter. Im dritten Schritt – nach Körper und Kleidung – beschreibt Konrad Charakter und Fertigkeiten des Zentauren:

und was er doch sô tugenthaft,
daz er wist übel unde guot.
bescheiden was sîn vrecher muot
ze hovelichen dingen.
rotten, harpfen, singen
und aller hande zabelspil,
daz kunde er unde treip sîn vil.
an im lac grôz behendekeit.
er was ûf alliu dinc bereit,
des man ze kurzewîle gert;
dâ von die rîchen künige wert

ir süne enphulhen sîner hant.
sie wirden in sîn hol gesant
dick und ze mangen zîten,
dur daz er si dâ striten
und ander fuoge lêrte. (5970–5985)

Und doch war er so tugendhaft, dass er Gut und Böse unterscheiden konnte. Sein kühner Sinn verstand sich auf höfische Dinge. Auf Rotte und Harfe spielen, singen und allerlei Brettspiele konnte er und betrieb dies häufig. Er war sehr geschickt. Er war auf alles vorbereitet, was man zur Unterhaltung begehrt. Daher vertrauten ihm edle und mächtige Könige ihre Söhne an. Sie wurden sehr oft in seine Höhle gesandt, damit er sie dort im Kampf und anderen Künsten unterwies.

Schyron ist weise, tugendhaft und versteht sich auf alle höfischen Künste; daher vertrauen ihm Könige ihre Söhne zur Erziehung an. Der hybriden Natur des Zentauren entspricht die Ausbildung, die er Achill angedeihen lässt. Einerseits lässt er ihn unter Tieren aufwachsen, was ihn abhärtet und zu einem starken Kämpfer macht. Andererseits unterrichtet er ihn in höfischem Gesang, Saiten- und Schachspiel. Beide Fähigkeiten weisen Achill als Vorbild eines höfischen Ritters aus: er ist wild wie ein Tier, um im Kampf siegreich zu sein, aber auch kultiviert wie ein Höfling, um in der Gesellschaft eine gute Figur zu machen. Die ritterliche Doppelnatur Achills als Kämpfer und Höfling spiegelt sich in der tiermenschlichen Doppelgestalt seines Erziehers.

## *II. Eselsmänner: Zentauren in der Naturkunde*

Die naturkundliche Spur findet sich in den deutschen Bearbeitungen des *Physiologus*, eines Lehrbuchs der christlichen Spätantike.[9] Der *Physiologus* handelt die Zentauren gemeinsam mit den Sirenen ab.[10] Diese Verbindung ist in der griechischen Bibel (Septuaginta) vorgegeben. Der Prophet Jesaja spricht im 13. Kapitel von den wilden Tieren, die in Babel Einzug halten. Die Septuaginta erwähnt in diesem Zusammenhang Sirenen (Jes 13,21) und Zentau-

9 Vgl. Nikolaus Henkel: Studien zum Physiologus im Mittelalter, Tübingen 1976.

10 Vgl. Henkel (wie Anm. 8), S. 149: Es „zeigen sich in der gesamten Physiologus-Tradition bestimmte Kapitelverbindungen, die fast in allen Fassungen konstant bleiben. So werden z.B. die beiden Mischwesen Sirene und Onocentaurus stets zusammen überliefert". Zur Literaturgeschichte der Sirenen vgl. Andreas Kraß: Meerjungfrauen. Geschichten einer unmöglichen Liebe, Frankfurt a. M. 2010.

ren (Jes 13,22). Mit Letzteren meint sie nicht Pferde-, sondern Eselsmänner (Onozentauren):[11]

> (21) [V]ielmehr werden dort wilde Tiere rasten, und die Häuser werden erfüllt sein von (tierischen) Lauten, und Sirenen [*seirenes*] werden dort rasten und Dämonen dort tanzen, (22) und Eselszentauren [*onokentauroi*] werden dort wohnen und Igel in ihren Häusern einen Bau anlegen. Es kommt schnell und wird sich nicht verzögern.

Die Verbindung von Sirenen und Zentauren findet sich nur in der Septuaginta. Die hebräische Bibel, die ihr als Vorlage diente, nennt an dieser Stelle andere Wesen.[12] In der lateinischen Bibel (Vulgata) werden nur die Sirenen (Jes 13,22: *sirenae*) genannt, die Zentauren entfallen. Luthers Bibelübersetzung tilgt im Rückgriff auf den hebräischen Text auch die Sirenen. In der heute gebräuchlichen Einheitsübersetzung ist an der betreffenden Stelle weder von Sirenen noch von Zentauren die Rede.

### *II.1. Der heuchelnde Mann: Die „Physiologus"-Tradition*

Ausgangspunkt der Tradition der christlichen Naturkunde ist der griechische *Physiologus,* dessen Ursprünge vermutlich ins 2. Jahrhundert zurückreichen.[13] Der Text ist in verschiedenen Fassungen überliefert, die teils von Pferdezentauren, teils von Eselszentauren sprechen. Otto Schönberger weist im Kommentar der Reclam-Ausgabe darauf hin, dass die „Onokentauren [...] durch die Septuaginta in den Physiologus gekommen" seien.[14] Er druckt eine Textfassung ab, in der von Pferdezentauren *(hippokentauroi)* die Rede ist, und gibt sie in der Übersetzung vereinfachend als Zentauren wieder:[15]

11 Septuaginta deutsch. Das griechische Alte Testament in deutscher Übersetzung, hrsg. v. W. Kraus, M. Karrer, Stuttgart 2009, S. 1243 (die textkritischen Markierungen habe ich nicht übernommen).

12 Vgl. Mythos Sirenen. Texte von Homer bis Dieter Wellershoff, hrsg. v. Werner Wunderlich, Stuttgart 2007, S. 188 f.

13 Henkel (wie Anm. 8), bietet eine Zusammenstellung der lateinischen und deutschen Quellen der *Physiologus*-Tradition sowie weitere Quellenbelege, in denen von Onozentauren die Rede ist (S. 175).

14 Zu den Textzeugen, die die Lesart *onokentauroi* überliefern, vgl. Physiologus, hrsg. v. Francesco Sbordone, Rom 1936 (Reprographischer Nachdruck Hildesheim 1976, ²1991), S. 51–54.

15 Physiologus. Griechisch/Deutsch, übers. u. hrsg. v. Otto Schönberger, Stuttgart 2001, S. 24–27 (Text), 133 (Kommentar).

Der Prophet Jesaja sprach [Jes. 13,21 f.]: „Dämonen und Sirenen und Igel werden tanzen in Babylon". Der Physiologus sagte von den Sirenen und Kentauren: Es gibt Wesen im Meer, die Sirenen heißen; sie singen aber mit ihren Stimmen lieblich wie Musen, und wenn die Vorüberfahrenden ihre Weisen hören, stürzen sie sich ins Meer und kommen um. Die Sirenen haben an der oberen Körperhälfte bis zum Nabel Menschengestalt, an der anderen Hälfte aber bis zum Ende die Gestalt einer Gans. Ebenso haben auch die Kentauren zur einen Hälfte Menschengestalt, zur anderen aber, von der Brust bis zum Ende, gleichen sie Pferden.

So ist auch jeder Wankelmütige unbeständig auf allen seinen Wegen [Jak 1,6 f.]. Es gibt manche, die sich mit der Gemeinde versammeln und den Anschein von Frömmigkeit erwecken, deren Wirkung aber nicht zeigen; so sind sie in der Gemeinde wie Menschen, doch wenn sie sich von der Gemeinde entfernt haben, werden sie zu Tieren. Solche nun sind Abbilder von Sirenen und Kentauren, nämlich feindlicher Mächte und lästernder Häretiker; täuschen sie doch mit ihren „rechtschaffenen Sprüchen und ihrer Wohlredenheit" wie die Sirenen „das Herz der Arglosen" [Röm. 16,18]. „Schlechter Umgang nämlich verdirbt gute Sitten" [1. Kor. 15,33].
Schön also hat der Physiologus von den Sirenen und Kentauren gesprochen.

Es scheint, dass der griechische *Physiologus* die Zentauren sekundär angefügt hat. Im anfangs zitierten Jesaja-Vers erwähnt er nur die Sirenen, und auch im weiteren Verlauf ist fast ausschließlich von diesen die Rede. Die Zentauren fügt er dreimal mit einem ‚und' an; nur einen Satz widmet er ihrer Beschreibung. Der Zusammenhang zwischen Sirenen und Zentauren ist durch den Sachverhalt gerechtfertigt, dass es sich in beiden Fällen um Mischwesen aus Tier und Mensch handelt und dass sie als Paar den Aspekt der Geschlechterdifferenz einbringen. Beide Monstren werden als Heuchler gedeutet, die fromm sprechen, aber nicht fromm handeln. Die Analogie liegt also in ihrer anatomischen bzw. moralischen Doppelnatur. Die Sirenen stehen für weibliche, die Zentauren für männliche Heuchler; aber es werden keine geschlechtsspezifischen Varianten der Heuchelei unterschieden.

Abb. 1: Eine Sirene und ein Zentaur. Miniatur aus einer franko-flämischen Handschrift von ca. 1270 (Ms. Ludwig XV 3, fol. 78), J. Paul Getty Museum (Open Content).

Der lateinische *Physiologus* behält die Verbindung von Sirenen und (Esels-) Zentauren bei, stattet sie aber mit separaten Beschreibungen, Deutungen und Bibelversen aus. Über die Eselszentauren schreibt er Folgendes:[16]

> Eo modo onocenthaurus duabus naturis constat, ut Phisiologus asserit. Nam superior pars homini similis est, posteriorque asino similis et natura eius valde agrestis. Per hunc assimilantur bicordes et bilingues homines, moribus informes, habentes speciem pietatis, virtutem eius abnegantes, ut propheta David dicit: Et homo, cum in honore esset, non intellexit; comparatus est iumentis insibientibus et similis factus est illis.

> So besteht auch der Onozentaur aus zwei Naturen, wie der Physiologus erklärt. Denn der obere Teil gleicht einem Mann, der untere aber einem Esel und seine Natur ist sehr wild. Er bezeichnet die Menschen mit gespaltenen Herzen und Zungen und garstigen Sitten, die den Anschein der Frömmigkeit haben, aber ihre Tugend verweigern, wie der Prophet David sagt: „Der Mensch in Pracht, doch ohne Einsicht, er gleicht dem Vieh, das verstummt" (Ps 48,21).

Der lateinische *Physiologus* fügt der Beschreibung der Eselszentauren das Merkmal der Wildheit hinzu und reserviert die Deutung der anatomischen Doppelnatur als Heuchelei für die Eselszentauren. Die Sirenen deutet er hingegen als Verführerinnen. Auf diese Weise baut er den Aspekt der Geschlechterdifferenz aus: Verführung erscheint als weibliches, Heuchelei als männliches Laster. Diese Deutung wird durch einen zusätzlichen Bibelvers abgesichert, der im griechischen *Physiologus* fehlt; es handelt sich um einen Psalmvers, der einsichtslose Menschen mit Tieren vergleicht (Ps 48,21). Eine lateinische *Physiologus*-Fassung des 11. Jahrhunderts bringt das Wesen der Eselsmänner wie folgt auf den Punkt: *Pars hominem fingit, asinum pars altera pingit. / Moribus informes notat hoc pecus atque bicordes* („Ein Teil formt den Menschen, der andere Teil bildet den Esel. / Das Vieh bezeichnet diejenigen, die ungeschlachte Sitten und ein falsches Herz haben").[17]

Die mittelalterlichen deutschen Fassungen schließen sich an den lateinischen *Physiologus* an. Der um 1070 entstandene *Althochdeutsche Physiologus* be-

16 Der altdeutsche Physiologus. Die Millstätter Reimfassung und die Wiener Prosa (nebst dem lateinischen Text und dem althochdeutschen Physiologus), hrsg. v. Friedrich Maurer, Tübingen 1967, S. 75–90 (lateinischer Physiologus), hier S. 78 (Übersetzung A.K.; den Psalmvers zitiere ich nach dem Wortlaut der Einheitsübersetzung); das lateinische Wort *insibiens* ist eine Variante zu *insipiens*: ‚unwissend, unverständig'.

17 Vgl. Henkel (wie Anm. 8), S. 45; es handelt sich um die sogenannte *Dicta*-Fassung.

hält die Paarung von Sirenen und Zentauren bei, ist aber lakonischer als seine lateinische Vorlage. Über den Onozentauren schreibt er:[18]

> Ter onocentaurus, er ist halb man, halb esil, unde bezeichinet di dir zuiualtic sint in ir zunon un in iro herzon, unde daz pilide des rehtis habin un ez doh an ir uuerchin niht eruullint.

> Der Onocentaurus ist halb Mann, halb Esel, und bezeichnet diejenigen, die gespalten sind in ihrer Zunge und ihrem Herzen und den Anschein der Gerechtigkeit erwecken und es doch mit ihren Werken nicht erfüllen.

Der um 1200 verfasste *Millstätter Physiologus* überträgt den lateinischen Text in deutsche Langverse. Auch er präsentiert Sirenen und Zentauren gemeinsam: *Von den tieren, die da heizzent Sirenen und Onocenthauren.*[19] Insgesamt widmet er ihnen sieben Strophen. Die erste Strophe stellt das Paar vor (41), dann folgen je drei Strophen über die Sirenen (42–44) und die Zentauren (45–47). Über Letztere heißt es:[20]

> Abir zelt Phisiologus,   daz der Onocenthaurus
> hab zwei geslehte:   daz obir teil ist gelich eines mannes ahte,
> daz nidir teil einem Esil gelich   und ist vil wildelich.
>
> Der Onocenthaurus   bezeichint an uns
> vil broden mennisken   die zunge zwislisken,
> die mit ubilen siten   umbegant unde den wonent mit.
>
> Si habent guot bilde,   an guoten werchen sint sie wilde,
> also uns Davit chan leren,   er sprichet: „do der mennisce was in eren,
> do nechunde er niht versten sich,   do warde er dem tumben vih
> gegenmazzot ane wan   unde warde im gelich getan."

> Der Physiologus erzählt weiterhin, daß der Onocentaurus zwei Naturen hat: Der obere Teil hat das Aussehen eines Menschen, der untere gleicht einem Esel und ist sehr fremdartig. Der Onocentaurus bedeutet bei uns schwachen Menschen die zwiespältige Zunge, nämlich bei denen, die schlimme Sitten annehmen und sich daran halten. Sie haben den Anschein des Guten, gute Werke aber sind ihnen unbekannt. So kann uns auch David leh-

18 Der altdeutsche Physiologus (wie Anm. 15), S. 91–95, hier S. 92.

19 Der Millstätter Physiologus. Text, Übersetzung, Kommentar, hrsg. v. Christian Schröder, Würzburg 2005, Strophe 41, Vers 1 (S. 80 f.); vgl. Der altdeutsche Physiologus (wie Anm. 15), S. 16–19.

20 Millstätter Physiologus (wie Anm. 18), Strophen 45–47 (S. 82 f.); Der altdeutsche Physiologus (wie Anm. 15), S. 19.

ren, er sagt: „Als der Mensch in der Ehre war, besaß er keine Einsicht. Da wurde er tatsächlich mit den unwissenden Tieren verglichen und ihnen gleichgestellt" [Ps. 48,21].

Inhaltlich liegt der *Millstätter Physiologus* auf der Linie des lateinischen *Physiologus*, wenn er die Zentauren als Heuchler deutet.

## *II.2. Deutungsverzicht: Konrad von Megenberg, „Buch der Natur"*

Die Tendenz der zunehmenden Separierung von Sirenen und Zentauren, die sich in der Tradition der geistlichen Tierdeutung abzeichnet, findet ihren Abschluss bei Thomas von Cantimpré und Konrad von Megenberg. Der in Löwen, Köln und Paris tätige Theologe Thomas von Cantimpré verfasste im 13. Jahrhundert ein lateinisches Naturkundebuch *(Liber de natura rerum)*, das ebenfalls in der Physiologus-Tradition steht. Thomas löst den Zusammenhang von Sirenen und Zentauren auf. Er weist die Sirenen der Gattung der Meerwunder (Buch 6), die Zentauren aber der Gattung der vierfüßigen Landtiere (Buch 4) zu. Thomas, der zahlreiche Quellen heranzieht, macht deutlich, dass über die Onozentauren nur Zweifelhaftes überliefert ist:[21]

> Onocentaurus, ut dicunt Ysidorus et Adelinus, animal est monstruosum et natura biforme. Habet enim caput velut asini, corpus autem velut hominis. Alii autem dicunt onocentaurum corpus habere equinum, superiorem vero partem humanam. Faciem habet horridam setis manusque formatas habiles ad omnem actum. Capite setosi sunt onocentauri, et quasi incipiunt loqui, dum vocem promunt, sed insueta labra vocem humanam formare non possunt. Dicit Adelinus philosophus, quod hoc monstrum non est tale creatum ab initio creationis inter ceteras bestias, sed ubicumque et quandocumque in aliqua parte mundi visum est, ex adulterina commixtione hominis et tauri vel hominis et equi nascitur. Sed huic opinioni plurimi contradicunt. Hoc monstruosum animal vidit beatus Antonius in deserto querere pergens, ut scribit beatus Ieronimus, gloriosum Paulum primum heremitam; sed dubium asserit, si hoc dyabolus finxerit vel si hoc natura creaverit. Multi tamen dicunt hoc monstruosum animal esse in partibus orientis et naturaliter creatum ut multa alia monstra in ammirationem dignam ac debitam conditoris. Post insequentes se, ut dicit Experimentator, mittit ligna vel lapides.

> Der Onocentaurus ist, wie Isidor und Adelinus sagen, ein monströses Tier mit einer zweiförmigen Natur. Denn es hat das Haupt eines Esels und den Körper eines Menschen. Andere aber sagen, dass der Onocentaurus den Körper eines Pferdes, aber oberhalb einen menschlichen Teil habe. Es hat ein schreckliches Antlitz mit Borsten und Hände, die so geformt sind, dass sie für jede Handlung taugen. Die Onocentauren haben ein borstiges Haupt, und sie beginnen gleichsam zu sprechen, während sie die Stimme vernehmen las-

21 Thomas Cantimpratensis: Liber de natura rerum, Editio princeps secundum codices manuscriptos, Teil 1: Text, Berlin, New York 1973, S. 154 f. (Übersetzung A. K.).

sen, aber die ungeübten Lippen können keine menschliche Stimme formen. Der Philosoph Adelinus sagt, dass dieses Monstrum nicht so geschaffen wurde im Anfang der Schöpfung mit den übrigen wilden Tieren, sondern dass es, wo und wann auch immer es in irgendeinem Teil der Welt gesehen wurde, aus der falschen Vermischung des Menschen und des Stiers oder des Menschen und des Pferds geboren wurde. Aber dieser Meinung widersprechen die meisten. Dieses monströse Tier hat der selige Antonius in der Wüste gesehen, wie der selige Hieronymus schreibt, als er weiterzog, um den ruhmvollen Paulus (von Theben), den ersten Eremiten, zu suchen; aber er meldet Zweifel an, ob es der Teufel fingiert oder ob es die Natur erschaffen habe. Dennoch sagen viele, dass dieses monströse Tier im Orient und auf natürliche Weise erschaffen worden sei wie viele andere Monstren zur würdigen und gebührenden Bewunderung des Schöpfers. Wie der Experimentator sagt, wirft er Holz und Steine nach denen, die ihm folgen.

Für Thomas ist unklar, ob es sich beim Zentauren um einen Esels- oder Pferdemann handelt; ob die Zentauren ihren Ursprung in der Schöpfung oder in der Kreuzung von Mensch und Pferd haben; ob der Zentaur, dem der heilige Antonius begegnete, ein natürliches Tier oder eine Teufelserscheinung gewesen sei. Auf eine geistliche Deutung des Zentauren mag sich Thomas nicht mehr einlassen; es scheint, dass ihm die Quellenlage zu unsicher gewesen sei.

Auf Thomas von Cantimpré bezieht sich Konrad von Megenberg in seinem *Buch der Natur,* das er Mitte des 14. Jahrhunderts als Regensburger Domherr und Lehrer der Domschule verfasste. Wie Thomas löst Konrad die Paarung von Sirenen und Onozentauren auf. Auch er zählt die Sirenen zu den Meerwundern, die Zentauren hingegen zu den Landtieren. Konrad streicht die Beschreibung der Zentauren auf wenige Sätze zusammen:

Onacenthaurus, _am Y_idorus _pricht, i_t ein wunder tier, wan ez hat ein haupt als ein e_el vnd einen leip _am ein men_ch, vnd _pricht Jeronimus, daz _ant Anthonius der ains in der wΦsten _ach. Die andern _prechent, daz es halbes ein men_ch sei von dem nabel Mber _ich und halbs ein e_el niden hinab.[22]

Der Onocentaurus ist, wie Isidor sagt, ein Wundertier, denn es hat einen Kopf wie ein Esel und einen Leib wie ein Mensch; und Hieronymus berichtet, dass der heilige Antonius eines von ihnen in der Wüste gesehen hat. Die anderen sagen, dass er zur Hälfte, nämlich

22 Konrad von Megenberg: Das ‚Buch der Natur', hrsg. v. Robert Luff, Georg Steer, Bd. 2: Kritischer Text nach den Handschriften, Tübingen 2003, S. 179 (III.A.55: Von dem onacenthauren).

> oberhalb des Nabels, ein Mensch ist, und zur anderen Hälfte, nämlich unterhalb des Nabels, ein Esel.[23]

Konrad hält an der Eselsgestalt der Onozentauren und an der Begegnung des heiligen Antonius mit einem Exemplar dieser Monstren fest. Er ersetzt die vielfachen Zweifel, die Thomas äußert, durch einen weiteren; für ihn ist unklar, ob die Eselsgestalt des Onozentauren die Glieder oder das Haupt betrifft. Auch Konrad verzichtet auf eine geistliche Deutung.

## *III. Schlussfolgerungen*

Wie die Spurensuche in der deutschen Literatur des Mittelalters zeigte, sind zwei Diskurse über die Zentauren zu unterscheiden, die unterschiedliche Typen von Männlichkeit entwerfen. Die *mythologische* Tradition zeichnet das Bild eines Mannes, der seine Triebe nicht zu kontrollieren weiß. Dies gilt für die Zentauren Eurytos und Nessos, die als gewalttätige Frauenräuber präsentiert werden. Ihr Gegenbild ist Cheiron, der weise Lehrer Achills, der nicht verhindern kann, dass sein Schüler die wilden Eigenschaften der Zentauren übernimmt. Die *naturkundliche* Tradition der geistlichen Tierdeutung ersetzt den Pferdezentauren weitgehend durch den Eselszentauren und deutet diesen als Heuchler. Das Gegenbild, mit dem der Zentaur in der naturkundlichen Tradition oftmals gemeinsam auftritt, ist die Sirene, ebenfalls ein Mischwesen, das zunächst auch als Heuchlerin, dann aber als Verführerin gedeutet wird. Beide Traditionen, die mythologische und die naturkundliche, setzen an der Doppelnatur der Zentauren an. Im mythologischen Diskurs besteht der animalische Anteil der Zentauren in ihrer Triebhaftigkeit, im naturkundlichen Diskurs in ihrer Unverständigkeit.

In beiden Traditionen werden Zweifel an der tatsächlichen Existenz der Zentauren laut. Thomas von Cantimpré und Konrad von Megenberg weisen auf Widersprüche in der Überlieferung hin und verzichten auf eine allegorische Deutung. Auch der mythologische Diskurs erfährt eine zunehmende Rationalisierung. Isidor von Sevilla, auf den sich Thomas von Cantimpré und Konrad von Megenberg berufen, liefert bereits im 7. Jahrhundert eine entmythologisierende Deutung der Zentauren. In seinen *Etymologien* vertritt er die Auffassung, dass es sich nicht um tatsächliche Monstren, sondern um

23 Konrad von Megenberg: Buch der Natur, ins Neuhochdeutsche übertragen u. eingeleitet v. Gerhard E. Sollbach, Frankfurt a. M. 1990, S. 48.

Einbildungen handle, die sich auf den Anblick berittener Krieger zurückführen lassen:

> Den Kentauren aber gab der Anblick den Namen, d.h. ein mit einem Pferd gemischter Mensch, von denen einige sagen, es seien thessalische Ritter gewesen, weil sie aber im Krieg durcheinandergerannt seien, seien sie wie ein Körper aus Pferden und Menschen erschienen, und sie versichern, dass daher die Kentauren ersonnen wurden.[24]

Die Erklärung der Zentauren als Trugbilder, die durch die Einheit von Reiter und Pferd ausgelöst werden, weist darauf hin, dass man die Zentauren auch als Symbol des Rittertums verstehen konnte. Diese Richtung schlägt im 12. Jahrhundert Johannes von Salisbury ein. In seinem hofkritischen Fürstenspiegel *Policraticus* charakterisiert er die adeligen Jäger seiner Zeit in Anspielung auf Ovids Erzählung vom Zentauren Eurytos als unbescheidene Trunkenbolde:[25]

> Venatores omnes adhuc institutionem redolent Centaurorum. Raro inuenitur quisquam eorum modests aut grauis, raro continens, et, ut credo, sobrius numquam.

> Bisher riechen alle Jäger nach der Art der Kentauren. Selten wird einer von ihnen gefunden, der demütig oder erhaben von Charakter ist, selten sind sie bescheiden und, wie ich glaube, niemals nüchtern.

Johannes hält mit diesem Vergleich dem Rittertum, das in der höfischen Dichtung ein Idealbild von sich selbst entwirft, einen Spiegel vor. Das tut auch Konrad von Würzburg, der die Geschichte von Cheiron und Achill in allen Einzelheiten auserzählt. Er tut dies, um eine Anthropologie des Rittertums zu entwerfen, die sich durch ihre Ambiguität auszeichnet. Einerseits sollen Ritter tüchtige Kämpfer, andererseits kultivierte Höflinge sein. Die Doppelnatur des Ritters spiegelt sich sowohl in der Figur des Zentauren Cheiron als auch in der Figur Achills, der beide Lehren, die ihm sein tiermenschlicher Lehrer vermittelt, annimmt und steigert. Er versteht sich auf alle Fertigkeiten eines höfischen Ritters, jagt aber zugleich in seiner animalischen Kampfeswut sogar den Zentauren selbst Angst und Schrecken ein.

24 Die Enzyklopädie des Isidor von Sevilla, übersetzt von Lenelotte Möller, Wiesbaden 2008, S. 445 (Etymologien 11, 3:37).

25 [Johannes von Salisbury: Policraticus] Ioannis Saresberiensis episcopi Carnotensis Policratici sive de nugis curialium et vestigiis philosophorum libri VIII, hrsg. v. Clemens C. I. Webb, Bd. 1/2, Frankfurt a. M. 1965 [Nachdruck der Ausgabe London, Oxford 1909], S. 393 f. (I,4); deutsche Übersetzung zitiert nach: Friedrich (wie Anm. 1), S. 241.

Burkhardt Wolf

# Livyatan melvillei
# „Moby-Dick“ und das überhistorische Wissen vom Wal

## *I. Der Leviathan im Text*

Im Jahre 1851 hielten die ersten Buchhändler und Bibliothekare Herman Melvilles *Moby-Dick; or, The Whale* in den Händen. Doch nur wenige blätterten auch wirklich darin. Die meisten sortierten das Buch sogleich unter der Rubrik ‚Sachbuch‘ ein, dort in die Abteilung ‚Naturgeschichte‘ und dort wiederum in die meereskundliche Unterabteilung. Was heute wie ein literaturhistorischer Treppenwitz klingen mag, hat letztlich seine guten Gründe. Denn nicht nur, dass das Buch selbst (etwa durch die Einleitungen, die ein ‚Hilfsschulmeisterlein‘ und ein „Sub-Sub-Librarian“ besorgt haben sollen) Probleme bei der Gattungsklassifikation signalisiert.[1] Wenn Ishmael von Ahabs abenteuerlicher Jagd auf den weißen Pottwal erzählt, dann stets, um jenes Wissen aufzurufen und neu zu konstellieren, das man bis zur Mitte des 19. Jahrhunderts vom Wal produziert und gesammelt hatte. Thematisiert wird etwa sein rechtlicher Status innerhalb der ‚politischen Zoologie‘, seine Rolle als Seemonster in der mythologischen und religiösen Überlieferung oder seine Beschreibung innerhalb der naturhistorischen und biologischen Klassifikation. *Moby-Dick* ist ein Kompendium des Wissens und ebenso des Nichtwissens vom Wal.

Nicht erst in den 135 Kapiteln wird der Wal als ein Tier präsentiert, das zwischen *type* und *token,* Gattungs- und Ausnahmewesen oszilliert. Gerade weil Moby-Dick singulär, ein sozusagen beispielloses Beispiel ist, scheint er als ‚The Whale‘ firmieren zu können.[2] Genus und Exemplar werden mithin

1 Herman Melville: Moby-Dick or The Whale, hrsg. v. Harrison Hayford, Hershel Parker, G. Thomas Tanselle, Evanston, Chicago [4]2000, S. XV, XVII; fortan zitiert mit Seitenangaben im Text.

2 Vgl. etwa Robert Stockhammer: Warum der Wal ein Fisch ist: Melvilles *Moby-Dick* und die zeitgenössische Biologie. In: B. J. Dotzler, S. Weigel (Hrsg.): „fülle der combination“. Literaturforschung und Wissenschaftsgeschichte, München 2005, S. 143–171, hier S. 169.

nicht einfach zu einem individuellen Allgemeinen verschmolzen, sondern durch das Semikolon des Romantitels als jeweils unbestimmte Terme verbunden, die sich im Gang der Erzählung erst wechselseitig zu spezifizieren haben. Wiederholt stellt der Roman dabei die Frage, wie der Wal, dieses prekäre, dieses politisch und rechtlich, mythologisch und naturkundlich umstrittene Wissensobjekt überhaupt zu einer Beute der Literatur werden kann. Bereits die *Etymology,* der erste der Erzählung vorangestellte Abschnitt, versucht, des Wals über die Wurzeln seiner überlieferten Bezeichnungen habhaft zu werden. Der zweite Abschnitt liefert dann unter dem Titel *Extracts* jenes disperse Wissen vom Wal, das man, wie Ishmael nahelegt (vgl. 136), aus dem *mare academicum* ‚ex-trahiert', also im Wortsinne „herausgezogen" hat.

Um vom Wal zu handeln, muss man sich auf ein offenes Meer der Texte wagen, das in Melvilles Fall literarische Werke, Wörter- und Sachbücher ebenso umfasst wie Dokumente und Überlieferungen, heilige und Gebrauchstexte unterschiedlichster Art. Im Sinne dieser – traditionellen – maritimen Schreibmetaphorik eingeschifft, könnte man die Hoffnung hegen, den Wal mit einem – literarisch geknüpften – Gewebe namens ‚Text' einzufangen. Doch nicht nur, dass sich Wale schwerlich wie Fische in einem Netz fangen lassen, diese Textmetapher also eine bloße Katachrese ist. Ob Autorschaft im Falle des Wals überhaupt als souveräne ‚Werkherrschaft' (Heinrich Bosse) möglich ist, wird in *Moby-Dick* wiederholt bezweifelt.

Im kurzen Rechtsexkurs des 90. Kapitels etwa steht die souveräne Verfügung über gestrandete Wale zur Debatte,[3] was seit der Frühen Neuzeit (und seit dem englisch-niederländischen Disput um das *mare liberum* oder *mare clausum*) auch heißt: der territorialrechtliche Zugriff auf das Meer. Bis 1913, als sie gesetzlich zum Eigentum des *Natural History Museum* in London erklärt wurden, sollten gestrandete Wale der Krone zufallen, beanspruchte sie, als Garant der Rechtsordnung zu Lande und an den Landesgrenzen, doch seit 1324 das Vorrecht auf wertvolles Strandgut. Dieses Prärogativ betraf neben Schiffen und Handelsware auch *Fishes Royal* wie Wale und Störe, weil diese „in themselves great or immense size of fat"[4] bergen. Wurden gestrandete königliche Fische als Wracks klassifiziert, vergriff sich das soge-

3 Zum dem Kapitel zugrundeliegenden Rechtskasus vgl. Ethel Matala de Mazza: Kapitel 90: *Heads or Tails.* Der König unter den Fischen. In: Neue Rundschau 124 (2013), H. 2, S. 150–159.

4 Zitiert nach: Bela Bathurst: The Wreckers. A Story of Killing Seas, False Lights and Plundered Ships, London 2005, S. 183; vgl. auch S. 184–189.

nannte *whale-wrecking* in mehrfacher Hinsicht am seinerseits mehrfachen Körper des Königs: Es schlachtete mit dem *Fish Royal* auch den symbolischen Körper des Königs aus und verging sich so an der, wie es Ernst Kantorowicz nennt, „Fiktion eines königlichen Superkörpers, der auf geheimnisvolle Weise mit des Königs natürlichem, individuellem Körper verknüpft ist“.[5] *Perpetuitas* und *sempertinitas,* Ewigkeit und Überzeitlichkeit hatte man spätmittelalterlichen und frühneuzeitlichen Fürsten nicht nur mittels abstrakter Rechtssätze, sondern auch augenscheinlich, durch das Ausstaffieren ihrer vergänglichen Körper oder durch Scheinleiber zu verschaffen versucht, die das Interregnum zwischen verstorbenem und künftigem Herrscher überbrücken sollten. Der Wal war also nicht nur deshalb von höchster Relevanz, weil er als größtes aller Meerestiere dem souveränen Besitzanspruch zu unterliegen hatte, sondern ebenso, weil sich der terrane Leviathan dem mythischen, mächtigen und überzeitlichen König der Meere auf geheimnisvolle Weise verbunden sehen und in diesem Zuge seinen gebrechlichen Menschenleib durch den ‚Superkörper‘ des Wals erhöhen wollte.

Von Henry Bracton, der englische Rechtsbräuche des 13. Jahrhunderts kompiliert hatte, bis hin zu William Prynne, einem Hofjuristen des 17. Jahrhunderts, wurden der Kopf und der Schwanz des Königsfisches dem Souverän und seiner besseren Hälfte zugedacht: „Y^e^ tail is y^e^ Queen’s, that y^e^ Queen’s wardrobe may be supplied with y^e^ whalebone.“ (401) Über diesen *curious case* geht nun *Moby-Dick* der englischen Souveränitätsdoktrin cetologisch auf den Grund. Worauf nämlich die seltsame Aufteilung von Walwracks und königlichen Geschlechtern beruht, ist ein anatomisches Missverständnis:

> this was written at a time when the black limber bone of the Greenland or Right whale was largely used in ladies’ bodices. But this same bone is not in the tail; it is in the head, which is a sad mistake for a sagacious lawyer like Prynne. (401)

Jene Analogien, die zwischen dem Leviathan des Meeres und dem des Landes gelten sollen, beruhen offenbar auf einer nur oberflächlichen Affinität, einer wenig haltbaren Wa(h)lverwandtschaft. Wieso etwa der männlichen Hälfte des Königspaares gerade der Kopf zufallen soll, erhellt weniger aus dem Walhaupt mit seinem korsetttauglichen Gebein als vielmehr aus dem Kopf des Störs. Schließlich gilt,

5 Ernst H. Kantorowicz: Die zwei Körper des Königs. Eine Studie zur politischen Theologie des Mittelalters, München 1994, S. 68.

> that the sturgeon must be divided in the same way as the whale, the King receiving the highly dense and elastic head peculiar to that fish, which, symbolically regarded, may possibly be humorously grounded upon some presumed congeniality. And thus there seems a reason in all things, even in law. (401)

Solange keine stimmige Anatomie des Wals existiert, finden königliche Prärogative keine festen Rechtsgründe, sondern allenfalls elastische Korrespondenzen.

Der Wal soll dem Souverän gebühren, weil er sich anhand landfester Gesetzestexte als „Honorary Grand Harpooneer" (399) inszeniert. Sein Recht der Aneignung geht allein auf seinen – wie es Carl Schmitt nennt – Nomos, auf seine vermeintlich ursprüngliche Landnahme zurück. Zur See jedoch haben derlei unvordenkliche Territorialrechte keinen Bestand. Der despotische und zugleich obszöne Signifikant des Souveräns als ‚Größter aller Harpuniere' ist hier immer schon umkämpft. In diesem staatsfreien Raum des Meeres, den man mythologisch von jeher als verschlingend Weibliches begriffen hat, aus dem wirkliche Frauen aber weitgehend evakuiert sind, ist allein souverän, wer die Waljagd, diesen Ausnahmezustand des Fischfangs, für sich entscheidet – wer als erster den Großen Fisch an seiner Leine festmacht. Entsprechend habe sich, wie Ishmael im 89. Kapitel darlegt, ein „universal, undisputed law applicable to all cases" etabliert, das sich auf zwei fundamentale Rechtsprinzipien zurückführen lässt: „I. A Fast-Fish belongs to the party fast to it. II. A Loose-Fish is fair game for anybody who can soonest catch it." Egal, ob tot oder lebendig: ein Fisch ist „technically fast, when it is connected with an occupied ship or boat, by any medium at all controllable by the occupant or occupants" (396).

Gerade republikanisch gesinnten US-Amerikanern musste der Walfang mitsamt seiner Steuerungs- und Kommunikationsmedien als mustergültig für ein Recht und eine Politik jenseits der alten (englischen) Souveränität gelten. Seine beiden Rechtsgrundsätze erklärt Ishmael in diesem Sinne kurzerhand für universell: Zins und Zinseszins etwa machen den Schuldner, wie sehr er auch zappeln mag, zu einem Festfisch, während geistige Erzeugnisse, solange ohne rechtlichen Urheberschutz, mehr oder minder große Losfische sind. „And what are you, reader, but a Loose-Fish and a Fast-Fish, too?" (398), fragt der kleine Rechtstraktat zuletzt.

Dreierlei ist aus dieser metapoetischen Wendung zu folgern: Beschreibt – *erstens* – das Prinzip des Losfisches die enzyklopädische Poetik von *Moby-Dick* selbst, dann gibt sich Melville als ein *wrecker* zu erkennen, der mit dem Strandgut der Kultur- und Literaturgeschichte wirtschaftet. Es hat also Methode, wenn hier eine ganze Bibliothek des Meeres verarbeitet wird: von Akenside über Bunyan, Burke, Camões, Coleridge, Dante, Defoe, Dekker, Falconer und Homer bis hin zu Poe und Shakespeare reicht die Liste der, wie es offen heißt (vgl. 398), zur Schau gestellten Plünderungen. Ist – *zweitens* – der Leser selbst nur ein Losfisch, so unterliegt er als ‚fair game for anybody who can soonest catch it‘ nicht nur dem ältesten wirkungsästhetischen Konzept von Poesie überhaupt: dem des Ergriffenwerdens, das – von Homer bis Kafka – Odysseus bei den *seirenes* (den ‚Bestrickenden‘) prototypisch vorführt. Er ist auch Freiwild auf dem Gelände eines aggressiven Literaturmarkts, dort also, wo der vormals viel gelesene Melville seit Erscheinen von *Moby-Dick* kaum mehr Beute machen sollte. Und muss man – *drittens* – den Leser auch als einen Festfisch betrachten, dann weil er zahllosen Traditionen und Institutionen, spirituellen oder pädagogischen, disziplinarischen oder Kontrollregimes unterliegt, deren Geltung und Wirkungsweise Melville über die Allegorie und Theorie, die Technik und Praktik des Walfangs untersucht.

## *II. Die Beute des Wals*

Exemplarisch geschieht dies am Leitfaden der biblischen Jonas-Episode, so als wäre mit diesem die ganze abendländische Religion des Meeres aufzurollen. Wird nämlich Jesus immerzu auf Fischfang und mithin darauf aus sein, möglichst viele Proselyten zu machen, war Jahwe der erste Walfänger überhaupt: Er hat den Leviathan gezähmt, ja zu seinem Spielzeug gemacht, ehe ihn der christliche Gott als Sendboten seiner Vorsehung verstand. Nicht weniger als 85 mal taucht Jonas in Melvilles Roman auf. Und immer wieder wird an diesem alttestamentlichen Propheten ausbuchstabiert, wie sich der biblische *fast-fish* zu Moby-Dick, diesem *loose-fish* schlechthin, verhält. Dass Jonas dem Wal zur Beute geworden, als eben solche frei und dann zu sich gekommen sei, diese Unwahrscheinlichkeit hat bereits Luther zu der exegetischen Volte veranlasst, gerade seiner Unglaubwürdigkeit wegen sollte man dem Buch Jonas Glauben schenken: Die Geschichte sei so großartig, dass man sie, stünde sie nicht in der Bibel, glatt als Lüge auffassen müsste. Fiktionalitätssignale gelten hier also, wie es in *Moby-Dick* heißt, als „a signal magnification of the general miracle“ (366). Der Glaube an den guten Christengott basiert auf einer tendenziösen Deutung unseres Nichtwissens vom Wal.

Doch ist damit Schluss, sobald sich die Walfänger, diese Experten des ‚großen Fischs' und seiner wunderbaren Wege, dem Buch Jonas widmen. Mit ihrem Erfahrungs-, Navigations- und Jagdwissen, mit dem also, was sie nicht aus Büchern, sondern „from the sun and the sea" (365) gelernt haben, sind Melvilles Walfänger die ersten historisch-kritischen Bibelforscher. Nimmt man etwa, wie der alte Seebär Sag-Harbor, die Illustrationen früher Bibeldrucke ernst, weist Jonas' Wal zwei Spauts auf, was ihn als Glattwal bestimmt. Doch ein solcher kann, seines winzigen Schlunds wegen, Jonas schwerlich hinuntergewürgt haben. Oder dass Jonas im Mittelmeer auf dem Weg nach Tarsis verschlungen und dann bereits drei Tage später bei Ninive wieder ausgespien worden sein soll, ist verkehrstechnisch unplausibel: Der Tigris hat bei Ninive zu wenig Tiefgang, und die Rundreise ums Kap der Guten Hoffnung bis ins Rote Meer ist selbst für Wale nicht binnen 72 Stunden zu bewältigen.

Tatsächlich hat die historisch-kritische Bibelforschung zum Buch Jonas noch anfangs des 19. Jahrhunderts mit kuriosen Hypothesen wie derjenigen gearbeitet, der Prophet sei von einem Schiff mit dem Namen *Großer Fisch* aufgenommen worden; oder er sei einfach, mitten im Meere, in ein Wirtshaus mit dem Namen *Zum Wallfisch* eingekehrt.[6] Allgemein hat sie ihre ‚realhistorische' Perspektive auf die Erkenntnisse und Methoden anderer Wissenschaften wie der Archäologie und Naturkunde ausgeweitet. Um etwa nicht mehr unspezifisch von einem ‚Meeresungeheuer' zu sprechen, glichen Theologen wie Edward Pusey das Buch Jonas mit der Anatomie des Wals ab und versahen so den hebräischen *dag gadol* (den unspezifisch ‚großen Fisch') mit modernen Gattungsbezeichnungen. Pusey hat auch historische Berichte von Verschlingungen und Ausspeiungen gesichtet und zuletzt – anhand der typischen Gebissgröße des Wals und der mittleren Körpergröße eines Menschen – eine Wahrscheinlichkeitsformel dafür erstellt, von einem Wal verschlungen, mithin als Durchschnittsmensch zum Jonas zu werden.[7] Letztlich

6 Vgl. Jack M. Sasson: Jonah. A new translation with introduction, commentary, and interpretation, New York u. a. 1990, S. 327 f., Meik Gerhards: Zum motivgeschichtlichen Hintergrund der Verschlingung des Jona. In: Theologische Zeitschrift 59 (2003), S. 222–247, hier S. 222 f.

7 Vgl. Edward Bouverie Pusey: The Minor Prophets. With a Commentary Explanatory and Practical and Introductions to the Several Books, Oxford u. a. 1860, S. 258; vgl. auch Robert B. Salters: Jonah & Lamentations, Sheffield 1994, S. 41 f., Yvonne Sherwood: A Biblical Text and its Afterlives. The Survival of Jonah in Western Culture, Cambridge 2000, S. 46.

war das Buch Jonas selbst eine rätselhafte oder gar monströse gattungspoetologische Singularität: weder Prophetie noch Lobpreis noch Parabel, vielmehr eine Meereserzählung, die selbst eine gewisse Ungestalt aufweist. Die historisch-kritische Bibelforschung bezeichnete es schließlich als Mythos und damit als eine „absichtslos dichtende Sage“[8], die zahlreiche Wal-Berichte amalgamierte. Im Schlepptau von Jonas' großem Fisch und am Leitfaden dieser ‚Wandererzählung‘[9] konnte man somit die Etappen einer mythologisch-religiösen Walkunde kartographieren: verschlungene Überlieferungswege vom Indischen Ozean über Syrien bis hin zu Israel und Griechenland – allesamt Stationen, die auf dem Parcours von *Moby-Dick* ‚historisch-kritisch‘ gesichtet werden.

Für meereserprobte Bibelkundler wie Melvilles Walfänger zeugt das Buch Jonas zuvorderst von der existentiellen Erfahrung des Verschlungenwerdens. Was in der Bibel politisch-theologisch auf die Begegnung mit dem ‚großen Fisch‘ hin zugespitzt wird, sind jene Initiationsriten, die seit alters her die Seefahrt als eine elementare Überschreitung begleiten: die Verschlingung durch das Ungetüm des Meeres bei jeder Einschiffung, die Prüfung und Wandlung im Grab oder Mutterschoß des Schiffs, schließlich die Wiedergeburt im Falle einer glücklichen Heimkehr. Seefahrer stellen eine Gefahren- und Notgemeinschaft dar, die die landgebundene Gesellschaftsordnung hinter sich lässt. Ihr ‚großer Fisch‘ ist das Gegenteil eines staatlich oder kirchlich propagierten Leviathans. Doch hat man zu Lande versucht, die Jonas-Geschichte in ein Mittel der Gehorsamsproduktion umzufunktionieren, und dies galt besonders für die protestantischen Kirchen, im angelsächsischen Bereich speziell die calvinistisch geprägten. Calvins Jonas-Predigt schließt, unter den Vorzeichen der Prädestinationslehre, nicht nur das ‚historisch-kritische‘ Vernünfteln über offensichtlich Kurioses und Willkürliches in der Heiligen Schrift aus, sondern deutet einen meteorologischen Zufall wie den des Sturms als selbstverständlich gottgesandt, so dass er nicht nur dem flüchtigen Jonas, sondern der gesamten Bordmannschaft, ja uns allen gilt. Auch und gerade jene, die sich unschuldig dünken, tragen tiefe Schuld und haben diese einzubekennen: „let everie of us acknowledge our sinnes“, heißt es in der englischen Übersetzung von 1578. Wir alle sind gottesflüchtige

8 David Friedrich Strauß: Das Leben Jesu, kritisch bearbeitet, Stuttgart 1836, S. 147.

9 Vgl. etwa Heinrich Ewald: Die Propheten des Alten Bundes, Bd. 3, Göttingen 1868, S. 244.

Jonasse, uns allen gebührt „terrible punishment", „continuall torment" und die Verschlingung in den „bellie of hell".[10]

Diese disziplinarischen Aspekte modernisiert und radikalisiert nochmals das Kapitel *The Sermon:* Jonas ist hier bereits im Hafen von Jaffa von „policemen" und Steckbriefen eingekreist, und anachronistischer Weise macht ihm auch sein protestantisches „conscience" zu schaffen, unter dessen Druck er – wie ein Leser von *Moby-Dick* – allerorten Omina der künftigen Verschlingung wahrzunehmen glaubt (43, 45). Mit seiner Predigt klassifiziert der charismatische Father Mapple das ‚Schiff der Kirche' als ein Fischerboot, ja als einen *whaler:* Im Sinne der protestantischen Gemeindeleitung, der *kybernēsis,* steht Mapple, in seiner Jugend selbst ein Seemann und Harpunier, diesem Schiff vor, während die Predigt-Kanzel einen Bug und das Predigtwort ein Führungskommando darstellt. Dieser – in Calvins Geiste – ‚polizeilichen' und ‚kybernetischen' Führung versagt sich jedoch das gottesflüchtige Gesindel der Walfänger. Wie das Kapitel *The Chapel* zeigt, besteht die Zuhörerschaft, die Kongregation New Bedfords, nämlich lediglich aus Hinterbliebenen, Waisen und Witwen, die ihrer verschlungenen Angehörigen zu gedenken suchen. Father Mapples typologische und disziplinierende Deutung der Jonas-Geschichte stößt in dieser versprengten Versammlung einsam Trauernder auf taube Ohren. Denn worum sich diese scharen, ist keine Eucharistie des Worts, sondern sind „bitter blanks" (36): Kenotaphe oder leere Gräber, Grabmäler der bloßen Schrift.

Bereits bei Homer und Vergil war das Verschlungenwerden im Meer das Schrecklichste überhaupt, da es dem Toten die symbolische Bergung durch ein Grabmal und dadurch überhaupt die Identität nahm; für die Hebräer kam es einem plötzlichen Verschlucktwerden nach Art der Rotte Korah gleich; und in diesem Sinne führt nun auch für christliche Seefahrer kein Weg mehr vom Meerestod zur Auferstehung im Topos homiletischer Rhetorik. Die Trauer der Hinterbliebenen richtet sich vielmehr in einem Ortlosen ein, das der Unzugänglichkeit der Betrauerten entspricht. Was von verschlungenen Walfängern allein noch zeugt, sind seelische „Krypten"[11] – Ab- und Einschlüsse, die sich gegen das Wort der Predigt und jene tröstlich sympathetische Wirkung abdichten, die noch in romantischen Konzepten

10 Jean Calvin: Lectures or Daily Sermons [...] Upon the Prophet Jonas, London 1578, S. 21, 31, 33 f.

11 Nicolas Abraham, Maria Torok: Kryptonymie. Das Verbarium des Wolfsmanns, Frankfurt a. M. u. a. 1979, S. 156, passim.

der Trauer (wie in Wordsworths *Essay upon Epitaphs*) beschworen wurde.[12] Im Kenotaph ist die Trauer nicht symbolisch gedeckelt, sondern als unaufhebbarer, realer Verlust markiert. Dies rückt die eucharistische Heilstheologie von Verschlingung, Passage und Auferstehung in ein neues Licht, so dass selbst Sarkophage, die man seit dem Frühchristentum ja immer wieder mit Jonas-Motiven verziert hat, zu Walen werden und nur noch das sind, was sie heißen: ‚Fleischfresser'. Und Wale selbst sind keine gottgesandten Agenten eucharistischer Wandlungsmysterien mehr, die selbst am Tiefseegrund noch Geborgenheit garantieren. Vielmehr sind sie verschlingende Monster, deren „gastric juices“ (365), wie Ishmael befürchtet, christliche Heilsmythen wie den von Jonas einfach zersetzen.

Gerade der Walfang ist es, der die kirchlichen und staatlichen Versuche zur Disziplinierung der Seeleute und zur Sublimierung ihrer elementaren Ängste einfach harpuniert. Im Walfang ist man dem großen Anderen und seinem Willen schonungslos ausgesetzt. Und dieser große Andere ist wohlgemerkt kein gütiger Christengott, in den man providentielles Vertrauen setzen sollte, sondern ein verborgener Gott von bedrohlicher Übermacht, in dessen Schöpfung ein Abgrund namens Meer klafft und dessen zerstörerische Gewalt immer wieder durch Sendboten wie den mörderischen Leviathan zutage tritt. Das Küstenvolk von New Bedford und Nantucket hat sich von den disziplinarischen Banden der christlichen Seefahrt so sehr losgemacht, wie es mit dem Wal verbunden ist. Hier gibt es niemanden, der nicht wenigstens einen Nächsten bei der Waljagd verloren hätte, der also nicht durch Verlust oder Verletzung zum *fast-fish* des Wals selbst geworden wäre. Und wenn dieser Verlust und diese Verletzung, wie im Falle Ahabs, dauerhaft sicht- und spürbare Form angenommen hat, kann die Bindung an den Wal zur monomanischen Fixierung werden. Indem Melvilles Jonasse den *dag gadol* jagen, ihn niemals finden, zuletzt aber von ihm gefunden und seine Beute werden, sind sie jener disziplinarischen Einverleibung entkommen, die mit der kirchlichen Allegorisierung von Jonas' Wal verknüpft gewesen wäre. *Moby Dick* ist so gesehen eine ‚historisch-kritische' Allegorie der Allegorie und, mehr noch, eine literarische Allegorie, die sich von der politisch-theologischen einfach losgerissen hat.

12 Vgl. William Wordsworth: The Poetical Works, London 1847, S. 564.

## *III. Das Ding des Lebens*

Für königliche Harpuniere und den kirchlichen Fischfang ist der Wal, als *livyatan* und *dag gadol,* einfach zu groß geraten. Neben der politischen, der Mythen- und Religionsgeschichte überfordern Wale aber auch die Naturgeschichte. Die Genesis nennt sie unter diesem Aspekt *tannin* (‚Meeresungeheuer') und begreift sie als Zeugen und Überbleibsel vom Anfang aller Schöpfung. Auch Ishmael fasst den Wal als Abkömmling der Ur- und Vorgeschichte auf, obgleich er ihn nun methodisch „in an archaeological, fossiliferous, and antediluvian point of view" (455) als „Fossil Whale" (458) studiert. Er wechselt also von der räumlichen Dimension zur zeitlich-evolutionären und hebt damit jene Analogie auf, die er selbst zwischen dem „mighty theme" des Wals und einem „mighty book" (456), zwischen der Größe von Walen und Walbüchern ins Spiel brachte: Im 32. Kapitel hat er unter dem Titel *Cetology* die naturgeschichtliche, an Carl von Linné orientierte Klassifikation der Lebewesen *ad absurdum* geführt, als er die Wale mit Buchformaten (Folio, Octav, Duodez) und Textgliederungen (Buch, Kapitel, Paragraph) korrelierte. Doch bis zum 104. Kapitel dringt er, unter Berufung auf Georges Cuvier, über das naturgeschichtliche Buchwissen hinaus und gelangt zur Biologie: zu jener Wissenschaft vom Leben, die sich nicht mehr an äußerlich klassifikatorischen Merkmalen orientiert und die nicht mehr direkt vom Sehen zum Sagen übergeht. Vielmehr konzentriert sie sich nun auf jene Funktionen, die Körperteile und Organe für das Tier übernehmen, und auf deren (verborgenen) Zusammenhang.

Der oberflächlichen Fischform der Wale setzt Cuvier in diesem Zuge ihre Lungen, ihren Blutkreislauf und ihre Mammae entgegen, um auf eine völlig andersartige Atmungs-, Bewegungs- und Lebensform zu schließen. Gegliedert wird die Natur nun also nach dem Kriterium der Organisation: nach jener Struktur, die es einem Lebewesen allererst gestattet, *in sich selbst* und *im Verhältnis zu* seiner Umwelt zu bestehen. Vor dem Hintergrund dieses Organisationsplans wirkt das alte naturgeschichtliche Raster taxonomischer Unterscheidungen nur noch wie „ein oberflächliches Glitzern über einer Tiefe"[13], die man als ‚das Unergründliche' des Lebens verstehen mag. Und mit dieser Neuausrichtung der Anatomie durch Georges Cuvier ging zugleich die Geburt der modernen Paläontologie einher. Die ‚Lehre von den alten Lebewesen' er-

13 Michel Foucault: Die Ordnung der Dinge. Eine Archäologie der Humanwissenschaften, Frankfurt a. M. 1974, S. 308.

klärte er nämlich selbst zum Scharnier zwischen Erd- und Lebenswissenschaften, ermögliche doch erst das Studium früherer Lebensformen eine regelrechte Theorie der Erdgeschichte, die Cuvier katastrophentheoretisch, als Abfolge weitreichender Kataklysmen, verstand. *Einerseits* war er damit noch der Bibel verpflichtet, denn nicht nur, dass die Sintflut als Kataklysmus zu verstehen ist; der Sintfluttheorie war es auch zu verdanken, dass man Fossilien, etwa im Hochgebirge aufgefundene Petrefakten von Meerestieren, seit dem 18. Jahrhundert nicht nur mehr als zufällige Gesteinsnachbildungen lebendiger Formen auffasste. *Andererseits* gehörte Cuvier zu jenen Naturforschern, die von Fossilien auf eine unermesslich lange Erdgeschichte schlossen, was zu guter Letzt die biblische Zeitrechnung widerlegen musste.

Cuviers wichtigster Beitrag zur Paläontologie bestand längerfristig, mehr noch als in seinen erdgeschichtlichen Spekulationen, in seinen anatomischen Befunden. War nämlich nach seiner Auffassung ein Lebewesen eine funktional vollständig integrierte Einheit, dann gab es letztlich auch keinen Knochen, dessen Gelenkflächen, Krümmungen und Vorsprünge nicht die anatomische Gesamtstruktur verrieten. Von einem einzigen Fossil aus könne man deshalb auf das Skelett, von diesem dann auf die Muskeln, das Fleisch und die Haut sowie, mit der gehörigen Einbildungskraft, sogar auf die *conditions d'existence* und das Verhalten schließen.[14] Weil Cuvier damit, wie er stolz zu Protokoll gab, die anschauliche Rekonstruktion, ja museale Wiedererweckung ausgestorbener Arten ermöglicht hatte, wurde er als Neuschöpfer untergegangener Welten gefeiert. Doch für den Ausnahmefall des Wals meldet Ishmael Zweifel an: Dass Cuvier jene Knochen, die man im Frankreich des Jahres 1779 ausgegraben hatte, zwar als die eines Wals identifiziert, sie aber sogleich einer (von ihm „Ziphius“ getauften) „utterly unknown Leviathanic species“ (456) zugeschlagen hat, zeigt für Ishmael, dass Cuvier den Wal nicht als älteste und daher evolutionär komplexeste aller Gattungen zu würdigen vermag. Mit Richard Owen stellt er Cuvier einen paläontologischen Widersacher entgegen, der – wie Melville selbst – Darwins Evolutionslehre bereits vordachte und zudem ein „almost complete vast skeleton of an extinct monster“ (457), das man zunächst für die Gebeine eines gefallenen Engels oder einer Riesenechse gehalten hatte, als *Zeuglodon* beschrieb: als evolutionäre Frühform des Wals und somit als das größte Säugetier seiner Zeit.

14 Vgl. Cuviers Vortragsmanuskript von 1798. In: Martin J. S. Rudwick: Georges Cuvier, Fossil Bones, and Geological Catastrophes. New Translations and Interpretations of the Primary Texts, Chicago 1997, S. 35–41.

Für Ishmael ist die mangelnde Identifizierbarkeit des Walskeletts ein Beweis dafür, dass – ganz entgegen Cuviers Prinzip – die sterblichen Überreste des Wals keineswegs Aufschluss über seine lebendige Erscheinung verschaffen. Im 55. Kapitel hieß es bereits, ein gestrandeter Wal könne über seine wirkliche Präsenz nicht mehr Aufschluss verschaffen als zerschlagene Wracks über die vormalige Erscheinung von Prachtschiffen zu hoher See, im 56. Kapitel dann, der Wal sei „that one creature in the world which must remain unpainted to the last" (264). Für die Paläontologie muss deshalb gelten: Der Wal ist nicht vor Augen zu stellen – und schon gar nicht durch die seit Cuvier eingerichteten naturhistorischen Museen. Der Wal befindet sich jenseits aller Anschauung – „Leviathan is the text" (455).

Und diese Textualität hat nichts mit der Naturgeschichte, ihren Walformaten und -kapiteln zu schaffen. Der Wal *selbst* schreibt sich von jeher ins ‚Buch der Natur' ein: In den unterschiedlichen Gesteinsschichten, die nach Charles Lyells Formulierung „like the leaves of a book" zu studieren sind,[15] hinterlässt er zuweilen gut lesbare Zeichen, zuweilen aber auch Spuren, die in ihrer Rätselhaftigkeit den ältesten Hieroglyphen gleichkommen. Diese Hieroglyphik verweist zum einen auf die „radikale Fremdheit", die das Tier noch bis zum Ende des Mittelalters ausgezeichnet hatte, dann durch die Klassifikationen der Naturhistorie entzaubert wurde, mit der Biologie und ihrem Rätsel des Lebens aber „neue phantastische Kräfte"[16] bekam. Zum anderen hinterlässt der Wal in seiner ‚hieroglyphischen', zwischen Zeichen, Bild und Ding changierenden Erscheinung regelrechte Dokumente und eröffnet einen Raum des Wissens, den man seit Georges Leclerc de Buffons Begriffsprägung von 1780 „archives du monde"[17] nannte.

In diesem ‚Archiv der Erde' stellte man – ganz in der Art von Ishmaels Forschungen – Fossilien und Gesteinsschichtungen, archäologische und Sprachzeugnisse methodisch auf ein und dieselbe Stufe, um die überhistorische ‚Tiefenzeit' zu erforschen. Den eindringlichsten Ausblick auf diese Tiefenzeit eröffnete Charles Lyell seit den 1830er Jahren, als er Zäsuren in den Gesteinsschichtungen nicht mehr mit erdgeschichtlichen Katastrophen erklärte, sondern mit Überlieferungsbrüchen. Die Gestalt der Erdoberfläche habe sich kontinuierlich, nämlich nach Maßgabe noch heute wirkender Kräfte, wenngleich in unendlich langfristigen Entwicklungen verändert, und die Erde sei nicht nur von biblischem Alter, sondern so alt, dass sie keine

15 Charles Lyell: Principles of Geology, Bd. 3, London 1833, S. 81.

16 Foucault (wie Anm. 13), S. 338.

17 Georges Louis Leclerc Comte de Buffon: Les Époques de la Nature, Paris 1780, S. 1.

Spur ihrer Entstehung mehr bewahrt. Die Anfänge der Schöpfung verlieren sich also in einem Nichts „before all time" (457), und dafür bürgt Ishmael gerade die Evolution des so ursprungs- wie wesenlosen Wals. Jene Walfossilien, die alle aus dem Tertiär zu stammen scheinen, sind für ihn nur die „connecting, or at any rate intercepted links" zwischen den „existing breeds of sea-monsters" und den „annihilated antechronical Leviathans" (457). Ein weiterer dieser *links* wurde 2008 in der Wüste von Peru gefunden. Das Ungetüm ernährte sich vor 12–13 Millionen Jahren wohl durch die Jagd auf Bartenwale. Es hatte einen drei Meter langen Kopf, das größte jemals gefundene Tetrapoden-Gebiss, Blaslöcher und sogar das – für Pottwale charakteristische – Spermaceti-Organ. Wie um Ishmaels Paläontologie zu bestätigen und zugleich zu ergänzen, erhielt es den Namen: *Livyatan melvillei.*[18]

***

Melvilles *Moby-Dick* macht sich von all jenen ‚verbindlichen' Texten los, die (wie im Falle souveräner Territorialrechte, kirchlicher Disziplinarmaßnahmen oder naturkundlicher Taxonomien) eine gewisse (herrschafts-, heils- oder schöpfungsgeschichtliche) Ordnung der Dinge festschreiben sollen. Von Anfang an dreht sich dabei Ishmaels gelehrtes Erzählen um jenes „ungraspable phantom of life" (5), das sich im Wal exemplarisch zur Geltung bringt. Zuletzt erscheint der Wal als ein Wesen, dem das politische Ideal und Artefakt der *perpetuitas* und *sempertinitas* von Natur aus eignet; das, von keiner Religion zu vereinnahmen, aus dem Abgrund der Zeit selbst auftaucht; und das uns, ob seiner schieren Größe und Überlebenskraft, die Beschränktheit unserer eigenen Lebens- und Erkenntniskräfte zu erkennen zwingt. Zur empirisch-transzendentalen Dublette des Menschen gehört in *Moby-Dick* das Phantom des Lebens genauso wie der Wal zum Waljäger. Deswegen ist dessen praktisches und empirisches Wissen, so wie es der Roman in aller Breite vorführt, auch nicht auf eine bloße Kulturgeschichte des Pottwalfangs zu reduzieren. Das *tacit knowledge* und die *folk biology* der Waljäger erschließt hier zuletzt ein schlechthin ‚überempirisches' Wissen: das vom Wal als bloßem ‚Ding'.

Von einem diskursiven Objekt, das man sachlich und historisch begreifen kann, wird der Wal hier immer wieder zu einem Ding an sich, das man

18 Vgl. Olivier Lambert u. a.: The giant bite of a new raptorial sperm whale from the Miocene epoch of Peru (Corrigendum). In: Nature 466 (2010), S. 1134.

nie zu fassen kriegen wird. Daher gehen die Waljäger vom tradierten und vom empirischen Wissen nur aus, um es in einer Art überpersönlichen Auseinandersetzung mit dem Wal zu überschreiten. Denn damit er ihn wirklich erkennen kann, muss ihn der Mensch in Aktion erleben, mit ihm als Jäger oder auch Gejagter kooperieren. Statt: ‚Was ist der Wal?' wäre mithin zu fragen: ‚Was tut der Wal?' Doch schon dadurch, dass der Wal verhindert, vorstellbar oder gar vorhersehbar zu sein, manifestiert er einen gewissen Willen.

Die Frage lautet also zuletzt: ‚Was will der Wal?' Sein Wille wird unverkennbar, wenn er sich von seinem Jäger zwar harpunieren lässt, ihn dann aber zu seinem *fast-fish* macht und in die Tiefe zieht. Erst dann ist jene Grenze zwischen Wille und Vorstellung erreicht, auf deren entgegengesetzten Seiten sich Ahab und Ishmael befinden. Mit Schopenhauer, einem von Melvilles philosophischen Gewährsleuten, gesagt, ist der Wal ein Ding an sich und mithin reiner Wille. „That inscrutable thing is chiefly what I hate", sagt Ahab, „and be the white whale agent, or be the white whale principal, I will wreak that hate upon him" (164). Eben weil er so unerforschlich ist, hasst Ahab den Wal auf den Tod – und verfolgt ihn bis in die ‚Abgründe des Seins' hinein. Ishmael hingegen, weniger von schrankenloser Obsession als von melancholischem Erkenntnishunger getrieben, will ihn cetologisch, als lebenswissenschaftliche Erscheinung studieren. Die bloße Erscheinung gewährt allerdings keinen Zugang zum Ding an sich. Als „untheilbarste Einheit" liegt das „wahre Wesen jeder Thiergestalt" außerhalb „der Vorstellung" und „ihren Formen Raum und Zeit". Was „das anatomische Messer" oder auch ein Text vom Leben allenfalls präsentieren kann, ist „ein Nebeneinander von Theilen und Nacheinander von Funktionen".[19]

Gerade von Walen, diesen gestaltlosen Lebewesen *katexochen,* bleiben bloße ‚Wracks', wenn man sie in der Anschauung oder im Wort dingfest machen will. Um den ‚Wal an sich' zu erkennen, muss man „through the mask" (164), durch die „dead, blind wall" (336 f.) empirischer Anschauungs- und sprachlicher Ausdrucksformen dringen. Dann macht er sich, mit Schopenhauer gesprochen, als ein „blinder Drang" geltend, der nur „vom dumpfesten thierischen Bewußtseyn"[20] zeugt, oder einfach als „a dumb thing" (164), wie es in *Moby-Dick* heißt. Man kann hier auch, ein wenig tierlieber, vom ‚ungraspable phantom of life' sprechen, das zu Melvilles und Schopenhauers Zeit durch allerlei literarische und philosophische Texte spukte, diese

19 Arthur Schopenhauer: Werke, hrsg. v. Ludger Lütkehaus, 5 Bde., Zürich 1991, Bd. 3, S. 241 f.

20 Ebenda, Bd. 1, S. 247, Bd. 2, S. 341.

mit immensem historischen Wissen befrachtete – und doch nur auf ein überhistorisches Wissen vom ‚Leben an sich' zusteuerte. Als das, wovon diese Texte handeln, ohne es je ganz zu erfassen, als ‚Ding' des Schreibens, bietet sich der Wal geradezu an, machte man doch, wegen des weltökonomischen Bedarfs an Walrat, im frühen 19. Jahrhundert auf allen Weltmeeren Jagd auf dieses offenbar vorsintflutliche Tier.

Doch ist ein solches – literarisches oder ökonomisches – ‚Ding' immer schon verloren. Es wird von jeher gesucht, zutage kommt es aber allererst in dieser Suche und in diesem Begehren. Formelhaft könnte man zuletzt sagen: Der *Livyatan melvillei* markiert ein Loch des natur- und kulturhistorischen Wissens, das unseren Zugang zu einem überhistorischen und überempirischen Wissen bahnt. Eröffnet dieses Loch des Wissens in der Paläontologie einen Abgrund der Tiefenzeit, dann in der Literatur einen solchen der Darstellbarkeit. Gerade dass Melvilles Roman den Wal als ein ‚Ding des Lebens' präsentiert, das „auf der Ebene der Vorstellungen nicht nichts ist, aber buchstäblich nicht ist";[21] gerade dass er es nicht dingfest machen kann, macht ihn selbst zu einem Text, in dem das Tier nicht aufhört, nicht nicht zu sein.

21 Jacques Lacan: Das Seminar Buch VII: Die Ethik der Psychoanalyse, Weinheim, Berlin 1996, S. 80.

Roger Willemsen

# Es werde Tier!
# Über das Animalische zwischen Mensch und Monster

## *I. Rameaus Hündchen*

Als Jean-Philippe Rameau bei der Aufführung einer seiner Opern erkannt wird, spendet ihm das Publikum spontan Applaus. „Er war außer sich vor Freude", heißt es in einem zeitgenössischen Bericht, „und weinte vor Rührung". Mit Voltaire bekannt, diesem angeblich ähnlich, einzelgängerisch, wortkarg, oftmals schroff, experimentiert der Komponist 12 Jahre mit einem kleinen Privatorchester. Sein *Air pour les Sauvages,* aus seinem zweiten Bühnenwerk, dem 1735 aufgeführten *Les Indes galantes,* geht auf eine 10 Jahre alte Episode zurück: 1725 waren in Paris zwei Indianer aus Louisiana aufgetreten, die zu ihrer Musik tanzten. Rameau war tief beeindruckt, zugleich aber schockiert über die Folgen des Kolonialismus. Das darauf komponierte *Air* wurde zu einem Gassenhauer, der während des ganzen 18. Jahrhunderts, immer am 24. August, dem Vorabend des königlichen Namenstages, in den Tuilerien gespielt wurde. Besagter Rameau also, so berichtet eine Anekdote, wirft eines Tages einen kleinen Hund aus dem Fenster mit der Begründung: „Er bellt falsch"[1].

Der Komponist steht im gedanklichen Horizont der Aufklärung, ist künstlerisch ein Neuerer, vielfach verachtet, entsprechend empfänglich für die Zustimmung des Publikums. Er zeigt Empathie für „die Wilden", nicht aber für die Kreatur, die er mit einer Moral des Ästhetischen bestraft. Die Unlust des handelnden Menschen wird vergolten mit dem Schmerz des Tieres, das seine Verfehlung vor den harmonischen Ansprüchen des Künstlers mit dem Leben bezahlt: Ausdruck welcher Opposition zwischen Mensch und Tier?

1 Diese Anekdote ist u. a. überliefert von Johann Wolfgang von Goethe: Nachträgliches zu „Rameaus Neffe". In: Goethe's sämmtliche Werke in 40 Bdn., Bd. 29, vollst., neugeordnete Ausg., Stuttgart, Tübingen 1840, S. 365–381, hier S. 376.

*II. Bestialisierung des Menschen und Humanisierung der Bestie*

Dass die Natur schön ist, dramatisch, erschütternd, auch reizend, betörend oder komisch, dass ihre Vielfalt phantastisch anmutet und ihr Einfallsreichtum bizarr, dass man sie empfinden können muss, um ihr wirklich nahe zu sein, weiß die Naturwissenschaft. Aber es ist nicht ihr Thema. Wenn Nicht-Wissenschaftler an die Beschreibung der Natur gehen, beherrscht sie dagegen oft ein Staunen, eine Bewunderung, die sich entweder in Schwärmerei niederschlagen kann oder in Ehrfurcht. Zunächst wird sie gefühlt, dann werden ihr Gefühle zugeschrieben, die eigentlich die der Betrachter sind. Aus Tieren werden Handschmeichler, aus Landschaften Faltenwürfe, aus Naturphänomenen Gleichnisse für „Seelisches". Bevor sie gewusst werden soll, wird die Natur schon transzendiert.

Ähnlich hat man in der Geschichte der Naturbetrachtung nicht nur die Entstehung der Welt vermenschlicht, sondern, zwischen Schöpfungsmythen und Schöpfungstheorien schwankend, auch die Vergangenheit der Tierwelt in Monstern, Homunculi und mythischen Fabelwesen erkannt. In jedem Kulturraum finden wir die Vorstellung von Zwischenwesen, animalischen, vorgeschichtlichen Giganten, die im Verborgenen auf der Erde oder in der Tiefe der See gegenwärtig sind und latenten Schrecken, schlafende Zerstörung repräsentieren.

Erich Fromm zum Beispiel hat dieses Element aus dem Volksmärchen *Rotkäppchen* isoliert:[2] Das Mädchen ist, als es an das Bett der Großmutter tritt, zur Frau gereift und sieht sich mit der eigenen Sexualität konfrontiert. Die Warnung, „nicht vom Weg abzugehen" und „das Glas nicht zu zerbrechen", ist eine Warnung vor dem Verlust der Jungfräulichkeit. Vom Anblick des Mädchens wird das sexuelle Begehren des Wolfs geweckt. Verkleidet als Großmutter, verschlingt er Rotkäppchen und schläft, nachdem sein Appetit gestillt ist, ein. Hinter dem moralisierend gefassten Thema um die Gefahr der Sexualität steht eine eigene Verschränkung des Animalischen mit dem Humanen, die sich in der Bestialisierung des Menschen und der Humanisierung der Bestie verrät. Der Mann als das skrupellose, List begabte Tier bedroht die Unschuld des Mädchens durch die kannibalische Handlung des Geschlechtsakts, der hier zugleich animalisch und feindselig verstanden wird.

2 Vgl. Erich Fromm: Märchen, Mythen, Träume. Eine Einführung in das Verständnis einer vergessenen Sprache, Reinbek b. Hamburg 1981 ([1]1951); vgl. bes. Kap. 7: Die symbolische Sprache in Mythos, Märchen, Ritual und Roman – Rotkäppchen, S. 157–160.

Die Rache folgt, indem der Wolf erst lächerlich gemacht, dann getötet wird. Statt Kindern trägt er Steine im Bauch. Als Symbole der Unfruchtbarkeit begründen sie seinen Exitus, lösen aber nicht den Konflikt zwischen Mann und Frau, sondern heben ihn auf.

## III. *„Alles Thier ist im Menschen", „aber nicht aller Mensch ist im Thiere!"*

Was in der Chiffrierung durch die volkstümliche Erzählphantasie noch metaphorisch erscheint, wird von dem ersten wahrhaft populären Zoologen, Alfred Brehm, wissenschaftsförmig und massenwirksam aufbereitet. Brehm sucht die Psychologie im Blick der Tiere, den Nachweis ihres Verstandes. Er verfolgt in der Kritik des menschlichen Umgangs mit den Tieren die kühne, jedoch plausible These: Die Menschen haben die Tiere niedrig gehalten und als niedrige Wesen verstehen wollen, damit ihre eigene Macht uneingeschränkt bleibe und die wahren Ähnlichkeiten den eigenen Überlegenheitsgedanken nicht gefährdeten. „Alles Thier ist im Menschen", zitiert er Peter Scheitlins „goldene Worte", „aber nicht aller Mensch ist im Thiere!".[3]

Welche Forscher-Genugtuung, die Krone der Schöpfung, den Homo sapiens, zu degradieren als: „Erste Ordnung, erste Familie, einzige Sippe: Mensch!"[4] Dicht gefolgt von Gorilla und Orang Utan: „Die Naturwissenschaft kennt keine Rücksichten."[5] So wenig Pietät vor Gottes Ebenbild Brehm damit auch beweisen mag, der Mensch ist unter dem Blick des Naturforschers eben „wirklich nichts mehr und nichts minder als ein Säugethier oder ein lebendes, fühlendes Wesen mit rothem, warmem Blute, welches lebendige Junge gebiert und sie großsäugt".[6] Das von Brehm in Übereinstimmung mit Charles Darwin versammelte Wissen entzieht so manchem Schöpfungsmythos den Boden. Der Mensch als beatmeter Erdkloß hat sich überholt. An seine Stelle treten weniger märchenhaft Genealogie und Entwicklungsbiologie, samt ihren Arsenalen von Argumenten gegen die „hochmüthige Vergötterung des Menschen"[7].

3 Alfred Edmund Brehm: Brehms Thierleben, zweite umgearb. u. verm. Aufl., Bd. 1: Säugethiere, Leipzig 1883–1887, S. 23.

4 Ebenda, S. 1.

5 Ebenda.

6 Ebenda.

7 Ebenda, S. 24.

Bontius, einer der Zuträger für de Buffons *Allgemeine Naturgeschichte,* zitiert die Javanesen, die behaupten, Orang Utans könnten sprechen, hüteten sich jedoch, es zu tun, aus Angst, man könne sie zur Arbeit zwingen. Und noch bei Linné wird die Klasse der „Troglodyten" beschrieben, Zwitterwesen zwischen Mensch und Tier, denen man lauter verborgene Kräfte zuschrieb, mittels derer sie eines Tages die Herrschaft über die Menschheit anstreben könnten.[8]

Die fließende Grenze zwischen dem Menschlichen und dem Tierischen fasziniert auch Brehm. 1859 erschien Darwins Hauptwerk *Ursprung der Arten* und hatte der entwicklungsgeschichtlichen Betrachtung der Tierwelt neue Impulse gegeben. Der Widerhall dieser Schrift klingt bei Brehm vielfach nach. Er verteidigt die Evolutionstheorie und interessiert sich augenfällig besonders für Metamorphosen, Veränderungen oder Zurückbildungen, etwa die „durch Nichtgebrauch der natürlichen Kräfte und Anlagen eintretende Versimpelung"[9] in den zoologischen Formen.

1872 erschien dann die erste Ausgabe von Darwins *Der Ausdruck der Gemütsbewegungen bei dem Menschen und den Tieren,* voller einleuchtender Beispiele für eine übereinstimmende Übersetzung seelischer Regungen durch mimische Bewegungen: Wir schürzen die Lippen beim Konzentrieren oder spannen die Muskeln um unsere Augen an; in der Empfindung von Spannung entblößen wir die Eckzähne und ziehen die Luft ein; wir kosen das Gegenüber, indem wir sein Gesicht berühren; wir geben uns Riechküsse und beißen liebevoll. In seiner Schrift *Sind Affen Rechtshänder?* bemerkt Darwin:

> Viele Handlungen wie Schluckauf oder Gähnen, sind wahrscheinlich bloß mitorganisch als Verbindung von Brüsten und Mutterschoß. Wir brauchen uns nicht so sehr über männliche Tiere zu wundern, die an der Vagina des Weibchens riechen, wenn wir daran denken, daß der Geruch des eigenen Geschlechtsorgans nicht unangenehm ist. Ein Orang Utan im Zoologischen Garten berührte das Geschlecht junger männlicher Tiere [...]. Sehe ich einen Hund, ein Pferd oder einen Menschen gähnen, gibt es mir das Gefühl, daß alle Tiere auf derselben Struktur aufbauen.[10]

8 Vgl. Carl von Linné: Systema naturae per regna tri naturae, Leiden 1758, S. 24 ([1]1735).

9 Vgl. Alfred Edmund Brehm: Brehms Thierleben, zweite umgearb. u. verm. Aufl., Bd. 6: Scharrvögel, Kurzflügler, Stelzvögel, Zahnschnäbler, Seeflieger, Ruderfüßler, Taucher, Leipzig 1883–1887, Vorwort zu Bd. 6 der 2. Aufl. (o. P.).

10 Charles Robert Darwin: Sind Affen Rechtshänder? Notizhefte M und N und die „Biographische Skizze eines Kindes", aus dem Engl. übers. u. hrsg. v. H. Ritter, Berlin 1998, S. 44.

## *IV. Sonderfall der humanen Bestie: der Orang Utan*

Nicht zufällig wird gerade der Orang Utan von Darwin als humane Bestie beschrieben. 1838 war ein Orang-Utan-Weibchen namens Jenny der erste Menschenaffe, den der Forscher zu Gesicht bekam. Dieser Begegnung im Londoner Zoo wird erhebliche Bedeutung für die Abfassung von *Ursprung der Arten* beigemessen, zumal zu diesem Zeitpunkt zoologische Beobachtungen der Orang Utans weit verbreitet und voller Erfindungen waren: Sie verstecken sich am Tag, nachts laufen sie herum, sprechen, glauben, die Erde sei ihnen untertan und werde ihnen eines Tages ganz zurückgegeben. Auf ihrer Oberlippe tragen sie meist einen gekräuselten Bart; ihre Lippen sind unschön, weil nicht allein gerunzelt, sondern auch angeschwollen und aufgetrieben, überhaupt ist ihr Kopf durch die vorstehende Schnauze verunstaltet; vor allem in jungen Jahren haben sie Ähnlichkeit mit Kindern. Ernsthaft sind sie bis zum Äußersten. Oft unendlich traurig, seufzen sie auch und weinen; erst dreijährig, lachen sie bereits wie ein alter Mann. Gerne tragen sie Kleider, trinken Rum und bedienen sich nach der Mahlzeit des Zahnstochers. Auch entführen sie „Negerinnen", um sie zu genießen, ernähren sie aber gut. Vermutlich sind sie überhaupt aus einer Vermischung mit den indianischen Weibern entstanden.[11]

Die Zoologie des 17., 18. und 19. Jahrhunderts beschreibt den Orang Utan wie einen Menschen, der nach dem Sündenfall einen noch tieferen Sturz getan hat als der Homo sapiens. Diese Pongiden seien früher Menschen gewesen, so werden Einheimische zitiert, aber wegen Gotteslästerung in Tiere verwandelt worden; sie seien die letzte Klasse der Menschen. ‚Orang Utan' sagen die Einheimischen, ‚der Waldmensch', ‚homo silvestris', die Forscher, oder sogar: ‚satyrus indicus'. Man vermenschlicht den Affen, um ihn anschließend vor Gottes Ebenbild zu blamieren, findet an seinem, im Alter geschwollenen Schläfenknochen etwas tierisch „Gemeines", nennt seine Manieren schlecht, seinen Zeugungsakt schamlos.

Gerade in der Beobachtung der Menschenaffen vermenschlicht sich auch der Forscher. Er bewundert, er bestaunt sie, und doch sind sie ihm ebenso unheimlich. Charaktermerkmale schreibt er ihnen großzügig zu, die wenigsten sind schmeichelhaft. Doch traut er sich allenfalls behutsam, der

11 Vgl. Roger Willemsen: <http://www.zeit.de/1989/42/die-letzte-classe-der-menschen>, zuletzt: 1.5.2015.

Missbilligung des Affen durch andere Forscher entgegenzutreten. Der 1779 geborene Naturforscher und -philosoph Lorenz Oken schreibt:

> Es gibt keine einzige Tugend, welche man einem Affen zuschreiben könnte, und noch weniger irgend einen Nutzen, den sie für die Menschen hätten. Wachestehen, aufwarten, verschiedene Dinge holen, thun sie bloß so lange, bis sie die Narrheit anwandelt. Sie sind nur die schlechte Seite des Menschen, sowohl in leiblicher wie in sittlicher Hinsicht.[12]

So schwer es den Forschern fällt, dem Orang Utan gegenüber einen moralisch eindeutigen Standpunkt zu beziehen, so moralisch indifferent geht die Forschung selbst ihren Gang: Während die Tiere im Blätterdach des Urwaldes ihre Nester bauen, ihre Kinder herzhaft umsorgen, hegen und füttern, fällt bei Brehm unvermittelt der Satz, dass erst nach der fünften Kugel die Kraft abnehme. Anschließend wird anerkennend verzeichnet, das sterbende Tier habe noch versucht, sich ein paar Zweige zu einem Sterbenest zusammenzulegen und den Jungen den Weg zur Flucht mit der Hand selbst gewiesen.

Forschen heißt: Jagen, Beobachten, Sezieren. Die Zoologen, allen voran Alfred Russel Wallace, zeigen sich unablässig gerührt von der Menschlichkeit der Pongiden, gleichzeitig richten sie wahre Massaker an, schlachten schwangere und neugeborene Tiere und bringen Kollektionen von Einzelteilen, Organen und Gliedmaßen als Forschungsmaterial wie als Ziergegenstände nach Europa. Erreicht ein Tier einmal lebend den abendländischen Kontinent, wird es dort maximal 13 Wochen alt; die durchschnittliche Lebenserwartung im Zoo betrug vor nicht langer Zeit kaum mehr als dreieinhalb Jahre.

Unter den Einheimischen des Regenwaldes von Borneo wurde die natürliche Vorherrschaft des Orang Utans lange respektiert, er wurde nicht gejagt, und es gab sogar Völker, die die Ermordung des Affen mit dem Tod bestraften. Das Auftreten weißer Jäger aber machte aus der Belieferung westlicher Zoos ein Geschäft, das sich über die ethischen Bedenken der Einheimischen hinwegsetzte.

Orang Utans sind kaum geselliger als es ein Säugetier sein muss, heißt es. Sie sind ganz sicher einsamer als Schimpansen und Gorillas. Birutė Galdikas beobachtet seit 1971 Orang Utans auf einer einsamen Station im Dschungel

12 Lorenz Oken: Allgemeine Naturgeschichte für alle Stände, 13 Bde., Stuttgart 1833–1841; zitiert nach: Alfred Edmund Brehm: Brehms Thierleben, zweite umgearb. u. verm. Aufl., Bd. 1: Säugethiere – Affen und Halbaffen, Flatterthiere, Raubthiere, Leipzig 1883–1887, S. 43.

an der Südküste von Zentralkalimantan (Borneo).[13] Sie erklärte einmal, vor allem die erwachsenen Männchen seien solche Einzelgänger, dass Begegnungen zwischen ihnen nur etwa einmal pro Jahr beobachtet werden. Durch ihre Langrufe, kilometerweit hörbare Signale, machen sie die geschlechtsreifen Weibchen auf sich aufmerksam und grenzen das eigene Gebiet gegenüber anderen Männchen ab. Da sich die Weibchen weitgehend still verhalten, ist es ihnen überlassen, sich den Männchen anzubieten. Diese wiederum akzeptieren nur Weibchen, deren Fruchtbarkeit sie zuvor festgestellt haben.

Bei halbwüchsigen Orang Utans dagegen sind Vergewaltigungen unfruchtbarer Weibchen keine Seltenheit. Unter Erwachsenen gibt es keine Erschleichung, nur ein Ritual von Werbung und Unterwerfung, bei dem entweder das Weibchen wählt oder der Kampf zwischen Männchen entscheidet. Üblicherweise offeriert sich das Weibchen, indem es sein Geschlecht zeigt, das des Männchens in die Hand oder in den Mund nimmt oder sich ihm rückwärtsgehend und -schauend nähert. Nur sehr selten übernimmt das Männchen eine direkte Vaterrolle, eher besteht eine Art weiblicher Verteidigungspolygamie.

In einem Aufsatz zur Intelligenz der Orang Utans hat Galdikas das kinderpsychologische Modell Piagets auf ihre Primaten übertragen und festgestellt, dass bei wild lebenden Exemplaren nur ein verschwindend geringer Anteil der Verhaltensakte mit dem Intelligenzprädikat ‚Werkzeugsgebrauch' ausgezeichnet werden kann. Dafür setzen jedoch fast 40 % der beobachteten Akte immerhin kognitive Fähigkeiten und abstrakte Vollzüge voraus, so beim Füttern, im Nestbau, in der Mutter-Kind-Beziehung, bei Begegnungen und Bewegungsabläufen.[14]

Unter zahmen und halbwilden Orang Utans beobachtete man so zahlreiche hochentwickelte Formen praktischer Intelligenz, dass man gezwungen ist, sie auf das Prinzip der Nachahmung zurückzuführen. Galdikas hat Jahre damit zugebracht, intelligente Akte bei wilden Orang Utans aufzuspüren. Die Ausbeute war nicht groß, trotzdem korrigierte das Resultat die Forschung, die den Orang Utan als geistig unbeweglich und träge beschreibt. Stattdessen entwarf sie das Bild eines von zahlreichen zweckbestimmten Abstraktionsvorgängen bestimmten Tierlebens, das in den kleinen Akten

13 Vgl. Birutė Galdikas: Reflections of Eden: My Years with the Orangutans of Borneo, New York 1996 (Meine Orang-Utans. 20 Jahre unter den scheuen Waldmenschen, München 1995).

14 Vgl. Birutė Galdikas: The adaptive significance of higher intelligence in wild orang-utans: a preliminary report. In: Journal of Human Evolution, 11 (1982), H. 7, S. 639–652.

des Nestbaus, der Errichtung von Regenschutz, der Nahrungsbeschaffung u. ä. hohe geistige und physische Beweglichkeit entfaltet.

### *V. Monster, Homunculi und mythische Fabelwesen*

In der Nachfolge Darwins wurde auch entdeckt: Die Evolution begünstigt nicht nur Anpassung, sondern ebenso Tarnung, Täuschung, Mimikry. Da sind die Tarnungsmanöver der kleinen Blattheuschrecke, die sich als Blatt ausgibt, weil sie sonst den großen Vögeln nicht entginge. Oder das Seepferdchen, das mit seinen filigranen Auswüchsen vorgibt, eine Alge zu sein, um seine Feinde zu täuschen. Da ist die Maskenkrabbe, die mit ihren Scherenfüßen Algen und Schwammstücke als Tarnmaterial zusammenklaubt und es an den praktischen Häkchen auf ihrem Rücken befestigt. Da sind die vielfarbigen, schwerelosen Schmetterlinge, die sich auf einem Pflanzenstengel so gruppieren, dass sie einer Blüte ähneln. Oder das Opossum, das sich bei Gefahr totstellt, seine Augen glasig werden lässt, um den ahnungslosen Gegner mit seinem übelriechenden Sekret zu bespritzen; der südamerikanische Lidblasenfrosch, der seine Feinde mit einem Hintern wie ein Schlangenkopf erschreckt; der Regenpfeifer, der einen gebrochenen Flügel vorspielt, um seinen Feind vom Gelege wegzulocken; die indonesische Orchideenmantis mit einem grünen Strich auf dem Leib, der wie zwei übereinander liegende Blüten wirkt. Primaten schließlich gehen fremd und unterdrücken jeden Lustlaut.

In der Psychologisierung der tierischen Welt und ihrer Mimikry schlägt sich neben der Beschreibungsnot zugleich aber der Wunsch der Vereinnahmung nieder, wie er sich virtuell auch in der Gattung der „Bestiarien" verrät, ursprünglich mittelalterliche Tierdichtungen, die allegorisch die christliche Heilslehre umrissen. Bei Franz Blei etwa, dem 1920 das populäre *große Bestiarium der modernen Literatur* gelang, heißt es:

> Der Benn ist ein giftiger Lanzettfisch, den man zumeist in Leichenteilen Ertrunkener festgestellt hat. Fischt man solche Leichen an den Tag, so kriecht gern der Benn aus After oder Scham oder in diese hinein.[15]

Oder:

15 Franz Blei (Pseudonym Peregrin Steinhövel): Das große Bestiarium der modernen Literatur, hrsg. v. Rolf-Peter Baacke, Hamburg 1995, S. 24.

> Die Kafka ist eine sehr selten gesehene prachtvolle mondblaue Maus, die kein Fleisch frißt, sondern sich von bitteren Kräutern ernährt. Ihr Anblick fasziniert, denn sie hat Menschenaugen.[16]

Im Begriff des Monsters steckt der des Zeigemenschen, des Ausgestellten; Monster waren ehemals Mahn- und Warnzeichen, Wesen, in denen sich etwas zeigte, eine Schuld, ein Übel, eine Sternenkonstellation, ein Grimmen des Himmels, die Wirkung eines Aszendenten, wie Paracelsus in der ersten Hälfte des 16. Jahrhunderts schreibt:

> Wisset hier, dass viele Menschen geboren werden, die monströse Zeichen mit auf die Welt bringen. So sehet ihr, dass einer einen Finger zu viel, ein anderer einen zu wenig hat. Wieder ein anderer hat eine Zehe an den Füßen zu viel oder zu wenig, oder ihm sind alle Finger oder Zehen im Mutterleib zusammengewachsen. Ein anderer bringt einen krummen Fuß, einen krummen Arm, krummen Hals etc. mit auf die Welt. Wieder ein anderer einen Höcker und Buckel. So werden auch oft Hermaphroditae und Androgyni geboren, das sind Menschen, die zwei heimliche Zeichen haben, männliche und weibliche, oder gar keines. Ich habe viel dergleichen monströse Zeichen bei Manns- und Weibspersonen gesehen und ich wüßte deren noch viel mehr aufzuzählen. Es sind alles monströse Zeichen des heimlichen bösen Himmelskörpers („Aszendenten").[17]

Lange hat man den Monstern eine sakrale Bedeutung gegeben; im Doppelsinn des Sakralen waren sie heilig und verflucht, ambivalent, zweideutig. Erst das 18. Jahrhundert macht sich an die Pathologisierung des Monströsen.[18] Zuvor überwiegt die zeichenhafte Bedeutung; was immer am Körper erscheint, es ist die Widerspiegelung von Kosmischem oder Psychologischem.

Auch Paracelsus stellt fest, „daß durch Furcht und Schrecken der schwangeren Frauen viele Monstra und Kinder mit monströsen Zeichen geboren werden, mit denen sie im Mutterleib gezeichnet werden".[19] Und noch Casanova erinnert sich der Theorie, Muttermale entstünden aus den sündigen

16 Ebenda, S. 45.

17 Theophrast von Hohenheim gen. Paracelsus: Sämtliche Werke, hrsg. v. Karl Sudhoff, Abt. 1: Medizinische, naturwissenschaftliche und philosophische Schriften, Bd. 11, München u. a. 1929, S. 375 f.

18 Vgl. z. B. Joseph Vogl: Das charismatische Tier. In: A. von der Heiden, ders. (Hrsg.): Politische Zoologie, Zürich, Berlin 2007.

19 Paracelsus: De rerum natura (Kap.: Über die Zeichen der Monstra der Menschen); zitiert nach: Paracelsus: Der Himmel der Philosophen. Magische, alchemistische und astrologische Schriften, hrsg. v. Bernhard Aschner, Nördlingen 1988, S. 160 f.

Gedanken der Mütter während der Schwangerschaft.[20] Er will das weder dementieren noch bestätigen, jedenfalls spielt in der Monsterbildung das Begehren eine Schlüsselrolle. Nicht umsonst ist das französische „envie" Vokabel gleichermaßen für „Begierde" und „Muttermal".

Bereits im 16. Jahrhundert hat die männliche Phantasie die Gebärmutter („Hystera") als Nährboden vielfältiger Einbildungen beschrieben.[21] Dort unten sollte die Frau nach weitverbreiteter Meinung alle möglichen schmeichelnden und schrecklichen Bilder aufsaugen und dem Embryo einprägen können. Solche Bild-Übertragungen auf den Embryo nannte man „hysterisch" und machte für die schuldhaft befleckten Empfängnisse mal den Geschlechtsverkehr während der Menstruation, mal Sodomie, mal den Beischlaf mit dem Teufel oder einem Kleriker verantwortlich: für die Eltern Gründe genug, eine derartige Totgeburt zu verschweigen und Obduktionen zu verhindern. Zwar hatte der Vatikan schon gegen Ende des 19. Jahrhunderts die Lehre von der unmittelbaren Beseelung während der Empfängnis verkündet und wenig später jede Operation, die nicht das Überleben des Fötus garantiere, verboten. Doch noch im Jahre 1999 wurden totgeborene Föten mit dem organischen Abfall verbrannt. Inzwischen ist eine Registrierung solcher „Sternenkinder" möglich.[22]

Gezeichnet ist der Mensch also wider Willen. Doch das Zeichen ist weniger ein Makel, als vielmehr Mitteilung. Und so ist der Gezeichnete nicht einer, dem etwas fehlt, sondern er ist im Besitz eines Überschusses: eben des Zeichens. Sah die Mutter einen Gehenkten während der Schwangerschaft, so konnte das Kind mit krummen Gliedern zur Welt kommen. War sie unaufrichtig, so konnte das Kind schielen. Monster tauchen auf, wo Klassifikationen infrage gestellt werden. Zwischen Tier und Mensch, Mann und Frau, kalendarischem und erfahrenem Alter führt das Monster eine nomadische Existenz. Ja, selbst zwischen den sozialen Positionen besetzt es keinen festen

20 Vgl. Art.: Muttermal. In: Friedrich Kluge: Etymologisches Wörterbuch der deutschen Sprache, 25. durchges. u. erw. Aufl., bearb. v. E. Seebold, Berlin u. a. 2011, S. 643: „(16. Jh.). Nach dem Volksglauben entstehen diese Veränderungen der Haut dadurch, dass die Mutter während der Schwangerschaft Gelüste hatte, die sie nicht befriedigen konnte. Teilweise wird die Form der Muttermale mit der Art der Gelüste in Zusammenhang gebracht." Vgl. ferner Gerhard Rohlfs: Sprache und Kultur, Braunschweig 1928, S. 20.

21 Vgl. Rudolf Schenda: Gut bei Leibe. Hundert wahre Geschichten vom menschlichen Körper, München 1998, S. 380.

22 Vgl. Corina Caduff: Tot geboren. „Stillborn Babies" in Film, Literatur und Internet. In: ZfGerm XXV (2015), H. 3, S. 576–588.

Platz, kann hochstehend und priesterlich erscheinen, kann für Abschaum und menschliches Strandgut genommen werden, kann letzte Wahrheiten sagen oder brabbeln.

Das Monster zehrt vom Sakralen, deshalb durften Herrscher zwergwüchsig oder androgyn, durften als Hermaphroditen dargestellt werden, die sichtbaren Zeichen einer Besonderung tragen, die kein Makel war. Das Monster ist entfesseltes Leben, ist zum Leben entfesselte Zellmasse. Für Rudolf Virchow war genau dies Amorphe, Ungestaltete, Missgebildete Leben in Reinform, das, was sich durchsetzt gegen alle Deformationen.[23] Im so genannten „normalen Menschen" ist die Form geronnen, ist das Leben organisiert und in die Form gefallen, im Deformierten wuchert es selbst. So ist im 19. Jahrhundert das Degenerierte nichts Anderes als stehengebliebenes Wachstum. Im *Pathologisch-Anatomischen Cabinet* der Charité findet sich z. B. ein Teller mit blass grau-rosa Falten-Masse: „Monstrum humanum amorphum" überschrieben, eine Fehlbildung des gesamten Körpers, ein Körper „ohne Gestalt", belebte Masse, das Leben. Und wo es in seiner Form kaum mehr erkennbar ist, gerade da vermittelt sich die Natürlichkeit der Fehlbildungen, und der Begriff des „Normalen" dehnt sich.

Dieser so genannte normale Mensch betritt die Bühne der Menschheit erst spät – jedenfalls, wenn man sich die abendländische Neuzeit und seine Darstellung ansieht. Es scheint, als habe dieser normale Mensch ehemals geradezu um seine Darstellbarkeit gerungen. „Der *normale Mensch* (das Wort regt mich auf)", heißt es in André Gides *Paludes,*

> ist der Rückstand, das Rohmaterial, das nach dem Schmelzen, bei dem sich die Eigenheiten verflüchtigen, auf dem Boden der Retorten zurückbleibt. Es ist die ursprüngliche Taube, die man wieder erhält, wenn man seltene Arten kreuzt – eine graue Taube – die bunten Federn sind gefallen; nichts unterscheidet sie mehr.[24]

Vor den Exponaten von Homunculi in Formaldehyd, Embryonen, Föten, im Saft konservierten Erdlingen ist auch der Betrachter kein Betrachter mehr. Im Zusehen verwandelt er sich – er kann nicht anders, weicht zurück in die Schatten der Evolutionsgeschichte, in die Frühzeit der Menschwerdung, in das Dunkel des Mutterbauchs. Er tritt die Reise der Regression an,

23 Vgl. dazu Birgit Stammberger: Monströse Körper. Kulturwissenschaftliche Perspektiven auf historische Deutungsmuster. In: APUZ 52/2013, <http://www.bpb.de/apuz/175280/monstroese-koerper?p=all>, zuletzt: 1.5.2015.

24 André Gides: Paludes. In: Ders.: Gesammelte Werke in zwölf Bänden, hrsg. v. Hans Hinterhäuser, Raimund Theis, Bd. VII/1, Stuttgart 1991, S. 245–313, hier S. 283.

taucht zurück in die Nährflüssigkeit, die seine leiblichen Formen speiste und feingliedrige Finger hervorbrachte oder schmale Hüften oder einen kolossalen Kopf oder einen Unterleib, der nichts ist, als das knotige Ende eines geplatzten Luftballons oder eben nichts von alledem, sondern etwas anderes, das nicht vom Laserstrahl nachgeformt, nicht vom Skalpell neu geschnitzt oder vom Humankosmetiker herbeigeknetet, sondern von der Phantasie der Natur hervorgetrieben wurde. Denn werden nicht die, die sich dem natürlichen Wandel ihrer Physiognomie widersetzen, am Ende selbst Monster, monströs zumindest darin, dass sie wie Frankensteins Kreatur aus lauter Teilen zusammengesetzt sind und äußerlich keine Herkunft aus der elterlichen Erbmasse mehr verraten?

Das „Monstrum" – das ist der Beweis für die Natürlichkeit der Natur. Nicht normal wäre, wenn sie nichts Abnormales erschaffte und bloß maschineller Logik folgte. So aber ist der fehlgebildete Mensch ein „Freak of Nature", wörtlich „eine Laune der Natur", also keine Ausnahme, sondern der Ausdruck ihrer Freiheit, eigentlich ihr Inbegriff:

> Die meisten Menschen, gehen durch ihr Leben in der ständigen Angst vor einer traumatischen Erfahrung. Freaks wurden schon mit ihrem Trauma geboren. Sie haben ihre Prüfung im Leben bereits absolviert. Sie sind Aristokraten.[25]

Und jeder, der seine Wunde zeigt, und jede, die ihre Narbe entblößt, ist an dieser Stelle und dank ihrer Kraft selbst Monster. Der Betrachter erkennt in diesem Wesen seinesgleichen, im Abnormalen die eigene, labile Normalität. Der Fötus ist seine Vergangenheit, ein Bauchhöhlenmensch, dieselbe Spezies wie er selbst und eine andere, doch umfangen mit der Aura des Todes, des Lebens vor dem Leben, und so ist dieses embryonale, schutzlose, gekrümmte und wie deformiert wirkende Wesen hässlich nur für den hässlichen, den bösen Blick, der es mit dem vermeintlich Normalen vergleicht. „Der Mensch ist vielleicht halb Geist und halb Materie", schreibt der bucklige Georg Christoph Lichtenberg, „so wie der Polype halb Pflanze und halb Tier. Auf der Grenze liegen immer die seltsamsten Geschöpfe."[26]

25 Vgl. Hans Scheugl: Showfreaks & Monster. Sammlung Felix Adanos, Köln 1978; vgl. auch Diane Arbus: An Aperture Monograph, hrsg. v. Doon Arbus, New York 1972, S. 3: „Most people go through life dreading they'll have a traumatic experience. Freaks were born with their trauma. They've already passed their test in life. They're aristocrats."

26 Georg Christoph Lichtenberg: Schriften und Briefe, hrsg. v. Wolfgang Promies, Bd. 1, Sudelbücher I, München 1968, S. 254 (Heft D 161).

Doch weil ihre Besonderung auch etwas Religiöses besitzt, bezeichnet im Griechischen die „Teratologie" gleichermaßen die Lehre von den Zeichen und Wundern wie die Wissenschaft von den Missgeburten.[27] Mal wurden sie als „Mahnzeichen und Weisung der Götter" verstanden und von den Haruspices, den Eingeweideschauern und Zeichendeutern, interpretiert. Mal bevölkerten sie die Kirchenfassaden als Dachreiter oder Wasserspeier, die Höllenphantasien von Dante, di Bartolo, Signorelli, Blake, Bosch und Breugel als Abschreckung vor dem Weltgericht.

Doch die Sünder objektivierten die Hölle. Sie verneigten sich vor der Realität dieser Besonderen, vor dem magischen Zauber, der sie umgab und der bis zum heutigen Tage dem Blick etwas zurückgibt, was ihn ganz selten noch auszeichnet: Die Qualität des Staunens, mehr als ein Gaffen, eher eine Vorstufe des Erkennens wider den Aberglauben. Man begreift im Staunen: Wirkt auch das Böse monströs, muss doch das Monströse nicht notwendig böse sein.

Wenn im Mittelalter solche Freaks und „Monstren" ausgestellt wurden, dienten sie oft als Belege für abergläubische Theorien wie die Theorie der Transformation der Laster. Seit dem 17. Jahrhundert sind Beschreibungen ihrer öffentlichen Auftritte überliefert; und Fortunius Licetus versammelt in seinem 1655 erschienen *De Monstris* sogar erstmalig bildlich Missbildungen und Phantasmen, vom „Monstrum Humanum Amorphum" bis zu Doppelköpfen, Rumpfmenschen, Mehrarmigen, Gesichtslosen, Coneheads, Bauchrüsslern, Vieräugigen, Doppelmündigen, Flügelmenschen, Elefantenköpflern, Hühnermenschen, Krallenfüßlern und Negern.[28] Reales und Eingebildetes, Fabelhaftes und Pathologisches, Hypertrophes und Denaturiertes steigt hier aus dem Souterrain des Bewusstseins, der Traumwelt, der Welt des Alps und der Strafphantasien, dem zoologischen und humanbiologischen Kosmos ans Licht und verschmilzt in einer Masse aus phantasmagorischen Bildern. Schon vom Frontispiz von *De Monstris* grüßt eine Frau mit fünf Brüsten.

Das Werk ist noch nicht lange veröffentlicht, da werden diese Freaks öffentlich, werden Teil der Amüsierbetriebe oder dezidierter wissenschaftli-

27 Vgl. Art.: Teratologie. In: Brockhaus Wahrig: deutsches Wörterbuch, hrsg. v. Gerhard Wahrig, Bd. 6, Stuttgart 1984, S. 205: „Lehre von den Mißbildungen der Lebewesen [<grch. teras ‚Zeichen, Vorzeichen, Schreckbild' + ...logie]".

28 Vgl. Fortunius Licetus: De monstris: Ex recensione Gerardi Blasii, M.D. & P.P Qui monstra quaedam nova & rariora ex recentiorium scriptis addidit, Amsterdam 1665; vgl. auch <https://archive.org/details/fortuniuslicetus00lice>, zuletzt: 1.5.2015.

cher Versuche, mit Darwin[29] die Lücke zwischen den Hominiden und den tierischen Kreaturen zu schließen. Starben sie, so brachte man sie ins *Theatrum anatomicum* zur Vivisektion; überlebten sie, dann standen sie vielleicht bald auf den Jahrmarktbühnen: Das Mädchen mit den Mooshaaren, Lionel, der Löwenmensch, der Rumpfmensch Kobelkoff, der dreibeinige Lentini, Cannon Colossus, Bartfrauen und Däumlingsmenschen, die Halbdame Vionetta, Elvira, „das schwerste Mädchen, das je gelebt"; Prinz Puck, „der lebende Tautropfen"; Hoppie, der Froschmensch; Asra, die Zwerg-Atztekin; Rolla, die Albine, und Nicodemus, der Unbeschreibliche.[30]

Doch vor die Apparate- hat die Wissenschaft die Präparate-Medizin gestellt. Medizinische Stopfpräparate zierten Museen. Virchow allein, der Vater der Cellularpathologie, hatte bis zu seinem Tod im Jahre 1902 eine mehrere tausend Objekte umfassende Sammlung von pathologisch-anatomischen Feucht- und Trockenpräparaten zusammengetragen. Bedenkt man, wie wortreich der Zusammenhang von Krankheit und Dämonie beschworen worden war, und vergegenwärtigt man sich, dass im Grunde erst Sigmund Freud den Teufel aus der Außenwelt verbannte und zum Phänomen der Seele erklärte, die berücksichtigt, wie lange Fehlbildungen als Strafe Gottes deklariert wurden, so erschließt sich das aufklärerische Pathos von Virchows Präparate-Schau.

Der monströse Mensch ist nicht außermenschlich, nicht Homunculus, nicht das Dritte Geschlecht. In Wirklichkeit kommt er dem Betrachter näher, wird vertrauter, auch weil sich nach dem Fortfall der Bilderverbote Forschung von Phantasma trennt. Nicht lebensfähiges Leben, Monstrum, Freak, Laune der Natur, Homunculus, Fantasy? Gestalt aus dem ewigen

29 Vgl. Robert Bogdan: Exotik als Attraktion. In: P. Blanchard u. a. (Hrsg.): MenschenZoos. Schaufenster der Unmenschlichkeit: Völkerschauen in Deutschland, Österreich, Schweiz, UK, Frankreich, Spanien, Italien, Japan, USA…, Hamburg 2012, S. 109–16, hier S. 112 f. In dem Abschnitt „Schulterschluss zwischen Wissenschaft und Unterhaltungsindustrie" heißt es: „Auch die Gutachten der Wissenschaftler lieferten den Schaustellern viele Argumente. Bereits vor Darwin hatte man darüber debattiert, welcher Platz dem Menschen in der Ordnung der Natur zukommt und welche Verbindungen es zwischen Menschentypen, Pavianen, Schimpansen und Gorillas gibt. In der zweiten Hälfte des 19. Jahrhunderts lagen diese Themen förmlich in der Luft. Immer wieder bezogen Impresarios Ideen für Kulissen und Ausstattung sowie für die Einzelheiten ihre exotischen Geschichten aus wissenschaftlichen Werken über Teratologie, über die Typologie der ‚Menschenrassen' und über Theorien zum Missing Link."

30 Vgl. Roger Willemsen: „Froschkopf". Begegnungen mit einem Monster. In: Ders.: Gute Tage. Begegnungen mit Menschen und Orten, Frankfurt a. M. 2004, S. 385.

Formenvorrat der Natur und der Einbildungskraft? Im Märchen ist es der Kuss, der das Monster verwandelt und zum Menschen werden lässt. Doch schon diese alten Erzählungen wussten: Nicht die Gestalt des Monstrums ändert sich wirklich. Es ist der Blick, der die Kraft der Verwandlung besitzt.

## *VI. Rameau wird Tier*

In dem Augenblick, da Rameau das Hündchen aus dem Fenster wirft, weil es falsch bellt, ist er unberechenbar; sein Wahrnehmen ist schlafende Gewalt, seine Idiosynkrasie schlägt sich in Schmerzandrohung nieder. Der Hund vermenschlicht sich im ästhetischen Anspruch des Komponisten; der Mensch dagegen naturalisiert sich in der moralischen Willkür gegenüber dem Tier. Anders gesagt: Rameau wird Tier. Die Szene entblößt ihn in seiner moralischen Indifferenz, lässt die Trennung zwischen Mensch und Tier steril, unsachlich, parteiisch erscheinen und entlarvt schließlich auch den lachenden Ohrenzeugen der Episode in seiner animalischen Ambiguität.

# II. Schwärme, Herden, Staaten, Zoos: Literarische Lebewesen in politischer, gesellschaftlicher und ökonomischer Hinsicht

Sabine Kalff

# Sind Kraniche Demokraten? Zur politischen Ornithologie der Frühen Neuzeit

Viele Tiere wie Ameisen, Biber oder Bienen zählten seit der Antike zu den politischen Tieren, weil man ihrem Sozialverhalten eine bestimmte politische Organisationsform unterstellte. In seiner *Historia animalium* bemerkte Aristoteles über das Sozialverhalten der verschiedenen Spezies:

> Und solche Unterschiede bestehen hinsichtlich der Lebensweise und der Handlungen: Denn die einen unter den Lebewesen sind Herdentiere, die anderen leben solitär – das trifft sowohl auf die gehenden wie auch auf die fliegenden und die schwimmenden Tiere zu –, wieder andere nehmen eine Zwischenstellung ein. Unter den Herdentieren leben einige in Gemeinschaften, andere dagegen verstreut. Herdentiere sind z. B. unter den Geflügelten die Unterart der Straßentauben, der Kranich und der Schwan (aber kein Krummkralliger ist ein Herdentier), und unter den Schwimmenden viele Gattungen von Fischen, z. B. die sogenannten Wanderfische, die Thunfische, Pelamydes und Amiai [Thunfisch-Arten]. Der Mensch nimmt eine Zwischenstellung ein.[1]

Daraufhin teilte Aristoteles die gesellig lebenden Tiere nach ihren politischen Vorlieben ein:

> In Gemeinschaften leben diejenigen, die eine bestimmte Tätigkeit gemeinsam verrichten, was nicht alle Gemeinschaften tun. In Gemeinschaften leben der Mensch, die Biene, die Wespe, die Ameise und der Kranich. Von diesen leben die einen unter einem Anführer, die anderen sind anführerlos; so leben der Kranich und die Gattung der Bienen unter einem Anführer, Ameisen und unzählige andere aber sind anführerlos.[2]

Die meisten der von Aristoteles genannten Tiere, besonders die Bienen und die Ameisen, haben eine lange Karriere in der politischen Zoologie hinter sich, bei der ihnen ganz unterschiedliche Eigenschaften und politische Interes-

1 Aristoteles: Historia animalium. Buch I und II, übers. u. komm. v. Stephan Zierlein. In: Ders.: Werke in deutscher Übersetzung, hrsg. v. Christoph Rapp, Bd. 16, Berlin 2013 (488b33 ff.), S. 18.

2 Ebenda (488a8–13), S. 18.

sen zugeschrieben wurden. Auch Tiere mit Schwarmverhalten wie diverse Fisch- und Vogelarten haben in den letzten Jahren im Zuge der Popularisierung der Schwarmtheorie verstärkt Aufmerksamkeit erfahren.[3] Jene hingegen, die kein Schwarm-, sondern höchstens ein Herdenverhalten aufweisen, sind dabei übergangen worden. So ist es nicht verwunderlich, dass der Kranich als politisches Tier bislang kaum Aufmerksamkeit erhalten hat.

Es ist wenig bekannt, dass der Kranich im 17. Jahrhundert – anders als bei Aristoteles – als Inbegriff der demokratischen Herrschaft galt. Darunter verstand man eine aristokratische oder patrizische Herrschaftsform, die von einem *primus inter pares* angeführt wurde. In seinem Staatsräson-Traktat *Considerationi politiche, e morali sopra cento oracoli d'illustri personaggi antichi* (1621) gab Ludovico Zuccolo seiner Abneigung gegenüber der Monarchie deutlich Ausdruck und bemerkte:

> Jene, die behaupten, dass nur ein Gott, und nicht mehrere, die Welt regiert und nur ein Bienenkönig seinen Schwarm, machen entweder Witze oder sie verstehen nicht allzuviel von Logik, da sie den Unterschied zwischen einem von Natur aus Überlegenen, der Unterlegene regiert, und einem, der seinesgleichen regiert, nicht bemerken.[4]

Damit wendete sich Zuccolo gegen Souveränitätstheoretiker wie Jean Bodin, der die Monarchie in den *Six Livres de la République* (1576) als ursprünglichste Staatsform beschrieb, die am besten mit der natürlichen Ordnung übereinstimmte:

> [A]lle Naturgesetze weisen uns den Weg zur Monarchie, ob wir nun diese kleine Welt [der Familie] betrachten, die nur einen Körper und für seine sämtlichen Glieder nur ein einziges Oberhaupt hat, von dem alles Wollen, Handeln und Empfinden ausgeht, ob wir diese große Welt betrachten, die nur einen allmächtigen Gott hat, oder ob wir unseren Blick zum Himmel richten und nur eine einzige Sonne erblicken und selbst bei den gesellig le-

3 Vgl. Anne von der Heiden, Joseph Vogl (Hrsg.): Politische Zoologie, Zürich, Berlin 2007; Eva Horn, Lucas Marco Gisi (Hrsg.): Schwärme – Kollektive ohne Zentrum. Eine Wissensgeschichte zwischen Leben und Information, Bielefeld 2009.

4 „Quelli, che dicon poi, che un solo Iddio, e non più governa il Mondo, et un solo Rè delle api il suo sciame, ò burlano, ò non s'intendono troppo bene di Logica, non conoscendo la differenza, la quale è tra il governare il maggiore di natura gli inferiori, od uno eguale il suoi pari." Ludovico Zuccolo: Considerationi politiche, e morali sopra cento oracoli d'illustri personaggi antichi, Venedig 1621, S. 6 (alle Übersetzungen, sofern nicht anders angegeben, von S. K.).

> benden Tieren beobachten wir, daß sie mehrere Könige oder Herrscher zugleich [...] nicht ertragen können.[5]

Zuccolo hielt dem entgegen, dass es einen kategorischen Unterschied zwischen der Herrschaft Gottes über die Welt und der eines Menschen über Menschen gab. Daher empfahl er die Orientierung an anderen politischen Tieren wie den Kranichen:

> Und wenn wir uns schon ein Beispiel an den Tieren nehmen sollen, ist es angebrachter, die Regierung der Ameisen, der Kraniche oder der Störche zu imitieren, die, da sie von Natur aus gleich und gleichwertig sind, ebenfalls nicht in einer Monarchie leben.[6]

Zuccolo schwebte die Herrschaft eines *primus inter pares* nach dem Modell der venezianischen Verfassung vor, die vom modernen Standpunkt aus aristokratisch war, gemäß den politischen Vorstellungen der Frühen Neuzeit jedoch eine Demokratie. Obwohl sich Zuccolo auf Aristoteles' bekannte Ausführungen über die gesellig lebenden Tiere stützte, rechnete er die Kraniche entgegen seiner Quelle nicht zu den monarchischen, sondern zu den republikanischen Spezies. Zwischen dem 5. vorchristlichen und dem frühen 17. Jahrhundert hatten die Kraniche das politische Lager gewechselt, während die meisten der geselligen Tiere ihrer politischen Ausrichtung über die Jahrhunderte treublieben. So galten die Ameisen seit Aristoteles bis ins späte 18. Jahrhundert als ein Exempel der nicht-monarchischen Staatsform. Noch 1769 bemerkte Voltaire: „Les fourmis passent pour une excellente démocratie."[7]

Das wirft die Frage auf, wie es zu diesem bemerkenswerten Wandel der politischen Ausrichtung der Kraniche kam. Dabei ist auch nach der Rolle des Kranichs in den verschiedenen Diskursen des 17. Jahrhunderts wie dem der Naturphilosophie, der Emblematik, Symbolik und Literatur zu fragen.

5 Jean Bodin: Sechs Bücher über den Staat, hrsg. v. Peter Cornelius Mayer-Tasch, Bd. 2, München 1981, S. 420.

6 „Però se habbiamo à pigliare esempio da gli animali, converrà più tosto imitare il governo delle formiche, ò delle grù, ò delle cicogne, le qual per essere di natura, et di valore eguali, vivono anche non à Monarchia." Ebenda, S. 6.

7 Voltaire: Dictionnaire philosophique. La raison par alphabet, Bd. 2, Genf 1769 (‚Des Loix'), S. 14. Vgl. zu den Ameisen auch den Beitrag von Erhard Schütz (*„... ein Vorbild für jedes Menschenvolk". Mit Ameisen [und Termiten] durch die erste Hälfte des 20. Jahrhunderts)* in diesem Band.

*I. Zuccolos politische Zoologie*

Ludovico Zuccolo (1568–1630) war der Sohn eines Adligen aus Faenza, der während einer fünfjährigen Galeerenstrafe infolge eines Häresieprozesses ums Leben kam.[8] Zuccolo studierte in Bologna Philosophie, möglicherweise auch Naturphilosophie. Später lehrte er dort und an der Universität Padua.[9] Er stand als Sekretär im Dienst mehrerer hoher Kleriker. Am bekanntesten ist seine Tätigkeit am Hof von Francesco Maria II., Herzog von Urbino.[10] Über seine politische Tätigkeit am Hof war Zuccolo nicht sehr glücklich, sondern konstatierte: „Nachdem ich das Studium abgeschlossen hatte, begab ich mich in die Sklaverei."[11] Er verfasste drei utopische Schriften[12] sowie ein Werk über die Poetik der italienischen Sprache und schrieb Gedichte.[13] Der Staatsräson-Traktat war seine bekannteste Schrift. Zuccolo verfügte über naturphilosophische und medizinische Kenntnisse, wenngleich unklar ist, wie er sie erworben hat.

Auch seine Hypothese der demokratischen Neigung der Kraniche stützte sich auf naturphilosophische Argumente. So ging Zuccolo souverän über die symbolischen Zuschreibungen an die verschiedenen Spezies hinweg. Es sei nicht der Fall, „dass ein Storch die anderen Störche regiert, oder dass ein Löwe die Herrschaft über die anderen Löwen hat, oder gar, dass ein Delphin den anderen Delphinen befiehlt".[14] Der Löwe und der Delphin, der als ‚König der Meere' galt, waren Inbegriffe der monarchischen Tiere. Die emblematischen Qualitäten der Löwen und der Delphine interessierten Zuccolo jedoch weniger als ihr tatsächliches Sozialverhalten.

8 Vgl. Paolo Costantino Pissavino: Lodovico Zuccolo: Dall'audizione a corte alla politica, Florenz 1984, S. 27.

9 Vgl. ebenda, S. 32.

10 Vgl. ebenda, S. 11, 22.

11 „Mi posi, compito lo studio, alla servitú." Zuccolo (wie Anm. 4), S. 290.

12 Vgl. *La città felice*, *La repubblica D'Evandria* und *L'Aromatario, ovvero della republica d'Utopia*. Luigi Firpo: Lodovico Zuccolo politico e utopista. In: Convegno di studi in onore di Ludovico Zuccolo nel quarto centenario della nascita. Faenza, 15.–16. März 1969, Faenza 1969, S. 75–92, S. 84.

13 Vgl. Giulio Bertoni: Componimenti poetici inediti. In: Ebenda, S. 93–105, hier S. 95.

14 „Però non fà, che una cicogna sola governi l'altre cicogne, ne un leone tenga l'imperio sopra gli altri leoni, ò pure un delfino à gli altri delfini commandi." Zuccolo (wie Anm. 4), S. 7.

Sowohl in der politischen Ornithologie als auch in Fabeln erscheinen die Spezies der Kraniche und der Störche als austauschbar.[15] Während Kraniche in politischen Schriften nicht sehr häufig erwähnt wurden, referierte Thomas Browne in seiner *Pseudodoxia epidemica* die weitverbreitete Ansicht, dass Störche so republikanisch gesinnt seien, dass sie in monarchischen Staaten prinzipiell nicht lebten: „Storks are to be found, and will only live in Republikes or Free States."[16] Brown hielt dagegen, dass Störche sehr wohl von der Antike bis zur Gegenwart in monarchischen Staaten auftraten. Er stützte sich auf die Autorität einer einflussreichen ornithologischen Quelle, Pierre Belons Vogelbuch *L'histoire de la nature des oyseaux* (1555). Browns Argumentation zeigt, dass die Idee der Freiheitsliebe der Störche weithin bekannt war und eng verwandt mit jener der demokratischen Gesinnung der Kraniche.

Im Gegensatz zu der von Brown referierten These stützte sich Zuccolos Behauptung der antimonarchischen Neigung der Kraniche nicht auf eine bloße Analogie (demokratische Kraniche lebten nur in demokratischen Staaten), sondern auf das soziale oder politische Verhalten der Kraniche. Diese waren ein Muster der Herrschaft der Wenigen, die in Zuccolos Augen die beste Form der Herrschaft darstellte: „Und deshalb braucht auch ein Volk mehrere Regenten, um gut regiert zu werden, da ein Einzelner kaum ausreicht für eine so große Aufgabe."[17] Kraniche waren beispielhaft, was die Kooperation und Arbeitsteilung bei großen Aufgaben anging. Während Zuccolo Aristoteles' politische Zuschreibungen an die Kraniche ablehnte, stimmte er mit dessen naturphilosophischen Überlegungen zum selben Thema überein. Bereits Aristoteles hatte den Vogelzug wirkmächtig als kooperative Leistung beschrieben:

> Many instances of intelligence seem to occur among the cranes too. For they migrate a long way, and fly to a great height in order to survey the distance, and if they see clouds and bad weather they fly down and stay quiet. Further, the fact that they have both a leader and signallers that whistle among the end birds so that their call is heard. And when they settle, while the others sleep with their head under the wing, standing on one foot

15 Zum Beispiel Äsops Fabel vom Fuchs und Storch, die bei Plutarch als Fabel vom Fuchs und Kranich firmierte.

16 Thomas Brown: Pseudodoxia epidemica: Or, Enquiries Into Very many Received Tenents, And commonly Presumed Truths, London 1658, S. 218.

17 „Et così anco un popolo per essere ben retto [...] richiede più governatori, per bastar malamente un solo à tanta impresa." Zuccolo (wie Anm. 4), S. 8. Was Zuccolo republikanisch nannte, wäre im modernen Verständnis eine Aristokratie.

> and then on the other, the leader with his head uncovered keeps a look-out, and whenever he perceives something he signals with a cry.[18]

Die meisten erwähnten Topoi wurden in der zoologischen, agrikulturellen, historischen und emblematischen Literatur von der Antike bis in die Frühe Neuzeit beständig wiederholt und variiert. Schon Plinius rüstete den Kranich mit einem Stein in der Kralle aus, der ihn am Einschlafen hindern sollte:

> In der Nacht haben sie Wachen, die in der Klaue einen kleinen Stein halten, der, beim Einschlafen losgelassen und herabfallend, ihre Nachlässigkeit deutlich verrät; die übrigen schlafen, indem sie den Kopf unter den Flügel stecken und abwechselnd auf dem einen oder anderen Bein stehen. Der Führer hält mit gestrecktem Hals Umschau und gibt Warnzeichen.[19]

Ob seiner rotierenden Nachtwache geriet der Kranich in den frühneuzeitlichen Emblembüchern zum Symbol der Wachsamkeit und der politischen Klugheit, der *prudentia*. Da die *prudentia* eine politische Tugend war, fand sich der Kranich neben anderen bedeutenden politischen Tieren – wie dem Löwen oder dem Adler – auf Albrecht Dürers Illustration für den Triumphbogen für Kaiser Maximilian I. (1515). Dürer war seinerseits von der Tiersymbolik in Horapollos Symbolbuch *Hieroglyphica* (1505) aus dem 4. Jahrhundert beeinflusst.[20] Der Kranich firmierte auch in der bedeutenden frühneuzeitlichen Schrift *Iconologia* (1593) von Cesare Ripa als Symbol der Wachsamkeit („gru simbolo della vigilanza"). Darin unterstrich Ripa den symbolischen Wert des Kranichs mit einem Ausspruch aus dem Hohelied, den er in seiner lateinischen Version „Ego dormio, et cor meum vigilat"[21] aufrief. Dieser Ausspruch wurde im Spätmittelalter etwa von dem Juristen Baldo degli Ubaldi rechtlich-politisch gedeutet und auf den Herrscher bezogen. Von diesem konnten die Untertanen sagen, dass er wie das Herz wache, während

18 Aristotle: History of Animals, übers. v. David M. Balme, Bd. 3, London, Cambridge, Mass. 1991 (614b18), S. 267. Mangels einer zeitgenössischen deutschen Übersetzung wird nach der englischen Übersetzung zitiert.

19 Plinius: Naturkunde, hrsg. u. übers. v. Roderich König, Bd. 3: Anthropologie. Zoologie, Düsseldorf 2008 (X, 58–61), S. 157.

20 Vgl. George Boas: Introduction. In: Horapollo: The Hieroglyphics, übers. v. George Boas, New York 1950, S. 13–54, bes. S. 28.

21 Cesare Ripa: Iconologia, Venedig 1645, S. 668.

alle anderen schliefen. Als personifizierte *lex animata* wachte der permanent schlaflose Herrscher über seine Untertanen.[22]

Daher kann der Kranich in seiner frühneuzeitlichen Symbolik der Wachsamkeit als Fortführung eines juristischen Motivs mit naturphilosophischen Mitteln verstanden werden. Während politische Ideen im Spätmittelalter durch juristische Konzeptionen ausgedrückt wurden, griff die Frühe Neuzeit bevorzugt zu naturphilosophischen Ideen. Die Tatsache, dass mit Andrea Alciati einer der wichtigsten Autoren von Emblembüchern ein Jurist war, legt nahe, Emblembücher mit ihrer eigenartigen Mixtur aus Tiersymbolik und Naturphilosophie[23] als ein Schwellenphänomen zwischen der juristischen und der naturphilosophischen Sphäre zu verstehen.

## *II. Kraniche in Aldrovandis „Ornithologiae" (1599–1603)*

Eine wichtige Quelle für die von Zuccolo beschworene demokratische Gesinnung der Kraniche war das zeitgenössische Vogelbuch von Ulisse Aldrovandi. Die enzyklopädische *Ornithologiae* erschien zwischen 1599 und 1603 in drei Bänden. Obwohl nichts über Zuccolos naturphilosophische Lektüre bekannt ist, ist es unwahrscheinlich, dass er Aldrovandi, der während Zuccolos Studienzeit als weithin bekannter Professor an der Universität Bologna tätig war, nicht zur Kenntnis genommen hatte. Aldrovandi widmete dem Kranich 41 dichtbeschriebene Seiten sowie fünf Illustrationen und betrachtete ihn unter 31 verschiedenen Aspekten. Manche der Rubriken sind streng zoologisch, wie etwa die verschiedenen Kranicharten *(genera differentiae),* seine äußere Erscheinung *(forma descriptio),* seine Anatomie *(anatome),* sein Lebenszyklus *(coitus/partus, exclusio/educatio, vox/aetas)* und sein Flugverhalten *(volatus).* Andere Rubriken untersuchten den Kranich nach seinem Vorkommen in der Sprache. Viel Raum gab Aldrovandi den Namen der Spezies in den verschiedenen Sprachen *(aequivoca)* sowie der Bedeutung des Kranichs in der Geschichte *(historica),* wobei die Geschichte der Kraniche des Ibykus eine zentrale Rolle spielt. Weiterhin untersucht er, was der Kranich in meteorologischer *(praesagia),* moralischer *(moralia)* und ikonographischer *(hieroglyphica,*

22 Vgl. Ernst H. Kantorowicz: Die zwei Körper des Königs. Eine Studie zur politischen Theologie des Mittelalters, München 1990, S. 148.

23 Vgl. Wolfgang Harms: On Natural History and Emblematics in the 16th Century. In A. Ellenius (Hrsg.): The Natural Sciences and the Arts. Aspects of Interaction from the Renaissance to the 20$^{th}$ Century, Uppsala 1985, S. 67–83, bes. S. 69.

*emblemata)* Hinsicht bedeutet. Neben seinem Vorkommen in der Literatur *(fabulosa)* und in Sprichwörtern *(proverbia)* diskutiert Aldrovandi auch seinen materiellen Nutzen, nämlich seinen pharmazeutischen *(usus in medicina)* und kulinarischen Gebrauch *(usus in cibis)*. Da man zur pharmazeutischen und kulinarischen Nutzung zunächst eines Kranichs habhaft werden muss, kommen auch Jagdmethoden zur Sprache *(capiendi ratio)*.

Auch Boccaccios Novelle *Chichibio e la gru* unterstreicht die kulinarische Bedeutung des Kranichs.[24] Während die verschwundene Kranichkeule in der Novelle als wohlschmeckend geschildert wird, äußerten sich frühneuzeitliche Vogelbücher kritischer gegenüber dem Kranichfleisch. Johann Jonston, der sich eng an Aldrovandis *Ornithologiae* anlehnte, bemerkte in seiner *Historia naturalis de avibus* (1650), dass Galen und andere das Fleisch der Kraniche für hart und faserig erklärt hatten. Trotzdem standen Kraniche in der Frühen Neuzeit offenbar noch auf dem Speisezettel, finden sich doch in Kochbüchern wie Jean Bruyerin-Champiers *De re cibaria* (1560) Rezepte, die sowohl Aldrovandi als auch Jonston kolportierten:

> Aber heute werden [die Kraniche] im Winter bei den Franzosen als Essen sehr geschätzt. Man brät sie mit zerstoßenen Gewürznelken und Pfeffer. Sie werden weich, wenn man sie an einem Feigenbaum aufhängt.[25]

Aldrovandis facettenreiche und in dieser Perspektivenvielfalt über die moderne Zoologie hinausgehende Sicht auf den Kranich war keine Ausnahme in den Vogelbüchern der Frühen Neuzeit. Diese handelten üblicherweise neben den biologischen Eigenschaften der Spezies auch ihre philologische, symbolische und historische Bedeutung ab, ohne den Nutzen der Tiere für Medizin und Ernährung zu vernachlässigen. Besonders war bei Aldrovandi allenfalls die enzyklopädische Ausführlichkeit.

Unter der Rubrik *moralia* berichtet Aldrovandi nicht nur von den Nachtwachen der Kraniche, sondern betont auch ihre quasimilitärische Tugend, die darin zum Ausdruck komme, dass sie ihre Nachtruhe ganz ohne Zwang zugunsten des Gemeinwohls opferten. Dabei stützt er sich mit dem *Hexaemeron* des heiligen Ambrosius auf eine ungewöhnliche Quelle. Im Hexaemeron stellte Ambrosius fest: „In ihrem Staat [dem der Kraniche] herrscht ein

24 Vgl. Giovanni Boccaccio: Das Dekameron, übers. v. Albert Wesselski, Bd. 2, Frankfurt a. M. 1972 (VI, 4), S. 541–544.

25 „Sed et hodie hybernos apud Gallos cibos nobilitat. Inassant caryophillis perfossas et pipere. Tenerescunt, si ex ficu suspendantur." Johann Jonston: Historia naturalis de avibus, Frankfurt a. M. 1650, S. 175.

natürlicher Militärdienst, während unserer erzwungen und sklavenartig ist."[26] Ambrosius hielt auch die Arbeitsteilung der Kraniche bei der Nachtwache und beim Vogelzug für ein Beispiel republikanischer Tugenden, wie er sie in der römischen Republik verkörpert sah. Zwar ist bekannt, dass neben biologischen Werken auch Emblembücher, Fabeln sowie mythologische und symbolische Schriften einen großen Einfluss auf die frühneuzeitliche Zoologie ausübten.[27] Trotzdem ist es überraschend, dass sogar frühmittelalterliche Schriften wie die didaktische Schöpfungsgeschichte des Ambrosius von sehr gelehrten Naturphilosophen wie Aldrovandi noch im 17. Jahrhundert für eine maßgebliche Quelle gehalten wurden. Mit Cassiodors *Variae*, einer Sammlung von Briefen und Edikten aus der Zeit Theoderichs des Großen, zitiert Aldrovandi eine weitere entlegene Autorität für die nicht-hierarchische Lebensweise der Kraniche. Cassiodor empfahl die Flugformation der Kraniche während des Vogelzugs als Modell für ein freies Zusammenleben ohne festen Herrscher:

> Live then in justice and moderation. Follow the example of the cranes, who change the order of their flight, making foremost hindmost, and hindmost foremost, without difficulty, each willingly obeying its fellow – a commonwealth of birds.[28]

In Kombination mit der militärischen Tüchtigkeit wiesen die Kraniche bei Cassiodor alle Tugenden des klassischen Republikanismus auf, von dem auch Zuccolo inspiriert war. Cassiodor brachte das Rotationsprinzip der Kraniche in Verbindung mit der Praxis der Ämterrotation in der römischen Republik, in der die politischen Ämter zunächst zeitlich begrenzt waren. Besonders ihre Flugformation scheint Cassiodor und die frühmittelalterlichen Autoren zur These inspiriert zu haben, dass die Kraniche in einer Gemeinschaft Gleichrangiger lebten, in der jedes Tier zum Gemeinwohl beitrage,

26 „In illis (Gruibus) politica quaedam, [...] est, et militia naturalis, in nobis coacta et servilis'." Ulisse Aldrovandi: Ornithologiae, Bd. 3, Bologna 1603, S. 324–365, hier S. 351. Vgl. Ambrosius: Exameron V, 50 f.

27 Vgl. Harms (wie Anm. 23), S. 67; William B. Ashworth: Natural History and the Emblematic World View. In: A. Ellenius (Hrsg.): The Natural Sciences and the Arts. Aspects of Interaction from the Renaissance to the 20th Century, Uppsala 1985, S. 303–332, hier S. 313.

28 Cassiodor: Edict of King Athalaric. In: Ders.: The Letters of Cassiodor (Variae Epistolae) Being a Condensed Translation of the Variae Epistolae of Magnus Aurelius Cassiodorus Senator, übers. v. Thomas Hodgkin, London 1886 (IX, 2), S. 386.

frei von politischem Zwang und ohne einen festen Herrscher.[29] Von Demokratie war jedoch nicht explizit die Rede.

## *III. Der Kranich als Symbol der Demokratie*

Kraniche galten oft als Beispiel einer harmonischen, friedvollen Lebensweise. Die angebliche Friedfertigkeit der Kraniche stützte sich auf etymologische Überlegungen. So führte man den Namen der Spezies *(grues)* auf das lateinische Verb *congruere,* übereinstimmen oder zustimmen, zurück. Das Argument fand sich bei Aldrovandi[30] ebenso wie bei Giovanni Pierio Valeriano, dem Autor eines einflussreichen frühneuzeitlichen Symbollexikons, der *Hieroglyphica* (1556). Dieses erschien in zahlreichen Editionen und wurde in mehrere moderne Sprachen wie Französisch (1576 und 1615) und Italienisch (1602) übersetzt. Valeriano führte aus:

> Und tatsächlich, für die Römer scheinen der Konsens und die Einigkeit unter den verschiedenen Parteien über einen Beschluss durch die Kraniche inspiriert zu sein, so dass wir ‚versammeln' sagen können, wenn wir ‚übereinstimmen' meinen.[31]

In der *Hieroglyphica* stellte er dem Leser das friedliche Übereinstimmen bei den Versammlungen der Kraniche besonders anschaulich vor Augen *(vgl. Abb. 1),* zudem lebten sie, so Valeriano, ausdrücklich unter einer demokratischen Herrschaft:

> Wegen der Versammlungen, die man sie abhalten sieht, behaupten manche, dass die Kraniche hieroglyphisch die Demokratie repräsentieren, [...] oder den Staat, der vom Volk regiert wird.[32]

29 „His etiam volatus vicaria equalitate disponitur, ultima fit prima, et qui primatum tenuit, esse posterior non recusat; sic quadam communione societatae sibi sine regibus obsequuntur, sine dominatu parent, sine terrore famulantur. voluntariae serviendo liberae sunt et invicem se diligendo muniuntur." Cassiodor: Variarum libri XII, hrsg. v. Åke Josefsson Fridh, James W. Halporn, Turnholt 1973 (IX, 2), S. 347 f. Fast wörtlich zitiert bei Aldrovandi (wie Anm. 26), S. 351.

30 Vgl. unter der Rubrik *denominate.* Aldrovandi (wie Anm. 26), S. 349.

31 „Sanè quide[m] apud nostros, consensus unioq[ue], partium in eandem sente[n]tiam aut rem, Latino vocabulo forma[m] ab ipsis Gruibus videtur accepisse, ut inde Congruere, pro convenire dicamus." Giovanni Pierio Valeriano: Hieroglyphica Sive De Sacris Aegyptiorum aliarumq[ue] gentium literis [...], Basel 1575, f. 128v.

Weiterhin führte Valeriano aus, dass die Megarer gemäß Pausanias ein Apollo-Orakel hatten, das besagte, dass sie sich auf den Gräbern der Heroen versammeln sollten, um die Meinung der Mehrheit zu vernehmen. Schließlich waren die Toten zahlreicher als die Lebenden – das Exempel rekurrierte auf die lateinische Wendung „ad plures ire" für „sterben". Die Versammlung auf den Gräbern der Heroen zeigt an, dass es Valeriano nicht um eine quantitative Mehrheit ging, sondern um eine qualitative.[33] Die Beratungen der Kraniche bzw. der Megarer beschränkten sich auf die großen Geister aller Zeiten.

Abb. 1.

32 „Quelques-uns tiennent que l'assemblee qu'on void tenir aux Grues represente hieroglyphiquement la Democratie, c'est à dire l'Estat populaire, ou gouverné par le peuple." Giovanni Pierio Valeriano: Les hieroglyphs, übers. v. Jean de Montlyard, Lyon 1615, S. 219. Ich zitiere nach der französischen Übersetzung, die am deutlichsten von ‚Demokratie' spricht. In der lateinischen Fassung ist der Begriff der Demokratie nicht weiter ausgeführt: „Ex eo vero collegio quod Grues celebrant inter se nonnulli dicunt democratia[m] hieroglyphice significari." Valeriano (wie Anm. 31), f. 128v.

33 Die Idee qualitativer Mehrheiten ist der Frühen Neuzeit allgemein fremd. Vgl. hierzu etwa Michel Villey: La Justice harmonique selon Bodin. In: H. Denzer (Hrsg.): Jean Bodin. Verhandlungen der internationalen Bodin Tagung in München, München 1973, S. 69–86.

Bei Valeriano trat der Kranich jedoch ganz offen als Symbol der Demokratie in Erscheinung. Symbole waren in den Augen Valerianos wie in denen seiner Zeitgenossen keine willkürlichen Zeichen, sondern enthielten das Wesen der Dinge. So konstatierte er: „hieroglyphisch zu sprechen ist nichts anderes als die wahre Natur der göttlichen und natürlichen Dinge zu enthüllen".[34] Aldrovandi schloss sich Valeriano an und übernahm dessen Ausführungen zur Demokratie der Kraniche fast wörtlich.[35] Neben Cassiodor war Valeriano die wichtigste Quelle für die These von der Demokratie der Kraniche, wie sie von Aldrovandi und Zuccolo vorgetragen wurde.

## *IV. Die Navigation der Kraniche*

Aufgrund ihrer hervorragenden geographischen Orientierung gerieten Kraniche sowohl zum Symbol der Navigation als auch zu einem Instrument derselben. Kraniche migrierten nicht nur wohlorganisiert und egalitär, sie orientierten sich auch sehr gut im Raum. Kraniche kommunizieren viel während des Flugs, was gemäß dem antiken Mythos zur Rettung Deukalions vor der Sintflut führte. Wie Andrea Alciati in seinem Emblembuch ausführte, erreichte Deukalion Land, nachdem er die Stimmen von Kranichen über sich hörte. Im Deukalion-Mythos zeigt im Unterschied zum jüdisch-christlichen Sintflutnarrativ kein Rabe, sondern ein Kranich die Nähe von Land an, fungiert also schon früh als Symbol der Orientierung und der Navigation auf. Im Mythos rettete sich Deukalion auf einen Berg, den er zu Ehren seiner Retter Gerania nannte, was Kranichberg bedeutet. Diese etymologische Verbindung zwischen dem Kranich und der Geranie führte dazu, dass Kraniche auf ornithologischen Illustrationen häufig zusammen mit dieser Pflanze abgebildet wurden *(vgl. Abb. 2)*.

Häufiger fungierten Kraniche jedoch nicht als Mittel, sondern als Symbol der Navigation. Bereits Aristoteles hatte festgestellt, dass Kraniche zu den Vögeln zählten, die am weitesten migrierten. In der Antike vermutete man, dass die Kraniche ihren Kurs hielten, indem sie einen Stein schluckten, um mehr Ballast zu bekommen. Plinius behauptete sogar, dass sich Kraniche

34 „Quippe cùm hieroglyphicè loqui nihil aliud sit, quàm divinarum humanarúmq[ue] rerum naturam aperire." Valeriano (wie Anm. 31), Titelblatt.

35 „Ex eo in primis collegio, quod Grues celebrant inter se, nonnulli dicunt democratiam [...] hieroglyphicè significari." Aldrovandi (wie Anm. 26), S. 353. Vgl. Valeriano (wie Anm. 31), f. 128v.

nicht nur mit einem Stein in der Kralle beschwerten, bevor sie die Meerengen zwischen Europa und Afrika überquerten, sondern dass sie zusätzlich Sand schluckten:

> Sicher ist, daß sie vor dem beabsichtigten Flug über d[as schwarze Meer] vor allem die schmale Meerenge zwischen den beiden Vorgebirgen Kriu Metopon und Karambis aufsuchen und sich dann mit Ballast beschweren; haben sie die Mitte überflogen, lassen sie die kleinen Steine aus ihren Klauen fallen und, wenn sie das Festland erreicht haben, auch den Sand aus ihrem Schlund.[36]

Abb. 2.

Die meisten Autoren begnügten sich mit der Annahme, dass die Kraniche einen Stein in der Kralle trugen, den sie nach der Überquerung des offenen Meeres fallen ließen. Bei dieser Konzeption fungierten Kraniche quasi als fliegende Magneten. Das war nicht völlig abwegig, denn tatsächlich spielt der Erdmagnetismus wohl eine Rolle bei ihrer Orientierung, wenn auch nicht in der Weise, dass sie selbst Magneten wären. Wie Vögel bei der Migration navigieren, die auf festen Routen und immer auf kürzester Strecke über

36 Erstaunlicherweise schlucken Vögel tatsächlich Steine, aber nicht zur besseren Navigation.

das Meer erfolgt – in Europa über den Bosporus, die Straße von Messina und Gibraltar –, ist bis heute nicht restlos geklärt.[37]

Aufgrund ihrer Orientierungskunst gerieten Kraniche zum Symbol der Navigation.[38] Die Flugordnung der Kraniche beim Vogelzug wurde seit der Antike als X- oder Y-Formation beschrieben.[39] In seinem Symbolbuch *Mondo simbolico* (1653) beschrieb Filippo Picinelli die Flugformation der Kraniche als Y und nannte das Y den pythagoreischen Buchstaben.[40] Die *littera Pythagorae* galt schon in der Antike als das Symbol des Scheidewegs, normalerweise bezogen auf den eigenen Lebensweg. Dieser hatte moralische Implikationen, wie eine Entscheidung zwischen Gut und Böse. In der Frühen Neuzeit fielen die moralischen Konnotationen weg, und der Buchstabe Y erschien als Symbol der Orientierung und Navigation.

So ist es nicht verwunderlich, dass der Kranich, symbolisiert durch ein Y, auch am Firmament erschien, und zwar als neues Sternbild der südlichen Hemisphäre. Basierend auf den Himmelsbeobachtungen der beiden niederländischen Seefahrer Pieter Dirkszoon Keyser und Frederick de Houtman führte der Astronom Petrus Plancius auf seinem Himmelsglobus von 1598 12 neue Sternbilder ein. Plancius' Interesse, das astrale Vakuum der südlichen Hemisphäre mit neuen Sternbildern zu füllen, war nautischen Ursprungs. Plancius war einer der Gründer der niederländischen Ostindien-Kompanie. Die Verbindung zu den Expeditionsreisen ist auch an den Namen der neuen Sternbilder ablesbar, denn viele von ihnen waren nach erst kürzlich entdeckten exotischen Vogelarten wie dem Tukan und dem Paradiesvogel benannt. Die Versetzung der neuentdeckten exotischen Spezies an den Sternenhimmel zeugt eindringlich von der Verbindung zwischen den Entdeckungsreisen zur See, durch die diese Vögel in Europa erst bekannt wurden, zumeist in ausgestopfter Form, und den nautischen Praktiken, zu denen die Orientierung an Sternbildern gehörte, welche die Entdeckungsreisen erst ermöglichten.

37 Vgl. Peter Berthold: Vogelzug. Eine aktuelle Gesamtübersicht, Darmstadt 2012, S. 182.

38 An diese Tradition knüpft natürlich auch die Wahl des Kranichs als Markenzeichen der Lufthansa an.

39 Die zentrale antike Quelle ist Lucan: De bello civili 5, 716. Aldrovandi diskutierte die Ähnlichkeit zu verschiedenen alphabetischen Buchstaben und befand, sie gliche am meisten einer Y-Formation (wie Anm. 26, S. 334).

40 „Le schiere delle gue, volando sogliono formare la lettera di Pitagora Y." Filippo Picinelli: Mondo simbolico, Mailand 1653, S. 123.

Johann Bayers *Uranometria* von 1603 war der erste Himmelsatlas, der die 12 neuen Sternbilder der südlichen Hemisphäre aufnahm *(vgl. Abb. 3)*. Bayer schrieb so gut wie nichts über die neuen Sternbilder, die alle auf einer Tafel dargestellt wurden. Manche der Tierfiguren, darunter der Kranich, waren allerdings nicht sonderlich scharf getroffen.[41] Trotz dieser Mängel trug der Atlas zur Kanonisierung der neuen Sternbilder bei.[42] In dem Himmelsatlas *Firmamentum Sobiescianum sive Uranographia* (1690) von Johann Hevelius, dem Astronomen der Danziger Sternwarte, waren nicht nur die Sternpositionen präziser, sondern auch die Illustrationen der Sternbildfiguren gelungener. Die astronomischen Angaben waren vor allem deshalb so genau, weil Hevelius aktuelle Daten zugrundelegte wie etwa Edmund Halleys Sternkatalog für die südliche Hemisphäre.[43] Die Illustrationen der neuen Sternbilder waren so gut, dass sie es mit den Darstellungen der Vögel in den zeitgenössischen Vogelbüchern aufnehmen konnten *(vgl. Abb. 4)*.[44]

Dieselben Spezifika der Darstellung bestimmter Vögel traten in beiden Genres auf, in den Himmelsatlanten und den ornithologischen Werken. So wurde etwa der Paradiesvogel in den Vogelbüchern ohne Beine dargestellt. Weil die ausgestopften Exemplare Europa regelmäßig beinlos erreichten, unterstellte man der Spezies, gar keine Beine zu haben.[45] Derselbe ornithologische Irrtum findet sich in Hevelius' akkurater Darstellung der Sternkonstellation. Dass der Kranich zusammen mit den exotischen Vögeln an den Sternenhimmel versetzt wurde, hing sehr wahrscheinlich mit seiner Flugleistung und Navigationskunst zusammen. Durch die Aufnahme unter die Sternbilder wurde er von einem bloßen Symbol der Navigation zu einem Instrument derselben, das den Seefahrern in der südlichen Hemisphäre bei der Orientierung half.

41 Vgl. Johann Bayer: Uranometria, Augsburg 1603, Tafel 49v.

42 Vgl. Richard Hinckley Allen: Star Names and Their Meanings, New York 1936, S. 237 f.

43 Vgl. Edmund Halley: Catalogus stellarum Australium sive Supplementum Catalogi Tychonici, London 1679.

44 Vgl. Johannes Hevelius: Firmamentum Sobiescianum sive Uranographia, Danzig 1690, Tafel 55.

45 Vgl. Michael Walters: A Concise History of Ornithology. The Lives and Works of its Founding Figures, London 2003, S. 31.

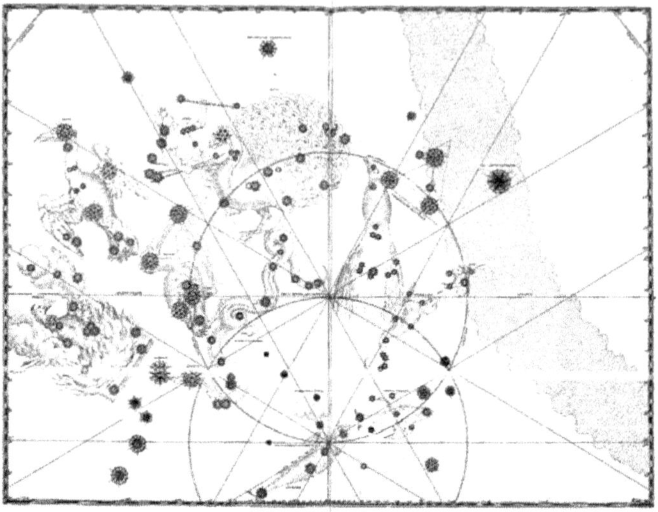

Abb. 3.

Abb. 4.

## *V. Metamorphosen: Die Kranichmenschen*

In der Frühen Neuzeit wurden Menschen also angeregt, sich politisch ein Beispiel an den Kranichen zu nehmen, ja sogar die Verwandlung in Kraniche wurde in Betracht gezogen. Das konnte etwa auf katoprischem Weg mittels eines Zerrspiegels geschehen, wie Athanasius Kircher in seiner *Ars magna lucis et umbrae* (1646) ausführte. Um sich einen Kranichhals zu verschaffen, riet Kircher:

> Nimm einen Spiegel und forme ihn zylindrisch in der Nähe zum Boden. Wenn du gerade in diesen Spiegel hineinschaust, wirst du sehen, wie sich dein Gesicht in einen Kranichkopf verwandelt und dein Hals sehr lang wird. Wenn du schräg hineinschaust, wirst du einen Strom mit einer Klippe erkennen oder ein Rhinozeros-Horn, das aus deiner Stirn wächst.[46]

Umgekehrt konnten sich auch Kraniche in Menschen verwandeln, und zwar nicht nur auf optischem Weg. Wie Aelian ausführte, verwandelten sich Kraniche an ihrem Lebensende in Menschen.[47] Die Metamorphose war in beiden Richtungen möglich. Menschen konnten sich in alle möglichen Wesen verwandeln, behauptete jedenfalls Kircher.[48] Von demselben Glauben an unbegrenzte Verwandlungsmöglichkeiten von einer Spezies in eine andere sowie an zahlreiche Zwischenstufen zeugten auch die monströsen Kreuzungen in Ulisse Aldrovandis *Monstrorum historia* (1642). Hybride Wesen wie Fischmensch,[49] Affenmensch,[50] Wurmmensch,[51] Bärenmensch[52] und der Satyr[53] traten in Erscheinung. Auch der Kranichmensch fehlte nicht in diesem Kabinett erstaunlicher Monstrositäten *(vgl. Abb. 5)*. Aldrovandi hielt die hy-

46 „Hoc enim speculum si recta aspexeris, faciem tuam in Gruis caput, et collo longissimo mutatam videbis; si obliquè id inspexeris, flumen cum crepidine, vel etiam facies cornu Rhinocerotis ex fronte excrescente, deturpabitur." Athansius Kircher: Ars Magna Lucis et Umbrae, Amsterdam 1671, S. 786.

47 Vgl. Giuliana Lanata: Credenze e saperi sugli animali. In: I quaderni del ramo d'oro 3 (2000), S. 7–38, bes. S. 20.

48 „Uno verbo, nullum mostrum tam turpe est, sub cujus formâ te in speculo simili industriâ adornato non respicias." Kircher (wie Anm. 45), S. 786.

49 Vgl. Ulisse Aldrovandi: Monstrorum historia, Bologna 1642, S. 27.

50 Vgl. ebenda, S. 17.

51 Vgl. ebenda, S. 219.

52 Vgl. ebenda, S. 581.

53 Vgl. ebenda, S. 23.

briden Wesen vor allem unter medizinischen Gesichtspunkten für interessant und zielte nicht auf ein Monsterkabinett ab.

Homo, ore & collo Gruis.

Abb. 5.

Beispielsweise waren Affenmenschen, also Menschen mit Ganzkörperbehaarung, keine frühneuzeitliche Horrorvorstellung, sondern das Ergebnis einer seltenen Krankheit, der Hypertrichose, an der ganze Familien, wie die der Gonzales, leiden konnten.[54] So lässt sich auch Aldrovandis Kranichmensch als (zugegeben übertriebene) Illustration einer körperlichen Deformation, nämlich des Kropfes, verstehen. Da man vermutete, dass der Kropf durch eine der Todsünden, die Völlerei *(gula)*, hervorgerufen wurde, war es kein Wunder, dass der Kranich in Emblembüchern als Symbol der Völlerei in Erscheinung trat.[55]

54 Vgl. Roberto Zapperi: Der wilde Mann von Teneriffa. Die wundersame Geschichte des Pedro Gonzales und seiner Kinder, München 2004.

55 So konstatierte Ripa lakonisch: „Gru, simbolo della gola." Ripa (wie Anm. 21), S. 564. Vgl. auch Andrea Alciatis *Liber emblematum* (1551): Index emblematicus. Emblems in translations, hrsg. v. Peter M. Daly, Toronto 1985 (Emblem 91), o. S.

Aldrovandis lange Liste von Hybridwesen stand zugleich in engem Zusammenhang zur utopischen Literatur. Die frühneuzeitliche Utopie mit den meisten merkwürdigen Mischwesen und Kreuzungen zwischen Mensch und Tier war zweifellos Margaret Cavendishs *The Description of a New World, Called the Blazing World* (1666). Bei Cavendish erschienen beinahe alle von Aldrovandis Mischwesen und repräsentierten verschiedene Schichten der utopischen Gesellschaft:

> The rest of the inhabitants of that world, were men of several different sorts, shapes, figures, dispositions, and humours, as I have already made mention heretofore; some were bear-men, some worm-men, some fish- or mear-men [mermen], otherwise called syrens, some bird-men, some fly-men, some fox-men, some ape-men, some jackdaw-men, some magpie-men, some parrot-men, some satyrs, some giants, and many more, which I cannot all remember [...].[56]

Cavendishs utopische Gesellschaft bestand also fast ausnahmslos aus Mischwesen. Zugleich war sie hochgradig arbeitsteilig, um die symbolischen Eigenschaften der an der Kreuzung beteiligten Tiere am besten zur Geltung zu bringen, wie die Erzählerin augenzwinkernd ausführte:

> The bear-men were to be her [the Empress's] experimental philosophers, the bird-men her astronomers, the fly-, worm- and fish-men her natural philosophers [...], the satyrs her Galenic physicians, the fox-men her politicians, the spider- and lice-men her mathematicians, the jackdaw-, magpie- and parrot-men her orators and logicians [...].[57]

Die Verbindung zwischen Kranichen und der Astronomie ging bereits auf das spätantike Hieroglyphenbuch Horapollos zurück, der Kraniche als Symbol der ägyptischen Astronomen bezeichnete.[58] Wenngleich Cavendishs Vogelmenschen weniger Kranichen denn Gänsen glichen, belegte sie sie doch mit Eigenschaften, die in der symbolischen, emblematischen und zoologischen Literatur traditionellerweise den Kranichen zugeschrieben wurden. So waren die Vogelmenschen nicht nur geborene Astronomen, sondern auch gute Seefahrer und hatten die Gabe der Zukunftsschau:

> very good navigators they were, and though they had no knowledge of the loadstone, or needle, or pendulous watches, yet [...] they had subtle observations, and great practice;

56 Mary Cavendish: The Description of a New World, Called The Blazing World. In: Dies.: Political Writings, hrsg. v. Susan James, Cambridge u. a. 2003, S. 17.

57 Ebenda, S. 17.

58 Vgl. Allen (wie Anm. 41), S. 237.

> [...] besides, they were excellent augurers, which skill they counted more necessary and beneficial than the use of compasses, cards, watches, and the like.[59]

Kranichmenschen fanden sich nicht nur in der utopischen Literatur, sondern noch früher in der Reiseliteratur, z. B. in dem Epos *Herzog Ernst* (um 1210).[60] Darin traf der Protagonist auf seinen Orientreisen eine ganze Population von Kranichmenschen, die so genannten Kranichschnäbler, die in einem Reich namens Grippia residierten. Die Rezeption des Epos regte zu zahlreichen bildlichen Darstellungen der Kranichmenschen an. Diese fanden auch Eingang in Hartmann Schedels *Weltchronik* (1493).[61] Die Mischwesen aus Cavendishs utopischem Staat speisten sich also aus zwei Traditionen, jener der medizinischen Monstrositäten wie in Aldrovandis *Monstrorum historia* und jener der Fabelwesen der frühen Reiseliteratur. Auch bei Cavendish fällt die eigentümliche frühneuzeitliche Mixtur zwischen dem symbolischen Wert des Kranichs und seinen realen Eigenschaften ins Auge. Cavendishs Vogelmenschen repräsentierten zum einen ausgezeichnete Navigationsfähigkeiten, zum anderen verfügten Kraniche tatsächlich über diese Eigenschaft. In ähnlicher Weise fungierten die Kraniche bei Zuccolo und Valeriano als Symbol der Demokratie, und zugleich verhielten sich die Tiere während des Vogelzugs wirklich sehr kooperativ.

Zwar konnte das Verhalten der Kraniche auch als Beispiel der monarchischen Herrschaft betrachtet werden; Attribute wie Wachsamkeit und politische Klugheit unterstützten auch monarchische Argumentationen. Die Bereitschaft der Kraniche zu Kooperation und Arbeitsteilung legte es jedoch nahe, den Vögeln eine demokratische Neigung zuzuschreiben. Valeriano, Zuccolo und Aldrovandi betrachteten sie als Verkörperung der republikanischen Tugenden, nicht, weil der Kranich zweifelsfrei ein demokratisches Tier gewesen wäre, sondern weil die Autoren der Demokratie im frühneuzeitlichen Verständnis, also einer aristokratischen Herrschaftsform, positiv gegenüberstanden.

Da Symbole der Demokratie in der Frühen Neuzeit *rarae aves* (seltene Vögel) waren, kam dem Kranich als einem der wenigen ‚demokratischen' Tiere des 17. Jahrhunderts eine besondere Bedeutung in der politischen Zoo-

59 Ebenda, S. 10 f.

60 Ich beziehe mich hier auf Version B. Horst Brunner: Der König der Kranichschnäbler. Literarische Quellen und Parallelen zu einer Episode des Herzog Ernst. In: Ders.: Annäherungen, Berlin 2008, S. 21–37, hier S. 23.

61 Vgl. ebenda, S. 31.

logie zu. Die Idee der demokratischen Kraniche stützte sich auf eine Vielzahl von Quellen, die von Emblem- und Symbolbüchern über politische Traktate bis hin zu naturphilosophischen Schriften reichte. Erstaunlicherweise hatte die Konzeption auch Rückhalt in entlegenen spätantiken und frühmittelalterlichen Quellen wie den Schriften Cassiodors und des heiligen Ambrosius', die selten im Zusammenhang des frühmodernen Republikanismus gesehen werden.

Abbildungsverzeichnis

Abb. 1: Valerianos Versammlung der Kraniche, Holzschnitt. Giovanni Pierio Valeriano: Hieroglyphica Sive De Sacris Aegyptiorum aliarum[que] gentium literis [...], Basel 1575, f. 128v.

Abb. 2: Aldrovandis Kranich mit Geranie, Holzschnitt. Ulisse Aldrovandi: Ornithologiae, Bd. 3, Bologna 1603, S. 329.

Abb. 3: Bayers Tafel der Sternbilder der südlichen Hemisphäre, Kupferstich von Alexander Mair. Quelle: Johann Bayer: *Uranometria,* Augsburg 1603, Reprint Dortmund 1981, S. 199 f.

Abb. 4: Hevelius' Tafel der Sternbilder der südlichen Hemisphäre, Kupferstich. Johannes Hevelius: Firmamentum Sobiescianum sive Uranographia, Danzig 1690, Tafel 55.

Abb. 5: Aldrovandis Kranichmensch, Holzschnitt. Ulisse Aldrovandi: Monstrorum historia, Bologna 1642, S. 14.

RALF KLAUSNITZER

# Von Bienen fabeln
# Zur literarischen Beobachtungs- und Faszinationsgeschichte der *Apis mellifera*

„Summ summ summ/ Bienchen summ herum/ Fliege aus in Wald und Heide/ aber tu mir nichts zu leide“: Es gibt wohl nur wenige Insekten, die so frühzeitig und mit so nachhaltigen Folgen in die Beobachtungsbereiche und Imaginationsfelder des Menschen einfliegen wie die Honigbiene. Schon in den frühen Hochkulturen von Assyrien und Ägypten werden die staatenbildenden Nektarsammler nicht nur gezüchtet, sondern auch bildnerisch dargestellt *(vgl. Abb. 1)*. Aus dem Land am Nil verbreitet sich der im gesamten Altertum weitergetragene Glaube, wonach Bienen aus Stierleichen entstehen *(vgl. Abb. 2)*.[1] Bereits im antiken Griechenland gilt der von Menschen kultivierte und genau beobachtete Bienenstock als Sinnbild politischer Ordnung und wird u. a. von Platon und Aristoteles herangezogen, um Vorstellungen vom *zoon politikon* und seinen Sozialbeziehungen zu illustrieren.[2] Der

1 Vgl. Plutarch: Cleomenes, 39 (der die Erklärung der Alexandriner angibt, dass verwesende Rinder Bienen und Pferde Wespen hervorbringen); ähnlich Plinius: Naturalis historia, XI, 23; Ovid: Metamorphosen, XV, 382–384 (hier auch die Vorstellung, dass Käfer aus dem Kadaver des Esels, Wespen und Hornisse aus Pferden, Schlangen und Mistkäfer aus Menschenleichen entstünden). Ovid (Fasti, I, 376–380) bestimmt den Imker-Heros Aristäus – Sohn von Apollon und der Nymphe Kyrene – als ersten Erzeuger von Bienen aus Stierleichen; Vergil erklärt in seinem Gedicht vom Landbau ebenfalls die Entstehung von Bienen aus verfaultem Fleisch der Rinder (Georgica, IV, Georgica IV,281–314). Zu den ideengeschichtlichen Hintergründen der Bugonie vgl. Johann Philipp Glock (Hrsg.): Die Symbolik der Bienen und ihrer Produkte in Sage, Dichtung, Kultus, Kunst und Bräuchen der Völker, Heidelberg 1891, S. 128–144; Johannes Witzgall: Das Buch von der Biene, Stuttgart 1898, S. 9 f.

2 Hinweise auf Bienenzucht und Honigproduktion finden sich bereits bei Homer (Odyssee, 13, 105) und Hesiod (Theogonie, 594–599), der verschiedene Arten der Biene kennt und den Fleiß der Arbeitsbienen lobt. Die Analogie von hierarchisch gegliederter Erziehung im Idealstaat und im Bienenstock formuliert Platon (Politeia, Politeia 520b5–8); er unterscheidet nützliche und verderbliche Angehörige des Staates und rechtfertigt entsprechen-

römische Polyhistor Varro und der Philosoph Seneca sehen im Bienenstaat analoge Strukturen zur hierarchisch gegliederten Welt des Imperiums und einen Beweis dafür, dass die Natur selbst die Erfinderin der Monarchie sei.[3] Ebenso frühzeitig interessiert man sich für ihre spezifischen Verarbeitungskapazitäten: Das Sammeln von Blütenstaub erscheint als Symbol des Dichtens bzw. der Poesie und des Wissens; Platons prominente Dichterschelte nutzt nicht ohne Grund das eingeführte Bild von Poeten, die „aus den Gärten und Tälern der Musen Honig sammeln und uns so ihre Lieder bringen wie die Bienen den Honig", um den bienengleich umherflatternden Dichtern zugleich zu attestieren, nicht über wahres Wissen zu verfügen.[4] Rätselhaft und bildspendend wie die von der Honigbiene demonstrierten Umgangsformen mit natürlichen Ressourcen – die eine von der Antike bis in die Neuzeit tradierte Metaphernflut auslösen und folgenreiche Modelle für die menschlichen Tätigkeiten des Lesens und Verstehens bereitstellen – erscheint auch ihre Reproduktion: Wird in der Antike noch über ihre Fortpflanzung spekuliert und (in Opposition zum verbreiteten Bugonie-Mythos) aus spezifischen Mustern des Menschen auf die biologische Ausstattung der Biene geschlossen,[5] führen genauere Beobachtungstechniken seit der Frühen

de Interventionen (Politeia, Politeia 564b4–c4). Für seinen Schüler Aristoteles (Historia animalium, I, 488a) zählt die Biene neben Menschen, Kranichen, Wespen und Ameisen zu den gemeinschaftsbildenden „politischen Lebewesen" mit differenzierten Aufgaben: Im wohlgeordneten Stock leben Arbeitsbienen, die einen Stachel besitzen, gemeinsam mit körperlich weit größeren Drohnen, die stachellos sind und keine andere Aufgabe haben, als die Könige oder Herrscher zu begleiten. Diese besitzen zwar einen Stachel, benutzen ihn aber nicht. Fortgesetzte Beobachtungen praktizierte der legendär gewordene Aristomachus aus Soloi *(vgl. Abb. 3),* der im zweiten vorchristlichen Jahrhundert gelebt und 58 Lebensjahre dem Studium der Bienenökonomie gewidmet haben soll; dazu Plinius: Naturalis historia, 11, 19.

3 Vgl. Seneca: De clementia I, 19,1–3 sowie Varro: De re rustica III,16,4–9, wo die Beziehung zwischen Arbeitsbienen und König mit einer Armee verglichen wird, die ihrem Anführer folgt.

4 Platon: Ion, 534a7–b7 hier zitiert nach der Übers. v. Franz Susemihl 1856.

5 Gegen die altägyptische Vorstellung von der Entstehung der Biene aus dem Kadaver von Stieren positioniert sich Aristoteles; zugleich weist er die Annahme zurück, dass die Königin und die Arbeitsbienen weiblich und die Drohnen männlich seien, weil die Natur den Weibchen üblicherweise keine Waffen (also Stachel) mitgebe. Die Arbeitsbienen können jedoch auch nicht männlich sein, weil sie sich so um ihren Nachwuchs kümmerten, wie es die Natur nur für das weibliche Geschlecht vorgesehen habe. Diese Überlegungen lassen ihn auf eine eingeschlechtliche Zeugung ohne Paarung, also durch Parthenogenese innerhalb der Arbeitsbienen schließen, vgl. Aristoteles: De generatione animalium, Aristoteles: De generatione animalium III, 10, 759$^{a8}$–761$^{a2}$. Die Spitze des Bienenstaates bildet der

Neuzeit zu nachhaltigen Veränderungen im Wissen über Gliederung und Arbeitsteilung innerhalb des Bienenstaates: 1586 erkennt der Spanier Luis Mendez de Torres in seinem *Tratado breve de la cultivación y cura de las colmenas* den Bienenkönig als „weiblichen Eierleger" und wird zum Vorläufer des englischen Logikers Charles Butler, der 1609 sein berühmt gewordenes Buch *The Feminine Monarchie* publiziert; 1630 fertigt Francesco Stelluti die älteste überlieferte Zeichnung mit Hilfe eines Mikroskops an und zeigt drei Ansichten von Bienen sowie Detailvergrößerungen *(vgl. Abb. 4)*.[6]

Neben intensivierter Erforschung setzen weitreichende Imaginationsprozesse und Modellbildungen ein. Francis Bacon vergleicht in seinem 1620 veröffentlichten Hauptwerk *Novum organum scientiarum* die grundlegenden Praktiken der Erkenntnisproduktion durch „Empiriker" und „Dogmatiker" mit der Tätigkeit von Ameisen und Spinnen („Jene sammeln und verbrauchen nur, wie die Ameisen; letztere aber, welche mit der Vernunft beginnen, ziehen wie die Spinnen das Netz aus sich selbst heraus") – und exponiert das kombinierende „Verfahren der Bienen" als Königsweg: „diese ziehen den Saft aus den Blumen in Gärten und Feldern, aber behandeln und verdauen ihn durch eigne Kraft".[7]

Bienenkönig, der mit vorbildhafter Männlichkeit und unerschütterlicher Souveränität regiere; seine tugendhafte Milde zeige sich im seltenen Einsatz seines Stachels (von dem man heute weiß, dass dieser Verzicht der Arterhaltung dient; die langsamere Bewegung der Bienenkönigin erklärt sich dagegen nicht aus ihrem royalen Charakter, sondern aus ihrem Leib, voll mit befruchteten Eiern).

6 Zu dem 1630 gedruckten Apiarium, auf dessen Frontispiz Detailbilder von Bienen in zehnfacher Vergrößerung abgedruckt wurden, vgl. David Bardell: The First Record of Microscopic Observations. In: BioScience 33 (1983), S. 36–38. Die Biene kam im Wappen der Familie Barberini vor, zu der Papst Urban VIII. gehörte. Im Banner oberhalb der Abbildung heißt es: „Für Urban VIII. Pontifex Optimus Maximus […] von der Akademie der Luchse, und in ewiger Verehrung widmen wir Euch dieses Symbol." Dazu Stephen Jay Gould: Die Lügensteine von Marrakesch: Vorletzte Erkundungen der Naturgeschichte, Frankfurt a. M. 2003, S. 52 f.

7 Francis Bacon: Neues Organon [Novum Organum, sive Indicia vera de interpretatione naturae, 1620], I, Aphorismus 95; hier zitiert nach der Übers. v. J. H. von Kirchmann, Berlin 1870, S. 148. Weiter heißt es: „Ähnlich [wie das Verfahren der Biene] ist das Geschäft der Philosophie; es stützt sich nicht ausschließlich oder hauptsächlich auf die Kräfte der Seele, und es nimmt den von der Naturkunde und den mechanischen Versuchen gebotenen Stoff nicht unverändert in das Gedächtnis auf, sondern verändert und verarbeitet ihn im Geiste. Deshalb können auf das engere und festere Bündnis beider Vermögen des versuchenden nämlich und des denkenden, was bis jetzt noch nicht bestanden hat, die besten Hoffnungen gebaut werden."

Abb. 1.

Abb. 2.

Abb. 3.

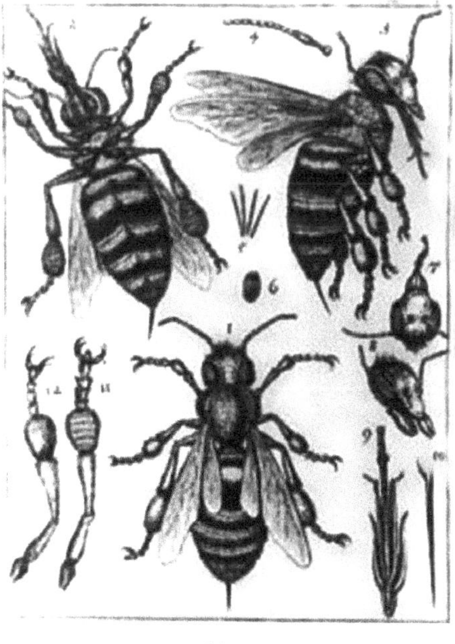

Abb. 4.

Der in London lebende niederländische Arzt Bernard Mandeville exemplifiziert in der 1714 gedruckten *Fable of the bees* moralphilosophische Überlegungen zur Beschreibung der sich ausbildenden modernen Wachstumsgesellschaft und wird damit zu einem zentralen ideengeschichtlichen Vorläufer von Adam Smiths Konzept der „invisible hand". Der Satiriker Jonathan Swift imaginiert eine Schlacht zwischen Biene und Spinne in der Bibliothek und modelliert damit drängende Probleme des Umgangs mit der kulturellen Überlieferung angesichts der Überfülle von Büchern *(copia verborum).*

Im 20. Jahrhundert explodieren sowohl die Apidologie – also die wissenschaftliche Bienenkunde – als auch literarische und filmische Gestaltungen. Während Karl von Frisch die Kommunikation von Bienen erforscht und für seine bereits in den 1920er Jahren gemachte Entdeckung von ‚Schwänzeltanz' und ‚Rundtanz' 1973 den Nobelpreis für Medizin erhält (gemeinsam mit dem Graugans-Beobachter Konrad Lorenz und dem Ethologen Nikolaas Tinbergen), erleben deutsche Leser die Abenteuer der Biene Maja und ihrer Freunde. 1912 veröffentlicht, steigt der Roman von Waldemar Bonsels in den nachfolgenden Jahrzehnten zu einem Bestseller auf, der erstmals 1925 und wieder in den 1970er Jahren filmisch adaptiert wird. Die tricktechnischen Bilder der pummeligen Biene Maja und ihrer Gefährten sowie die schmelzende Stimme von Karel Gott – in der computergenerierten Version 2012 mit 3D-Optik unterstützt durch Helene Fischer – prägen infantile Vorstellungen vom Leben der Honigbiene bis in die Gegenwart. Und während neuere Explorationen die kommunikativen Kapazitäten von ‚Schwänzeltanz' und ‚Rundtanz' relativieren, macht die US-amerikanische Filmindustrie der Ausbeutung der Honigbiene durch den Menschen den Prozess: Im Animationsfilm *Bee Movie (Das Honigkomplott)* von 2007 zieht eine – selbstverständlich menschlich sprechende – Biene alle Register des Gerichtsdramas, um die industriell organisierte Honigproduktion durch Großkonzerne anzuprangern.

Wie gesagt: Die kulturelle Präsenz der Biene ist weitreichend und an dieser Stelle nicht einmal ansatzweise zu skizzieren.[8] Auch die noch immer of-

8 Umfassend J. G. Bessler: Geschichte der Bienenzucht. Ein Beitrag zur Kulturgeschichte, 1885 (ND Vaduz 1978); Glock (wie Anm. 1); Rüdiger Wilhelm: Ihr Name ist Apis. Kulturgeschichte der Biene, [München] 1977; Horst Heindrichs, Behrendt Hohorst (Bearb.): Botinnen der Götter. Natur- und Kulturgeschichte der Honigbiene, Köln 1988; Claudia Bruns: Biene, die. In: Ch. Kassung, J. Mersmann, O. B. Rader (Hrsg.): Zoologicon. Ein kulturhistorisches Wörterbuch der Tiere, München 2012, S. 56–62; Ralph Dutli: Das Lied vom Honig. Eine Kulturgeschichte der Biene, Göttingen 2012. Zur politischen Ikonogra-

fenen Rätsel dieser Tierart – die von der eindrucksvoll bewältigten Optimierungsaufgabe effizienter Raumnutzung durch regelmäßige Waben bis zu einem erdmagnetischen Orientierungssinn reichen – können hier nicht gelöst werden. Vielmehr soll ausgewählten Aspekten einer vielfältigen Beobachtungs- und Faszinationsgeschichte nachgegangen werden. Die zentrale Fragestellung scheint trivial, ist jedoch nicht zu unterschätzen: Warum wurde gerade die Biene zu einem faszinierenden Gegenstand menschlicher Observationen und zu einem privilegierten Bildspender für divergierende Modelle sozialen Verhaltens – und welche Konsequenzen hatte diese Wahl?

Dabei kann von Hypothesen ausgegangen werden, die in Überlegungen zu Text-Tier-Relationen lange vor neumodischen ‚animal studies' oder Explorationen einer ‚Politischen Zoologie' formuliert wurden. 1. Von Bienen fabeln heißt: von Menschen reden. Anders gesagt: Gestaltungs- und Thematisierungsweisen der Biene in literarischen Texten verraten weniger etwas über biologische Eigenschaften der Biene als vielmehr etwas über Beobachtungs- und Imaginationsverfahren des Menschen. 2. „Bienenwissen" ist also immer auch Menschenwissen. Literarische und diskursive Modellierungen der staatenbildenden Insekten dokumentieren virulente Vorstellungen vom Menschen und seiner Sozialbeziehungen; sie eröffnen *Felder eines epistemischen Probehandelns* und ermöglichen es, Beobachtungs- und Deutungsprozesse ebenso zu studieren wie die Verhandlung von Problemen und Konflikten unter Rekurs auf vermeintlich analoge Vorgänge des Bienenstaates. 3. Wenn die Biene und ihre Gemeinschaftsformen zum vielfach besetzten Objekt von Wissensprozessen und künstlerischen Aneignungen avancieren, lassen sich die dabei entworfenen Bilder und Modelle als *Selbstbeschreibungen der jeweiligen Beobachtungskultur* lesen. Sie erlauben es, jeweils konkrete Problemlagen und Lösungsangebote zu rekonstruieren, die in ästhetischen wie diskursiven Verhandlungen der Biene generiert und weitergegeben, diskutiert und ausgedeutet wurden.

Zu prüfen bleibt im Folgenden die Hypothese, dass Biene und Bienenstock aufgrund *spezifisch konditionierter Beobachtungsdispositive und damit verbundener Deutungsverfahren* zu einem privilegierten Feld epistemischen Probehandelns avancieren – und dass konkrete gesellschaftliche Problemlagen dazu führen, je spezifische Bienen-Bilder zu mobilisieren. Ausgangspunkt der nachfolgenden Recherchen ist also die Vermutung, dass es Korresponden-

phie vgl. Eva Johach: Der Bienenstaat. Geschichte eines politisch-moralischen Exempels. In: A. von der Heiden, J. Vogl (Hrsg.): Politische Zoologie, Zürich, Berlin 2007, S. 219–235.

zen zwischen einer beobachtbaren „Bienenökonomie" und kulturell geprägten Vorstellungen über menschliche Interaktionen sind, die zur besonderen Konjunktur der Biene als Bild- und Imaginationsspender beitragen. Diese Korrespondenzen sind jedoch weniger in der Natur der Biene verankert, die als tierisches Lebewesen nur in rudimentärer Weise über Fähigkeiten zu intentionaler Planung und Kommunikation mit sekundärem Zeichensystem verfügt. Die in der Literatur- und Ideengeschichte zu entdeckenden Analogie-Bildungen – vom Bienen-Frauen-Vergleich im Argonauten-Epos des Apollonius Rhodios bis zum computeranimierten Drohn Barry B. Benson und seinem erfolgreichen Kampf gegen Honig produzierende Lebensmittelkonzerne im DreamWorks-Film *Bee Movie* – sind vielmehr Ergebnis *von kulturell konditionierten Observationen und Extrapolationen;* also von Beobachtungsdispositiven und Übertragungsleistungen, die deshalb so gut funktionieren bzw. zu funktionieren scheinen, weil Bienen sehr kleine Lebewesen sind und die Resultate ihrer Interaktionen (wie symmetrische Waben und wohlschmeckender Honig) gut zu sehen bzw. zu erfahren sind, während über die dazu notwendig ablaufenden Prozesse alle möglichen Vermutungen angestellt werden können. Um es knapp und in den Begriffen des Behaviorismus zu sagen: Die komplexen biologischen Dispositionen und sozialen Verhältnisse der Biene bilden eine Art *black box,* bei der zwar Eingangsbedingungen und Ausgangsdaten observiert werden können – die internen Vorgänge aber nur schwer oder eingeschränkt wahrzunehmen sind. Die Interaktionen der Bienen sind in ihren Ergebnissen zu beobachten, ohne dass wir bis heute genau wissen, wie diese Interaktionen koordiniert und gesteuert werden. Eben deshalb wird im Folgenden die Vermutung zu prüfen sein, dass die Imaginations- und Faszinationspotentiale der Biene in besonderer Weise herangezogen werden, um *komplexe (menschliche) Probleme der Koordination und Steuerung in sozialen Regelkreisen* sowie des *Umgangs mit Ressourcen* zu exemplifizieren und unter Rekurs auf *invisible oder nur schwer sichtbare Vorgänge zu modellieren.*

Um diese Arbeitshypothese zu entfalten, wird in drei Schritten vorgegangen. Ein erster Abschnitt stellt die 1705 bzw. 1714 in London veröffentlichte *Fable of the Bees* des Holländers Mandeville als literarischen Text vor, der die Probleme einer sich formierenden Wachstumsgesellschaft mit ästhetischen Mitteln modelliert und dabei nicht grundlos das komplexe Bildfeld des Bienenstocks heranzieht *(I.).* In einem zweiten Schritt sind Gründe und Motivationen zu skizzieren, die das Sammel- und Sozialverhalten der Biene zu einem nachhaltigen Faszinationsobjekt kultureller Reflexion und literarischer Kommunikation machten. Dabei geht es um Muster und Verfahren von (seit Äsops Fabeln virulenten) *Zuschreibungsprozessen,* die weit mehr mit Vorstellungen und Projektionen des Zuschreibenden zu tun haben als mit tatsächlichen Eigenschaften der Tierart *(II.).* In einem dritten Abschnitt ist ein Werk-Komplex vorzustellen, dessen Einflüsse auf unsere Vorstellungen vom Leben der Biene nicht zu unterschätzen sind – obwohl der Urheber des erstmals 1912 erschienenen Buches *Die Biene Maja und ihre Abenteuer* nahezu vergessen war und erst 2012 durch eine Tagung im Literaturhaus München wieder partiell ins öffentliche Bewusstsein gerückt ist: Waldemar Bonsels, der um 1910 der Boheme in München-Schleißheim angehört und einige schwülstige Novellen um Don Juan und andere Verführer geschrieben hatte, wäre heute wahrscheinlich ein nur wenig bekannter Autor im Dunstkreis von Jugendbewegung und Vaganten-Zirkeln, wenn er nicht zwei Jahre vor dem Ausbruch des Ersten Weltkrieges das Kinderbuch über die Abenteuer der Biene Maja verfasst hätte, das in Millionenauflage verkauft und in 44 Sprachen übersetzt wurde. Fortgesetzte und kulturenübergreifende Rezeption fand die Kunst-Figur freilich in einem Format, das in besonderer Weise geeignet ist, epische Breite in zeitlicher Limitation zu entfalten und Imagination dauerhaft zu binden – in einer TV-Zeichentrickfilm-Serie, die es in den 1970er Jahren auf immerhin 104 Folgen brachte und vor kurzem in 3D adaptiert wurde *(III.).*

### *I. Bienenstock und Wachstumsgesellschaft: Bernard Mandevilles „The Fable of The Bees"*

1694 wird in London die Bank of England gegründet. Sechs Jahre zuvor hatte die „Glorreiche Revolution" das Geschlecht der Stuarts in Person von Jakob II. vom englischen Thron gefegt und den Prinzen von Oranien vom Parlament zum König berufen lassen; als William III. garantierte dieser die Verfassung und damit eine konstitutionelle Monarchie, die – so die Hoffnung ihrer Apologeten – die Vorteile von Aristokratie und Demokratie vereinte.

Ein Jahr vor der Gründung der Bank of England, also 1693, war der holländische Mediziner Mandeville nach London gekommen, um hier als Arzt zu praktizieren. In der Themse-Metropole erlebt er die Formierung einer neuen gesellschaftlichen Ordnung aus dem Geist finanzieller Spekulation: Die Bank of England bedient nicht nur den modernen Staat, der zur Ausübung seiner Aufgaben auf Kredite angewiesen ist und Schulden auch durch Übertragung von Steuerrechten und anderen hoheitlichen Privilegien abträgt (so dass sich bereits zu dieser Zeit eine kaum beobachtbare Grauzone von

Interaktionen zwischen Finanzökonomie und Politik formieren kann).[9] Zum entfalteten Staatsschuldensystem und dem Handel mit Krediten für die öffentliche Hand tritt das Börsengeschäft, dessen steigende und fallende Kurse auf wirtschaftliche Entwicklungen ebenso reagieren wie auf Gerüchte und psychologische Machinationen.[10] Das Bankhaus fungiert auch als Geldgeber für den rapide zunehmenden Handel, der eine auf Wachstum programmierte Gesellschaft voraussetzt und befördert: Die englische Bevölkerung (deren Zahl trotz Pest, Typhus und Pocken bis zum Jahr 1714 auf 5,2 Millionen ansteigt) lebt von Exporterfolgen. Zwar hatte der Einbruch der Wollpreise ab 1650 der bis dahin dominierenden Tuchindustrie einen schweren Schlag versetzt, doch mit Getreideexporten – zunehmend auch in die überseeischen Kolonien – verdoppelt sich zwischen 1660 und 1714 das Handelsvolumen. Zugleich beteiligt sich die Bank of England – mit deren Gründung die Londoner City zum bedeutendsten Bankenstandort der Welt aufsteigt – an der Finanzierung des globalen Dreieckshandels, der englische Fertigprodukte nach Afrika ausführt, Sklaven von dort nach Amerika schafft und exotische Rohstoffe zurück nach England bringt. Nach Jahren puritanischer Einschränkung bildet sich eine verfeinerte Kultur heraus; freilich auf der Basis sozialer Verwerfungen (im Osten Londons expandieren die Elendsquartiere) sowie rigider Kontrollen und drakonischer Strafen für Versuche zur Unterwanderung des sich ausbildenden Regelsystems. (Berüchtigt war etwa Isaac Newtons hartes Vorgehen gegen Falschmünzer: Seit 1696 als Wardein bzw. „Wächter" der „Royal Mint", also der Königlichen Münze in London beschäftigt, sorgt er nicht nur für die – inoffizielle – Umstellung des Pfund Sterling vom Gold- auf den Silberstandard, sondern auch für öffentliche Hinrichtungen krimineller Elemente.[11])

9 Dazu jetzt instruktiv Joseph Vogl: Der Souveränitätseffekt, Zürich 2015.

10 Schon zu dieser Zeit formieren sich jene Künste der Börse, die noch heute zu beobachten sind. Zu den damals entwickelten Mitteln der psychologischen Einflussnahme gehört etwa die dauerhafte Bewahrung mentaler Unsicherheit, so vor einer Rückkehr des königlichen Prätendenten aus dem Hause Stuart, die durch entsprechende Gerüchte über seine von den Tory-Ministern begünstigte Rückkehr genährt werden; dazu Paul Goldbach: Bernard de Mandeville's Bienenfabel, Diss. Halle (S.) 1886, S. 26 f.

11 Vgl. Thomas Levenson: Newton and the Counterfeiter: The Unknown Detective Career of the World's Greatest Scientist, Boston, New York 2009; Sam Kean: Die Ordnung der Dinge im Reich der Elemente, Hamburg 2011. Besonders drastisch ging Newton gegen Falschmünzer aus den Londoner Elendsvierteln vor, die etwa die Ränder von Münzen abschnitten und das gewonnene Metall einschmolzen, um neue Münzen zu prägen; den Falschmünzer William Chaloner ließ er öffentlich aufhängen und ausweiden.

In dieser Situation veröffentlicht der seit 1693 in London lebende Arzt Mandeville, der an der Universität von Leiden Philosophie studiert und durch Tierfabel-Bearbeitungen sowie eine Versgroteske erste Erfahrungen auf dem Gebiet der Literatur gesammelt hatte, im Jahr 1705 ein satirisches Gedicht: *The Grumbling Hive: or, Knaves Turn'd Honest (Der grummelnde Bienenstock oder Die ehrlich gewordenen Schurken).* Die Sixpenny-Broschüre mit einem Langgedicht in 433 gereimten Versen ist rasch vergriffen. Der Autor erweitert den Text um Anmerkungen, essayistische Überlegungen sowie Dialoge und publiziert 1714 das Werk *The Fable of The Bees: or, Private Vices Publick Benefits.* Kern des Buches bleibt das knapp ein Jahrzehnt zuvor publizierte Gedicht, das die Regelkreise der Gesellschaft als Systeme wechselseitiger Abhängigkeiten umschreibt, in der nicht tugendhafter Altruismus und Beschränkung, sondern entfesselter Egoismus und Gewinnstreben herrschen – und in der sich trotz partikularer Eigeninteressen allgemeine Wohlfahrt einstellt.[12]

Um die ästhetischen Strategien dieser Parabel zu verstehen, die mit dem Metaphernfeld des Bienenstocks das (für die Entwicklung der modernen Sozialwissenschaften zentrale) Konzept eines Fließgleichgewichts sozialer Akteure antizipiert, ist eine genauere Lektüre des Textes notwendig. Den Ausgangspunkt von Mandevilles *Bienenfabel* bildet die Darstellung einer arbeitsteilig organisierten Gesellschaft:

Ein großer Stock, an Bienen reich,
Die üppig lebten, doch zugleich
Gesetzestreu und wehrhaft waren,
Auch schwärmten früh in allen Jahren,
Galt als der Hort unzweifelhaft
Von Industrie und Wissenschaft.
Mehr Freiheit gab's in keinem Staat
Und weniger Zwänge und Diktat;
Nicht Sklaven einer Tyrannei
Noch wilder Demokraterei
Warn sie; von Königen wohl gelenkt,
Da das Gesetz die Macht beschränkt
Wie Menschen lebt' dies Völkchen nun
Und tat im kleinen, was wir tun:
Was je in Städten nötig war,
Was Schwert geziemt und auch Talar.
Nur warn sie winzig; ihr Geschick
Blieb drum verborgen unserm Blick;
Doch hatten sie Äquivalente
Für alle Menscheninstrumente:
Maschinen, Schiffe, Schlösser, Gärten,
Geschäfte, Waffen und Experten. [...]

12 Bernard Mandeville: The Fable of the Bees, or: Private Vices, Publick Benefits, London 1714. Neben dem „Preface" enthält diese Ausgabe eine in Prosa verfasste Abhandlung *An Inquiry into the Origin of Moral Virtue* sowie 20 an die betreffenden Verse der Fabel anknüpfende „Remarks". Die verwickelte Editionsgeschichte rekonstruiert Goldbach (wie Anm. 10), S. 2–5. Nach mehreren französischen Übertragungen erschien die erste deutsche Übersetzung v. Saul Ascher 1818 in Leipzig. Die nachfolgenden Zitate folgen der Übersetzung v. Otto Bobertag, Dorothea u. Friedrich Bassenge: Die Bienenfabel, Berlin (DDR) 1957.

Die hier geschilderten Verhältnisse aktualisieren die seit der Antike bekannten Analogien zwischen Bienenstock und Menschenstaat unter den Bedingungen moderner Differenzierung: Vorgeführt wird eine große und von Fleiß, Loyalität und Verteidigungsbereitschaft geprägte *Arbeitsgesellschaft,* die neben „Industrie und Wissenschaft" *soziale Regelkreise* entwickelt, um ihr Zusammenleben zu organisieren. Die Prinzipien dieses Zusammenlebens sind in Gesetzen fixiert, die politische Macht beschränken und mit „Schwert" und „Talar" eigenständige Instanzen der Exekutive und Judikative ausgebildet haben.

Der so konstituierte „üppige Stock" wird im Folgenden als eine Wachstumsgesellschaft beschrieben. In dieser arbeitsteilig organisierten Gesellschaft wirken die Regeln kreativer Zerstörung – wie sie später der Nationalökonom Joseph Schumpeter benennen wird – ebenso wie Prozesse sozialer Segmentierung:

> Der Bienen Zahl war riesig; sie
> Bewirkte, daß der Stock gedieh.
> Millionen waren dienstbereit
> Zu stillen Lust und Eitelkeit;
> Millionen brauchten ihre Stärke,
> Um zu zerstörn der erstern Werke.
> Die halbe Welt versorgt' die Meute;
> Arbeit gab's mehr als Arbeitsleute.
> Wer reich war, schonte seine Kräfte
> Und wurde reicher durch Geschäfte;
> Verdammt zur Sense und zum Spaten
> Und Mühsal waren, die nichts hatten:
> Elende Kärrner, die halbtot
> Sich schufteten ums täglich Brot [...]
> Manch arbeitsscheuer Wicht, der klug
> Profit aus fremder Arbeit schlug,
> Als Kuppler, Spieler, Parasit,
> Quacksalber, Dieb, kurz, als Bandit
> Arglose Nachbarn listig narrte
> Und sich viel Mühe so ersparte. [...]

Der wirtschaftlich prosperierende Bienenstock hat drei Bedingungen: eine große Zahl von Angehörigen, diverse Beschäftigungsmöglichkeiten sowie eine ungleiche Verteilung von Gütern (die Möglichkeiten zur weiteren Bereicherung impliziert). Ergebnis der gesellschaftlich akzeptierten Ungleichheit ist eine tiefgreifende Differenz: Besitzlosen Wirtschaftssubjekten, die aufgrund des Mangels an Eigentum gezwungen sind, ihre Arbeitskraft zu verkaufen, stehen Eigentümer gegenüber, die mit privaten Vermögen und intellektuellen Potentialen die Arbeitskraft anderer Wirtschaftssubjekte nutzen und daraus Profit ziehen können.

Doch ist diese prosperierende Gesellschaft nicht nur von tiefgreifenden ökonomischen und sozialen Ambivalenzen gekennzeichnet. Seine besondere Qualität gewinnt der „üppige Stock" durch eine paradoxale Verbindung von partikularen Bestrebungen und allgemeiner Wohlfahrt:

In jedem Teile sündig zwar,
Ein Paradies das Ganze war;
Im Krieg gefürchtet, sonst begehrt,
Von aller Welt gerühmt, geehrt,
Verschwenderisch mit Gut und Leben:
Der Bienenvölker Zierde eben.
Das Heil des Staats war zweifellos:
Geballter Frevel macht' ihn groß.
Die Tugend sah der Politik
Bald ab manch ausgepichten Trick,
Schloß Freundschaft mit dem Laster gar,
Was dann bewirkte, daß fürwahr
Der größte Schurke selbst zum Schluß
Doch dem Gemeinwohl dienen muß.
Staatskunst hielt den Komplex in Gang,
Warn auch die Teile sämtlich krank:
Wie Harmonie in der Musik.
Die Patzer zudeckt mit Geschick,
So stritten, wie zum Trotz, vereint
Parteien, die sich spinnefeind
Es diente selbst die Mäßigung
Der Völlerei noch und dem Trunk.
Das Laster Geiz, die Schmach, die Pein,
Des Bösen Quell, mußt Sklave sein
Der noblen Sünde, der Verschwendung,
Indes des Luxus Prachtaufwendung
Millionen Armen Arbeit schuf,
Desgleichen Stolz, trotz üblem Ruf.
Die Eitelkeit selbst und der Neid
Warn Diener der Geschäftigkeit;
Ihr Hang zur Abwechslung indessen
Bei Kleidern, Mobiliar und Essen
War töricht, und doch trieb er wie
Ein Schwungrad an die Industrie.

Mit anderen Worten: Sind die Motivationen und Handlungen der einzelnen Angehörigen dieser Gemeinschaft auch durchgehend asozial, egoistisch und selbstbezogen, so ist der sie zusammenhaltende Staat ein Hort allgemeiner Wohlfahrt. Dass der Text für die paradoxale Verbindung von entfesselten Partikularinteressen und gesellschaftlicher Harmonie keine rationale Begründung liefert, sondern Begriffe wie „Trick" und „Staatskunst" heranzieht, verweist auf Zusammenhänge, die später zu klären sind.

Nach der eigennützig und individuell organisierten Wachstumsgesellschaft wird ein anderer Bienenstock vorgestellt: Durch Triebunterdrückung und altruistische Strebungen gekennzeichnet, ist er Bild eines Tugend-Staates. Der Vergleich aber zeigt, dass der egoistisch enthemmte Bienenstock weitaus besser floriert als die durch Maß und Schlichtheit reglementierte Schrumpfgesellschaft. Denn der tugendhafte Bienenstock unterbindet die permanente Zirkulation von Geld, lässt die Preise von Land und Häusern fallen und führt zu Stillstand und quietistischer Passivität:

Kein Bauwerk sieht man mehr entstehen:
Der Handwerksmann muss müßig gehen;
Des Malers Kunst rühmt man nicht mehr
Noch die von Steinmetz und Graveur.
Die, die noch übrig waren, streben,
Maßvoll und schlicht fortan zu leben.
Sie zahlten alte Zechen gern
Und blieben dann den Kneipen fern.
Da's Stolz und Prunksucht nicht mehr gab,
Sahn sie auch von der Seefahrt ab.
Der Handel fiel in Agonie,
Mit ihm ein Teil der Industrie.
Kunst und Gewerbe siechten hin [...]
Geschrumpft auf ein Prozent der Bienen
Von einst ist nun der Stock. Doch ihnen
Fällt's schwer, Erobrer zu verjagen,
Wiewohl sie sich recht tapfer schlagen
[...]
Gestählt durch Müh und Arbeit, galt
Behaglichkeit als Laster bald
Dem Schwarm. Sich weiter zu bescheiden
Und allen Luxus ganz zu meiden,
Nahm er im hohlen Baum Quartier,
Lebt sittsam und zufrieden hier.

Die ‚Moral' der Fabel wird durch den Autor selbst deutlich ausgesprochen – in einem unverhüllten und nun ohne Rekurs auf die Bienenstock-Bilder operierenden Plädoyer für den Egoismus des Einzelnen und seinen entgrenzten Eigennutz:

Klagt nicht, denn daß ein Staat, der groß,
Auch redlich wird, wünscht Torheit bloß.
Daß man die Wonnen dieser Welt
Genießt und erntet Ruhm im Feld
Und lebt in Wohlstand sündenfrei,
Ist Utopie und Träumerei.
Falsch, Dünkel, Pomp muß existieren,
Da wir von ihnen profitieren:
Der Hunger ist ein Fluch, ein Grauen,
Doch wer will ohne ihn verdauen? [...]
Ja, will das Volk nach Größe streben,
Muss es im Staat auch Sünde geben,
Wie's Hunger braucht zum Überleben.
Allein von Tugend kann auf Erden
Kein Staat groß, reich und mächtig werden.
Wollt ihr die Goldnen Zeiten wieder?
Da aß man Eicheln und war bieder.

Mandevilles *Bienenfabel* führt mehrere Aspekte von literarisch-diskursiven Text-Tier-Relationen vor Augen. Zum einen verhandelt die Fabel – ganz in der Tradition der Gattung – nicht Probleme der herangezogenen Tierart, sondern von Menschen. Der detaillierte Vergleich zwischen einem egoistisch enthemmten und einem tugendhaft reglementierten Bienenstock macht Eigenschaften und Verhaltensweisen menschlicher Individuen und sozialer Gemeinschaften deutlich – und zwar in einer historischen Konstellation, in der sich Strukturen umstellen und Alternativen eröffnen. Dabei führt der Text exemplarisch vor Augen, welche (neuen) Probleme anthropologisch-sozialer Art hier verhandelt werden: Nicht mehr Geselligkeitstrieb, Mitleid oder Wohlwollen bilden die Voraussetzungen von menschlicher Sozialität, sondern schlechte und sogar asoziale Eigenschaften sind konstitutiv für das Wohlergehen von Gemeinschaften in blühenden Landschaften. Egoistische, auf die eigene Lustmaximierung bezogene und anderen Individuen feindselig gegenüberstehende Verhaltensweisen begründen eine Gesellschaft, die – und das ist die zentrale inhaltliche Pointe des Textes – trotz der partikularen Bestrebungen selbstsüchtiger Einzelwesen allgemeine Wohlfahrt herstellt.

Zum anderen operiert der Text in seinem wichtigsten Abschnitt mit einer bereits angedeuteten Leerstelle: Eine theoretisch ausgearbeitete Argumentation, wie die Umwandlung von ‚privaten Lastern' in ‚öffentliche Vorteile' und also die optimale Allokation von Ressourcen funktioniert, liefert Mandeville nicht. Die Stelle einer systematischen Erklärung nehmen vielmehr illustrierende Narrationen und metaphorische Modellierungen ein: Ein „schlauer Trick" der von „Politik" unterrichteten „Tugend" und die „vorgeschriebene Bahn" führen zum allgemeinen Ausgleich und also dazu, dass „der Allerschlechteste sogar / Fürs Allgemeinwohl tätig war".[13]

Die Spezifik dieser literarischen Modellierung von Problemen der kapitalistischen Wachstumsgesellschaft besteht nun darin, dass der Autor eingeführte Bildfelder der Honigbiene und ihrer Gemeinschaft aufnimmt und in innovativer Weise modifiziert. Warum Mandevilles *Bienenfabel* für die parabolische Verhandlung neuartiger Wirtschafts- und Sozialverhältnisse in der Menschenwelt die traditionsreichen Bilder des Bienenstaates refomuliert, erklärt sich angesichts gravierender Umstellungen in der Beobachtung von Gesellschaft: Für den Mediziner Mandeville fungieren *anatomische Studien* als Vorbild für eine Untersuchung jener Bestandteile und Verhältnisse im „sozialen Organismus bürgerlicher Gesellschaften", die „das ungewohnte Auge entweder übersieht oder doch nicht weiter beachtet" und die doch „die wichtigsten Organe […] für die Erhaltung der Bewegung im ganzen Mechanismus unseres Leibes" sind.[14] Damit schließt er zum einen an Beobachtungspraktiken an, die seit Mitte des 17. Jahrhunderts soziales Handeln observieren und den ‚Staatskörper' wie den ‚Naturkörper' als analog zu rekonstruierende Aspekte auffassen. Ihre leitenden Paradigmen hatten diese sozialen Epistemologien der Physik entnommen: Bewegungsgesetze sozialen Handelns sollten ebenso ermittelt werden wie die Bahnen der Gestirne oder

13 Mandeville: Die Bienenfabel (wie Anm. 12), S. 84.

14 Ebenda, S. 19.

mechanischer Körper.[15] Die sich ausbildende Staats- und Gesellschaftstheorie sucht die Konstitution des „politischen Körpers“ durch analogisierende Beobachtung zu erfassen; Natur, Gesellschaft, Staat avancieren zum Gegenstandsbereich detaillierter Observationen, aus denen einheitliche Gesetze als gerechtfertigte Aussagen über Kausalzusammenhänge zu gewinnen sind.

Entsprechend gliedert Thomas Hobbes seine zwischen 1642 und 1658 entstandenen *Elementa Philosophiae* in eine „Lehre vom Körper“ *(De corpore)*, „Lehre vom Menschen“ *(De homine)* und „Lehre vom Bürger“ *(De cive)* und postuliert als ihre methodische Grundlage „die natürliche menschliche Vernunft, die alle Dinge der Schöpfung sorgsam durchgeht, um über ihre Ordnung, ihre Ursachen und Wirkungen die schlichte Wahrheit zu suchen und zu berichten“.[16] Als Spezifik der beobachtenden Methode bestimmt Hobbes die Einheit von Unterscheidung, Bezeichnung und Klassifikation: „Das Verworrene muß zerteilt und unterschieden werden und jegliches, nachdem es die ihm zukommende Bezeichnung erhalten hat, seinen festen Platz bekommen, d. h. es bedarf einer Methode, die der Schöpfung der Dinge selbst entspricht“.[17] Die berühmt gewordene Einleitung zum 1651 veröffentlichten Hauptwerk *Leviathan* bündelt die Voraussetzungen wie die Konsequenzen von Beobachtungs- und Erklärungsverfahren, die das staatlich organisierte Gemeinwesen als „künstlichen Menschen“ („artificial man“) bestimmen und dessen Attribute explizit mit menschlichen Körperfunktionen parallelisieren (nachdem diese zuvor mit einer automatischen Uhr analogisiert wurden): Um die Natur dieses „künstlichen Menschen“ zu beschreiben, sei auf deren „Material“ („matter thereof“) und „Konstrukteur“ („artificer“) zurückzugehen und ein Verfahren anzuwenden, das von nicht zu unterschätzender Bedeutung für die Ursachen-Ermittlung in sozialen Zusammenhängen werden sollte: das „Lesen“ in inneren, d. h. verborgenen Vorgängen, zu denen die Introspektion einen privilegierten Zugang habe. Nicht Bücher, sondern Menschen seien zu studieren („not by reading of books, but of men“), um per Analogieschluss aus eigenen mentalen Vorgängen wie Denken, Meinen,

15 Dazu Steven Shapin, Simon Schaffer: Leviathan and the Air-pump. Hobbes, Boyle, and the Experimental Life, Princeton 1985, S. 99–109; daran anschließend Joseph Vogl: Kalkül und Leidenschaft. Poetik des ökonomischen Menschen, Zürich, Berlin 2004, S. 35–53.

16 Thomas Hobbes: Grundzüge der Philosophie. Erster Teil: Lehre vom Körper [Elementa Philosophiae. De Corpore, 1655], Leipzig 1949, S. 3.

17 Ebenda, S. 3.

Schließen, Hoffen, Fürchten die Beweggründe aller anderen Menschen bei gleichen Anlässen zu ergründen.[18]

Hervorzuheben ist noch einmal die Orientierung an den Beschreibungs- und Erklärungsverfahren der *Physik*, die Muster und Verlaufsformen hinter disparaten Phänomenen zu erkennen sucht: Gesetzmäßige Beziehungen zwischen scheinbar ungeordneten Bewegungen und Dingen will nicht nur die Mechanik beobachten, sondern auch Hobbes' „Lehre vom Bürger", die das Beispiel der sich selbst bewegenden Uhr als Analogon für die Analyse des Staates heranzieht:

> Schon bei einer Uhr, die sich selbst bewegt, bei jeder etwas verwickelten Maschine kann man die Wirksamkeit der einzelnen Teile und Räder nicht verstehen, wenn sie nicht auseinandergenommen werden und die Materie, die Gestalt und die Bewegung jedes Teiles für sich betrachtet wird. Ebenso muß bei den Rechten des Staates und bei Ermittelung der Pflichten der Bürger der Staat zwar nicht aufgelöst, aber doch wie ein aufgelöster betrachtet werden, d. h. es muß die menschliche Natur untersucht werden, wieweit sie zur Bildung des Staates geeignet ist oder nicht, und wie die Menschen sich zusammentun sollen, wenn sie eine Einheit werden wollen; denn nur so kann hier die rechte Einsicht gewonnen werden.[19]

Demgegenüber markiert Mandevilles wirkungsmächtige *Fable of the Bees* ein Novum: Hier fungieren *staatenbildende Insekten* und ihre (der menschlichen Beobachtung kaum oder nur schwer zugänglichen) *Interaktionen* als Beispiel für jene Verhältnisse im *sozialen Organismus*, die nach Mandevilles eigenen Worten entweder ignoriert oder nicht näher beachtet wurden und dabei doch die zentralen Organe für die Bewegung von Gesellschaften sind. Damit ist ein wesentlicher Punkt in der verwickelten Beobachtungsgeschichte tierischer und menschlicher Gemeinschaften bezeichnet: Während sozialwissenschaftliche Explorationen die Regelkreise gesellschaftlicher Systeme der Menschenwelt verfolgen (und konstitutive von regulativen Regeln ebenso unterscheiden wie systemstabilisierende und destabilisierende Regelverletzungen), gelingt es der Bienenforschung erst in der zweiten Hälfte des 20. Jahrhunderts, die Grundprinzipien der Selbstregulation im komplexen System Bienenstock zu entdecken. So korrigiert Martin Lindauer in den 1950er Jahren und nach über 175 Stunden Gesamtbeobachtungszeit nur an

18 Thomas Hobbes: Leviathan or the Matter, Forme and Power of a Common-Wealth Ecclesiastical and Civil [1651]. In: The English Works of Thomas Hobbes of Malmesbury; now first collected and edited by Sir William Molesworth, Bd. III, London 1839, S. X f.

19 Thomas Hobbes: Grundzüge der Philosophie. Zweiter und dritter Teil: Lehre vom Menschen und Bürger [De homine, 1658; De cive, 1642], Leipzig 1949, S. 72.

‚Biene Nr. 107' die bis dahin herrschende Auffassung, nach der eine Imme im Lauf ihres etwa einen Monat währenden Lebens nacheinander verschiedene ‚Berufe' ausübt: Tatsächlich verrichtet jede Biene im Lauf des Tages (bis auf die Futtersuche) alle Arbeiten, die anfallen – und zwar je nach Bedarf. Durch genaue Beobachtungen kann Lindauer, der Schüler von Karl von Frisch, ebenfalls nachweisen, wie Bienen eine neue Behausung finden: Wenn erfolgreiche quartiersuchende Bienen zur Schwarmtraube zurückkehren, zeigen sie tanzend Richtung und Entfernung des möglichen Quartiers an, wobei aus unterschiedlichen Optionen – die von den ‚Quartiermeisterinnen' vorgeführt werden – gleichsam durch Mehrheitsentscheidung gewählt wird; schließlich zieht der gesamte Schwarm mit Königin in die von der Mehrheit bevorzugte neue Wohnung.[20]

Doch mehr noch: Mit ihrer parabolischen Gestaltung staatenbildender Insekten führt die *Bienenfabel* exemplarisch vor Augen, was englische Philosophen, französische Moralisten und deutsche Naturrechtslehrer seit den frühneuzeitlichen Anfängen politisch-sozialer Theoriebildung praktizieren: Jede Beobachtung sozialen Handelns geht von einer vorgängig bestimmten ‚Natur' des Menschen aus bzw. nimmt zu ihr Stellung. Damit verbundene Deutungen in Gestalt ‚optimistischer' bzw. ‚pessimistischer' Anthropologien und die Situierung der menschlichen Natur vor oder in vergesellschaftete Zusammenhänge korrespondieren einer neuen und mehrfach dimensionierten Aufmerksamkeit, die sich einerseits auf ein (unterschiedlich definiertes) Gattungswesen und seine Verhaltensweisen, andererseits auf die sozialen Determinanten individuellen und kollektiven Handelns richtet. Die Folgen einer so sensibilisierten Wahrnehmung sind gravierend: Wenn nicht mehr „Geselligkeitstrieb", Mitleid oder Wohlwollen des Menschen als die Voraussetzungen von Sozialität erscheinen, sondern „gerade seine schlechtesten und am meisten verabscheuten Eigenschaften" als konstitutive Elemente großer „glücklicher und blühender Gemeinschaften" gelten,[21] werden Differenzie-

20 So die klassische Untersuchung von Martin Lindauer: Schwarmbienen auf Wohnungssuche. In: Zeitschrift für vergleichende Physiologie 37 (1955), S. 263–324. Zum Lebenswerk des Schülers von Karl von Frisch und Lehrers mehrerer Generationen von Forschern vgl. Karl Daumer: Martin Lindauer. Ein Leben für die Bienenforschung. In: Biologie in unserer Zeit 39 (1), 2009, S. 61 f. Die von Frisch und Lindauer maßgeblich vorangetriebenen Forschungen zur Soziobiologie der Honigbiene sind zusammengefasst in Thomas D. Seeley: Honigbienen. Im Mikrokosmos des Bienenstocks [The Wisdom of the Hive: The Social Physiology of Honey Bee Colonies, 1995], Basel 1997.

21 Mandeville (wie Anm. 12), S. 19.

rungen sichtbar, welche die Erforschung eines wechselhaften oder sogar feindseligen Verhaltens als Gründungsakt von Kultur zu einem Wissensgebiet eigenen Zuschnitts avancieren ließen. In dieser Perspektive sind gesellschaftliche Akteure und ihre Verbindungen nicht mehr als unveränderliche Substanzen festzustellen, sondern als Schnittmengen aktueller Verhaltensweisen und Relationen zu beobachten, deren problematische Aspekte man in Konzepten wie „Selbstliebe" und „Selbsterhaltung" bearbeitet.[22]

Mandevilles *Bienenfabel* demonstriert jedoch nicht nur den Unterschied zu den an Mechanik und Uhrwerken orientierten Sozial-Epistemologien des 17. Jahrhunderts. Die Darstellung eines Bienenstocks, in dem ein „Trick" bzw. „Staatskunst" für die Transformation egoistischer Einzelinteressen in allgemeine Wohlfahrt sorge, nimmt zugleich ein Modell für das zentrale Steuerungsproblem komplexer Wachstumsgesellschaften vorweg, das 1776 in Adam Smiths *Inquiry into the Nature and Causes of the Wealth of Nations* erscheinen soll. Diese *Untersuchung über die Natur und die Gründe des Reichtums der Nationen* formuliert im zweiten Kapitel des vierten Buches eine Aussage, nach der das Wirken einer „unsichtbaren Hand" die Gesamtheit der individuellen Intentionen so koordiniert, dass die Tätigkeiten selbstbezogener Einzelsubjekte in gesellschaftliche Wohlfahrt münden:

> Every individual necessarily labours to render the annual revenue of the society as great as he can. He generally neither intends to promote the public interest, nor knows how much he is promoting it. By preferring the support of domestic to that of foreign industry, he intends only his own security; and by directing that industry in such a manner as its produce may be of the greatest value, he intends only his own gain, and he is in this, as in many other cases, led by an *invisible hand* to promote an end which was no part of his intention.[23]

Die Wirkungsgeschichte der von Smith insgesamt nur drei Mal und eher beiläufig verwendeten Metapher „invisible hand" war und ist beträchtlich; Generationen von Wirtschaftswissenschaftlern, Ideenhistorikern und Politikern hat sie Stoff zum Nachdenken und Reden gegeben. In den Wirtschaftswissenschaften fungiert die Metapher als Chiffre für vielfach diskutierte Konzepte zur Erklärung von Koordinationsprozessen, deren paradoxaler Charakter darin besteht, dass ein partikulares Streben individueller Akteure nach

22 Vgl. Niklas Luhmann: Soziale Systeme. Grundriss einer allgemeinen Theorie, Frankfurt a. M. 1984, S. 178 ff.; Friedrich Vollhardt: Selbstliebe und Geselligkeit, Tübingen 2002.

23 Adam Smith: Inquiry into the Nature and Causes of the Wealth of Nations. In: The Glasgow Edition of the Works and Correspondance of Adam Smith, Bd. 2, Oxford 1981, S. 456.

maximaler Durchsetzung ihrer Eigeninteressen zur optimalen Allokation von Ressourcen führt.[24] In der Politikwissenschaft wird die Metapher als Kürzel für die Selbstorganisationspotentiale einer marktförmig verfassten Gesellschaft verwendet und auf der Ebene des politischen Handelns mit Forderungen nach liberalen Prinzipien in Staat und Wirtschaft verknüpft.[25] Soziologie wie Philosophie unterscheiden zwischen ‚beabsichtigten' und ‚unbeabsichtigten' bzw. ‚homofinalen' und ‚heterofinalen' Konsequenzen sozialen Handelns und ziehen ‚Invisible-Hand-Erklärungen' heran.[26]

Auch in geisteswissenschaftlichen Disziplinen spielt der Ausdruck zur Konzeptualisierung von Änderungen in selbstregulativen Systemen eine Rolle. So deuten bestimmte Konzepte in der Linguistik den Wandel von jeweils gültigen Normen des Sprachgebrauchs in Analogie zum Wirken einer ‚unsichtbaren Hand': Sprachhandlungen werden auf individueller Ebene zwar zielgerichtet nach bestimmten Bedingungen ausgewählt, der sich daraus ergebende häufige Gebrauch bestimmter Sprachformen verschiedener Sprecher mit teils ähnlichen Intentionen folgt jedoch übergeordneten Gesetzmäßigkeiten, denen selbst keine Absicht zugrunde liegt.[27]

24 Verknappt formuliert: Die metaphorische Rede vom Wirken einer ‚unsichtbaren Hand' umschreibt die Auffassung, wonach das egoistische Bestreben des Einzelnen das allgemeine Wohl (den ‚common wealth') einer Gesellschaft befördert, weil eine verborgene Steuerungsinstanz gleichsam hinter dem Rücken der Wirtschaftssubjekte wirkt und ohne Rücksicht auf deren Intentionen ein allgemeines Gleichgewicht herstellt. Vgl. Bernard Hodgson (Hrsg.): The Invisible Hand and the Common Good, Berlin, Heidelberg 2004; Ulrich van Suntum: Die unsichtbare Hand. Ökonomisches Denken gestern und heute, 3., verb. Aufl., Berlin, Heidelberg 2005.

25 Norman P. Barry: The Invisible Hand in Economics and Politics. A Study in the Two Conflicting Explanations of Society; End-states and Processes, London 1988.

26 So Wilhelm Wundt: Ethik, Tübingen 1903, S. 274 f. Er spricht allerdings von der „Heterogonie der Zwecke" als den unbeabsichtigten (Neben-)Effekten; die Ausdrücke homofinal und heterofinal haben sich in der Philosophie eher durchgesetzt als die Bezeichnungen Wundts. Für Verwendungen in der Soziologie vgl. Robert K. Merton: The Unanticipated Consequences of Purposive Social Action. In: American Sociological Review 1 (1936), S. 894–904; zur Problematik dieser Erklärungen Edna Ullman-Margalit: Invisible-Hand-Explanations. In: Synthese 39 (1978), S. 263–291; Petri Ylikoski: The Invisible Hand and Science. In: Science Studies 8 (1995), S. 32–43; David Hull: What's Wrong With Invisible-Hand-Explanations? In: Philosophy of Science 64 (1997), S. 117–126; K. Brad Wray: Invisible Hand and the Success of Science. In: Philosophy of Science 67 (2000), S. 163–175.

27 So Rudi Keller: Sprachwandel. Von der unsichtbaren Hand in der Sprache, Tübingen, Basel 1994. Sprache und Sprachwandel wird hier definiert als „die kausale Konsequenz einer Vielzahl individueller intentionaler Handlungen, die mindestens partiell ähnlichen Inten-

Vergleicht man nun Mandevilles *Fable of the Bees* und Adam Smiths Metapher „invisible hand", gewinnt die eingangs formulierte These von den besonderen Potentialen des Bienen-Bildfelds zur Modellierung komplexer Koordinationsaufgaben an Plastizität. Denn die gleichfalls traditionsreiche Rede vom Wirken einer ‚unsichtbaren Hand' gewinnt ihr besonderes Attraktionspotential im Kontext neuartiger Konstellationen, die sowohl die Beobachtung eines auf unterschiedlichen Ebenen vermittelten sozialen Handelns als auch Wahrnehmung und Erforschung des wohl vertrautesten menschlichen Organs verändern.[28] Von nachhaltiger Bedeutung erweisen sich dabei modifizierte Umgangsformen mit den bildspendenden Elementen dieser Tropen: Die Hand, schon durch Aristoteles als ‚Werkzeug aller Werkzeuge' *(organum organorum*[29]*)* bestimmt und seit der Antike aufgrund ihrer gestischen Qualitäten kommunikativ genutzt, avanciert in der Frühen Neuzeit zum Gegenstand divergierender Observationen, die das Wissen über sie wie auch die Möglichkeiten ihres Einsatzes in sozialen, kulturellen und epistemischen Zusammenhängen nachhaltig erweitern. Gehören Handgesten und Gebärden bereits in der Antike zum Bestandteil von Rhetoriklehren, motivieren die seit Beginn des 16. Jahrhunderts intensivierten anatomischen Untersuchungen und die aus dem Mittelalter überlieferte Chiromantie nun Zuschreibungen, die das Deutungs- und Bedeutungspotential der Hand auf neue Weise modellieren. Seitdem Leonardo da Vinci um 1510 die innere Struktur der Hand bekanntmachte, vertiefen anatomische Studien und Lehrbücher die Kenntnisse über ihren inneren Aufbau und erweisen die Komplexität eines Körperteils, der mit 27 Knochen, 22 aktiv beweglichen Gelenken und 33 Muskeln ein hochpräzises Universalorgan der (auch buchstäblich mit dem Bildfeld der Hand verbundenen) Weltwahrnehmung und Welterfassung ist. Zugleich setzen semantische Verschiebungen ein, die den Bedeutungshorizont des ‚Unsichtbaren' bzw. ‚Invisiblen' wandeln: Waren in Antike und neutestamentlicher Zeit die menschlicher Kenntnis verborgenen oder nur in exklusiver

tionen dienen"; ihr sichtbares Resultat ist von Menschen – ohne dass diese es beabsichtigten oder auch nur registrierten – „wie von unsichtbarer Hand geleitet" (S. 92) erzeugt.

28 Nicht zu diskutieren ist in diesem Zusammenhang die These, wonach die Entwicklung der Hand zu einem komplexen Tast- und Greiforgan entscheidender für die Evolution des Menschen war als der aufrechte Gang oder die Aneignung der Sprache; so weitreichend Frank R. Wilson: Die Hand – Geniestreich der Evolution. Ihr Einfluss auf Gehirn, Sprache und Kultur des Menschen, Reinbek 2002.

29 Aristoteles: De partibus animalium, IV, 10 (687a2ff); vgl. Aristoteles: De anima, I, 9 (532a1–3).

Weise zugänglichen Vorgänge und Verhältnisse überwiegend positiv konnotiert, so kommt es seit dem ausgehenden Mittelalter zu folgenschweren Umwertungen, in deren Folge das Unsichtbare als Inbegriff dubioser und der Öffentlichkeit entzogener ‚Praktiken' im sozialen Raum außerhalb der Familie verstanden und entsprechend misstrauisch beobachtet werden kann.

Vor diesem Hintergrund lassen sich die Qualitäten der metaphorischen Rede möglicherweise präziser bestimmen: Einsichten in die komplizierte Feinmotorik der Hand und die bedeutungsmaximierenden Analogiebildungen in Chiromantie und Emblematik prägen einen Horizont von Wissensbeständen und Vorstellungen, der im Verbund mit dem Bedeutungswandel invisibler bzw. der Sichtbarkeit entzogener Sachverhalte eine im 17. und 18. Jahrhundert aktualisierte Wortverbindung ermöglicht, die in argumentativen Zusammenhängen eine bis heute anhaltende Anziehungs- und Bindungskraft entfaltet – obgleich ihre kognitive Funktion wohl vor allem darin besteht, einen komplizierten und nicht vollständig explizierbaren Zusammenhang bildhaft zu umschreiben, ohne kategoriale Reflexionen vorauszusetzen. Mit anderen Worten: Wie die Fabel-Rede vom egoistisch-triebenthemmten Bienenstock funktioniert auch die Rede von der „unsichtbaren Hand" durch das Bild einer *black box*, die divergierende Entfaltungen erlaubt, weil eine Regel über die tropisch verknüpften Phänomene und ihre Kausalität begrifflich nur schwer zu formulieren ist.[30] Wie sich ein solcher Metapherngebrauch ausbilden sowie figurativ in Wirkung treten konnte, ist deshalb näher zu untersuchen.

Zunächst ist darauf hinzuweisen, dass Mandeville weder der erste noch der letzte Autor ist, der metaphorische Ausdrücke zur Veranschaulichung verborgener bzw. den individuellen Akteuren unbewusst bleibender Regelmechanismen in einem argumentativen Zusammenhang verwendet.[31] Schon der Latitudinarier Joseph Glanvill gebraucht in seinem 1661 veröffentlichten Buch *The Vanity of Dogmatizing* den Ausdruck ‚invisible hand', um das ver-

30 So nach der vielzitierten Bestimmung einer metaphorischen (hier ‚symbolisch' genannten) Vorstellung des Staates als einer Maschine bei Immanuel Kant: Kritik der Urteilskraft. In: Werke in zwölf Bänden, hrsg. v. Wilhelm Weischedel, Bd. 10, Frankfurt a. M. 1977, S. 296.

31 Vgl. Albert O. Hirschmann: Leidenschaften und Interessen. Politische Begründungen des Kapitalismus vor seinem Sieg, Frankfurt a. M. 1980, vor allem S. 109 ff.; Hans-Dietrich Kittsteiner: Naturabsicht und Unsichtbare Hand. Zur Kritik geschichtsphilosophischen Denkens, Frankfurt a. M. 1980, S. 273 f.; Raimund Ottow: Modelle der unsichtbaren Hand vor Adam Smith. In: Leviathan. Zeitschrift für Sozialwissenschaft 19 (1991), S. 558–574. Oberflächlich bleibt Wolfgang Riedel: „Die unsichtbare Hand". Ökonomie, Sittlichkeit und Kultur der englischen Mittelklasse (1650–1850), Tübingen 1990.

borgene und wissenschaftlich aufzuklärende Wirken der Natur zu benennen – obwohl er neben Thomas Sprat und John Wilkins zu den prominenten Advokaten des ‚plain style' zählt und den Metapherngebrauch in den Wissenschaften vehement kritisiert.[32] Ähnliche Überlegungen wie Mandeville stellt auch Francis Hutcheson an, der im 1728 veröffentlichten *Essay on the Nature and Conduct of the Passions and Affections* den Ausdruck „invisible union" gebraucht, um den Prozess der kontra-intentionalen Verwandlung partikularer Interessen in „the good of the whole" zu erläutern.[33] Um knapp zusammenzufassen: Die in moralphilosophischen Diskursen des 18. Jahrhunderts mehrfach gebrauchte metaphorische Rede von invisiblen Lenkungs- und Steuerungsorganen erlaubt es, nicht intendierte bzw. invisible Konsequenzen natürlicher Prozesse und sozialen Handelns zu modellieren – um verständlich zu machen, wie sich Entwicklung trotz oder entgegen der Absichten von herrschsüchtigen, habgierigen und moralisch unzuverlässigen Individuen vollzieht. Indem einzelne Akteure ihre partikularen Interessen verfolgen, kombinieren sich ihre Handlungen durch das Wirken einer ‚unsichtbaren Hand' in einem nichtbewussten sozialen Ordnungsprozess zu Resultaten, die – obgleich nicht angestrebt – allgemeine Wohlfahrt und damit gesellschaftlichen Fortschritt induzieren.[34]

32 Joseph Glanvill: The Vanity of Dogmatizing: Or Confidence in Opinions. Manifested in a Discourse of the Shortness and Uncertainty of Our Knowledge, and its Causes [...]. In: Collected Works of Joseph Glanvill. Facsimile Editions, Bd. 1, Hildesheim, New York 1970, S. 180 f. Zur antirhetorischen Rhetorik des Joseph Glanvill orientierend Richard Nate: Wissenschaft und Literatur im England der Frühen Neuzeit, München 2001, S. 130–139; Ryan J. Stark: From Mysticism to Skepticism: Stylistic Reform in Seventeenth-Century British Philosophy and Rhetoric. In: Philosophy and Rhetoric 34 (2001), S. 322–334; zum Einfluss auf den sich ausbildenden wirtschaftswissenschaftlichen Diskurs vgl. Joseph Spengler: Boisguilbert's Economic Views vis-à-vis Those of Contemporary Réformateurs. In: History of Political Economy 16 (1984), S. 69–88, hier S. 73.

33 Francis Hutcheson: Essay on the Nature and Conduct of the Passions and Affections. In: Collected Works, Bd. II, Reprint Hildesheim 1971, S. 177 f. Dazu M. L. Myers: The Soul of Modern Economic Man. Ideas of Self-Interest from Thomas Hobbes to Adam Smith, Chicago 1983, Kap. 5 und 6; Wolfgang Leidhold: Ethik und Politik bei Francis Hutcheson, Freiburg, München 1985; Murray N. Rothbard: Economic Thought before Adam Smith, Brookfield 1995; Raimund Ottow: Markt – Republik – Tugend. Probleme gesellschaftlicher Modernisierung im britischen politischen Denken 1670–1790, Berlin 1996, S. 159–188.

34 Vom Konzept der „Heterogenie der Zwecke" spricht Panjotas Kondylis: Die Aufklärung im Rahmen des neuzeitlichen Rationalismus ([1]1981), München 1986, S. 433, und meint damit den durch die metaphorische Rede von der ‚unsichtbaren Hand' umschriebenen Umstand, dass eine „individuelle Aktion überindividuellen Zwecken dient, was dem Betreffenden meistens unbewusst und von seiner persönlichen Moral unabhängig ist".

Die metaphorische Rede von der Bienengesellschaft zur Modellierung einer intentionsneutral und gleichsam hinter dem Rücken der beteiligten Akteure vollzogenen *Ordnung komplexer Systeme* formiert sich somit als Schnittpunkt unterschiedlicher Versuche zur Deutung und Erklärung von Koordinations- und Wachstumsprozessen in den arbeitsteilig organisierten und hochgradig spezialisierten Gesellschaften der Neuzeit. Anders gesagt: Die seit Ende des 17. Jahrhunderts in unterschiedlichen Varianten ausgearbeiteten Konzepte spontaner Ordnung und ihre divergierenden metaphorischen Ausdrücke entstehen als Resultat längerfristig verfolgter Versuche zur Modellierung sozialer Wachstumssysteme – deren spezifische Probleme daraus erwachsen, dass ihre Gleichgewichtslagen dann vorhanden sind, wenn sich ihre verschiedenen Komponenten verändern, und zwar nicht nur absolut, sondern auch relational zueinander.

Die Modellierung von Fließgleichgewichten aber ist gerade in dieser Zeit eine soziale wie epistemologische Herausforderung. Denn die sich erweiternde Sphäre marktvermittelter Kommunikation führt zur zunehmenden Einbindung des individuellen Handelns in weitere und tendenziell unüberschaubare soziale Räume; die wachsende Komplexität gesellschaftlicher Zusammenhänge schließt praktisch gerade das aus, was die traditionelle Moral verlangt: dass die Individuen das parallele Handeln der anderen Gesellschaftsmitglieder und dessen Folgen soweit antizipieren (können), dass eine Einarbeitung bzw. Berücksichtigung dieser Folgen in die eigene Praxis auf befriedigende Weise möglich wird. Aus der Perspektive der beteiligten Akteure heißt das: Die gleichzeitige Emanzipation verschiedener Gesellschaftsmitglieder aus vorgegebenen Handlungsbahnen, die mit marktförmiger Vergesellschaftung und bürgerlicher Sozietät verbunden ist, erzeugt einen *Ungewissheitsschub* im Verhältnis der Individuen zum gesamtgesellschaftlichen Prozess. Traditionelle moralphilosophische Konzepte – die etwa Einordnung bzw. Unterordnung des Bürgers unter das politische Gemeinwesen fordern – genügen nicht mehr, weil individuelle Erwartungen durch gesellschaftliche ‚Überkomplexität' systematisch frustriert werden.

Die neuartige epistemische Situation, auf die das metaphorisch verdichtete Konzept des „Bienenstaates" von Mandeville reagiert, lässt sich also knapp zusammenfassen:

1. Providentielle Lenkung der Geschichte und zufällige Ereignisse sind ausgeschlossen; zugleich werden Ordnungsvorstellungen auch für die Observation der sozialen Welt bewahrt. Deren Gesetze glaubt man durch empirische Beobachtungen und Modellbildungen entdecken zu können – wobei

zu berücksichtigen bleibt, dass ein gleichzeitiges Wirken mehrerer Gesetze komplexe und nur schwer zu deutende Resultate impliziert.

2. Vorstellungen über einen korporativen Zusammenschluss von Individuen auf der Basis eines gemeinsamen Willensaktes – prägnant etwa in der naturrechtlichen Idee vom ‚Gesellschaftsvertrag' formuliert – werden durch die Modellierung eigennützig handelnder Akteure ergänzt bzw. substituiert. Es sind nicht mehr nur soziale Atome, die gedacht werden müssen, sondern sich abstoßende Sozial-Atome, deren Zusammenhalt gerade angesichts ihrer notwendig egoistischen Natur theoretisch zu begründen ist.

3. In dieser Situation stellen zunächst Newtons Physik und Galileis Körpermechanik bestimmte Annahmen bereit, die auf die menschliche Natur übertragen werden und zunehmend kompliziertere Sozialverhältnisse analog zu mechanischen Gleichgewichtsmodellen deuten lassen. Hutchesons Moralphilosophie will „axioms, or natural laws of calm desire" formulieren und bestimmt Tugend als „just balance" im Widerspiel sozialer Kräfte.[35] Damit wird umgesetzt, was Spinoza in seiner *Ethik* festgeschrieben hatte: „Ein Affekt kann nicht anders gehemmt oder aufgehoben werden als durch einen anderen, entgegengesetzten und stärkeren Affekt."[36] Unterstellt und gesucht wird ein Zentrum, das eine Balance zwischen Anziehung und Fliehkraft sozialer Atome herstellt. Dieses Zentrum lässt sich dann auffinden, wenn die Beobachtung nicht mehr nur einen Akteur und seine begrenzten Motive, Zwecke und Absichten wahrnimmt und beurteilt, sondern das soziale Universum als eine Kette von Ursachen und Wirkungen erfasst.

4. Entscheidend ist die Substitution der Körpermechanik durch Paradigmen der Biologie: Wie erwähnt, bilden *anatomische Studien* und entsprechende *konditionierte Beobachtungen* nun das Vorbild für eine Untersuchung jener Bestandteile und Verhältnisse im sozialen Organismus von Gesellschaften, die als die wichtigsten Organe für die Aufrechterhaltung des Systems zu explorieren sind. Eine gleichsam *sezierende Aufmerksamkeit* nimmt die ‚Natur' des Menschen und insbesondere seine egoistisch-selbstsüchtigen Bestrebungen in den Blick – und erhebt diese zu den eigentlichen Triebfedern gesellschaftlicher Dynamik.Diese Faktoren bewirken einen veränderten Einsatz der metaphorischen Rede von ‚unsichtbaren' Regelgrößen, die man im Bienenstaat zu erkennen glaubt. Ihren besonderen Status gewinnt diese Rede durch

35 Vgl. Wolfgang Leidhold: Ethik und Politik bei Francis Hutcheson, Freiburg, München 1985, S. 122; zum Einfluss der Newton'schen Physik auf die Diskussion bislang negativ bewerteter Leidenschaften vgl. Kondylis (wie Anm. 34), S. 210–248.

36 Baruch Spinoza: Ethik. Vierter Teil, siebter Lehrsatz; vgl. auch 37. Lehrsatz, 2. Anm.

ihren Kontext: Die metaphorische Umschreibung invisibler Steuerungsorgane findet sich in moralphilosophischen Überlegungen zur Deutung und Erklärung von komplexen Koordinationsleistungen in arbeitsteilig organisierten ‚Wachstumsgesellschaften' des 18. Jahrhunderts; Mandevilles wirkungsmächtige *Fable of the Bees,* die ihre zentrale Aussage bereits im scheinbar paradoxalen Nebentitel *Private Vices, Publick Benefits* trägt, gehört zu ihren ersten und wirkungsmächtigen Versuchen. Die Aktivitäten der voneinander getrennten und sich selbst bestimmenden Wirtschaftssubjekte regulieren sich – so legt es Mandevilles metaphorische Erzählung nahe – in einer Weise, dass das zentrale Problem der ‚doppelten Kontingenz' eine ebenso suggestiv einleuchtende wie wenig überzeugende Lösung erfährt. Die Reichweite dieses Grundproblems moderner Gesellschaften kann hier nicht einmal angedeutet werden; zu benennen ist nur die mit ihm verbundene Herausforderung des moral- und gesellschaftstheoretischen Denkens: Komplexe sinnbenutzende Systeme, die füreinander undurchsichtig und unkalkulierbar sind, können sich weder wechselseitig durchschauen noch prognostizieren.[37] Wenn die Bildung gegenseitiger Erwartungen bezüglich des anderen Akteurs und die Handlungsorientierung an diesen Erwartungen ausgeschlossen sind – da beide Akteure die Erwartungen des jeweils anderen nicht in ihre Überlegungen einbeziehen können und also nicht wissen, ob der andere dasselbe tut –, ist koordiniertes Handeln nicht möglich. Die metaphorische Modellierung der Bienenfabel von Mandeville bietet einen Lösungsansatz für dieses Problem, indem sie ein egoistisches Handeln als gerechtfertigtes Eigeninteresse voraussetzt (wodurch das Handeln des anderen nicht mehr unprognostizierbar bleibt) – und zugleich das Wirken einer Steuerungsinstanz behauptet, die das selbstsüchtige Streben partikularer Akteure zum allgemeinen Wohl vermittelt.

Die Erzählung vom Zusammenleben der Bienen schafft also ein *heuristisches Modell für komplexe Zusammenhänge,* die nur über ihre Eingangs- und Ausgangsdaten spezifiziert werden. Denn während die Eingangs- und Ausgangsdaten des Marktgeschehens durch idealisierte, aber grundsätzlich beobachtbare Aktivitäten der Akteure (Preiswettbewerb), dynamische Konzepte (Marktpreis, Gewinn und Verlust) sowie plausible Annahmen über das Verhalten der Marktteilnehmer (Eigeninteresse) bestimmt sind, bleiben die eigentlichen Verlaufsformen und Mechanismen des marktwirtschaftlichen Anpassungsprozesses weiterhin verborgen – sie sind in der Tat ‚invisibel' und

37 Luhmann (wie Anm. 22), S. 156.

selbst durch komplexe Berechnungen und Modellierungen nicht vollständig rationalisierbar.

Das erlaubt den Übergang zur Formulierung einer abschließenden These zur Erklärung des Attraktionspotentials des Bienenstaats in Mandevilles *Fable of the Bees*. Der metaphorische Vergleich der Bienenstöcke erbringt *epistemische Leistungen,* indem er kontra-intentionale Regelmechanismen eines zunehmend komplizierten Sozial- und Wirtschaftssystems veranschaulicht. Als Versuch zur Deutung und Erklärung von Organisationsstrukturen in selbstregulativen Systemen generiert, zielt das Modell auf die Explanation von nicht direkt einsehbaren Prozessen. Die komplexen Vorgänge im Inneren des Bienenstaates erscheinen dabei als Prozesse einer *black box,* deren Eingangsdaten und Ausgangselemente zu registrieren sind – und von der nicht gezeigt oder erklärt werden kann, *wie* und *warum* die (behauptete) optimale Allokation von Ressourcen vor sich geht.

Warum jedoch gerade die Biene und ihre gemeinschaftliche Lebensform zu dem präferierten Bild- bzw. Modellspender solcher Überlegungen aufsteigen konnte, ist nun kurz zu skizzieren.

## *II. Zur Beobachtungs- und Imaginationsgeschichte der Biene*

Die Attraktionskraft der Biene und ihrer gemeinschaftlichen Existenz erwächst aus faszinierten Beobachtungen einer komplexen Lebensform sowie einem davon stimulierten Reichtum von Assoziationen und Konnotationen, deren Genese weit in die europäische Ideen- und Imaginationsgeschichte zurückreicht. Wie eingangs angedeutet, gehen in die Rede von Bienenfleiß und Bienenstaaten, von Bienensprachen und Bienenökonomie vielfältige Wissensbestände und Vorstellungskomplexe ein: von antiken und bereits bei Platon und Aristoteles tradierten Bildern über frühneuzeitliche Observationen bis hin zu biologischen Forschungen im 20. Jahrhundert. Karriere in allegorischen Darstellungen und metaphorischer Rede macht die Biene nicht zuletzt deshalb, weil die Rede von ihr die Position eines in besonderer Weise ausgebildeten *Beobachters* voraussetzt und privilegiert: Von Bienen fabeln heißt auch: von Vorgängen sprechen und erzählen, die nur sehr schwer beobachtbar sind. Überaus kompliziert zu beobachten sind vor allem Vorgänge, die aus partikularen Handlungssequenzen *regelmäßige* und *sinnvoll geordnete Strukturen* hervorgehen lassen.

Doch ist nicht zu verkennen, dass diese sinnvoll geordneten Strukturen als Ergebnis vorgängiger Konstruktionen seitens eines übergeordneten Beobachters erscheinen: Ein als optimal ausgezeichneter Zustand wird so beschrieben, als sei er das Ergebnis verborgener Koordinationszusammenhänge, die kontingente und partikulare Handlungen auf einer höheren Ebene zusammenführen und sinnhaft kombinieren. Dementsprechend sind es wohl die *pseudosinnlichen* und zugleich *pseudorationalen Potentiale* von Bienen-Bildern, in denen sich biomorphe und soziomorphe Vorstellungen nahezu unauflöslich ineinander verschlingen.

Im Folgenden will ich Motive vorstellen und diskutieren, welche die Biene mit ihrem besonderen Sammel- und Sozialverhalten zu einem nachhaltig wirkenden Faszinationsobjekt kultureller Reflexionen im Allgemeinen und der literarischen Kommunikation im Besonderen machen. Dabei geht es primär um Konstruktions- und Zuschreibungsprozesse, die weitaus mehr etwas mit Vorstellungen und Projektionen des Zuschreibenden zu tun haben als mit den realen Eigenschaften der Tierart.

Um es thesenhaft verkürzt zu formulieren: Die Biene erscheint seit den Anfängen menschlicher Beobachtung als leistungsfähige *Species*, die mit Ernährung und Reproduktion ein faszinierendes Vorbild für nachhaltige Umgangsformen mit der Natur und ihren Ressourcen darstellt. Im Kreis der staatenbildenden Insekten fallen Bienenvölker aufgrund (1.) ihrer Nahrungssammlung und -verarbeitung, (2.) ihrer koordinierten sozialen Interaktionen und (3.) ihrer besonderen Reproduktionsmechanismen auf.

1. Schon die Tätigkeiten der Nahrungssammlung und -verarbeitung der Biene sind komplex: Die in der natürlichen Umgebungen aufgefundenen und an die Mitglieder des eigenen Schwarms mitgeteilten Nahrungsgrundlagen – Nektar, Pollen, Honigtau – müssen zusammengetragen und zum Zwecke der Arterhaltung nutzbar gemacht werden. Zu den notwendigen Transformationsprozessen – die mit ‚Bienenfleiß' durch sog. Arbeitsbienen absolviert werden – gehören Tätigkeiten wie schwärmen und sammeln, putzen und bauen, wärmen und fermentieren, wachen und kühlen. Gesteuert werden diese Prozesse durch interne Mess- und Regelkreise im ständigen Kontakt mit der Umwelt; sie sichern die Existenz des Bienenvolkes und erzeugen aus unzähligen Einzelleistungen einen homöostatischen Zustand (dessen Koordinationsleistungen als „Bien" beschrieben werden).

2. Die Biene ist ein staatenbildendes Gemeinschaftstier und also ein bereits von Platon und Aristoteles beschriebenes *zoon politikon*. Bienen leben

mit ca. 20.000–60.000 anderen Individuen in Völkern zusammen.[38] Doch sind es weder Befehle der Königin noch Anweisungen der Drohnen, die dazu führen, dass Arbeitsbienen in ihrer Lebenszeit von nur sechs Wochen komplexe Tätigkeiten in sozialen Regelkreisen erlernen und ausüben. Es sind vielmehr Prozesse der kollektiven Selbstorganisation im Verbund mit Eigenschaften des Individuums, die den Bienenstaat auszeichnen. Sein besonderer Altruismus hat weniger soziale als vielmehr physiologische Beweggründe: Wie wissenschaftliche Untersuchungen gezeigt haben, steuert der Botenstoff Octopamin (ein Verwandter des menschlichen Signalstoffs Dopamin) das soziale Verhalten der Biene. Während er bei vielen Arten den Appetit anregt, also vor allem dem einzelnen Tier selbst nutzt, löst er bei Bienen einen gesteigerten Drang aus, ihren Artgenossen den Weg zu einer Futterquelle mitzuteilen – ein sehr viel selbstloseres Verhalten also. Auf dieser Grundlage kommunizieren Arbeitsbienen ihren Mitbewohnern, wo sich Futterquellen befinden. Die von Karl von Frisch seit den 1920er Jahren unternommenen Forschungen haben die ‚Tänze' der Biene rekonstruiert; neuere Explorationen relativieren freilich Vorstellungen über die vermeintlich komplexen Kommunikationen mit Rundtanz und Schwänzeltanz. Diese Kommunikation findet sogar staatenübergreifend statt: Ging man bislang von exklusiven Strategien rigider „Wächterbienen" aus, die jeden Ankömmling mit Fühlern auf den eigenen Stockduft untersuchten und fremde Eindringlinge mit aller Macht (oft sogar mit ihrem Giftstachel) davon abhielten, den Stock zu betreten, haben experimentelle Observationen gezeigt, dass

38 Die quantitativen Verhältnisse innerhalb eines Volkes schwanken. Die zahlenmäßig größte Gruppe bilden die Arbeitsbienen: bei einem ausgewachsenen Volk 10.000–15.000 Tiere im Winter, 30.000–60.000 Tiere im Sommer. Sie erfüllen arbeitsteilig organisierte Funktionen; zunächst als „Stockbiene" in der Behausung; danach als „Flugbiene" bei der Nahrungssuche. Speziell für die Begattung der jungen Königin herangezogen werden die Drohnen; ihre Anzahl umfasst 1.000–5.000 Tiere. Die Paarung findet ausschließlich außerhalb des Stocks an sog. Drohnensammelplätzen statt. Eine Königin paart sich im Flug nacheinander mit mehreren Drohnen, wobei der Drohn nach Übergabe seines Samenvorrats stirbt. Die Zahl der Bienenkönigin ist natürlicherweise auf ein Exemplar pro Stock limitiert. Dabei entscheiden keine dynastischen oder andere sozialen Faktoren, sondern kontingente natürliche Umstände: Bereits in den ersten vier Tagen bestimmt der Hormongehalt des von Ammenbienen verabreichten Futters, ob sich Larven zu einer voll entwickelten Königin oder zu einer Arbeiterin entwickeln.

Bienen völkerübergreifend kooperieren und sogar die „Sprachen" anderer Völker erlernen können.[39]

3. Faszinierend war und ist ebenfalls die Reproduktion der Gattung, die mit der Formierung hierarchisch gegliederter Regelkreise zusammenfällt. Arbeitsbienen, Drohnen und Bienenkönigin wirken in koordinierter Weise zusammen.

Diese und weitere nicht näher zu erläuternde evolutions- und soziobiologische Eigenschaften der Biene und des Bienenvolkes initiieren eine Faszinations- und Imaginationsgeschichte, deren Facetten an dieser Stelle nicht einmal ansatzweise zu skizzieren sind. Denn die Symbolgeschichte der Biene beginnt in frühen Hochkulturen und mit durchaus ambivalenten Zuschreibungen. Einerseits verkörpert sie Weisheit und Fruchtbarkeit, Fleiß und Sparsamkeit, Ordnung und Sauberkeit sowie Keuschheit; sie erscheint als Symbol des Himmels und der Sterne und nimmt in diversen Schöpfungsgeschichten an der Erschaffung der Welt teil, indem sie auf der Seite der Götter gegen antagonistische Prinzipien auftritt. Andererseits werden Biene und Honig mit Jenseitsvorstellungen sowie Totenkult und Bestattungsriten verbunden. Auf Gräbern dargestellte Bienen deuten auf Unsterblichkeit und Auferstehung hin (möglicherweise aufgrund der beobachteten Winterruhe der Bienen, die mit ihrem vorübergehenden Tod gleichgesetzt wurden). Während der Bienenschwarm allegorisch für Schutz und Mutterschaft, Fleiß und Sparsamkeit steht, symbolisiert der (von Menschen kultivierte) Bienenstock gesellschaftliche Ordnung, Weisheit, Beredsamkeit.

Zu studieren sind gleichfalls religionsgeschichtliche Wanderungsbewegungen. Erscheint die Biene in mythischen Überlieferungen als Attribut oder Verkörperung von Mutter-, Fruchtbarkeits- oder Liebesgottheiten (besonders im Zusammenhang mit Kybele, Artemis, Demeter, Persephone, Aphrodite, deren Priesterinnen als „Bienen" bezeichnet wurden), wird sie im Christentum zu einem Symbol der Jungfrau Maria.[40] Die bereits in der griechischen

39 Songkun Su, Fang Cai, Aung Si, Shaowu Zhang, Jürgen Tautz, Shenglu Chen: East Learns from West: Asiatic Honeybees Can Understand Dance Language of European Honeybees. In: PLoS ONE 3 (2008), e2365. doi:10.1371/journal.pone.0002365, zuletzt: 1.5.2015.

40 Auffällig ist die frühzeitig einsetzende Verknüpfung der Biene mit weiblichen Eigenschaften: Als Stammmutter der Bienen gilt im antiken Griechenland die Nymphe Melissa; in der honigreichen Stadt Epidamnos wurde sie besonders verehrt. Ordnung und Organisation von Tempeln (wie der Artemis-Tempel in Ephesus) nehmen Vorstellungen der als heilig verehrten Biene auf; die Landbau-Göttin Demeter wird auch reine Mutter-Biene oder Königin der Bienen genannt (was angesichts der auch von Aristoteles fixierten Vorstellung vom männlichen Bienen-König innerhalb des Stocks signifikant ist). Die antike

Antike anzutreffende Verknüpfung mit Redekunst und Gesang (die Bienen als „Vögel der Musen" verehren lässt) setzt sich unter christlichen Vorzeichen fort: Die mit Aktivität und Fleiß, Ordnung und Reinlichkeit verknüpfte Biene avanciert zum Symbolspender für unterschiedliche Aspekte religiöser Rhetorik. Bei Clemens von Alexandrien und also schon im zweiten nachchristlichen Jahrhundert wird ihre Sammeltätigkeit (ohne das kostbare Gut zu verschmutzen oder zu zerstören) zum Metaphernfeld für die Wahrheit;[41] Kirchenvater Ambrosius und Johannes Chrysostomus würdigt man für ihre honigsüßen Reden und ihre bienengleiche Arbeit.[42] Doch mehr noch: Die sich institutionalisierende Kirche nutzt intensiv Mittel der Parallelisierung, wenn etwa der redegewaltige Ambrosius mit einem Bienenstock und die Christen mit unermüdlich arbeitenden Bienen verglichen werden, die ihrer Behausung und der gesammelten Beute treu bleiben. So kann die geordnete Bienengemeinschaft zum Sinnbild der einträchtigen religiösen Gemeinde werden.[43]Versucht man vor diesem Hintergrund, die reiche Faszinationsgeschichte der Biene zu ordnen, lassen sich drei Zentralkomplexe isolieren:

1. Die Biene fasziniert aufgrund ihrer besonderen Sammlungs- und Verarbeitungskapazitäten natürlicher Ressourcen und wird zu einem Vorbild

Priesterin Pythia nannte man „Delphische Biene", was wohl damit zusammenhängt, dass Bienen prophetische Fähigkeiten zugeschrieben wurde. Die Gleichsetzung von Bienen und Frauen erfolgt gleichfalls in literarischen Texten, so im Vergleich der aus Lemnos ausströmenden Frauen im Argonauten-Epos; dazu Wolfgang Kofler: Bienen, Männer und Lemnos: Beobachtungen zu einem epischen Gleichnis bei Apollonios Rhodios (Arg. 1,878–85). In: Hermes 120 (1992), S. 310–319.

41 Hierzu Tomasz I. Klibengajtis: „Die Wahrheit ist wie eine Biene". Die Wahrheitsmetaphorik des Clemens von Alexandrien. In: Ephermerides Theologicae Lovanienses 80 (2004), S. 60–75, zur Biene S. 66 f.

42 Zur „Bienenarbeit" der Patristik vgl. vor allem Christian Gnilka: XPHSIS. Die Methode der Kirchenväter im Umgang mit der antiken Kultur, Basel, Stuttgart 1984, S. 102–133; Elisabeth Wimmer: Biene und Honig in der Bildersprache der lateinischen Kirchenschriftsteller, Wien 1993; Juliusz Domanski: Bienen-Metapher und Mythologiekritik in der Renaissance. In: B. Guthmüller, W. Kühlmannn (Hrsg.): Renaissancekultur und antike Mythologie, Tübingen 1999, S. 1–14.

43 Manfred Misch: Apis est animal – apis est ecclesia. Ein Beitrag zum Verhältnis von Naturkunde und Theologie in spätantiker und mittelalterlicher Literatur, Bern 1974. Zu den Gründen für diese Karriere gehören weitergehende Bild- und Begriffstransfers: Übernommen und umbesetzt werden bereits in der Antike umlaufende Vorstellungen wie die Annahme, dass die Biene niemals schläft, was sie zum Sinnbild für religiösen Eifer und Wachsamkeit prädestiniert. Eine fliegende Biene erscheint als Seele, die in das Himmelreich eintritt. Die Idee, Bienen lebten nur vom Duft der Blumen, macht sie zum Symbol von Reinheit und Enthaltsamkeit.

des Umgangs mit Ressourcen sowie zu einem seit der Antike zirkulierenden Symbol des Dichtens und Denkens.

2. Die Biene fasziniert als natürliche Baumeisterin und avanciert (neben der netz-produzierenden Spinne) zu einem Sinnbild für die optimale Gestaltung von Formen, die aufgrund ihrer Symmetrie als Kunstformen der Natur wahrgenommen werden.

3. Gemeinschaftliche Lebensform mit arbeitsteiliger Organisation und hierarchischer Gliederung tragen der Biene (wie der Ameise[44]) den Ruf ein, funktional erfolgreiche Gesellschaften zu bilden und damit ein Vorbild für die Ordnung der Menschenwelt zu sein.

Da an dieser Stelle nicht einmal ein Bruchteil der zahlreichen literarisch-diskursiven Gestaltungen dieser Faszinationskomplexe zu erläutern ist, müssen knappe Hinweise auf einen Komplex genügen, der für die Beobachtungs- und Imaginationsgeschichte der Biene von besonderer Signifikanz scheint. Dabei handelt es sich um die bereits in der Antike einsetzende Observation der Biene als *Sammel- und Transformationsinstanz natürlicher Ressourcen*, die das Insekt nicht nur zum Vorbild im Umgang mit vorfindlichen Rohstoffen macht, sondern die dabei ablaufenden Prozesse zu einem zentralen *Bildfeld für das Dichten und Denken* sowie für *Umgangsformen mit Traditionen* werden lässt. Verfolgt man die Stationen des mit Platons Dialog *Ion* einsetzenden Bienen-Vergleichs, der über Stationen wie Senecas 84. Lucilius-Brief *(Epistulae morales ad Lucilium)* und den *Saturnalia* des Macrobius oder den *Policraticus* des Johannes von Salisbury reicht und in der Frühen Neuzeit kulminiert, lässt sich ein Problemkreis rekonstruieren, der für die Entwicklung poetologischer und philologischer Reflexion von kaum zu überschätzender Bedeutung ist: Verhandelt werden zentrale Fragestellungen nach den Praktiken literarischer Produktion, wenn der Platonische Sokrates die Dichter als honigsammelnde Wesen umschreibt, die in Gärten und Tälern der Musen Nektar sammelten[45]; thematisiert werden gleichfalls soziale und psychische Dispositionen der Poeten, die „gleich den Bienen umherflattern" und darum

44 Vgl. dazu den Beitrag von Erhard Schütz (*„… ein Vorbild für jedes Menschenvolk". Mit Ameisen [und Termiten] durch die erste Hälfte des 20. Jahrhunderts*) in diesem Band.

45 Platon: Ion 534a7–b7. Dass dieser Bienen-Vergleich auf Selbstbeschreibungen eines sich ausdifferenzierenden poetischen Systems zurückgeht, zeigt die unmittelbar vorangehende Aussage: „Denn sie [die Dichter] selbst sagen uns ja, daß sie aus honigströmenden Quellen der Musen schöpfen."

als „luftiges, leichtbeschwingtes und heiliges Wesen" gelten.[46] Das semantische Reservoir dieses Metaphernkomplexes entfaltet sich in Erinnerungs- und Gedächtniskonzepten sowie in Varianten einer Inspirationstheorie, die Konzeptionen von Autorschaft von der Antike bis ins 20. Jahrhundert anleiten sollen. Das bereits von Platon vorgebrachte Dementi kognitiver Signifikanz von Literatur – welches der Poesie ein überprüfbares Wissen abspricht und statt dessen die Kenntnisse von Experten als wahre gerechtfertigte Meinung privilegiert – hat bis in die Gegenwart für Diskussionen gesorgt.[47]

Ihre Erweiterung finden die Bildkomplexe des Bienenvergleichs in einer kulturellen Situation, in der angesichts der Fülle von bereits vorhandenen Dichterworten und Texten nun Überlegungen einsetzen, wie mit diesem Problem der *copia verborum* umzugehen sei. Maßgeblich formuliert werden diese Reflexionen in einem Brief Senecas, der nicht nur inhaltlich, sondern auch formal die Herausforderungen bei der Akkumulation und Reproduktion vorfindlicher Ressourcen demonstriert und dabei auf Praktiken der *Apis mellifera* rekurriert:

46 Ebenda; dazu Jan W. Waszink: Bienen und Honig als Symbol des Dichters und der Dichtung der griechisch-römischen Antike, Düsseldorf 1974.

47 Ob die Aussagen von literarischen Texten ein ‚Wissen' sind, ist eine seit der Trennungsgeschichte von Poesie und Wissen zwischen dem 6. und 3. vorchristlichen Jahrhundert umstrittene Frage; vgl. dazu Wolfgang Rösler: Die Entdeckung der Fiktionalität in der Antike. In: Poetica 12 (1980), S. 289–319; Heinz Schlaffer: Poesie und Wissen. Die Entstehung des ästhetischen Bewußtseins und der philologischen Erkenntnis [1990], Frankfurt a. M. 2005; Ralf Klausnitzer: Literatur und Wissen. Zugänge, Modelle, Analysen, Berlin, New York 2008. Während Platon die Wahrheitsansprüche literarischer Texte mit epistemologischen und moralischen Argumenten bestreitet und ihre Beobachtungen als täuschenden Schein disqualifiziert (weil Nachahmung „mit einem im dritten Grade von der Wahrheit entfernten Objekte sich beschäftigt" und das „Nachahmungsgenie" also „gar kein ordentliches Wissen besitzt von dem, was es nachahmt" bzw. „der Dichter mit seinen Worten und Wendungen nur oberflächlich die Farben jeder einzelnen Kunst malt, ohne selbst etwas anderes zu verstehen als das Nachahmen", Platon: Politeia, 598e–601b), erkennt sein Schüler Aristoteles in der Mimesis handelnder Menschen eine Qualität, die mit ihrer Präsentation im Modus des Allgemeinen den Vorrang vor der (singuläre Ereignisse beschreibenden) Geschichtsschreibung garantiert (Aristoteles: Poetik, 1451 a36–38). Wenn es in der um 335 v. Chr. festgehaltenen Vorlesung *Poetik* heißt, das von der Dichtung dargestellte „Allgemeine" bestehe darin, „dass ein Mensch von bestimmter Beschaffenheit nach der Wahrscheinlichkeit oder Notwendigkeit bestimmte Dinge sagt oder tut", werden zugleich weitreichende Einsichten in die Qualität literarischen Wissens formuliert: Diese Modalattribute können nur nach wiederholter Observation festgestellt bzw. zugeschrieben werden.

> Die Bienen, so heisst es, müssen wir nachahmen, die umherfliegen und die zur Honiggewinnung geeigneten Blüten aussaugen, sodann, was sie eingebracht haben, ordnen, auf die Waben verteilen und, wie unser Vergil sagt: „flüssigen Honig anhäufen und mit süßem Nektar füllen die Zellen". [...] Wir müssen diese Bienen nachahmen und, was immer wir aus verschiedener Lektüre zusammengetragen haben, trennen – besser nämlich lässt es sich gesondert aufbewahren – sodann Sorgfalt und Einfallsreichtum unseres Verstandes (ingenium) anwenden und das, was wir an Verschiedenartigem gekostet haben (libamenta), in ein einziges Bouquet (sapor) zusammenmischen; dadurch wird es – auch wenn es deutlich ist, woher es stammt, dennoch offenkundig etwas anderes sein als das, woher es genommen ist. [...] Machen wir es zu unserem Eigentum, damit eine Art von Einheit entstehe aus der Vielheit [...]. Das soll unsere Seele tun: alles, wovon sie Hilfe erfahren hat, verberge sie, gerade nur das zeige sie, was sie selbst geleistet hat.[48]

Die Kette der daran anschließenden Überlegungen ist lang und so verschlungen, dass sie hier nicht auseinandergelegt werden kann; sie reicht von Macrobius über Hugo von Trimberg und Petrarca (der seinerseits das Bild der Seidenraupe nutzt, um die Tätigkeit des Aus-sich-selbst-Hervorbringens zu umschreiben) bis zu frühneuzeitlichen Humanisten wie Erasmus von Rotterdam, der in seinem *Ciceronianus* von 1528 die besondere „Zusammensetzungskunst" der Biene lobt und als Vorbild für die literarische Produktion herausstellt:

> Sammeln etwa die Bienen die Substanz für den Honig von einem einzigen Blütenstrauch? Fliegen sie nicht vielmehr mit staunenswerter Emsigkeit von Blüte zu Blüte, von Pflanze zu Pflanze, von Strauch zu Strauch, holen sie nicht oft von weit her, was sie in ihre Bienenstöcke einbringen? Und was sie herbeitragen, ist noch kein Honig; sondern sie bereiten den Honigseim mit ihrem Mund und ihren Verdauungsorganen auf, wandeln ihn zu etwas Eigenem um, und [...] so erkennt man daran nicht mehr den Geschmack oder Geruch der Blüte oder Pflanze, von der er stammt, sondern das aus diesen allen zusammengesetzte, besondere Produkt der Biene.[49]

48 Seneca: Epistulae morales ad Lucilium, Ep. LXXXIV; hier zitiert nach L. Annaeus Seneca: Philosophische Schriften, übers., eingeleitet u. mit Anmerkungen versehen v. Manfred Rosenbach, Bd. 4, Darmstadt 1984, S. 225 f. [84,3–84,6].

49 Erasmus: Ciceronianus (1528). In: Erasmus: Ausgewählte Schriften, Bd. 7, übers. v. Theresia Payr, Darmstadt 1972, S. 199. Bei Erasmus findet sich auch die Aussage, Bienen machten aus giftigen Kräutern giftigen Honig. Aufgenommen und fortgeführt wird das Gleichnis u. a. von Michel de Montaigne: Essays, I, 26 (1580); zitiert nach der Übers. v. Herbert Lüthy, Zürich 1953, S. 188: „Die Wahrheit und die Vernunft sind allen gemein und gehören nicht rechtmäßiger dem, der sie zuerst ausgesprochen hat, als dem, der sie nach ihm sagt. [...] Die Bienen naschen von den Blumen da und dort, aber nachher machen sie daraus den Honig, der ganz ihr eigen ist; es ist nicht mehr Thymian und Majoran:

Die kulturell brisante Frage des produktiven Umgangs mit vorfindlichen Texten verschärft sich, wenn Innovationen systemimmanent gefordert werden.[50] Auch in dieser Situation stellt die Orientierung an den Bienen und deren Verarbeitungsleistungen ein Modell bereit, das bis zur Legitimation von Imitationen und Übernahmen führen kann. So formuliert Robert Burton in seiner *Anatomy of Melancholy* 1621:

> Ich habe [...] zu meiner Verteidigung vorzubringen, dass meine Arbeiten mein Eigentum sind und doch auch wieder nichts davon mir gehört. Wie eine gute Hausfrau aus der Wolle etlicher Schafe ein einziges Stück Stoff webt, eine Biene ihren Honig vielen Blüten verdankt, so habe ich für diese Kompilation zahlreiche fremde Autoren benutzt. Dabei habe ich niemandem Unrecht getan, sondern jedem das Seine gelassen.[51]

Nur ein Jahr vor Robert Burtons intertextualitätstheoretischer Rechtfertigung literarischer Kombinatorik hatte Francis Bacon in seinem philosophischen Hauptwerk ein triadisches Gleichnisfeld mit Ameise, Spinne, Biene konstruiert, dessen Konnotationen über Jonathan Swift und seine „Battle between the Antient and the Modern Books" (in der divergierende Umgangsformen

So soll er [der Autor] die von andern entlehnten Bruchstücke verwandeln und verschmelzen und daraus ein ganz ihm eigenes Werk zu schaffen: nämlich sein eignes Urteil."

50 Dazu Jürgen von Stackelberg: Das Bienengleichnis. Ein Beitrag zur Geschichte der literarischen Imitatio. In: Romanische Forschungen 68 (1956), S. 271–293; Thomas M. Greene: The Light in Troy: Imitation and Discovery in Renaissance Poetry, New Haven 1982, hier S. 72–80; Dina de Rentiis: Der Beitrag der Bienen. Überlegungen zum Bienengleichnis bei Seneca und Macrobius. In: Rheinisches Museum für Philologie N.F. 141 (1998), S. 30–44; dies.: Zum Rückgriff auf Grundprinzipien der klassisch-römischen imitatio auctorum im 12. und 13. Jahrhundert. In: Das Mittelalter 2 (1997), S. 83–92; dies.: Für eine neue Geschichte der Nachahmungskategorie: Imitatio morum und lectio auctorum in ‚Policraticus' VII, 10. In: U. Schaefer (Hrsg.): Artes im Mittelalter, Berlin 1998, S. 161–173.

51 Robert Burton: Anatomie der Melancholie [The Anatomy of Melancholy. 1st Edition 1621, 6th Edition 1651], aus dem Englischen übertragen v. Ulrich Horstmann, Zürich 1988, S. 26: „I have only this of Macrobius to say for myself, Omne meum, nihil meum, tis all mine, and none mine. As a good housewife out of divers fleeces weaves one piece of cloth, a bee gathers wax and honey out of many flowers, and makes a new bundle of all, Floriferis ut apes in saltibus omnia libant, I have laboriously collected this cento out of divers writers, and that sine injuria, I have wronged no authors, but given every man his own; [...] Quicquid ubique bene dictum facio meum, et illud nunc meis ad compendium, nunc ad fidem et auctoritatem alienis exprimo verbis, omnes auctores meos clientes esse arbitror, &c. Sarisburiensis ad Polycrat. prol." Die von Burton zitierte Stelle aus dem Prolog von Johannes von Salisbury *Policraticus* ist ein Zitat aus Macrobius' *Saturnalien* (Praefatio, I, 6); und dieser entnimmt es aus dem hier bereits zitierten Brief von Seneca (Epistulae morales ad Lucilium, 84,5).

mit der Überlieferung in Gestalt von Biene und Spinne in der Bibliothek ausgetragen werden[52]) bis zu literarisch-diskursiven Modellen des 19. und 20. Jahrhunderts reichen sollten.

## *III. Literarische Traditionen und Aufbrüche: Waldemar Bonsels' „Biene Maja"*

Als der 1880 geborene Waldemar Bonsels zwei Jahre vor dem Ausbruch des Ersten Weltkriegs seinen „Roman für Kinder" *Die Biene Maja und ihre Abenteuer* veröffentlicht, ist das Wissen über Aufbau und Reproduktionsprinzipien dieser Insektenart aufgrund genauer Beobachtungen und zergliedernder Sektionen nachhaltig gewachsen.[53] Gleichwohl ist sein Text über die schweifenden Unternehmungen eines anthropomorphisierten Insekts – das dem behüteten Dasein im menschlich kultivierten Stock im Schlosspark entweicht, um einem reglementierten Leben als Arbeitsbiene zu entgehen – weniger von biologischen Forschungen inspiriert als vom Wettbewerb zwischen Autoren: Eine Anekdote besagt, dass die Entstehung der *Biene Maja* auf eine Wette zwischen Bonsels und seinem Freund Bernd Isemann zurückgeht, die Anfang der 1910er Jahre eine Wohnung in München-Schleißheim teilten und angeblich um die Abfassung des erfolgreicheren Kinderbuches

52 Jonathan Swift: Full and True Account of the BATTEL Fought last Friday. Between the Antient and the Modern BOOKS in St. James's Library (entstanden um 1697; gedruckt im Anhang von A Tale of a Tub, 1704). In: Ders.: Satiren und Streitschriften, ausgew., übers. u. m. e. Nachwort versehen v. Robert Schneebeli, Zürich 1993, S. 21–28. Hier wird in einer Bibliothek eine Spinne von einer Biene attackiert, die ihr Netz zerstört; es kommt zu einem Streitgespräch, in der die Spinne der Biene vorwirft, diese plündere überall, während sie selbst ein angeborenes Vermögen (nämlich ein Netz zu konstruieren) in sich selbst trage. Dagegen fragt die Biene, welche Tätigkeit edler sei: die der Spinne, die sich auf einem kleinen Platz nähre und dabei nur Gift und Spinnweben hervorbringe, oder die der Biene, welche lange suchend und fleißig, mit sicherer Unterscheidung der Dinge Honig und Wachs zusammenträgt: „whether is the nobler being of the two – that which by a lazy contemplation or four inches round, by an overweening pride, feeding and engendering on itself, turns all into excrement and venom, producing nothing at all but fly-bane and a cobweb: or that which by a universal range, with long search, much study, true judgement, and distinction of things, brings home honey and wax?"

53 Den Kenntnisstand im Brockhaus-Format dokumentiert John Lubbock: Ameisen, Bienen und Wespen. Beobachtungen über die Lebensweise der geselligen Hymenopteren [Ants, bees and wesps], Leipzig 1883.

konkurrierten.[54] Während Isemann an der Geschichte einer Ameisenfreundschaft laborierte, die 1920 unter dem Titel *Nala und Re* erschien (und rasch vergessen wurde), entwickelte sich Bonsels' Produktion zu einem Longseller mit medialer Mehrfachverwertung: *Die Biene Maja und ihre Abenteuer,* die im Spätsommer 1912 in kleiner Auflage erschien, wurde noch in den letzten Jahren des Kaiserreichs viel gelesen (angeblich sogar am Hof der Hohenzollern); sie fand 1925 eine erste und technisch avancierte Verfilmung;[55] und sie schaffte es in den 1970er Jahren in eine TV-Trickfilmserie, die vom deutschen Regisseur Josef Göhlen erdacht und von japanischen Zeichnern realisiert wurde.[56]

An dieser Stelle soll jedoch keine biowissenschaftlich fundierte Hermeneutik praktiziert und den ideologischen Implikationen eines Textes nachgegan-

54 Einer anderen Entstehungsgeschichte zufolge entstand das Kinderbuch als Werk des Autors Bonsels für seine beiden Söhne aus erster Ehe. Zu Leben und Werk Sven Hanuschek (Hrsg.): Waldemar Bonsels. Karrierestrategien eines Erfolgsschriftstellers, Wiesbaden 2012; prägnant auch ders.: „In einem unbekannten Land / Vor gar nicht allzu langer Zeit". Waldemar Bonsels' Literatur und die Folgen: Skizze eines Forschungsprogramms. In: Ch. Haug, A. Vogel (Hrsg.): Quo vadis Kinderbuch? Gegenwart und Zukunft der Literatur für junge Leser, Wiesbaden 2011. Die wissenschaftliche Beschäftigung mit dem kommerziell überaus erfolgreichen *Biene Maja*-Buch beginnt mit Gertrud Poppers 1934 in Wien verteidigter und nichtveröffentlichter Dissertation *Der neue deutsche Tierroman* (in der die letzten Kapitel des Buches als Darstellung der Hingabe des Individuums für Führer und Volk interpretiert wird); sie setzt sich fort in erziehungswissenschaftlichen Forschungen wie in der Osnabrücker Dissertation von Helga Karrenbrock: Märchenkinder-Zeitgenossen. Untersuchungen zur Kinderliteratur der Weimarer Republik, Stuttgart 1995; dies.: Tagträume und Kinderwünsche. Die Biene Maja und ihre mannigfaltigen Brüder und Schwestern. In: D. Römhild (Hrsg.): Die Zoologie der Träume. Studien zum Tiermotiv in der Literatur der Moderne, Opladen 1999, S. 152–169. Primär an der Zeichentrickserie interessiert sind Gundula Kraskiewicz: ‚Biene Maja' oder Seltsame Wandlungen eines Kinderbuches. Zum Thema ‚Buch und Fernsehen'. In: Monatshefte für die Unterrichtspraxis 46 (1978), S. 582–588; Jens Thiele: Trickfilm-Serien im Fernsehen. Eine Untersuchung zur Didaktik der Ästhetischen Erziehung, Oldenburg 1981.

55 Die Biene Maja und ihre Abenteuer, D 1925, Regie: Wolfram Junghans. Die Mischung aus Dokumentar- und Spielfilm wurde in zwei Jahren in einem Berliner Terrarium realisiert; 2012 erschien eine DVD-Edition.

56 Dazu Harald Weiss: Der Flug der Biene Maja durch die Medien. Buch, Film, Hörspiel und Zeichentrickserie, Wiesbaden 2012. Diese Monographie behandelt nicht nur den wenig bekannten Stummfilm von 1925 und die populäre Zeichentrickfilm-Serie (1976–1980), sondern auch Drehbücher von Waldemar Bonsels (1941) und von Thea von Harbou (die 1952 eine antikommunistische Parabel vorlegte, die ebenfalls unrealisiert blieb). Weitere Aspekte untersucht der Sammelband von Harald Weiss (Hrsg.): 100 Jahre Biene Maja. Vom Kinderbuch zum Kassenschlager, Heidelberg 2014.

gen werden, in dem aus retrospektiver Sichtweise der Gegenwart „bedenkliche Freund-Feind-Moralvorstellungen“ mit einer „monarchisch-imperialistisch, national-martialisch, ja sogar mit einer sozialdarwinistisch getönten, rassistischen Tendenz“ identifiziert wurden.[57] Auch die Frage, ob die pathetische Rhetorik in der abschließend geschilderten Schlacht zwischen Bienen und Hornissen an die berüchtigte (und in mehreren Versionen vorliegende) „Hunnenrede“ von Wilhelm II. erinnert, ist hier nicht zu entscheiden. Dabei zeigt eine genauere Lektüre, dass eine vermeintliche Übereinstimmung von Bonsels’ Text mit den Worten der deutschen Kaisers, der im Jahr 1900 die deutschen Truppen zur Niederschlagung des Boxer-Aufstands in China verabschiedete, nur in eingeschränkter Weise festzustellen ist: „Wir Bienen liefern die Toten aus, wenn ihr sie mit Euch nehmen wollt. Gefangene sind nicht gemacht. Die Euren, die eingedrungen sind, sind alle tot“, erklärt die Bienenkönigin dem Emissär der Hornissen nach deren Überfall auf den Bienenstock und dem verlustreichen Sieg der Nektarsammler.[58] Wilhelm II. hatte eine zwar ähnliche Formulierung benutzt, doch im Futur gesprochen und zum Töten aufgefordert:

> Ihr wißt es wohl, ihr sollt fechten gegen einen verschlagenen, tapferen, gut bewaffneten, grausamen Feind. Kommt ihr an ihn, so wißt: Pardon wird (euch) nicht gegeben. Gefangene werden nicht gemacht. Führt eure Waffen so, daß auf tausend Jahre hinaus kein Chinese mehr es wagt, einen Deutschen scheel anzusehen.[59]

Interessanter als die Frage nach vermeintlich politischen Konnotationen der geschilderten Schlacht zwischen Bienen und Hornissen scheint die narrative Gestaltung der Ausgangssituation, die das Kinderbuch weit stärker an literarische Traditionen und gesellschaftliche Problemlagen anschließt und von biologischen Erkenntnissen trennt, als es zunächst scheint. Das im ersten Satz des Textes in Szene gesetzte Schlüpfen der kleinen Biene ereignet sich nämlich in „sehr aufgeregte[n] Tage[n]“, deren Ursache gleichfalls schon im ersten Absatz benannt wird: „weil im Volk der Bienen eine Empörung aus-

57 So Karl Daumer: ‚Die Biene Maja‘ aus biowissenschaftlicher Sicht. In: Hanuschek (wie Anm. 54), S. 57–66, hier S. 65.

58 Waldemar Bonsels: Die Biene Maja und ihre Abenteuer, Berlin, Leipzig [181]1920, S. 170.

59 Wilhelm II.: Ansprache am 27. Juli 1900 in Bremerhaven anlässlich der Verabschiedung des deutschen Ostasiatischen Expeditionskorps zur Niederschlagung des Boxeraufstandes im Kaiserreich China. In: J. Penzler (Hrsg.): Die Reden Kaiser Wilhelms II., Leipzig 1904. Bd. 2: 1896–1900, S. 209–212, hier S. 210 f. Eine wesentlich davon abweichende Version, die vom Wolff’schen Telegraphenbureau verbreitet wurde, ist ebenso abgedruckt (S. 211 f.).

gebrochen war, die die Königin nicht unterdrücken konnte".[60] Unmittelbar danach macht ein Drohn („ein freundlicher junger Bienenherr von gepflegtem Aussehen") klar, was auf dem Spiel steht. „Das Unheil wird hereinbrechen", sagt er zur Larvenpflegerin Kassandra: „Der Schwarm der Revolutionäre wird die Stadt verlassen. Sie haben schon eine neue Königin ausgerufen."[61] Auch wenn später eine quasi-natürliche Erklärung für diese ‚revolutionäre Empörung' gegeben und die Teilung des Stocks auf interne Wachstumsprozesse zurückgeführt wird, bleibt eine Disposition der anthropomorphisierten Zentralfigur festgelegt: Ihr Anfang ist mit Veränderungen und Unruhe verknüpft; und auch die Sozialisationsinstanz Kassandra schafft mit ihren explizit ausgesprochenen Maßregeln der Unterordnung – dass jede Biene „in allem, was sie denkt und tut, den anderen gleichen und an das Wohlergehen aller denken muß"[62] – keine wirksame Immunisierung. Denn was macht die Biene Maja, als sie schon am zweiten Tag ihrer Existenz – und also entgegen der biologischen Abfolge im Lebensrhythmus der natürlichen Biene – zum Honigsammeln ausgesandt wird? Sie rebelliert:

> „O, wie tausendmal schöner ist es in der großen Welt draußen", rief sie, „als in der dunklen Bienenstadt. Niemals werde ich nach dort zurückkehren, um Honig zu tragen oder Wachs zu bereiten. O nein, niemals werde ich das tun. Ich will die blühende Welt sehen und kennenlernen, ich bin nicht, wie die anderen Bienen sind, mein Herz ist für Freude und Überraschungen, für Erlebnisse und Abenteuer bestimmt. Ich will keine Gefahren fürchten, habe ich nicht Kraft und Mut und einen Stachel?"[63]

Nicht nur diese explizite Abwendung von den Imperativen der Erziehungsinstanz Kassandra und den Normen der Subordination verbinden den Kinderroman über die Biene Maja mit unterschiedlichen literarischen Traditionen, die sich in der kulturellen Situation einer Pluralität von Lebens- und Kunststilen nach 1900 verdichten. Zum einen nimmt der Text jene Narrative des individuellen Aufbruchs auf, die den Bildungs- und Entwicklungsroman seit seinen Anfängen im ausgehenden 18. Jahrhundert prägen: Auch die Biene Maja stellt eine junge und also formbare Textfigur dar, die in Abfolgen von Aktion und Reflexion vom unvermittelten Individuum (mit tenden-

60 Bonsels (wie Anm. 58), S. 9.
61 Ebenda, S. 10.
62 Ebenda, S. 11.
63 Ebenda, S. 17.

zieller Weltverkennung) zum sozialisierten Subjekt aufsteigt.[64] Zum anderen facht der Text die Glutkerne des literarisch imaginierten Ausbruchs aus festgefügten Bahnen wieder an, die seit Joseph von Eichendorffs *Aus dem Leben eines Taugenichts* die Vorstellung alternativer Lebensformen befeuern: Nicht zufällig gehörte der Autor Waldemar Bonsels zu jenen Zirkeln der Schwabinger Boheme, die an vielfältigen Projekten einer Lebensreform partizipierten und aus denen die sog. Vagantendichter (mit Hermann Hesse, Oskar Maria Graf, Manfred Hausmann, Hans Reiser und anderen) hervorgehen sollten.

Dass die Selbstbestimmung der Biene Maja für „Erlebnisse und Abenteuer" zu drastischen (und in heutigen Zeiten sanfter Tierhelden à la Benjamin Blümchen unmöglichen) Begegnungen führt, in deren Verlauf auch gern einmal niedlichen Insekten wie dem lieben kleinen Brummer Hans Christoph der Kopf abgebissen wird, verweist auf Zusammenhänge, die hier nicht mehr zu entfalten sind. Die 1912 entstandene Erzählung vom Ausbruch der Biene Maja und dem ‚Daseinskampf' im Tierreich und die heutigen Diskussionen darüber zeigen jedoch einmal mehr, wie eminent Bilder des Menschen (von sich selbst und von seinen Sozialbeziehungen) darüber entscheiden, welche Bilder von Tieren generiert und verbreitet, aber auch in Frage gestellt oder tabuisiert oder zensiert werden – und wie kulturelle Verhaltensnormen in fabelhaften Text-Tieren und unseren Umgangsformen mit ihnen reflektiert werden.

Abbildungsverzeichnis

Abb. 1: Altägyptische Darstellung eines Imkers mit Röhrenstöcken. Wandzeichnung aus dem Grab von Pabusa, 630 v. Chr.

Abb. 2: Aristäus und die Stiergeburt der Bienen. Kupferstich aus dem 17. Jahrhundert.

Abb. 3: ARISTOMACHUS Apum Speculator et amator. Apud Leonardum Augustinum in gemma Coniola [Kupferstich nach antiker Gemme], 1600, New York Public Library.

Abb. 4: Persius; Francesco Stelluti: Persio: Tradotto in verso sciolto e dichiarato, Rome: Giacomo Mascardi 1630; Frontispiz (Faksimile-Ausgabe des Originals). In: J. G. Gall: A Pictorial History. Views of the Cell, Bethesda (Md.) 1996, S. 51–54.

64 Zu den inhaltlichen und motivischen Traditionen siehe jetzt Bettina Kümmerling-Meibauer: Nicht nur ein „Märchen für Kinder". Die Biene Maja als Crossover Literatur. In: Weiß (wie Anm. 56), S. 45–63, hier S. 60; K.-M. kommt zu dem Ergebnis, dass es Bonsels mit der *Biene Maja* gelungen ist, „Insekten als Handlungsträger in Kinderbüchern salonfähig zu machen". Dass der Text an Mustern der Mädchen- und Backfischliteratur des 19. Jahrhunderts partizipiert, zeigt Karrenbrock. In: Römhild (wie Anm. 54), S. 152–169.

Erhard Schütz

# „… ein Vorbild für jedes Menschenvolk“[*] Mit Ameisen (und Termiten) durch die erste Hälfte des 20. Jahrhunderts

> Die Buchstaben liefen wie Ameisen über die Seiten, und ich begriff nicht ein einziges Wort von dem, was ich las.
>
> Gustav Meyrink: *Der Golem* (1913/14)

> Die Zeichen krochen mir vor dem Auge umher wie Ameisen in ihren aufgestörten Hügelchen, aber er gab mir den Schlüssel seiner Geheimschrift und die Arbeit schien mir noch einmal so leicht.
>
> Wilhelm Hauff: *Mitteilungen aus den Memoiren des Satan* (1825/26)

## *I. Von der Emse zum Ameisenstaat*[1]

Im Vergleich zu uns Menschen stehen Ameisen bestens da. Nicht nur, weil sie sich endgültig die Erde untertan gemacht haben. Nicht nur, weil ihr Südverbund von Griechenland bis Spanien besser funktioniert als die EU.[2] Nicht nur, weil der Doyen der Entomologen, Edward O. Wilson, uns ihren

* Zitat aus: Den Ameisen gleich. In: Zeitschriften-Dienst/Deutscher Wochendienst v. 7.4.1945, Nr. B 209.

1 Bei dieser Spezies ist es nicht nur nicht zu vermeiden, sondern geradezu geboten, dass die Belege für ihre Textpräsenzen ähnlich wimmeln wie es u. a. darin den Ameisen nachgesagt wird. Darum habe ich mich entschieden, zur klassisch-kanonischen Literatur keine detaillierten Nachweise zu führen, sondern lediglich das Unzugänglichere und Ephemerere zu adnotieren.

2 Vgl. Supermacht im Untergrund. In: Der Spiegel Nr. 17/2002, S. 204 f. Vgl. Südeuropa: Ameisen bauen 5760 Kilometer langen Superstaat. In: Spiegel online: <http://www.spiegel.de/wissenschaft/natur/suedeuropa-ameisen-bauen-5760-kilometer-langen-super-staat-a-192083.html>, zuletzt: 25.5.2015.

Weg der Superorganismen anempfiehlt.[3] Sondern weil alle Schwarm-Schwärmer sie zum Vorbild nehmen: Jacques Derrida schwärmte vom Wimmeln und Schwärmen, Michael Hardt und Antonio Negri machten sie zum Wappentier der Schwarmintelligenz, und Bruno Latour fand im Akronym der Actor-Network-Theory ANT gar die Aufforderung an den Forscher, sich wie „eine Ameise" abzumühen, „um noch die allerwinzigsten Verbindungen herzustellen".[4] Immerhin als Einzelameise, als Emse…

Früher, in der Fabel, trat die Ameise gerne einzeln auf, z. B. um die Grille zu belehren, dass es besser sei, beizeiten emsig wie die Emse zu sein, statt in den Sommertag hineinzufiedeln. Das konnte man gut finden oder nicht. Wenn Herder in *Auch eine Philosophie der Geschichte zur Bildung der Menschheit* schreibt: „Schicksal! von Menschen unüberdacht, ungehofft, unbewürkt – siehst du Ameise nicht, daß du auf dem großen Rade des Verhängnisses nur kriechest?" oder es in Schillers *Fiesco* heißt: „Was die Ameise Vernunft / mühsam zu Haufen schleppt, jagt in einem Hui der / Wind des Zufalls zusammen." – dann ist freilich die *Gattung* immer schon mitgedacht. Und so doziert es denn etwa in Lessings *Ernst und Falk:*

> ERNST. Das Leben und Weben auf und in und um / diesen Ameisenhaufen. Welche Geschäftigkeit, und / doch welche Ordnung! Alles trägt und schleppt und / schiebt; und keines ist dem andern hinderlich. Sieh / nur! Sie helfen einander sogar.
> FALK. Die Ameisen leben in Gesellschaft, wie die Bienen.

Aber, so Niels Werber treffend, auf dem Weg vom typologischen Singular zum expliziten Plural von Schwarm und Staaten verlieren die Ameisen ihre Beweiskraft für Tugendlehren des Individuums.[5] Es ist der Übergang von persönlicher Rechtschaffenheit und allgemeinem Gesellschaftsvertrag zu kommunikativem Verkehr und Zwangsvertrauen.

Ameisen sind – wie schon für Aristoteles auch Bienen, Kraniche und Menschen – politische Tiere[6] und im ungezählten Plural als Sozietäten inter-

3 Vgl. z. B. Bert Hölldobler, E. O. Wilson: The Superorganism. The Beauty, Elegance, and Strangeness of Insect Societies, New York, London 2009 (dt.: Der Superorganismus. Der Erfolg von Ameisen, Bienen, Wespen und Termiten, Berlin, Heidelberg 2010).

4 Bruno Latour: Eine neue Soziologie für eine neue Gesellschaft. Einführung in die Akteur-Netzwerk-Theorie, Frankfurt a. M. 2007, S. 48.

5 Niels Werber: Ameisengesellschaften. Eine Faszinationsgeschichte, Frankfurt a. M. 2013, S. 69.

6 Vgl. dazu die Beiträge von Ralf Klausnitzer *(Von Bienen fabeln. Zur literarischen Beobachtungs- und Faszinationsgeschichte der ‚Apis mellifera')* und Sabine Kalff *(Sind Kraniche Demokraten? Zur politischen Ornithologie der Frühen Neuzeit)* in diesem Band.

essant. Ihr Wimmeln ist nicht unbedingt tugendhaft, aber ökonomisch fruchtbar: „Allemsig müßt ihr sein, / Ihr Wimmelscharen / Nur mit dem Gold herein!" – heißt es in Goethes *Faust.* Doch es gibt auch Einspruch wie in Heinses *Ardinghello:*

> Die Politiker mögen die menschlichen Ameisenhaufen rühmen und preisen, sosehr sie wollen, und diese selbst auf ihre Arbeitsamkeit sich noch soviel einbilden: Maul und Magen, denn dieserwegen geschieht's doch, ist wahrlich nicht, was den Menschen über das Vieh setzt!

Das „sich wimmelnd durchkreuzende[] Ameisengeschlecht" aus *Wilhelm Meisters Wanderjahren* erscheint immer auch als latentes oder manifestes Schreckbild der Unübersichtlichkeit und des Chaos, von Zufall und blindem Fatum. Für Hölderlins *Hyperion* ist „die Erde, die einst überfloß von schönem menschlichen Leben, [...] fast, wie ein Ameisenhaufe, geworden". In Klingemanns *Nachtwachen des Bonaventura* findet sich der nämliche Topos menschlicher Ameisen, deren anonymes Leben wie ein mediokres Werk vom blinden Zufall oder von höherer Willkür zerstört wird –

> wenn ich etwa den Ball spiele und dadurch ein paar Duzzend Länder und Städte untergehen und mehrere von den Ameisen zerschmettert werden, die sich ohnedas seitdem sie die Kuhpocken erfunden haben nur zu viel vermehren

– ebenso begegnen wir in Tiecks *William Lovell* Ameisen, die „sich mit kläglicher Emsigkeit mit Sandkörnern schleppen, um den gewaltigen Bau aufzuführen, den ein einziger Fußtritt aus seinen Wurzeln hebt". Ameisen dienten überdies wahlweise zugleich dem Lob der Monarchie wie dem Preis der Demokratie. Wobei zu Letzterem die Angewohnheit etlicher Ameisenvölker, Sklaven zu halten, eine starke Herausforderung bedeutete.

„Wer sich für die Frage interessiert, welches Menschenbild und welcher Entwurf einer sozialen Ordnung in einer bestimmten historischen Epoche und kulturellen Situation die Diskurse dominieren, erhält von der Analyse des Bildes der Ameisengesellschaft immer eine Antwort."[7] – so Niels Werber in seiner umfassenden kulturwissenschaftlichen Studie, zu der sich das hier Angeführte als literaturwissenschaftliche und zeitgeschichtliche Ergänzung versteht. Vor allem will ich versuchen, den chronologischen Zusammenhang an breiter eruierten Materialien stärker zu konturieren. Werber, der vor allem den Ameisenhandel zwischen Biologie und Sozialwissenschaften beobachtet,

7 Werber (wie Anm. 5), S. 347.

hat herausgearbeitet, wie die gegenüber den Sozialwissenschaftlern vergleichsweise verschwindend geringe Zahl der Myrmekologen besonders erfolgreich darin war und ist, ihre über das Biologische hinausgehenden Deutungsangebote, ja, -imperative, in den Sozialwissenschaften zu implementieren. Doch was aus der Biologie transferiert wurde und wird, ist zu wesentlichen Elementen wiederum von protosozialwissenschaftlichen Annahmen zur menschlichen Sozialität vorgeprägt. Nicht zuletzt haben Literatur und Film zu solchen Übertragungen und Rückübertragungen beigetragen. Lässt man den Vorlauf bis dahin beiseite, dann geht es im 20. Jahrhundert und bis heute bei der Auseinandersetzung mit den Ameisenstaaten und -schwärmen immer um Beschreibungs- und Prognoseversuche zu den sogenannten Massengesellschaften.

Mehr noch als Fachwissenschaftler haben dazu vor allem popularisierende Sachbuchautoren beigetragen. Allen voran der Nobelpreisträger für Literatur von 1911 Maurice Maeterlinck, der nach seinem 1901 erschienenen *Leben der Bienen,* das vom Nobelkomitee ausdrücklich in seiner poetischen Bildkraft gewürdigt wurde, im gleichen Muster 1926 sein *Das Leben der Termiten* veröffentlicht hatte, das 1927 ins Deutsche übersetzt wurde und anschließend viele Auflagen erlebte. Das 1930 folgende *Das Leben der Ameisen* kam auf Deutsch noch im selben Jahr heraus und erlebte bis 1944 mehrere Auflagen.[8] Man könnte auch auf Wilhelm Bölsches *Der Termitenstaat* (1931) hinweisen, in dem die militaristische Vergleichsebene auffällig dominiert.[9] Ein anderes, inzwischen zu den Pionierwerken der Verhaltensforschung gehörendes Werk wird ab 1939 in Deutschland stark rezipiert werden: Eugène N. Marais' *Die Seele der weißen Ameise,* übersetzt nach der englischen Ausgabe von 1937 *The Soul of the White Ant.* Das Werk, das auf früheren Vorstudien basierte, war allerdings bereits 1925 auf Afrikaans als *Die Siel van die Mier* erschienen und ist nachweislich von Maeterlinck ausgiebig plagiiert worden. Marais, der sich 1936 verbittert über die immense Aufmerksamkeit, die Maeterlinck und nicht er erfuhr, das Leben nahm, hat den Welterfolg des eigenen Buches nicht mehr erlebt. Und der war ausgerechnet Folge der Übersetzung ins Englische, die Marais zu Lebzeiten immer abgelehnt hatte.

Ähnlich international erfolgreich und populär war der Roman des Niederländers Cornelis Johannes Antonius van Bruggen, der bereits 1916 unter

8 Ein Indiz für den populären Status dieser beiden Bücher ist, dass in der Reihe *Nobelpreis für Literatur* des Coron-Verlags [Zürich o. J.] sie und nicht seine explizit dichterischen Arbeiten das Werk Maeterlincks vertreten.

9 Vgl. dazu Werber (wie Anm. 5), S. 372.

dem Titel *Het verstoorte Mierennest* erschienen und u. a. 1920 ins Deutsche unter dem martialischeren Titel *Das zerstörte Ameisenreich* übersetzt worden war. In dieser konventionellen Dystopie überlebt der Protagonist zufällig die Auslöschung der Menschheit, erfährt seine Abhängigkeit von der technischen Zivilisation, lebt wie Robinson Crusoe,[10] findet aber keinen Freitag, indes eine ebenfalls überlebende junge Frau – und gründet mit ihr ein neues Menschengeschlecht, das alsbald den Menschheitsweg wiederholt, indem ein neuer Kain seinen Bruder Abel erschlägt. Gerade weil einzig der Titel die Parallele zur Ameisenwelt zieht, wird darin die kulturkritische Geläufigkeit dieses Vergleichsmodells umso signifikanter.

Der menschliche Ameisen- oder Termitenstaat wird in der Folgezeit nun wahlweise als unausweichlich befürchtet – so etwa seinerzeit der Vordenker der Kybernetik, Norbert Wiener[11] – oder aber zum erstrebenswerten Ziel erklärt. Wobei es da wiederum mindestens zwei Richtungen gibt: die von der angeblichen Hierarchie faszinierte und die von der angeblichen Selbstorganisation hingerissene. Allzu verlockend scheint die Vorstellung von Organisationen schierer Zirkulation und Kommunikation, die in ihrer Stabilisierung durch unentwegte Bewegung Imperative des Altruismus überflüssig machten: Man müsste mithin Gesellschaft nicht mehr verstehen, sondern nur noch optimieren. Phantasien, die im Silicon Valley zu Technologieprogrammen werden. Anders als z. B. Affen haben sie keinen Schutz, keine Empathie und keinen Kampf um die Akzeptanz ihrer Rechte als Co-Primaten nötig. Sie repräsentieren indes am ehesten die dunklere Seite der Menschheit: den kollektiven Egoismus.

War das Ameisen-/Termiten-Paradigma bis weit über die Mitte des 20. Jahrhunderts hinaus vornehmlich eines der Geopolitik – man denke nur an die kollektivierten roten Ameisen des russischen Bolschewismus oder die blauen Ameisen des maoistischen China –, wurde dies in jüngerer Zeit durch eine Etho-Öko-Politik der ameisischen Vergesellschaftung abgelöst, in der Ressourcenschonung und Homöostase als Optimum gelten. So liefern jüngste Großerzählungen zu Superorganismen und Welt-Life-Balance, wie sie insonderheit Edward O. Wilson[12] und seine Adepten anbieten, am Vor-

10 Vgl. C. J. A. van Bruggen: Das zerstörte Ameisenreich. Eine Phantasie, Zürich 1920, S. 143.

11 Vgl. Werber (wie Anm. 5), S. 48 f.

12 Vgl. a. Edward O. Wilson: The Future of Life, New York 2002 (dt.: Die Zukunft des Lebens, Berlin 2002); The Social Conquest of Earth, New York 2013 (dt.: Die soziale Eroberung der Erde. Eine biologische Geschichte des Menschen, München 2013).

bild der Ameisenschwärme neue – etwas komplexere – Fabeln für den willigen Mittelstand, der im Sozietätsgebot seinen Individualimperativ sieht.

Werbers Rekonstruktion, wie der „Ameisenhaufen sich als Brutstätte einer neuen Soziologie" erwies, zeigt darin die Entstehung einer Gesellschaftsanalyse ohne – gar einzelne! – Menschen, entwickelt mithin die Genealogie der Luhmann'schen Systemtheorie (wie übrigens auch der Kybernetik) aus der Rezeption entomologischer Forschungen und Spekulationen. In dieser zirkulären Stabilisierung des Paradigmas der Ameisengesellschaft durch eine sich soziologisch instrumentierende Entomologie und entomologisch inspirierende Soziologie bleibt allerdings – einmal ganz abgesehen von der individualliberalistischen, althumanistischen Resistenz oder kulturkritischen Massenphobie – eine grundsätzliche Spannung. Auf dem einen Pol ist das kybernetisch, systemtheoretisch oder netzwerkend angenommene Wunschbild einer organismischen Selbstorganisation, auf dem anderen – an die Massenphobien anschließende – die einer hierarchischen Lenkung und elitistischen Kontrolle der zu organisierenden Massen.

Eine von Werbers Pointen in dieser Ausfaltung der wechselseitigen Beziehungen ist es, zu zeigen, wie Wilson in seinem *Ameisenroman* (dt. 2011) von Elitenvorstellungen so angetan war, dass er sie – gegen alle Ergebnisse und Tendenzen der eigenen myrmekologischen Forschung – in sein literarisches Konstrukt einbaute.[13] Das Modell zu Wilsons Operation findet sich bei dem bedeutenden Forscher William Morton Wheeler, in seiner Modellierung des Superorganismus,[14] die sich 1910 auf den italienischen Soziologen Vilfredo Pareto und dessen Gesetz stützte, nach dem jedes soziale System sein Äquilibrium im Inneren und in Relation zum Außen suche, indem es sich in permanente Transformation versetze. Verantwortlich für den Weg aus den Dysbalancen sind für Pareto aber jeweils Eliten, denen allein es gelingt, aus der Krise heraus die Homöostase zu erneuern.

Das nahm gewissermaßen Carl Schmitt eine Sorge, die ihm mit Ernst Jüngers Essay *Der Arbeiter* (1932) aufgekommen war, in dem Jünger den egalitären, soldatischen Arbeiter- wie einen Ameisenstaat beschrieb, der so funktionell wimmelt wie einst die Soldaten im Schützengraben:

13 Vgl. Werber (wie Anm. 5), S. 198–226. Vgl. a. Erhard Schütz: Wie man ein Superorganismus wird. In: Die literarische Welt v. 19.5.2012, S. 8.

14 William Morton Wheeler: Ants, New York 1910, ders.: The ant-colony as an organism. In: Journal of Morphology 22 (1911), No. 2, S. 307–325.

> Ebensowenig also, wie der Einzelne sich noch mit der Würde der Person zu bekleiden vermag, erscheint er als Individuum oder erscheint die Masse als Summe, als eine zählbare Menge von Individuen. [...] Sie bietet sich in Bändern, in Geflechten [...] der Wahrnehmung dar, auch in ameisenartigen Kolonnen, deren Vorwärtsbewegung nicht mehr dem Belieben, sondern einer automatischen Disziplin unterworfen ist.[15]

Carl Schmitt sorgte sehr, dass dieser selbstregulative Mechanismus des verameisten Staates keine Entscheidungsinstanzen mehr habe und rechtsstaatsfrei auch keinen Staatsrechtler benötigte. Elite aber muss sein. Indes war ihm Jünger wohl gar nicht so fern, denn der Offizier war da ganz selbstverständlich, wie ‚organisch' mitgedacht. Zur gleichen Zeit hatte Aldous Huxleys *Brave New World* (1932) den Horror eines ameisisch durchregulierten, funktional hierarchisierten Staates visioniert, während Olaf Stapledons Roman *Last and First Man* (1930) nichts weniger als die Entwicklung der Menschenwelt zu einem schwarmregulativen Superorganismus imaginierte.

Die Wünsche und Befürchtungen, Fragen und Antworten bewegten sich in jenem nietzscheanischen Dilemma, unter den Vielen ein Besonderer sein zu wollen und die Schmerzen der Individuation zu meiden oder wenigstens zu mildern.

## *II. Die Ameisen der Industriemoderne*

Es nimmt also nicht Wunder, dass das Bild vom Ameisengewimmel mit der Industrialisierung und Verstädterung zum einschlägig kommunen Topos wurde. Ob nun für Max Kretzers *Meister Timpe* (1888) über die Berliner Schillingsbrücke hinweg, „begleitet von den vorüberrollenden Pferdebahnwagen und hundert anderen Gefährten, Ameisen gleich ein Strom von Menschen sich bewegte", während direkt nebenan die Fabrik entsteht, die ihm die Sicht auf Fluss und Menschenstrom nehmen wird, oder ob bei Fritz Mauthner in *Quartett* (1886) die Börse, die Blackbox der kapitalistischen Industrialisierung, als ein „Ameisenhaufen"[16] erscheint. Schließlich werden diejenigen, die antikapitalistisch für das alles verantwortlich gemacht werden, nämlich die Juden, wie Ameisen wimmeln. So sagt der Vetter in Achim von Arnims *Majorats-Herren* (1818) mit Blick auf die Judengasse in Frankfurt:

15 Ernst Jünger: Der Arbeiter. In: Ders.: Sämtliche Werke, Bd. 8 (Essays II), Stuttgart 1988, S. 105 f., Kapitel: „Der Untergang der Masse und des Individuums".

16 Fritz Mauthner: Quartett, Dresden, Leipzig 1886, S. 259, 261.

> [D]a sind sie zusammengedrängt, wie die Ameisen; das ist ein ewig Schachern und Zänken und Zeremonieenmachen, und immer haben sie so viel Plackerei mit ihrem bißchen Essen; bald ist es ihnen verboten, bald ist es ihnen befohlen, bald sollen sie kein Feuer anmachen; kurz, der Teufel ist bei ihnen immer los.[17]

Auch in Clemens von Brentanos *Rheinmärchen* (1811) „schwärmten" bereits die Juden „unter heftigem Gezänke [...] wie die Ameisen auf der Gasse herum"; und bei Hans Sochaczewer heißt es im Roman *Sonntag und Montag* (1927) über die Juden im Scheunenviertel der Inflationszeit: „Wie die Ameisen wimmelten jetzt diese unglücklichen Geschöpfe aus Kellern und Fluren"[18]. Die Nazi-Propaganda wird sich später allerdings nicht mehr mit dem Ameisenvergleich begnügen, sondern das jüdische ‚Gewimmel', das im Film *Jud Süß* (1940) mit dissonanter Musik gesteigert wird, im Film *Der ewige Jude* (1940) mit dem Gewimmel von Ratten zusammenmontieren.

Noch ein anderer Aspekt, mit diesen hier verquickt, findet sich in der angeblich verameisten Massengesellschaft der Moderne: der Antiamerikanismus. Wenn Alfred Kerr 1925 auf seiner Amerikareise Chicago als ein „Riesenhauf entschlossener Menschen-Ameisen"[19] erscheint, ist das eher konventionelle Rhetorik. Aber im georgeanischen *Jahrbuch für geistige Bewegung* wird der Zusammenhang 1912 bereits definitiv modelliert:

> Nach weiteren fünfzig jahren fortgesetzten fortschritts werden auch die letzten reste alter substanzen verschwunden sein, wenn es keine andern mehr als mit dem fortschrittlichen makel zur welt gekommene gibt, wenn durch verkehr, zeitung, schule, fabrik und kaserne die städtisch fortschrittliche verseuchung bis in die fernste weltecke gedrungen und die satanisch verkehrte, die Amerika-welt, die ameisenwelt sich endgültig eingerichtet hat.[20]

Ernst Jünger z. B., der im *Arbeiter* (1932) der gesellschaftlichen Verameisung mit neusachlicher Heroik entgegengesehen hatte, nahm im Zweiten Weltkrieg, 1942 in Paris, das an sich und Seinesgleichen schon etwas anders wahr:

> Flieger-Alarm. Wir saßen bei Licht zusammen und tranken Champagner von 1911, wozu die Maschinen surrten und der Hall der Geschütze die Stadt erschütterte. Klein wie die Ameisen. Dabei Gespräche über den Tod. Zu diesem Thema machte Lady Orpington

17 Allerdings antwortet der Majoratsherr auf diese ‚Verteufelung', man könne „den Teufel nicht für den Vater des Glaubens ansehen; nein, ich versichere es Ihnen, er ist der Feind alles Glaubens!".

18 Hans Sochaczewer: Sonntag und Montag, Potsdam 1927, S. 74.

19 Alfred Kerr: Yankee-Land. Eine Reise, Berlin 1925, S. 187.

20 [Friedrich Gundolf, Friedrich Wolters:] Einleitung der Herausgeber. In: Jahrbuch für geistige Bewegung, Bd. 3 (1912), S. VIII.

> einige gute Bemerkungen – so die, daß das Erlebnis des Todes zu den ganz wenigen gehöre, die niemand uns rauben könne [...].[21]

Zwei Jahre später, auf Besuch in Berlin, sieht er das Phänomen der vom Luftkrieg erzeugten wimmelnden, wandernden Massen denkbar deutlich im einschlägigen Kontext:

> Die Niederlegung so großer Städte wird in ihren Folgen noch nicht überschaut. Merkwürdig scheint auf den ersten Blick, daß der Verkehr sich in den Trümmern steigert; doch ist es logisch, da seine ruhende Entsprechung, die Wohnung, vermindert ist. Die Straßen und alle Bahnen waren überfüllt.

Zwar benutzt Jünger nicht das Bild von der Ameisenstraße, aber wenn er fortfährt: „Doch muß man die Zerstörung auch von innen her betrachten: als Abstreifen der alten Haut. [...] Amerika siegt über die Stätten alter Kultur – ich meine jenes Amerika, das im modernen Berliner mit jedem Jahre deutlicher zu spüren war.“[22], ist er bei der einschlägigen Denkfigur angelangt. Was er scheinbar neutral formuliert, wird sich bei anderen bis in die Zeiten des Kalten Krieges fortsetzen, in dem zwar die östlichen Feinde das Patent auf Ameisentum haben, aber die noch immer nazivermuckte oder auch nur konservative Kulturkritik der Bundesrepublik die Amerikaner gleich noch mit unter das darin Perhorreszierte subsumiert.

## *III. Der zerstörte Haufen*

Solch breit ausgelegter Spur soll nachfolgend in einer Rekonstruktion des Zusammenhangs von Krieg und Metaphern sowie Modellen von Ameisengesellschaften nachgegangen werden, und dies vor allem an Belegen aus der deutschen Literatur und Publizistik vor und nach dem Zweiten Weltkrieg. Nicht in der Literatur, aber in den theoretisierenden Organisationsmodellen der menschlichen Ameisengesellschaft blieb das Moment der abrupten Desintegration durch die Wirkung von außen weitgehend ausgeblendet, marginal und allenfalls latent. Dabei drängte es aus der historischen Entwicklung selbst immer mehr hervor. An die Stelle von Gottes unergründlichem Beschluss, dem Wüten des Schicksals oder der Wahrnehmung von Kontingenz, trat als Äquivalent zum menschlichen Fuß, der aus Unachtsamkeit oder

21 Ernst Jünger: Strahlungen, Tübingen 1949, S. 111 f.
22 Ebenda, S. 482 f. (29.2.1944).

Willkür das Gewimmel zerstört, eine selbstgemachte, sich verselbstständigende Gewalt von oben: der Luftkrieg, gesteigert in Visionen vom Atomkrieg, der wesentlich als radikale Totalisierung des Luftkriegs vorgestellt wurde.

Der Blick auf die Ameisenwelt war naturgemäß – so gut wie immer – einer von oben. Und ebenso naturgemäß finden sich in den literarischen Ameisenmetaphern konventionalisiert Blicke auf die Menschen- als Ameisenwelt solche von oben: von Giebeln, Türmen oder Bergen. Mit dem sich entwickelnden Flugwesen zunächst eher staunend miniaturisierend, mit den zunehmenden Realien des Luftkriegs aber wird die Verameisung ebenso immer mehr zur erschreckenden Selbstwahrnehmung werden:

> Die Städter, die tief unten auf der Straße gehen, meinen wohl auf der Erde zu wandeln. Von der Dachfreiheit aus gesehen erscheinen sie winzig wie Ameisen, dem Himmel ganz fern und gottverlassen. Höhlenbewohner sind sie geblieben, und die Straßen sind ihre Gänge. Von oben sieht man's: sie leben im Schatten.[23]

Was Ernst Penzoldt 1939 noch im konventionellen Blick vom Dach herab fasst, wird unmittelbar darauf und rapide akkumulierend, Realität werden: das Leben in Höhlen und im Schatten. Freilich war das Schreckensbild längst durch den Ersten Weltkrieg präsent, aber auch in seiner Ahnung, abwehrend oder beschwörend, davor. Und in der Zwischenkriegszeit vollends in den Szenarien des kommenden als eines Gaskriegs aus der Luft.

Zu dem, was unter Rekurs auf Carl Schmitt verstärkt als Raumrevolution diskutiert wurde,[24] gehört eben auch die spezifische Wahrnehmung der Menschen nicht mehr unter dem Auge Gottes, sondern in der Vogelperspektive auf sich selbst, gehört das (Selbst-)Bild von Insekten, Ameisen und Termiten. Das Bild hat es, wie bisher gezeigt, schon früher gegeben und steht im Kontext allgemeiner Modernisierungsproblematik.[25] Mit dem Flug

23 Ernst Penzoldt: Romantische Ecke. In: W. Haacke (Hrsg.): Die Luftschaukel, Berlin 1939, 287–290.

24 Vgl. etwa Armin Adam: Raumrevolution. Ein Beitrag zur Theorie des totalen Kriegs. In: M. Stingelin, W. Scherer (Hrsg.): HardWar, SoftWar. Krieg und Medien 1914 bis 1945, München 1991, S. 145–158; Christoph Asendorf: Super Constellation. Flugzeug und Raumrevolution, Wien, New York 1997; Ingo Stöckmann: Im reinen Raum. Jünger, Schmitt, Medientechnik. In: R. Maresch, N. Werber (Hrsg.): Raum – Wissen – Macht, Frankfurt a. M. 2002, S. 135–155.

25 Vgl. Stephan Porombka: „Bewundernswert war die Ordnung". Der Ameisenstaat und die biologische Modernisierung. In: E. Schütz, G. Streim (Hrsg.): Reflexe und Reflexionen von Modernität 1933–1945, Bern 2002, S. 109–124.

und speziell mit dem Luftkrieg erhält es aber eine neue Intensität. Seit H. G. Wells in *Der Luftkrieg* (1908) schrieb: „Wir sind einfach Ameisen in Ameisenstädten“[26] oder Marinetti 1912 visionierte, den „ameisenwimmelnde[n] Haufen“ der Gegner im Rausch des Luftkriegs zu dezimieren,[27] gehörte das Bild von den menschlichen Ameisen zum Repertoire des tatsächlichen oder imaginierten Blicks von oben. Es findet sich denn auch immer wieder in den Szenarien zum Gaskrieg,[28] bei Johannes R. Becher[29] ebenso wie bei Robert Knauss – hier besonders eindrucksvoll, weil katachretisch: „Das Ameisengewimmel der Menschen duckt sich in den Kellern“[30].

Dieses Bild wird nun unterm realen Bombenkrieg zunehmend zum Selbstbild derer, die sich als dessen Opfer – oder im seltensten Falle: als Opfer der eigenen (Mit-)Taten – sehen: „Ringsum emsiges Leben, als habe ein Riese mit seinem Stock in einem Ameisenhaufen gestochert“, notiert z. B. Ursula von Kardorff im zertrümmerten Berlin.[31] Bevor es aber zu diesem Luftkrieg kam, war der Status des Ameisenstaates zumindest noch heftig diskutiert und umkämpft, wie Werber an Jünger, Schmitt, Huxley und Stapleton gezeigt hat.

Zu etwa der gleichen Zeit veröffentlichte Ernst Bacmeister, den die Nazis als Vorläufer ihrer heroischen Dramatik lobten und der wiederum dankbar den Nationalsozialismus als Erfüllung seiner religiösen Hoffnungen feierte, seine *Erlebnisse der Stille,* darin unter allerlei Bescheidenheitsfrömmeleien auch eine bekenntnishafte Grille über *Die Ameise,* worin er zunächst schildert, wie sein „Gärtnerwille“ – „Geist und Gewissen waren wohlweislich abgestellt“ – einen Ameisenbau zerstörte: „vertilgte das gewaltige Volk, ich Einer die Unzähligen“. Später, „in einer großen Stadt, wo die Menschen wie

26 H. G. Wells: Der Luftkrieg (1908), Frankfurt a. M. u. a. 1983, S. 204.

27 Filippo Tommaso Marinetti: Tod dem Mondschein! Zweites Manifest des Futurismus (1912). In: P. Demetz: Worte der Freiheit. Der italienische Futurismus und die deutsche literarische Avantgarde (1912–34), München 1990, S. 182–192, hier S. 192.

28 Vgl. dazu ausführlicher Erhard Schütz: Wahn-Europa. Mediale Gas-Luftkrieg-Szenarien der Zwischenkriegszeit. In: H.-P. Preußer (Hrsg.): Krieg in den Medien, Amsterdam, New York 2005, S. 128–147.

29 Johannes R. Becher: (CHCl:CH)3As (Levisite) oder Der einzig gerechte Krieg. Roman (1926). Der Bankier reitet über das Schlachtfeld. Erzählung (1926), Berlin, Weimar [2]1985, S. 126.

30 Major Helders [d. i. Robert Knauss]: Luftkrieg 1936. Die Zertrümmerung von Paris, Berlin 1932, S. 52.

31 Ursula von Kardorff: Berliner Aufzeichnungen. Aus den Jahren 1942–1945, München 1981, S. 136. Vgl. a. Theo Findahl: Letzter Akt – Berlin. 1939–1945, Hamburg 1946, S. 94.

Ameisen wimmelten, bei einer Abendgesellschaft", während das Gespräch „männisch vor den Ohren der schweigenden Frauen" prunkte, reicht ihm eine Frau einen Apfel: „Zur Belohnung! Weil Sie uns schweigen helfen." Der sensitive Frauenfreund verspricht, den Apfel „in stummer Andacht" zu verzehren, ganz und gar. Leider, wie sich beim Zerlegen zeigt, findet sich darin eine Ameise. Er bricht sein Versprechen:

> So rette ich diese einzelne Ameise bewußt vom zugedachten Tode, nachdem ich eine viertel Million ihresgleichen mochte vernichtet haben [...]. Ich setzte das aufgelebte Tierchen in den Christbaum, wo es sich im Lichtglanz zwischen Nadelgrün und künstlichem silbernen Glitzerschnee wie in ein gütiges Märchen verlor.[32]

Ernster als in dieser sentimental-ungerührten Parabel auf das Verhalten gegenüber Individuum und Masse war der Kampf, den der deutschstämmige Farmer Leiningen im brasilianischen Urwald auszufechten hat. In Carl Stephensons Geschichte von *Leiningens Kampf mit den Ameisen,* im Jahr 1937 mit dem Preis der modernistischen Zeitschrift *die neue linie* ausgezeichnet und noch immer als Leseheftchen für die Schule zu haben,[33] geht es um nichts weniger als die Selbstverameisung des Menschen, will er den Kampf gegen die Ameisenheere und – kann man hinzufügen – in der menschheitlichen Gegenwart der unerbittlichen Moderne erfolgreich bestehen. Die hier propagierte „Insektifizierung der Führernatur" hat Stephan Porombka als Vorausbild des nationalsozialistischen Staates der „folgsamen, opferbereiten Überameisen"[34] gedeutet, so wie sie der Ameisen- und Termitenforscher Karl Escherich 1933 in seiner Münchner Rektoratsrede unter dem Titel *Termitenwahn* dargelegt hatte: Die Mitglieder der Termitenstaaten, so Escherich, könnten gar nicht anders als zusammenzuarbeiten. Ihre Zwangsvergemeinschaftung in die „planvolle Arbeitsorganisation" führe zu unbedingter Disziplin und einem „fanatischen Verteidigungswillen", mithin zum „idealen Totalstaat". Der könne dem NS-Staat als Vorbild dienen, freilich nur dann, wenn er nicht dem bolschewistischen „Termitenwahn" mit seiner Unterdrückung des Individuums verfalle, sondern durch Erziehung zum „politischen Menschen", zur Einsicht in die höhere Notwendigkeit und freiwillig zum Gemeinschaftsdienst bestimme.[35]

32 Ernst Bacmeister: Erlebnisse der Stille, München 1927, S. 95–105, hier S. 100–102, 105.

33 Carl Stephenson: Leiningens Kampf mit den Ameisen, Husum 2007.

34 Porombka (wie Anm. 25), S. 123 f.

35 Karl Escherich: Termitenwahn. Eine Münchener Rektoratsrede über die Erziehung zum politischen Menschen, München 1934, S. 7, 19.

Dass der Luxemburger Chemiker und Zoologe Robert Stumper 1936 u. a. Escherichs Spekulationen als „verstiegene Ideologie" und „biologische Mystik"[36] abgetan hatte, zeigte zwar in Deutschland kaum Wirkung; und auch die Naziideologen waren von Escherichs Spekulationen zunächst wenig angetan. Zu eng war das Bild von Ameisen und Termiten mit dem östlichen Kollektivismus verbunden. Man operierte einstweilen lieber mit dem Kollektivindividuum wie in der parabolischen Erzählung *Die Ameise* von Fritz Müller-Partenkirchen, in der die Ameise fleißig schafft und vorsorgt, von Wassermassen eingeschlossen wird, aber nicht aufgibt, sondern sich ihrer Flügel besinnt, sich übers „Geschick" erhebt und „ihren Arbeitsweg am anderen Ufer" fortsetzt. Folgt die Moral: „Deutscher, recke dich mit letzten Kräften hoch" etc.[37] Und noch im Oktober 1941 sorgte der Jünger-Adept Gerhard Nebel für einen Eklat, als er den kleinen, eher unscheinbaren Text *Auf dem Fliegerhorst* in der *Neuen Rundschau* platzierte, in dem er, ausgehend von der insektengleichen Erscheinung von Flugzeugen und explizit angelehnt an die Überlegungen von Marais, darüber spekulierte, dass „der Mensch sein altes Wesen ablegen und sich ein neues errichten will, dessen Bausteine zu einem beträchtlichen Teil aus dem Reich der Insekten stammen", dem der Termiten zumal, bestimmt durch „unermüdlichen Fleiß, seine mechanisierte Todesverachtung, seine alles Einzelwesen aufhebende Staatlichkeit". Der „das Insekt nachahmende Mensch" jedenfalls könne sein Dasein nicht mehr als „Erhöhung" erfahren. In der „Todesverachtung" der Krieger müsse man „die Unbekümmertheit des Werkzeuges sehen, das über seine Verwendung, seinen Einsatz und seine Vernichtung nicht selbst zu entscheiden hat und zu entscheiden begehrt". Mit der Formierung des menschlichen Staates nach Maßgabe des Termitenstaates könne eine Seele nurmehr dem Staat, „nicht seinen Angehörigen zugesprochen werden". Damit sei man, noch einmal die von Ernst Jünger herrührenden Motive bündelnd, in die Zone des Nihilismus eingetreten.[38] Nebel wurde strafversetzt, die *Neue Rundschau* mit Einstellung bedroht und ihr Redakteur Karl Korn gemaßregelt.

36 Robert Stumper: Ameisenstaat – Menschenstaat, Luxemburg 1936, S. 28.

37 Fritz Müller-Partenkirchen: Die Ameise. In. Völkischer Beobachter v. 30.4.1933. Ich danke David Oels für diesen Hinweis.

38 Vgl. Gerhard Nebel: Auf dem Fliegerhorst. In: Die Neue Rundschau 52 (1941), S. 606–608. Vgl. dazu auch Heidrun Ehrke-Rotermund, Erwin Rotermund: Zwischenreiche und Gegenwelten. Texte und Vorstudien zur ‚Verdeckten Schreibweise' im ‚Dritten Reich', München 1999, S. 223–226; Heidrun Ehrke-Rotermund: Gegen die „Insektifizierung des

In seinem Tagebuch, das bis zu seiner Verhaftung 1944 reichte und nach seinem Tod 1945 im KZ Dachau postum 1946 erschien, hatte der vehemente Nazi-Kritiker Friedrich Reck-Malleczewen im Juni 1941 vom „Haß des Termitenhaufens, gegen alles noch nicht Termitisierte"[39] oder später verächtlich vom „Termitenschwarm, der morgens und nachmittags die Straßenbahnen mit Menschentrauben umkränzt" gesprochen.[40] Ein Fragment aus seinem Nachlass erschien denn auch 1946 unter dem sprechenden Titel *Das Ende der Termiten. Ein Versuch über die Biologie des Massenmenschen.*[41]

Was er da notierte, entsprach nun auf auffällige Weise zunehmend der Selbstwahrnehmung der Menschen unter den Bedingungen des Bombenkriegs, der in den zerstörten Städten unentwegte Menschenströme in Gang setzte. Sie werden – wie bei Nebel – als Termiten oder – wie bei Jünger – als Ameisen beschrieben. Besonders signifikant findet sich das in den Aufzeichnungen von Ursula von Kardorff: sei es, dass „wir freudlos und emsig wie die Ameisen unser Tagwerk dahinleben, zwischen Arbeit, Angriffen, Mühsal und Angst", sei es, dass die Zeitungsredaktion „ein pflichtgetreuer Ameisenhaufen" ist, dass eine „nervöse Ameisenmenge" eilig in fürchterliche Keller strebt oder „[r]ingsum emsiges Leben" herrscht, „als habe ein Riese mit seinem Stock in einem Ameisenhaufen gestochert" oder der Tunnel im Bahnhof Friedrichstraße „das Sinnbild unserer Termitenexistenz geworden ist". Das Bild der Ameisen korrespondiert dem der „Herde Menschentiere" auf dem Weg zum Bunker. Was diese Bilder meinen, wird dann auf den Punkt gebracht – als „Zug der Zeit zum Massenmenschen".[42] Ähnlich die Journalistin Ruth Andreas-Friedrich beim Blick in den Bunker: „Unten wimmelt es wie in einem Ameisenhaufen."[43] Und Theo Findahl, Korrespondent der norwegischen *Aftenposten,* sieht Berlin als „riesige[n] Ameisenhaufen von Fleiß und Emsigkeit"[44]. Aber erst Anfang April 1945 wird die Propaganda

Menschen". Gerhard Nebels Kritik an der Luftwaffe des ‚Dritten Reiches'. In: ZfGerm IX (1999), H. 2, S. 375–389.

39 Friedrich Percyval Reck-Malleczewen: Tagebuch eins Verzweifelten. Zeugnis einer inneren Emigration (1946), Frankfurt a. M. 1971, S. 88.

40 Ebenda, S. 146. Vgl. a. S. 109, 119.

41 Friedrich Percyval Reck-Malleczewen †: Das Ende der Termiten. Ein Versuch über die Biologie des Massenmenschen, Lorch, Stuttgart 1946.

42 Ursula von Kardorff: Die Frauen in Berlin. In: Deutsche Allgemeine Zeitung, Nr. 73 v. 14.3.1944, S. 6, 63, 118, 136, 128, 107, 127.

43 Ruth Andreas-Friedrich: Der Schattenmann. Tagebuchaufzeichnungen 1938–1945, Frankfurt a. M. 1986, S. 275. Eintrag v. 24.4.1945.

44 Findahl (wie Anm. 31), S. 94.

den noch verbliebenen Zeitschriften einen Artikel zur wörtlichen Übernahme empfehlen, der den Titel trägt: *Den Ameisen gleich:*

> Es gibt kaum ein schwierigeres Unternehmen als die Ausrottung einer größeren Ameisenkolonie. [...] wie bringen sie es fertig, auch schwerste Verfolgungen zu überstehen und nachhaltigste Zerstörungen ihrer Bauten zu überwinden? [...] Ameisen handeln [...] und spekulieren nicht. Der Wille zum Weiterleben, des einzelnen wie der Gemeinschaft, ist so stark, daß er [...] stärker ist als das Unglück. [...] Sie sind ein Vorbild für jedes Menschenvolk.[45]

Von Überameisen, die über Untermenschen herrschen, ist darin freilich keine Spur mehr.

## *IV. Atomare Gesellschaft und Ameisenmasse*

Auch für das (Selbst-)Bild der menschlichen Ameisengesellschaft oder verameisten Menschengesellschaft gab es keine Stunde Null. Bruchlos setzt sich das über 1945 hinweg fort; Alfred Döblin z. B. notiert Ende 1945:

> Ein Haupteindruck im Lande [...] ist, daß die Menschen hier wie Ameisen in einem zerstörten Haufen hin und her rennen, erregt und arbeitswütig zwischen den Ruinen [...]. Die Zerstörung wirkt auf sie nicht deprimierend, sondern als intensiver Reiz zur Arbeit.[46]

Ähnlich auch 1946 Alfred Andersch im ersten Satz seiner programmatischen Erklärung *Das junge Europa formt sein Gesicht:* „In dem zerstörten Ameisenberg Europa, mitten im ziellosen Gewimmel der Millionen, sammeln sich bereits kleine menschliche Gemeinschaften zu neuer Arbeit."[47] Hans Zehrer, ehedem militanter Nationalrevolutionär, Wortführer im *Tat*-Kreis und frischbestallter Chefredakteur der evangelischen Wochenzeitung *Sonntagsblatt*, schrieb 1948:

45 Den Ameisen gleich. In: Zeitschriften-Dienst/Deutscher Wochendienst v. 7.4.1945, Nr. B 209.

46 Alfred Döblin: Süddeutschland, Ende 1945. In: H. M. Enzensberger (Hrsg.): Europa in Ruinen. Augenzeugenberichte aus den Jahren 1944–1948, Frankfurt a. M. 1990, S. 188.

47 Alfred Andersch: Das junge Europa formt sein Gesicht. In: Der Ruf, H. 1 v. 15.8.1946 (zitiert nach: Der Ruf. Eine deutsche Nachkriegszeitschrift, hrsg. v. Hans Schwab-Felisch, München 1962, S. 21).

> Schwarm und Haufe, Stamm und Horde sind nun zu einem großen Körper zusammengeschweißt und in die künstliche Umwelt des Apparates eingeschliffen worden. Das Volk ist zum Stamm, seine Umwelt zum Kral geworden. [...] Innerhalb seiner magischen Welt nähert sich der primitive Stamm den Organismen und Ordnungen einer tierischen Welt, die im Schwarm und in der Herde, im Bienenstock und im Ameisenhaufen ihre Verwirklichung gefunden haben.[48]

Vor allem die Termiten scheinen allüberall. Sieht man sich den Kontext an, dienen sie in ihrer noch größeren Fremdartigkeit zur Entlastung der heimischen Ameisen.

Frank Thiess, nicht nur wegen seiner Attacken auf Thomas Mann damals Stichwortgeber reaktionärer Demokratieverächter,[49] nimmt den Termiten-Topos von Reck-Maleczewen 1946 in einem Vortrag über *Geist und Geschichte* auf und verschärft ihn insofern, als er den „nationalsozialistischen Termitenstaat[ ]" nicht nur metaphorisch, sondern als „Großorganismus" im biologischen Sinne traktiert und sich dabei wiederum – wie schon Nebel – bei Marais munitioniert. Thiess hebt dabei auf die alternativlose Zwanghaftigkeit der Kollektivzugehörigkeit ab und apostrophiert das kollektive Leben als eine dritte Form des Organischen.[50] Reck-Maleczewens Anti-Termiten-Philippika findet 1947 auch bei Eugen Kogon begeisterte Zustimmung: Auch er nennt den NS-Staat den „Termiten-Staat der neuzeitlichen Barbaren". Aber seine, unmittelbar an Reck-Maleczewen angelehnte, Aversion geht entschieden darüber hinaus, nämlich – erstaunlich angesichts des Publikationsortes: die linken *Frankfurter Hefte* – gegen die massendemokratische Gesellschaft schlechthin. Er lobt das Buch des Konservativen gerade für seine „Merkmale der alten Zucht und Schule"; es steche „überlegen in den greulichen Termitenhaufen, der seit Generationen wächst und wächst". Die demokratieaversive, elitistische Position wird noch dadurch unterstrichen, dass er ausdrücklich dem Motto aus – dem damals in konservativen, kulturkritischen und demokratieabstinenten Kreisen allgegenwärtigen – *Der Aufstand der Massen* von Ortega

48 Hans Zehrer: Der Mensch in dieser Welt, Hamburg, Stuttgart 1948, S. 415, 417.

49 Vgl. Erhard Schütz: Lebensführer zum Gott-Tier. Frank Thiess – Skizze eines nationalrevolutionären Erfolgsautors. In: ZfGerm VIII (1998), H. 1, S. 65–82.

50 Frank Thieß: Geist und Geschichte. Ein Vortrag. In: Berliner Hefte 1 (1946), H. 3, S. 217–231. Ebenfalls abgedruckt in: Aussaat 1 (1946/47), H. 10/11, S. 4–11. Ausführlicher hierzu, wie auch zu Kogon, vgl. Björn Bühner: Kulturkritik und Nachkriegszeit. Zur Funktionalisierung bildungsbürgerlicher Semantik in den politisch-kulturellen Zeitschriften 1945–1949, Heidelberg 2014, S. 99–105.

y Gasset zustimmte, das Reck-Maleczewen seinem Buch, leicht verändert, vorangestellt hatte:

> Charakteristisch für den gegenwärtigen Augenblick ist es, daß die gewöhnliche Seele über ihre Gewöhnlichkeit zwar im klaren ist, zugleich aber die Unverfrorenheit besitzt, für das Recht der Gewöhnlichkeit einzutreten und überall es durchzusetzen.[51]

Wer aber ist dann noch verantwortlich für das verbrecherische Regime – außer der instinktgeleiteten, anonymen Masse?

Insofern ist für Günter Eichs Termiten im fünften Traum seines am 19. April 1951 ausgestrahlten, skandalisierten, späterhin gefeierten Hörspiels *Träume* längst das Nest bereitet. Nicht ganz zufällig dürfte unter den jeweils einem Kontinent zugeordneten Träumen dieser Termiten-Alptraum den USA, genauer: New York, vorbehalten worden sein. Sie, die hier nicht nur die Häuser, sondern selbst die Menschen von innen aushöhlten, zogen zwar die Bedrohungslage ins existentialistische Ungefähr und parabolisch Ubiquitäre, waren aber eben nur allzu sehr mit dem amerikanisch-zivilisatorischen Massenmenschen konnotativ verquickt. Massenmenschen wurden hier zu Opfern ihrer selbst, genauer: der ihnen kulturkritisch zugeschriebenen insektischen (Un-)Wesen.

Termiten(staat) – das sind stets die anderen. Dieses Stereotyp der Massengesellschaft wird zeitgenössisch allerdings durch zwei Bedrohungsszenarien von Überorganismen vermeintlich konkretisiert: zum einen von den Versprechen und Erwartungen der sogenannten Elektronengehirne, zum anderen, damit in Verbindung und das Ganze überwölbend, durch die atomare Bedrohung in der Eskalation des Kalten zum Dritten Weltkrieg. Das gilt über Deutschland hinaus. Gerade die amerikanische Popularkultur – insbesondere der Film – kanonisierte seinerzeit geradezu die Verameisung im Zeichen des Atomaren. Vor allem in – damals auch wissenschaftlich ernsthaft diskutierten – Horrorszenarien von Mutationen wie in dem SF-Horrorfilm *Them!* (1954), deutscher Verleihtitel: *Formicula.*[52] Darin mutierte die Bedrohung durch die Atombombe von oben gewissermaßen in die terrestrische von unten.

51 Eugen Kogon: Das Ende der Termiten. In: Frankfurter Hefte 2 (1947), H. 15, S. 526 f.

52 Regie Gordon Douglas. Der radikalisierten Wiederaufnahme des Stoffes 1974 im Film *Phase IV*, deutscher Verleihtitel: *In der Gewalt der Riesenameisen* (Regie: Saul Bass) hat Niels Werber eine ausführliche Untersuchung gewidmet. Hier geht es um den – in den 50er Jahren noch undenkbaren – Überlebens-Imperativ: „Ameise werden!". Vgl. Werber (wie Anm. 5), S. 310–334.

Heinrich Hausers 1948 zunächst als *The Brain* auf Englisch erschienener SF-Roman (dt. *Gigant Hirn,* 1958[53]) verquickt den Ameisen/Termiten-Topos auf besonders bizarre Weise mit dem Bedrohungsszenario eines Superhirns. Zwanzig Jahre, nachdem „die Bombe auf Hiroshima fiel", als für den Protagonisten die Amerikaner „genau das getan [hatten], was die Nazis getan haben", verselbstständigt sich in der amerikanischen Wüste, wo auch die Atomversuche stattfanden, der Superorganismus des Elektronenhirns Cephalon – Ausdruck der Selbstüberschreitung des Menschen. Als letztes Mittel gegen dessen Machtübernahme setzt der Protagonist eine Kreuzung aus Ameisen und Termiten, mithin das schiere Bios, ein, um das Hirn zu zerstören und damit den Menschen eine Fortexistenz auf einer niedrigeren Zivilisationsstufe, aber von der Maschine unversklavt, zu ermöglichen:

> Er hatte den Übermenschen zerstört, das Meisterhirn, die Macht eines Gottes. [...] Weil seine Begriffe von Freiheit und Menschenwürde verletzt worden waren. Weil er persönlich verabscheute, die Menschen von Maschinen beherrscht zu sehen.[54]

Ameisen und Termiten bleiben in diesem Kontext literarisch präsent. In Hans Wörners Roman über die atomare Verwüstung der Erde, *Wir fanden Menschen* (1948),[55] werden am Ende – mutierte – Ameisen den Menschen als Vorbild der Anpassung an die neuen Gegebenheiten empfohlen. 1957 erscheint in Edwin Erwin Dwingers Atomkriegsszenario *Es geschah im Jahre 1965* einem Nato-Offizier der Krieg als „Kammerjägerarbeit zwecks Ungeziefervernichtung". Gemeint sind die „wimmelnden Ameisen Allrusslands"[56]. In Ilse Langners *Die Zyklopen* (1960) geht es um die „ameisendummen Elektronengehirne"[57]. Hans Erich Nossack wird noch 1963 die Zukunft des Menschen im „durchfunktionalisierten Ameisenhaufen"[58] sehen. Und Stefan Andres hatte 1958 den allfälligen Vergleich insofern gesteigert, als für ihn

53 Heinrich Hauser: Gigant Hirn, Berlin 1958.

54 Ebenda, S. 42, 228.

55 Hans Wörner: Wir fanden Menschen, Braunschweig 1948.

56 Edwin Erich Dwinger: Es geschah im Jahre 1965, Salzburg, München 1957, S. 224, 291.

57 Ilse Langner: Die Zyklopen, Eschwege 1960, S. 267. Dank an Gesine Schröder für diese Hinweise.

58 Hans Erich Nossack: Proligio. Ein Traktat über die Zukunft des Menschen (1963). In: Ders.: Die schwache Position der Literatur, Frankfurt a. M. 1966, S. 165–175, hier S. 165 f. Instruktives zum Kontext des Ameisen-Topos findet sich bei Porombka (wie Anm. 25), S. 109–124.

die Menschen im Zeichen der Atomkriegsbereitschaft noch unterhalb der Ameisen rangierten:

> Wenn ein Ameisenhaufen aufgewühlt wird, was tun die erregten Kerbtiere zuerst? Sie retten ihre Larven, ihre Puppen, ihre Zukunft. Stellen Sie sich nun vor, irgendein mächtiges überirdisches Wesen, sagen wir ein Erzengel, blickte in dieser Stunde auf unser Europa, welches ja auch einem aufgestörten Ameisenhaufen gleicht. Und was erblickt der Engel, was ist es, das diese fleißigen Soldaten und Arbeiter so eifrig zu Luft, zu Wasser und zu Land hin und her transportieren? Sind es unsere Kinder, die sie in Sicherheit bringen? O nein, was sie da so eifrig von einem Ort zum anderen tragen, sind Vernichtungsmittel endzeitlichen Ausmaßes. Der Erzengel müßte feststellen, daß diese Menschen dümmer, fantasieloser und entarteter geworden sind als die Ameisen, also unters Tier gesunken.[59]

Auf dem Weg zur Gegenwart wurde der Blick von oben und außen zunehmend ersetzt durch einen von innen – genauer: durch die Empfehlung, ihn sich anzueignen. Der Imperativ „Ameise werden!", der – siehe oben – sozialwissenschaftlich oder -spekulativ in die systemische Selbstbeschreibung diffundierte, erhielt dabei Anschauungs- und Suggestionshilfe durch einschlägige Produkte der Popularkultur, in denen der frühere Horror von Harmonie und Niedlichkeit verdrängt wurde. Exemplarisch für solch konvergierende Menschwerdung der Ameise ist der als einer der allerersten vollständig am Computer hergestellten Trick-Filme – dies nicht ohne eigene ironische Note –, der 1998 herausgekommene *Antz*, in dem schließlich Individualismus und Initiative, Liberalismus und Liebe den Ameisenstaat retten…

## *V. Coda*

Am Ende aber soll ein Unterfangen aus der unmittelbaren Nachkriegszeit stehen, das am „Ameisenwahn" ein Exempel statuieren wollte, ebenso hellsichtig wie hilflos gutgemeint. Zum Beginn der Londoner Außenministerkonferenz, auf der über das weitere Schicksal Deutschlands entschieden werden sollte und auf der es zum Bruch zwischen den USA und der Sowjetunion kam, hatte Axel Eggebrecht am 29. November 1947 versucht, die Insektifizierungsmanie ironisch-komisch als selbst so wahnhaft zu entlarven wie die Massenphänomene, deren Kritik sie sein wollte: *Die Ameisen. Entstehung eines europäischen Aberglaubens im Herbst 1947*. Darin gelingt es einer

59 Stefan Andres: Gegen die Atomaufrüstung (1958). In: Ders.: Der Dichter in dieser Zeit, München 1974, S. 98–106, hier S. 106.

Forscherin, die Sprache der Ameisen zu belauschen und in Erfahrung zu bringen, dass sie über Strahlen verfügen, die wirkungsvoller sind als jede Atombombe, dass sie die Menschheit bereits unterwandert haben und im Begriff sind, die Weltherrschaft zu übernehmen. Massenpanik, Untergangshysterie bricht aus. Die Nachrichten melden, dass die Ameisen am Weltkrieg schuld waren, Truman beraten und das russische Veto beeinflusst haben, dass Sartre ein Stück *Die Ameisen* schreiben will und der „mittelschwäbische neuromantisch-nachexistentialistische Lyrikerkreis“ herausgefunden hat:

> Unsere Zeit ist das Ameisenzeitalter! [...] Als Kennzeichen des Formicismus werden Elektrizität, Film, Jazzmusik, Automobile, Sport und die Anbetung der Schnelligkeit verdammt.[60]

Abrupt endet die Ameisenpanik im Hörspiel, süffisant aufgelöst als Inszenierung in Analogie zu Orson Welles' *Der Krieg der Welten*. Folgt als Moral von der Geschicht': Aberglaube ist

> nur eine Wucherung der Phantasie. Eine Art Geisteskrankheit. [...] Aberglaube ist eine geistige Erkrankung, die sich als Lebensgesetz ausgibt. Es gibt leichte Fälle. Der Ameisenwahn war einer davon.[61]

60 Axel Eggebrecht: Die Ameisen. Entstehung eines europäischen Aberglaubens im Herbst 1947. Eine Kopie des Typoskripts nicht mehr eruierbarer Herkunft ist in meinem Besitz, S. 121.

61 Ebenda, S. 126 f.

Ulrike Vedder

# Im Zoologischen Garten der Moderne

> Moderne Zoos sind das Epitaph für eine Beziehung, die so alt war wie der Mensch selbst.
> John Berger: *Warum sehen wir Tiere an?* (1990)

Die Zoologischen Gärten gelten als eine zentrale Einrichtung der Moderne des 19. Jahrhunderts. Während die Menagerien des Mittelalters und der Frühen Neuzeit,[1] vor allem die des 17. und 18. Jahrhunderts, der Repräsentation und Inszenierung feudaler Macht und Reichtümer dienten, rückten Zoologische Gärten – ab ca. 1830 in zahlreichen europäischen Städten gegründet – als Schauplatz bürgerlicher Selbstverständigung in den Fokus. Denn der Zoo fungierte nicht nur als Ort der wissenschaftlichen Erforschung von Tieren, ihres Verhaltens und ihrer Reproduktion, sondern auch und vor allem als Instrument bürgerlicher Bildung und Unterhaltung sowie als Inszenierung einer zivilisierenden Begegnung zwischen Mensch und Tier bzw. Fremde. Dass diese idealen Zwecke im Zeichen von Kolonisierung und Globalisierung, aber auch von Naturzerstörung und Industrialisierung standen, macht die Zoologischen Gärten zu einem widersprüchlichen Emblem, ja einem „Epitaph"[2] konfliktreicher Modernisierungsprozesse und ihrer Verluste:

> Der Zoo, in den Leute gehen, um mit den Tieren zusammenzukommen, sie zu beobachten, sie zu sehen, ist in der Tat ein Denkmal für die Unmöglichkeit solcher Begegnungen.[3]

1 Auch wenn für die Antike Tiergehege und -sammlungen bekannt sind, hat es wohl das „erste nennenswerte Tiergehege […] im 13. Jahrhundert am sizilischen Hof Kaisers Friedrich II gegeben" (Eric Baratay, Elisabeth Hardouin-Fugier: Zoo. Von der Menagerie zum Tierpark, Berlin 2000, S. 14).

2 John Berger: Warum sehen wir Tiere an? In: Ders.: Das Leben der Bilder oder die Kunst des Sehens, Berlin 1990, S. 12–35, hier S. 28.

3 Ebenda.

Deshalb werden Zoologische Gärten als geradezu museale Institutionen bzw. künstliche Paradiese gefasst, die durch spezifische Medien und Strategien der Zurschaustellung gekennzeichnet sind, so dass Tiere zum Inbegriff von Alterität, Vitalität oder Zurichtung – und damit zum Spiegel menschlicher Selbstbetrachtung unter den Bedingungen urbaner Moderne[4] – werden.

In wissenschaftsgeschichtlicher Hinsicht ist festzustellen, dass seit ca. 1900 die Verhaltensforschung – sowohl in Gestalt des angloamerikanischen Behaviorismus als auch in der von Konrad Lorenz und Karl von Frisch begründeten Ethologie – den Zoo als Territorium zur Erforschung der Tiere mehrheitlich ablehnt, da es sich nicht um deren ‚natürliche Umgebung' handelt. Feldforschung in sog. freier Wildbahn oder unter kontrollierten Laborbedingungen[5] gilt nun als das A und O, da jede Veränderung in den Randbedingungen der Umwelt als störender, zumindest einflussreicher Faktor für das tierische Verhalten gelten muss. Bereits 1909 hat der Biologe Jakob von Uexküll eine Theorie der relationalen Abhängigkeit zwischen Umwelt und Innenwelt der Tiere konzipiert,[6] die keine universell-gleichförmigen Verhältnisse mehr kennt, sondern nurmehr unterschiedliche Beziehungsgefüge zwischen dem Tier und seinem Lebensraum. Damit wird der Zoo als Unterhaltungsmaschinerie, die er bis heute für das Massenpublikum darstellt, von der wissenschaftlichen Untersuchung des natürlichen Verhaltens der Tiere deutlich abgetrennt, bietet allerdings andere Möglichkeiten der Tierbeobachtung, der Zucht und der Erhaltung seltener Arten unter künstlichen Bedingungen.

Diese besondere Kombination aus Künstlichkeit, die als imaginäre, prototypische, kulissenhafte Natur daherkommt, und lebendiger Natur, in Gestalt exotischer Organismen aus allen Weltgegenden, bleibt eine Begegnungsstätte für die Großstädter(innen): Hier besuchen sie das Tier, ohne es wirklich zu treffen; hierher flüchten sie sich aus der Urbanität, um die Fremdartigkeit der Tierwelt zu entdecken – und stoßen immer nur aufeinander; hier soll das animalische Gegenüber Freude bereiten, bietet aber nur ein Abbild der Unfreiheit und Gefangenschaft. Das tierische Verhalten im Zoo gibt also den

4 Für Christina Wessely sind Zoologische Gärten „Schlüsselstellen zum Verständnis moderner Urbanität […] und erweisen sich damit als unbedingt moderne Orte" (dies.: Künstliche Tiere. Zoologische Gärten und urbane Moderne, Berlin 2008, S. 140).

5 Vgl. Charles Otis Whitman: A Biological Farm. For the Experimental Investigation of Heredity, Variation and Evolution and for the Study of Life-Histories, Habits, Instincts and Intelligence. In: The Biological Bulletin 3 (1902), S. 214–224.

6 Vgl. Jakob von Uexküll: Umwelt und Innenwelt der Tiere, Berlin 1909.

Menschen beständig Anlass, über sich selbst nachzudenken: darüber, was sie den Tieren antun; wie es ist, in Unfreiheit und Abhängigkeit sein Leben zu fristen; welcher Art die Überlegenheit des Menschen gegenüber dem Tier sein kann; was die Lebensweise dieser Zootiere den Menschen vor den Käfigen überhaupt sagen könnte.

In dieser Zone der andauernd fehlgehenden Begegnung von Mensch und Tier findet die Literatur einen reichhaltigen Schauplatz der Beobachtung und Inszenierung, des Vergleichs und der Entgegensetzung von Physiognomien und Charakterzügen, von Bedürfnissen, Affekten, Verhaltensweisen und Beziehungsstrukturen, die nie zu einem endgültigen Ruhepunkt kommen, da alle Umstände, unter denen sich das Spektakel zeigt, einem ständigen Wandel unterliegen. Denn sowohl das Publikum mit seinen Interessen als auch die tierischen Insassen und die Populationen, die sich im Zoo befinden, sind sich wandelnde Umwelten.

Diese Prozesse und Funktionalisierungen sollen im Folgenden genauer betrachtet werden, und zwar durch eine Reihe literarischer Texte der ersten Hälfte des 20. Jahrhunderts hindurch. In Texten von Robert Walser, Hermann Hesse, Walter Benjamin, Mechtilde Lichnowsky, Gertrud Kolmar, Felix Salten und anderen Autor(inn)en v. a. der 1920er Jahre treten diverse Zootiere auf. Diese Tiere provozieren nicht nur menschliche Blicke, Handlungen, Projektionen und Erinnerungen, sondern werden dadurch überhaupt erst als ‚literarische' Tiere ins Leben gerufen, so dass durch sie über das literarische Schöpfungs- und Kritikvermögen nachgedacht werden kann.

Anhand der ausgewählten Texte soll zunächst die Inszenierung, ja Theatralisierung der Zoologischen Gärten zugunsten bürgerlicher Bildung und Unterhaltung erörtert werden *(I.)*, bevor das Wechselverhältnis zwischen tierischer Alterität und menschlicher Selbstbespiegelung untersucht wird, in dem auch Geschlechtercodierungen eine entscheidende Rolle spielen *(II.)*. Schließlich interessiert der in vielen Texten virulente Konflikt zwischen der Vitalität der Tiere auf der einen Seite und ihrer Zurichtung in der Gefangenschaft des Zoos auf der anderen Seite *(III.)*, ein Konflikt, der die Verortung der Zoologischen Gärten in der urbanen Moderne entscheidend bestimmt und unter der gesteigerten Form des Krieges besonders prägnante Züge annimmt, wie die Literatur nach 1945, etwa von Wassili Grossman, W. G. Sebald oder Marcel Beyer, zeigt *(IV.)*.

## *I. Bildung und Unterhaltung: Theatralisierung im Zoo*

In *Die Paläste der Tiere* (1928) formuliert Franz Hessel am Beispiel des Berliner Zoologischen Gartens – an dem ihn die Architektur der Tierkäfige und -häuser noch vor den Tieren selbst interessiert – den Konnex zwischen Gefangenschaft und Inszenierung der Tiere zum Zwecke „unserer Lust und Belehrung“:

> Da sie [die Tiere] nun einmal zu unserer Lust und Belehrung Gefangene sind, ist man darauf bedacht gewesen, ihnen ihr Gefängnis möglichst wohnlich einzurichten. Sie sollen das Gefühl haben, in ihre Erdhöhle, ihre Schlucht, ihren Hohlbaum, ihr Nest zu kriechen, wenn sie in das ummauerte Verlies müssen. [...] Und doch sind die Felsblöcke wie Kulissen, wie Versatzstücke. Und wie vor dem Puppentheater stehen die Kinder vor den Eisenstäben, hinter denen der wilde Raubvogel hockt.[7]

Hier beschreibt Hessel das Dilemma der Zoologischen Gärten, angesichts der Käfighaltung, ja Domestikation[8] wilder Tiere, eben keine ‚Natur‘ präsentieren zu können, mit Hilfe des Als-ob-Modus des Theaters. Damit schließt er an die von besonderer Theatralität geprägte Vorgeschichte der Zoos, vor allem an die Menagerien, an. Deren barocke Szenographie zeigte sich z. B. im Arrangement der Villa Borghese (erbaut 1608–1628), die als eine „entscheidende Etappe in der Theatralisierung der Menagerien“[9] gilt, inmitten ihrer von Tieren bevölkerten Gärten, eingebettet in eine Hügellandschaft[10] – stärker aber noch in Versailles. Die dortige Menagerie Ludwigs XIV. gehorchte in ihrer räumlichen und symbolischen Inszenierung den bedeutungsvollen Mitteln perspektivischer Gestaltung und radialer Blickregie, dank derer die Menagerie mit ihren spektakulären exotischen Tieren nicht nur ein theatrales „Traumschauspiel“ bot, sondern „die Herrschaft des Königs über

7 Franz Hessel: Die Paläste der Tiere. In: Ders.: Sämtliche Werke in fünf Bänden, Bd. 3: Städte und Porträts, hrsg. v. Bernhard Echte, Hamburg ²2013, S. 99–103, hier S. 100.

8 Vgl. Thomas Machos Differenzierung der Funktionsbestimmungen der Tiere im Zoologischen Garten (Domestikation), im Zirkus (Zähmung, Dressur), in der Freakshow (Züchtung): Ders.: Zoologiken: Tierpark, Zirkus und Freakshow. In: Konkursbuch 35 (2001): TheaterPeripherien, S. 13–33, hier S. 29 f.

9 Baratay, Hardouin-Fugier (wie Anm. 1), S. 46.

10 Im 20. Jahrhundert gibt Robert Musil angesichts der Borghesischen Anlagen die Beschreibung eines tyrannischen Affenkönigs, der sein Volk in Angst und Schrecken zu versetzen versteht (ders.: Die Affeninsel. In: Ders.: Prosa, Dramen, Späte Briefe, Gesammelte Werke in Einzelausgaben, Bd. 7, hrsg. v. Adolf Frisé, Reinbek 1978, S. 477–480).

das Universum" glorifizierte.[11] Vom Schloss aus überblickte er Menagerie und Park, die auf diesen königlichen Blick hin ausgerichtet waren, andersherum formuliert: Die Tiere, ja ‚die Natur' zeigten sich ihm unterworfen.[12] Noch heute ist der Park von Versailles – die Menagerie wurde mit der Französischen Revolution aufgelöst, die Tiere in den späteren *Jardin des Plantes* überführt – als ein Zeugnis dieser Herrschaftsinszenierung zu erkennen:

> Überall gibt es sich schneidende Bezugslinien, die allesamt zum Schloss zurückführen, und das heißt, zum König in seiner unbedingten Souveränität.[13]

Auch die Tiervorführer auf Jahrmärkten bzw. die Wandermenagerien, die als ambulantes Gegenmodell zur königlichen Menagerie fungierten, setzten auf Theatralität und Dramatik. Zwar war Dramatik in den Paradiesvorstellungen des Zoologischen Gartens nicht unbedingt vorgesehen,[14] doch beförderten Präsentation und Blickregie die Auffassung vom Zoo als Theater ebenso wie die Eingliederung der Tiere in theatrale „Kulissen" und „Versatzstücke" (F. Hessel). Dies gilt auch, ja sogar umso mehr, für jene Zoologischen Gärten, die – nach dem Vorbild der innovativen, sowohl ‚artgerechteren' als auch publikumswirksameren Tier- und Rauminszenierungen Carl Hagenbecks im 1907 eröffneten Tierpark Stellingen – an die Stelle von Gittern Gräben setzten und die Tiere nicht in engen Käfigen, sondern in weiträumig eingezäunten künstlichen Landschaften hielten: „[W]ährend die algerischen Wildschafe von Stellingen auf dem ‚Atlas' herumkletterten", erlebten die

11 Ebenda, S. 55 f.

12 Von „Unterwerfung" (S. 260) spricht auch Michel Foucault in seiner Analyse des Bentham'schen Panopticons, das er mit der Menagerie in Versailles vergleicht: „Zur Zeit von Bentham war diese Menagerie bereits verschwunden. [...] Das Panopticon ist eine königliche Menagerie, in der das Tier durch den Menschen ersetzt ist, die Gruppierung der Arten durch die Verteilung der Individuen und der König durch die Maschinerie einer sich verheimlichenden Macht." (Ders.: Überwachen und Strafen. Die Geburt des Gefängnisses, Frankfurt a. M. 1981, S. 261).

13 Robert Harrison: Gärten. Ein Versuch über das Wesen des Menschen, München 2010, S. 164.

14 „Während die Wandermenagerie die Dramatik suchte, lebte der Zoo eher von der Paradiesvorstellung." (Jutta Buchner-Fuhs: Gebändigte Wildheit im Stadtraum. Zur Geschichte der Zoologischen Gärten im 19. Jahrhundert. In: R.-W. Brednich, A. Schneider, U. Werner [Hrsg.]: Natur – Kultur. Volkskundliche Perspektiven auf Mensch und Umwelt, Münster 2001, S. 291–304, hier S. 298).

„unten stehenden Zuschauer [...] das Tier wie einen Schauspieler auf einer gewaltigen Bühne".[15]

Wenn hier das Tier ‚wie ein Schauspieler' agiert, so meint das seinen Einsatz in den Kulissen einer künstlichen Welt, in der die natürliche Umgebung der Tiere – hier das Atlasgebirge – simuliert und zum *tableau vivant* wird.[16] Diese Betrachtung wird in der Literatur in poetischer und epistemologischer Hinsicht verschärft, wenn sie die Wahrnehmungsmöglichkeit von Tieren im Zoo befragt und damit deren Changieren zwischen Realität und Simulation, zwischen Präsenz bzw. Repräsentation und Abwesenheit mit Hilfe der Bildlichkeit des Theaters verfolgt.

So hat Robert Walser in seinem kurzen Prosatext *Ein Schauspieler (I)* (1910) diese Perspektive genutzt, um das eindrucksvolle Bild eines Löwen als Schauspieler in einem „Königsdrama" zu zeichnen.[17] Der „abessynische Löwe" als Inbegriff natürlicher Freiheit und Herrschaft ist auf der Bühne des Zookäfigs zugleich ein durch und durch künstliches Tier, das sein Publikum und dessen Erwartungen zu kennen scheint und mit entsprechenden performativen Qualitäten auftritt: „Welch eine Szene!" Dabei folgt der Löwe – hin und her laufend, schlafend, fressend, seine „Fürstenkraft" zur Schau stellend und seinerseits den Zuschauer beobachtend – seiner Doppelrolle als wilde Natur: als geübter Darsteller mit einem breiten Repertoire an theatralen Blicken und Gebärden:

> Er spielt Tragödie, und zwar auf die Weise, daß er zugleich schmachtet und rund wird. Er verzweifelt (namenlose Verzweiflung) und hält sich zugleich hübsch fett. Er gedeiht und quält sich zugleich langsam zu Tode. Und dies vor den Augen eines zuschauenden Publikums.

15 Baratay, Hardouin-Fugier (wie Anm. 1), S. 202 f.

16 „Seit dem letzten Drittel des [19.] Jahrhunderts wurden in den Tierhäusern die Gitterstäbe durch Glasscheiben ersetzt. Nun konnte man Reptilien aus größerer Nähe betrachten, gleichzeitig wurden die Tiere vor ansteckenden Krankheiten geschützt, und die Besucher vor lästigen Gerüchen bewahrt. Das Tier hinter Glas wurde mehr denn je zu einem *tableau vivant*, und das Tierhaus mutierte gewissermaßen zum Kunstmuseum." (Baratay, Hardouin-Fugier [wie Anm. 1], S. 148).

17 Robert Walser: Ein Schauspieler (I). In: Ders.: Bedenkliche Geschichten. Prosa aus der Berliner Zeit 1906–1912, Frankfurt a. M. 1985, S. 112 f. (fortan zitiert mit Seitenzahl nach dieser Ausgabe).

Der Zoologische Garten mit seiner Kulissenarchitektur und seiner spezifischen „Schauanordnung“[18] macht also, in Walser'scher Konsequenz gedacht, Tiere zu Schauspielern, die für das Publikum *das wilde Tier* darstellen – und zwar *das tragische wilde Tier* in Gefangenschaft, ausgestattet mit „erhabene[n] Gedanken“ und einem „Götterblick“,[19] der die Zuschauer durchschauen soll. Der Scharfblick dieses kurzen Textes erkennt demnach ein Zootier, das, analog zu Diderots *Paradox des Schauspielers,* für sein Publikum die Natur dann am überzeugendsten verkörpert, wenn es am weitesten von ihr entfernt ist.[20]

John Berger hat dieses Paradox anhand des Theaters und der Kunstgalerie erläutert. Er vergleicht den Zoo und seine „Theaterkulissen“[21] mit einer Galerie und betont, dass gerade durch die dort vorherrschende Zurschaustellung, Rahmung und Blickregie die Tiere zu Schauobjekten werden und als solche paradoxerweise fast unsichtbar sind:

> Im Prinzip ist jeder Käfig ein Rahmen um das Tier im Inneren. Die Besucher gehen in den Zoo, um Tiere anzuschauen. Sie gehen von einem Käfig zum anderen, Besuchern einer Kunstgalerie nicht unähnlich [...]. Doch im Zoo ist der Blickpunkt immer falsch. Wie bei einem unscharfen Bild. [...] Ganz gleich, wie man diese Tiere ansieht, selbst wenn das Tier direkt am Gitter steht und weniger als einen halben Meter von einem entfernt ist und in Richtung des Publikums blickt, *sieht man etwas, das ganz und gar nebensächlich geworden ist;* und alle Konzentration, die man aufbringt, genügt niemals, um es ins Zentrum der Aufmerksamkeit zu rücken.[22]

Demnach sind in den Zoos, die voller Tiere sind, eigentlich nur deren ‚unscharfe Bilder‘ zu sehen. Andersherum formuliert: Gerade durch die – von Robert Walser anschaulich gemachte – Theatralisierung wird das Ver-

18 „Das lebendige [...] Tier ist in Zoo und Kino eingebunden in eine *Schauanordnung,* das heißt, in eine Grammatik, welche die Zurschaustellung und das Schauen organisiert.“ (Sabine Nessel: Medialität der Tiere. Zur Produktion von Präsenz am Beispiel von Zoo und Kino. In: M. Rautzenberg, A. Wolfsteiner [Hrsg.]: Hide and Seek. Das Spiel von Transparenz und Opazität, München 2010, S. 297–310, hier S. 297).

19 Walser (wie Anm. 17), S. 113.

20 Diese Ausdrucksqualität teilt sich dem beobachtenden Menschen auch dann mit, wenn er daran zweifelt, ob dem tierischen Darsteller eine Absicht unterstellt werden kann, es reicht ein „Als-ob“ (vgl. Erik Porath, Tobias Robert Klein: Zwischen Kinästhetik und Kommunikation: Ausdruck als Grenzphänomen in Theorie und Praxis von Wissenschaften und Künsten seit dem 19. Jahrhundert. In: Dies. [Hrsg.]: Kinästhetik und Kommunikation: Ränder und Interferenzen des Ausdrucks, Berlin 2013, S. 7–39).

21 Berger (wie Anm. 2), S. 32.

22 Ebenda, S. 30 f. (Herv. i. O.).

schwinden der Tiere als ‚natürliche Wesen' sichtbar. Die Funktion der Bildung des bürgerlichen Publikums in den Zoologischen Gärten ist nur durch diese Konterkarierung hindurch beschreibbar – unabhängig davon, ob das zoologische Wissen befördert werden soll und der Zoo den Besuchern „ein großes Anschauungsmaterial hier gleichsam als lebendiges Lehrbuch"[23] bietet, oder ob „die sittliche Veredelung des Menschen durch sein Interesse an der niedrigeren Tierwelt"[24] betrieben werden soll.

Diese Einsicht hat Theodor W. Adorno in seinen durchaus erbitterten Überlegungen zu Zootieren ebenfalls herausgestellt. Ihm gelten Bildung und Unterhaltung nur als „ein dünner Vorwand"[25], der über die Gewaltförmigkeit der Tierbeherrschung und -auslöschung einerseits und über das befürchtete Ende menschlich-bürgerlicher Weltformatierung andererseits hinwegtäuschen soll.

Von der Zerbrechlichkeit dieses Vorwands erzählt auch Hermann Hesses kurze phantastische Erzählung *Ein Mensch mit Namen Ziegler* (1908). Darin besucht Herr Ziegler, ein mittelmäßiger, von sich selbst überzeugter Mensch, zum Zwecke der Bildung und der Unterhaltung – und weil es sonntags wenig Eintritt kostet – zunächst das Historische Museum, dann den Zoologischen Garten. Weil er im Museum in der „Aberglauben"-Abteilung ein vertrocknetes Kügelchen achtlos einsteckt und es dann mit dem Sonntagsessen hinunterschluckt, versteht er im Zoo plötzlich die Sprache der Tiere. Sie reden ausnahmslos von ihrer Verachtung für die Menschen:

> Und der Elch sprach mit seinen Augen, zwei großen braunen Augen. Sein stiller Blick redete Hoheit, Ergebung und Trauer, und gegen den Besucher drückte er eine überlegene ernste Verachtung aus, eine furchtbare Verachtung. Für diesen stillen, majestätischen Blick, so las Ziegler, war er samt Hut und Stock, Uhr und Sonntagsanzug nichts als ein Geschmeiß, ein lächerliches und widerliches Vieh.[26]

23 Wilhelm Bölsche: Aus Urtagen der Tierwelt. Stunden im Zoologischen Garten, Dresden 1922, S. 17.

24 Buchner-Fuhs (wie Anm. 14), S. 302.

25 Theodor W. Adorno: Mammut. In: Ders.: Minima Moralia, Frankfurt a. M. 1969, S. 148–150, hier S. 149.

26 Hermann Hesse: Ein Mensch mit Namen Ziegler. In: Ders.: Sämtliche Werke, hrsg. v. Volker Michels, Bd. 7: Die Erzählungen 1907–1910, Frankfurt a. M. 2001, S. 253–257, hier S. 256.

Dass die Tiere sich darüber wundern, „daß ausgerechnet diese häßlichen, stinkenden, würdelosen Zweibeiner in ihren geckenhaften Verkleidungen frei umherlaufen durften“, stürzt Herrn Ziegler in Scham und Verzweiflung, und weil er sich die Insignien seiner Bürgerlichkeit vom Körper reißt, wird er, so der letzte Satz der Erzählung, „in ein Irrenhaus gebracht“.[27]

Adornos Überlegungen gehen über Hermann Hesses Erzählung – die den bürgerlichen Bildungsglauben eher lächerlich macht und negiert, als dass sie ihn analysiert – vor allem an der Stelle hinaus, wo es um den ‚Untergrund‘ dieser Bildungsambitionen geht. Denn, so Adorno, im Zoo lasse sich beobachten, dass nicht nur die Natur dank der Naturbeherrschung verschwinde, sondern dass auch die Kultur, in deren Zeichen doch die Naturbeherrschung – mit dem Zoo als einem ihrer Inbegriffe – stehe, sich selbst als „Möglichkeit zur Versöhnung“ der Natur/Kultur-Differenz abschaffe:

> Nur in der Irrationalität der Kultur selber, dem Gewinkel und Gemäuer, dem auch die Wälle, Türme und Bastionen der in die Städte versprengten zoologischen Gärten zuzählen, vermag Natur sich zu erhalten. Die Rationalisierung der Kultur, welche der Natur die Fenster aufmacht, saugt sie dadurch vollends auf und beseitigt mit der Differenz auch das Prinzip von Kultur, die Möglichkeit zur Versöhnung.[28]

Als entscheidenden Grund dafür bezeichnet Adorno die Gewaltgeschichte, in die der Zoologische Garten trotz aller Bildungsideale, Rettungsphantasien und Natursimulationen – wie wünschenswert die auch sein mögen – eingebunden bleibe:

> Kein Segen auch ist an den Hagenbeckschen Anlagen mit Gräben und ohne Gitter [...]. Sie verneinen die Freiheit der Kreatur um so vollkommener, je unsichtbarer sie die Schranken halten, an deren Anblick die Sehnsucht ins Weite sich entzünden könnte. [...] Daß aber zugleich das Tier im Käfig wirklich mehr leidet als in der Freianlage, daß also Hagenbeck tatsächlich einen Fortschritt der Humanität darstellt, besagt etwas über die Unausweichlichkeit des Gefängnisses. Sie ist eine Konsequenz der Geschichte. Die zoologischen Gärten in ihrer authentischen Gestalt sind Produkte des Kolonialimperialismus des neunzehnten Jahrhunderts.[29]

Die modernen Kolonialmächte des 19. Jahrhunderts finden ihre Repräsentation in den Zoologischen Gärten. Dies geschieht nicht nur durch die architektonisch-theatralen Inszenierungen, in denen, wie Franz Hessel beobach-

27 Ebenda, S. 257.
28 Adorno (wie Anm. 25), S. 150.
29 Ebenda, S. 149 f.

tet, das Kamel „seine Moschee“ bewohnt, mit einem Turm, „der oben einen Halbmond trägt“, oder der Strauß „zur Erinnerung an die Heimat zwei Memnonssäulen nebst Nil gemalt bekommen“ hat,[30] sondern auch, indem das Einfangen und Halten der ‚fremden‘ Tiere „symbolisch die Eroberung all der entfernten und exotischen Länder“[31] repräsentiert. Das intrikate Verhältnis von Alterität und Repräsentation ist Gegenstand einer ganzen Reihe von Zoo-Texten des frühen 20. Jahrhunderts.

## *II. Die Physiognomie der Tiere: Tierische Alterität und menschliche Selbstbespiegelung*

Für die Darstellung tierischer Alterität bedarf es nicht unbedingt exotischer Tiere; fremd werden im Zoo auch solche, die eigentlich als heimisch-vertraut gelten. So ist es in Walter Benjamins *Berliner Kindheit um neunzehnhundert* (1938) der Fischotter, der im Zoologischen Garten Berlin in mehrfacher Hinsicht unvertraut wird und seinen Besucher zu besonderen Anstrengungen des Wartens, Sehens und Verstehens sowie zur fremdgewordenen Erinnerung an sich selbst herausfordert. Der kindliche Betrachter, „endlos wartend“ auf das Auftauchen des Fischotters, versucht, ihn in der „unergründlichen und schwarzen Tiefe“ des Bassins zu entdecken:

> Gelang es endlich, war es sicher nur für einen Nu, denn augenblicklich war der gleißende Insasse der Zisterne wieder von neuem in der nassen Nacht verschwunden.[32]

Für das Kind ist der Fischotter, der sich nur momenthaft an der Oberfläche zeigt, „das heilige Tier des Regenwassers“ (44), so dass an die Stelle des profanen einheimischen Otters im Bassin ein heiliges Tier in seinen „Tempel“ (44) tritt und „dieser Winkel des Zoologischen Gartens die Züge des Kommenden“ (43) trägt.

Das sakralisierte Tier ermöglicht es dem erinnernden Ich demnach, in der erinnerten Szenerie „Züge des Kommenden“ zu erkennen, genauer:

30 Hessel (wie Anm. 7), S. 101.

31 Berger (wie Anm. 2), S. 28. Vgl. auch: „Der Mikrokosmos des Zoos steht […] in enger Verbindung zur Geschichte anderer neuzeitlicher Phänomene wie der Kolonisierung, dem Ethnozentrismus und der Entdeckung des Fremden, der Zivilisierung des Menschen, der Entstehung von Kultur- und Gedenkstätten, wie etwa Museen, oder der Freizeitentwicklung.“ (Baratay, Hardouin-Fugier [wie Anm. 1], S. 9).

32 Walter Benjamin: Der Fischotter. In: Ders.: Berliner Kindheit um neunzehnhundert. Frankfurt a. M. 2006, S. 43–45, hier S. 44 (fortan zitiert mit Seitenzahl nach dieser Ausgabe).

wiederzuerkennen, auf der Suche nach dem „Futurum der Vergangenheit".[33] Denn die späte Erinnerung gilt dem, was in der „unergründlichen und schwarzen Tiefe" (44) des Vergessens ebenso versunken war wie der Fischotter und was sich nun ebenso wie er kurzzeitig an der Oberfläche zeigt: dem Gefühl einer verlorenen Geborgenheit. In der kindlichen Vorstellung strömte der gesamte Berliner Niederschlag im Zoo für das „heilige Tier des Regenwassers" zusammen, so dass das Kind sich „ganz geborgen [...] bei dem Fischotter" (45) fühlte, auch wenn es in der heimischen Wohnung dem Regen zuschaute und zuhörte. Diese Geborgenheit ist aber keine einfache Reminiszenz an eine verklärte Kindheit, sondern wird erst evoziert, als sie längst verloren ist: Benjamin betont im Vorwort der *Berliner Kindheit,* in welch entscheidendem Maße an den Miniaturen des Bandes „zu merken [ist], wie sehr der, von dem hier die Rede ist, später der Geborgenheit entriet, die seiner Kindheit beschieden gewesen war." (8 f.) Die Erinnerung an die Alterität des – eigentlich als heimisch geltenden – Tiers im Zoo erfolgt also von der Position eines indessen Fremdgewordenen her, der in dieser Spannung zwischen heimisch und vertraut, geborgen und fremd in jenem „Winkel des Zoologischen Gartens die Züge des Kommenden" (43) wiedererkennt.

Benjamin entfaltet und verdichtet hier einen Topos der Zoo-Literatur: die verfremdende – oder auch auf Wiedererkennung setzende – Selbstbespiegelung des Menschen im tierischen Gegenüber. So heißt es in Joachim Ringelnatz' Gedicht *Im Aquarium in Berlin* (1932): „Deine eigenen Augen schauen / Dich an durch tausendjährige Zeit."[34] Ob die Augen des Betrachters sich in den Augen des Tieres, das hier ungenannt bleibt, spiegeln oder in der Glasscheibe des Aquariums, ist solange gleichgültig, wie Vergangenheit und Gegenwart sich in einem solchen stummen Blick ebenso verbinden lassen wie Tier und Mensch – jedenfalls in der Perspektive des sich spiegelnden menschlichen Betrachters. Nimmt man das Fehlen einer Tierbezeichnung oder -beschreibung in Ringelnatz' Gedicht als Symptom einer grundsätzlich einseitigen Mensch-Tier-Projektion, die, nochmals John Berger, die Tiere im Zoo bestenfalls wie auf „einem unscharfen Bild"[35] zeigt, so tritt der Prozess des Fremdmachens von Tieren als Verfahren der Selbstbefragung auf Seiten

33 Peter Szondi: Hoffnung im Vergangenen. Über Walter Benjamin. In: Ders.: Schriften II, Frankfurt a. M. 1978, S. 286.

34 Joachim Ringelnatz: Im Aquarium in Berlin. In: Ders.: Das Gesamtwerk in sieben Bänden, Bd. 2: Gedichte 2, hrsg. v. Walter Pape, Zürich 1994, S. 53.

35 Berger (wie Anm. 2), S. 30.

der menschlichen Betrachter umso deutlicher hervor. Die Alterität der Tiere wird also einerseits forciert, um die eigene menschliche Kontur desto klarer herauszuarbeiten, was durchaus in kultur- und zivilisationskritischer Absicht geschehen kann (vgl. Abschnitt III.). Andererseits wird die Alterität nivelliert, indem der Mensch-Tier-Vergleich in Form einer Charakterologie erfolgt und diverse Typen des Verhaltens und der Persönlichkeit unterschieden werden, die in Tierfiguren ihre Verkörperung finden.

Die dabei wirksame Anthropomorphisierung der Tiere und Theriomorphisierung der Menschen tritt in der Begegnung zwischen Mensch und Tier auf dem Schauplatz des Zoos besonders hervor, wie eine Erzählung von Mechtilde Lichnowsky in erhellender Weise vorführt: *Das Rendez-vous im Zoo* (1928). Die vordergründige Bedeutung des Titels – zwei Liebende treffen sich im Zoo – wird durch den Untertitel *Querelles d'amoureux* zwar bestärkt, gewinnt aber im Verlauf der Lektüre an Doppeldeutigkeit, wenn die Begegnung der Liebenden durch die Begegnung mit den Tieren und deren Physiognomie entscheidend beeinflusst wird. Der so leicht daherkommende Text erzählt eine Dreiecksgeschichte, in der Teini, die Frau eines Verlegers, einen Autor namens Boy, zudem „Käfer- und Schmetterlingssammler"[36], liebt und seit Jahren ein Verhältnis mit ihm unterhält, aber nie sicher ist, ob er sie ebenfalls liebt. Dabei interessiert sich die Erzählung nicht für die Konstellation zwischen einer Frau und zwei Männern, sondern installiert als Störung zwischen den Geliebten die andauernd misslingende Kommunikation: Teini wartet vergeblich auf Boys Liebesworte und -zeichen, während Boy diese Erwartung im Modus der Geschlechterhierarchie als Ausdruck weiblicher Natur zurückweist, was wiederum Teini erbittert: „Bin ich denn Frauen?" (59)

Sowohl mit der wechselseitigen Beobachtung und Charakterisierung der Liebenden, für die sie Tiervergleiche nutzen, als auch mit der Situierung ihres Rendezvous im vermeintlich unverfänglichen Zoologischen Garten kommen die Zootiere ins Spiel, an denen das Paar vorbeischlendert. Dabei werden stereotype Tiervergleiche (Frau/Raubkatze) durch die Perspektivierung der Erzählung – in erlebter Rede aus Teinis Sicht – zu Bildlichkeiten entfaltet, die der Frau die Möglichkeit zur Reflexion der unbefriedigenden Liebessituation und dem Text die Möglichkeit zur kritisch-witzigen Kontrastierung des kargen Gesprächs und Teinis reicher Gedankenwelt geben. So

36 Mechtilde Lichnowsky: Das Rendez-vous im Zoo (Querelles d'amoureux), München 1981, S. 20 (fortan zitiert mit Seitenzahl nach dieser Ausgabe).

kommentiert Teini den allzu naheliegenden Vergleich mit einer kleinen Raubkatze („Mag sein, daß lockende Weibchen, weil sie manchmal Krallen zeigen können wie die kleinen Raubtiere, auch so gehalten werden müssen.“, 59) durch eine Verschiebung des Bildes auf ein großes Raubtier und durch eine Umkehrung der Rolle des Zähmenden:

> Hauptsache, daß dieser kleine Boy sich eine große Pantherkatze, namens Teini, die viel größer als ihr Name war, gefangen und gezähmt hatte [...]. Das erste, das ich täte, dachte Teini, wenn ich mir einen Panther fange, der sich zu attachieren scheint, ist, daß ich auf ihn horche, ihn zu ergründen suche und ihn streichle, um zu erfahren, wie es bei ihm aussieht. Mit der Zeit sagt er mir alles in der Panthersprache, falls er mich nicht aufgefressen hat. (62)

Dass Boy, jedenfalls in Teinis Sicht, sie als widerspenstiges Tierchen und „kleines Frauchen“ behandelt, weist sie zurück: Er „hat eine Art, sie in ihr Weibtum hineinzudrängen, das ganz und gar nicht ihre eigenste Natur bedeutete“ (55). Diese reduzierende Sicht auf eine ‚weibliche Natur‘ korrespondiert mit der künstlichen Natur der Zootiere, die das, was an den Tieren fremd ist, ebenfalls nivelliert, verniedlicht, vereinnahmt: Teini nimmt genau wahr, wie die Löwen mit erbeutetem Kinderspielzeug von den Zuschauern bejubelt werden, der gelangweilte Elefant Sand frisst und die Krallen der Raubtiere „auf dem Parkett der Käfige“ (58) harmlos klopfen. Dass es aus diesen Zuschreibungen und Vereinnahmungen kein Entkommen gibt, realisiert die Protagonistin in dem Moment, als sie, ihrerseits voller Projektionen, Trost in der Berührung und dem Blick der Antilope sucht:

> Nun waren sie also bei der rotbraunen Antilope. [...] Ein überlebensgroßer zart durchlochter Trüffel schnupperte über dem melancholisch lächelnden Mund, und hoch oben glänzte das feuchteste, schwärzeste Auge, ein Meer von Sanftmut. [...] Sie [die Antilope] legte den Kopf auf Teinis Schulter und atmete befriedigt ein und aus. Man hätte denken können, daß sie lächelte. Teini sprach sie leise an, und im Spiegel des nahen Auges sah sie sich selbst, in kleinem Format aber unheimlich deutlich. Sie schämte sich ihrer gräßlichen menschlichen Klugheit, die zu nichts langte. (69)

In der ausweglosen Gesprächssituation mit dem Geliebten, mitten im unausgesprochenen – und von Boy womöglich gar nicht richtig bemerkten – Zerwürfnis, spiegelt sich die Frau in der als sanftmütig apostrophierten, hinter „dem Gitter“ (69) gefangenen Antilope und verwandelt so ihre Verzweiflung in Milde einerseits, Selbstreflexion andererseits:

> Dann wandte sie sich um, blickte [...] Boy an und liebte ihn mit Antilopenweisheit, überlegen und bescheiden. Sie lächelte ohne Melancholie, Pantherkatze plus Antilope, minus Adam und Eva, und Pan-Europa, hol's der Kuckuck! (69)

Dieses undramatische Ende der ihrerseits mild ironischen Erzählung inszeniert die Spiegelfunktion der Zootiere für die Menschen in der Spannung zwischen Alterität und Unverstandensein auf der einen Seite, Projektion und Aneignung auf der anderen Seite. Denn Tiere können nur dann menschliche Selbsterkenntnis – wie tragfähig die auch immer ausfällt – zeitigen, wenn sie als ‚echt fremd', mithin nicht-menschlich, angenommen werden. Wie ein Kommentar zu dieser Szene wirkt eine Bemerkung, die Béla Balázs 1924 über Tiere im Film, nicht im Zoo, angestellt hat:

> Wie interessant Physiognomie und Mienenspiel der Tiere sind! Und wie geheimnisvoll, daß wir sie verstehen! Freilich auf Grund einer Analogie. Aber vielleicht ist diese berechtigt? [...] Das ist die doppelte Freude bei ihrem Anblick. Daß diese Tiere die Physiognomien von Menschen tragen und zugleich ihre eigenen lieben und ehrlichen Tiergesichter behalten.[37]

Dass die Tiere paradoxerweise „Karikaturen gewisser Menschentypen sind und dabei von unmaskierter Echtheit"[38], ermöglicht erst die Spiegelbeziehung des Menschen zum Tier, wie sie in der Literatur des frühen 20. Jahrhunderts in ihrer Widersprüchlichkeit inszeniert und so häufig im Zoo als einem heterotopischen Ort situiert wird. Diese Kennzeichnung des Zoologischen Gartens als Heterotopie zeigt sich zunächst in der Inszenierung von Natur, Wildheit, Fremdheit inmitten der modernen Großstädte – sei es im Bild des „Epitaph" (J. Berger) und damit des Verlustes oder im Bild der Arche und somit der Rettung. Gerade in dieser Inszenierung als „exotische Enklave wilder Natur" können Zoologische Gärten, als Heterotopie gefasst, „Wesentliches [...] über den städtischen Raum, über architektonische, soziale und politische Konzepte ihrer Umgebung und nicht zuletzt über Ängste und Sehnsüchte ihrer Besucher" zu erkennen geben.[39] Als heterotopisches Charakteristikum sind zudem sowohl die Randständigkeit des Zoos, die Walter Benjamin als Voraussetzung für seine Erkenntnisträchtigkeit be-

37 Béla Balázs: Der sichtbare Mensch oder die Kultur des Films [1924], Frankfurt a. M. 2001, S. 77. Vgl. dazu Heide Schlüpmann: Schaulust am Tier. In: S. Nessel, dies. (Hrsg.): Zoo und Kino, Frankfurt a. M., Basel 2012, S. 79–96, v. a. S. 82 f.

38 Balázs (wie Anm. 37), S. 77.

39 Wessely (wie Anm. 4), S. 20.

schreibt, wie auch seine Eigenschaft als Schauplatz für die Darstellung, Herstellung und Kritik von Alterität anzuführen.[40]

## *III. Gefangen im Zoo: Menschliche Zurichtung und tierische Vitalität*

Dass Zootiere ihren großstädtischen Besuchern einerseits Zuflucht und Trost, andererseits Stoff für Kultur- und Zivilisationskritik bieten, verdankt sich nicht nur ihrer Alterität, sondern auch ihrer Gefangenschaft. Denn gerade die Diskrepanz zwischen der Zurichtung gefangener Tiere, ihrer Vitalität und ihrer Würde ruft in den literarischen Betrachtern das hervor, was weder in der Banalität des Alltags noch in der ‚Wildnis' der Städte herrscht: Erhabenheit und Erschütterung. So heißt es in Joachim Ringelnatz' Gedicht *Giraffen im Zoo* (1929):

> Ihre langsame und weiche
> Rührend warme Schnauze kostet
> Von dem Heu, das ich nun reiche.
>
> Lauscht ihr Ohr nach allen Seiten,
> Sucht nach wild vertrauten Tönen.
>
> Da sie von uns weiter schreiten,
> Träumt in ihren stillen, schönen
> Augen etwas, was erschüttert,
>
> Hoheit. So, als ob sie wüßten,
> Daß nicht Menschen, sondern daß ein
> Schicksal sie jetzt anders füttert.[41]

Das sprachlose Träumen von anderen Welten vermag den Betrachter zu erschüttern, selbst wenn der konjunktivische „als ob"-Modus auf den Projek-

40 Deren Produktion erfolgte bekanntlich auch in Form sog. Völkerschauen, die v. a. Carl Hagenbeck zwischen exotistischem Spektakel und kolonial-wissenschaftlichem Anspruch als großen Publikumserfolg veranstaltete: „Die Völkerschauen und ihre Darstellung des ‚Wilden' erhielten durch den Zoo als Veranstaltungsort eine Zusatzbedeutung als ‚Versinnbildlichung der darwinistischen Glaubenslehre' und der eurozentrischen Geschichtsphilosophie dieser Zeit." (Jan-Erik Steinkrüger: Kultur im Zoo. Von Menschenzoos und Völkerschauen. In: Tierstudien 7 [2015]: Zoo, hrsg. v. Jessica Ullrich, S. 45–53, hier S. 51).

41 Joachim Ringelnatz: Giraffen im Zoo (1929). In: W. Pape (Hrsg.): Joachim Ringelnatz. Das Gesamtwerk in sieben Bänden, Bd. 1: Gedichte 1, Berlin 1984, S. 382 f.

tionsvorgang aufmerksam macht, der die „Hoheit" des gefangenen Tieres bewirkt. Auch in Rainer Maria Rilkes Gedicht *Der Panther. Im Jardin des Plantes, Paris* (1902/03) erzeugt das dem Raubtier unterstellte Wissen bzw. Fühlen seiner Gefangenschaft – „Ihm ist, als ob es tausend Stäbe gäbe"[42] – erst jene Erhabenheit, die die Darstellung der Zootiere als gequälte Kreaturen überhöht: hin zum Leiden an einer Zivilisation, die der Vitalität des Tieres entgegenarbeitet, hin zu einer Überlegenheit der Tiere, die sich aus ihrer Würde speist.

Ähnliches lässt sich in Alfred Wolfensteins Gedicht *Bestienhaus* beobachten, abgedruckt in Kurt Pinthus' Anthologie *Menschheitsdämmerung* (1919). Auch hier bestimmen Erhabenheitsvorstellungen um Freiheitssehnsucht, Aufstreben und Größe das Verhältnis des lyrischen Ich zu den Zootieren:

> Ich gleite, rings umgittert von den dunklen Tieren,
> Durchs brüllende Haus am Stoß der Stäbe hin und her,
> Und blicke weit in ihren Blick wie weit hinaus auf Meer
> In ihre Freiheit ... die die schönen nie verlieren.
> [...]
> Der Adler sitzt wie Statuen still und scheinbar schwer
> Und aufwärts aufwärts in Bewegung ungeheuer!
> Sein Auftrieb greift in mich und spannt mich in sein Steuer –
> Ich bleibe still, ich bin von Stein, es fliegt nur er.
>
> Es steigen hoch der Elefanten graue Eise,
> Gebirge, nur von Riesengeistern noch bewohnt:
> Von Wucht und Glut des wilden Alls bin ich umthront
> Und ich steh eingesperrt in ihrem freien Kreise.[43]

Dem Ich, das als still, umgittert, eingesperrt vorgestellt wird, steht die starke Aufwärtsbewegung vom Tierkäfig hin zu „Wucht und Glut des wilden Alls" entgegen. Für solch erhabene Gesten eignen sich – das zeigen die angeführten Gedichte – nur solche Tiere, denen entsprechende Attribute wie Kraft, Klugheit, Wille, Ungebundenheit zugesprochen werden: starke Raubtiere wie Löwen und Panther, mächtige Landtiere wie Giraffen und Elefanten, große Raubvögel wie Adler und Kondor.

42 Rainer Maria Rilke: Der Panther. Im Jardin des Plantes, Paris. In: Ders.: Sämtliche Werke, hrsg. v. Ernst Zinn, Bd. 1: Gedichte, Frankfurt a. M. 1987, S. 505.

43 Alfred Wolfenstein: Bestienhaus. In: K. Pinthus (Hrsg.): Menschheitsdämmerung. Ein Dokument des Expressionismus, Leipzig 1986, S. 57.

Auf noch radikalere Weise spielt in Gertrud Kolmars Erzählung *Die jüdische Mutter* (verf. 1930/31, publ. 1965) ein erhabener Kondor als Gegenmodell zum menschlichen Abgrund eine wichtige Rolle. Kolmar hat bekanntlich eine Vielzahl von Tiergedichten vorgelegt, so den Zyklus *Tierträume,* den sie zum Teil im Jahr 1938, zusammen mit weiteren Gedichten, unter dem Titel *Die Frau und die Tiere* noch publizieren konnte. In ihrem zu Lebzeiten unveröffentlicht gebliebenen Prosatext *Die jüdische Mutter* hat die Protagonistin, eine Tierfotografin in Berlin, ihre kleine Tochter Ursa mit Gift getötet, die von einem Sexualverbrecher schwer verletzt und traumatisiert worden war. Seither sucht die rastlose Mutter Rache am Mörder – so nennt sie ihn – ihrer Tochter, mit der sie in einer symbiotischen Einheit lebte, die auch nach Ursas Tod fortdauert. Eines Tages folgt sie auf der Straße einer jungen Frau, in der sie ihre tote Tochter imaginiert, in den Zoologischen Garten – voller heftiger Gefühle wie Eifersucht und Zuneigung, weil die junge Frau dort einen Mann, offenbar ihren Geliebten, trifft.

Die Tiere im Zoo lassen sie – im Gegensatz zu Haustieren, die sie verachtet – zunächst auf Klarheit und Orientierung hoffen: „es war gut, daß es solche Tiere noch gab, so klar und so eins",[44] hat doch die Protagonistin jene Einheit, mit sich selbst und mit ihrer Tochter, verloren. Aber als sie zum Kondor Zuflucht nehmen will, sieht sie in dem gefangenen Vogel nur ein fremdes, trübseliges Wesen, das ihr das Gefühl der Entfremdung, ja Verbannung spiegelt:

> Den Kondor wollte sie grüßen. Denn sie liebte den wunderbaren Vogel, der von allen in höchste Einsamkeit dringt, in eisesklare, schweigendste Luft, den Vogel der Sonnenmeere. Der eine Schwingspitze nach Ecuador, die andre gen Feuerland stößt, in dessen Krallen Chile zerbröckelt, dem immer noch Schnee der Kordilleren auf schwarzem Gefieder taut. Er war gefangen hier, arm und fremd, und hockte, im kleinen, rötlichen Blick die frostige Trübseligkeit des Verbannten. Des Welkenden.[45]

Gegen die Erhabenheit, die dem Kondor in seiner natürlichen Umgebung zugeschrieben wird, steht hier die erniedrigende Käfigwelt des Zoos, in der der Vogel dahinwelkt, statt sich in höchste Lüfte zu erheben. So kann er nicht als Gegenbild zu den erniedrigenden Gewalt- und Großstadterfahrungen der Protagonistin fungieren, die daran zugrunde gehen wird.

Im gleichen Jahr 1931, in dem Gertrud Kolmar ihren Prosatext verfasst, erscheint ein Zoo-Roman von Felix Salten (dem Verfasser von *Bambi. Eine*

44 Gertrud Kolmar: Die jüdische Mutter, Göttingen 1999, S. 116.

45 Ebenda, S. 118.

*Lebensgeschichte aus dem Walde,* 1923), der diese Konstellation zwischen der Vitalität von Tieren und ihrer Zurichtung bzw. Erniedrigung in der Gefangenschaft des Zoos sowie der menschlichen Identifikation mit ihnen nochmals steigert. In Saltens Roman *Freunde aus aller Welt. Roman eines zoologischen Gartens* (1931) hat sich ein junger Mann von einem Elefanten töten lassen, weil er das Leiden der Kreaturen nicht mehr ertrug und sich dem Elefanten überließ, „damit er an mir Vergeltung übe für alles und für alle“[46]. Der Vater dieses jungen Mannes nennt den Zoo einen „Ort des Grauens“[47] und bedauert einen gefangenen Schimpansen,

> einsam, in einer künstlichen Existenz. Er hat Zerstreuung, freilich, er hat alles Mögliche... aber das Mögliche bleibt nur Ersatz und Ersatz kann ihm niemals die ihm so notwendige Natur ersetzen.[48]

Die Vorstellung einer tierischen Würde und Erhabenheit, die – schon bei Kolmar, stärker aber noch bei Salten – durch das Opfer menschlichen Lebens umso deutlicher hervortritt, findet ihren Ausdruck in einer Anthropomorphisierung der Tiere einerseits und einem Plädoyer gegen Tierqualen im Zoo andererseits. Dies wird besonders eindrücklich am Schluss von Saltens Roman inszeniert, wenn sich nachts die Klage der Tiere erhebt, auf die allerdings weder Mensch noch Himmel antwortet:

> Löwen ächzten, Tiger stöhnten, als berste ihnen die Brust.
> Elefanten erhoben ihr dröhnendes Trompeten.
> Eisbären brüllten und die braunen Bären tobten mit Gebrüll.
> Wölfe heulten langgezogene Klagelaute.
> Hyänen stießen gellendes Gelächter aus.
> Affen kreischten.
> Alle riefen das gleiche:
> Wie lange sollen wir gefangen bleiben?
> Was haben wir getan, daß wir so leiden?
> So Entsetzliches leiden?
> Warum sind wir hier?
> Warum?
> Plötzlich Stille.[49]

46 Felix Salten: Freunde aus aller Welt. Roman eines zoologischen Gartens, Berlin 1931, S. 144.

47 Ebenda, S. 143.

48 Ebenda, S. 141.

49 Ebenda, S. 246 f.

## *IV. Zoos als literarische Reflexionsorte für Krieg und Gewalt*

Abschließend soll auf eine bemerkenswerte Funktion literarischer Zoos eingegangen werden, die zu ihrer Charakterisierung als Heterotopie beiträgt und die in ihrer – in verschiedenen Texten thematisierten – Situierung in Kriegs- und Nachkriegszusammenhängen gründet. In diesen Zusammenhängen werden die bereits diskutierten Zurichtungen im Kontext der Zoologischen Gärten, wie Gefangenschaft, Depravierung, Abhängigkeit, Kolonialisierung, nochmals pointiert und verschärft: als historisch spezifische Gewalterfahrungen in der Kolonialherrschaft und im Zweiten Weltkrieg.

Die Beobachtung, „wie häufig Schriftsteller und Journalisten Krieg und Zoo in Zusammenhang stellen“[50], macht Marcel Beyer im Zuge seiner Recherchen zur Bombardierung Dresdens. Denn in der kollektiven Erinnerung stößt er immer wieder auf das Bild: flüchtende Menschen und entlaufene Zootiere hätten im Großen Garten die Bombennacht friedlich gemeinsam unter freiem Himmel verbracht. So unwahrscheinlich dieses Erinnerungsbild ist, so suggestiv ist es angesichts des Kontrastes zwischen Apokalypse und Paradies, das es evoziert. Bevor Beyer mit diesem Bild in seinem Roman *Kaltenburg* (2009) weiterarbeitet,[51] dient es ihm zur Reflexion des unterschiedlichen Umgangs mit Fakten und Fiktionen seitens der Literatur und der Historiographie:

> Der Historiker [...] versucht die Fakten von den Fiktionen zu trennen. Die Literatur aber bewegt sich genau in diesem Bereich – keine Beliebigkeitserlaubnis, sondern Aufforderung zu höchster Wachsamkeit.[52]

Auch W. G. Sebalds Roman *Austerlitz* (2001) bewegt sich in diesem Zwischenraum, und auch er koppelt Kolonial- und Kriegsgewalt an den Topos des Zoologischen Gartens. So ist dem Erzähler gleich zu Beginn die erhoffte Erholung im Antwerpener Zoo deshalb unmöglich, weil der Zoo architektonisch und historisch allzu eng mit dem Bahnhof als Inbegriff der belgischen brutalen Kolonialgeschichte verbunden ist.[53] Dies schlägt sich in

50 Marcel Beyer: Das wilde Tier im Kopf des Historikers. In: Lose Blätter. Zeitschrift für Literatur 27 (2004), S. 778–785, hier S. 778.

51 Vgl. dazu Dorothee Wiesers Beitrag (*„Der Mensch als Augentier“: Zur Zoopoetik Marcel Beyers in den Romanen „Flughunde“ und „Kaltenburg“*) in diesem Band.

52 Beyer (wie Anm. 50), S. 785.

53 Der Erzähler, dessen Belgien-Fahrten in den 1960er Jahren situiert sind, überblendet in seiner Erinnerung sogar beide Räume, das Nocturama und den Wartesaal des Bahnhofs,

durchaus umwegiger, aber bedeutungsvoller Weise im Besuch des Nocturama, d. h. des Nachttierhauses im Zoo nieder, wo Tag und Nacht ‚verkehrt' und die Tiere in einer pseudonatürlichen Umgebung umso deplatzierter wirken. Der Erzähler erinnert sich vor allem an einen Waschbären,

> wie er mit ernstem Gesicht bei einem Bächlein saß und immer wieder denselben Apfelschnitz wusch, als hoffe er, durch dieses, weit über jede vernünftige Gründlichkeit hinausgehende Waschen entkommen zu können aus der falschen Welt, in die er gewissermaßen ohne sein eigenes Zutun geraten war.[54]

Ähnlich deplatziert, aber in ein präzises Verhältnis sowohl mit den menschlichen Besuchern als auch mit der Zoo- als Kolonialgeschichte gebracht, wird der Pariser *Jardin des Plantes* in den 1950er Jahren geschildert, den Austerlitz besucht: Er betrachtet

> das trostlose Zoogelände, in dem einst die aus den afrikanischen Kolonien herbeigebrachten Riesentiere, die Elefanten, Giraffen, Nashörner, Dromedare und Krokodile zur Schau gestellt waren, während jetzt, sagte Austerlitz, die Mehrzahl der mit erbärmlichen Naturresten, Baumstümpfen, künstlichen Felsen und Wassertümpeln ausstaffierten Gehege leer und verlassen sind. Nicht selten haben wir [...] eines der Kinder [...] ausrufen hören: Mais il est où? Pourquoi il se cache? Pourquoi il ne bouge pas? Est-ce qu'il est mort?[55]

Die kindliche Frage nach dem unsichtbaren, verschwundenen oder vielleicht toten Tier gewinnt im genannten (nach)kolonialen Kontext an historischer Tiefenschärfe, die durch eine weitere Nennung des Zoos im Roman noch konturiert wird. Wenn Austerlitz auf der Suche nach seiner Mutter, die während der Nazizeit deportiert wurde, einen Film über Theresienstadt in extremer Zeitlupe ansieht, um die flüchtigen Gesichter studieren und vielleicht seine Mutter entdecken zu können, wird der Ton des Films verzerrt zu einem

> bedrohliche[n] Grollen, wie ich es zuvor ein einziges Mal bloß gehört habe, [...] im Jardin des Plantes in Paris, [...] nicht weit von dem Raubtierhaus, in welchem die von meinem Platz aus unsichtbaren und, so dachte ich mir damals, sagte Austerlitz, in der Gefangen-

und gewinnt aus der Reflexion dieser Überblendung ein Nachdenken über Erinnerungsprozesse: „Die Bilder aus dem Inneren des Nocturamas sind in meinem Gedächtnis im Laufe der Jahre durcheinandergeraten mit denjenigen, die ich bewahrt habe von der sogenannten *Salle des pas perdus* in der Antwerpener Centraal Station." (W. G. Sebald: Austerlitz, Frankfurt a. M. 2008, S. 12).

54 Beyer (wie Anm. 52).

55 Ebenda, S. 375.

> schaft um ihren gesunden Verstand gebrachten Löwen und Tiger ihr dumpfes Klagegebrüll erhoben, Stunde um Stunde, ohne Unterlaß.[56]

Auf nicht triviale Weise werden hier die gefangenen Zootiere mit dem Holocaust in eine Verbindung gebracht, die keine einfache Gleichsetzung vollzieht, sondern beide Erfahrungen durch mediale Übersetzung verknüpft: Es ist die verlangsamt abgehörte Tonspur, die dem Gebrüll der Raubtiere ähnelt, welches von Austerlitz angesichts der Zoo-Situation als Klagegebrüll wahrgenommen wird.

Ebenfalls im Modus des Akustischen treten Bedrohung und Zerstörung in Wassili Grossmans Erzählung *Tiergarten* (1953–1955) auf, wenn die Zootiere im umkämpften Berlin der letzten Kriegstage Artillerie, Panzer und Luftangriffe, auch bei Tage, wahrnehmen. Mit Blick auf die Zootiere und ihre Wärter hält Grossman an der Hoffnung fest, auch wenn er sie an den entlegensten, von der Katastrophe gezeichneten Orten aufruft – mit dem Zoologischen Garten als merkwürdig paradoxem Ort des Rückzugs inmitten der Katastrophe, als eine Arche Noah, in der die überforderten Tierpfleger in ihrer Sorge nicht nachlassen und in der umgekehrt die Tiere den Menschen Hoffnung geben, wenn auch nicht ungetrübt, wie der Affenwärter Ramm formuliert:

> Tiere werden seit Jahrhunderten in Schlachthäusern getötet. Allein schon an diese Verdammnis zu denken ist schrecklich, so sehr haben wir uns daran gewöhnt. Dabei hoffen sie die ganze Zeit! Selbst die, die auf die Seite der Gefängniswärter übergewechselt sind.[57]

Der Zeitkontext, durch spezifische Schlüsselwörter in den Reden der Protagonisten präsent, erhöht die Brisanz des Gesagten und macht die allgemeinen kulturkritischen Bemerkungen zur scharfen Zeitkritik an Diktatur und Vernichtungsmaschinerie: Wenn die Menschen

> einmal um eines Nutzens oder einer Kurzweil willen beschlossen haben, eine Tierrasse auszurotten, dann schlagen sie auch Greise und Schwangere und Neugeborene, räuchern sie in ihren Höhlen aus, lassen sie verhungern, ersticken sie mit Rauch.[58]

56 Ebenda, S. 357.

57 Wassili Grossman: Tiergarten. In: Ders.: Tiergarten. Erzählungen. Aus dem Russischen von Katharina Narbutovič. Nachwort von Franziska Thun-Hohenstein, Berlin 2008, S. 83–117, hier S. 112.

58 Ebenda, S. 111.

Mit dieser Anspielung auf die Vernichtungslager des nationalsozialistischen Deutschland verbindet sich das Schicksal der Tiere und der Menschen auf unheimliche Weise: Was Menschen seit dem 19. Jahrhundert mit den Mitteln der industriellen Revolution den Tieren angetan haben, wird nun auf sie selber angewendet. Und am Beispiel der Tiere wird der Kreislauf dargestellt, der die industrielle Massenvernichtung zugleich als massenhafte Nahrungsmittelaufbereitung zeigt: Es sind besondere „Gerüche mitten in der Nacht", die „die Tiere weit mehr in Aufregung [versetzten] als die Schüsse oder die Flammen der Brände".[59] Und am Ende dieser Nacht sitzt Ramm, der alte Affenwärter, „neben der Leiche des riesigen schwarzen Affen [...], dessen Brust von Granatsplittern aufgerissen war".[60] Ein sowjetischer Kommandanturvertreter rät dem weinenden Ramm, er solle die Zootiere mit den herumliegenden toten Pferden füttern, „und in ein paar Tagen würden die städtischen Schlachthäuser ihre Arbeit wiederaufnehmen"[61]. Damit schließt sich der Kreislauf der Nahrungskette für Tier und Mensch auch in einem anderen politischen System wieder. Alles wird in geordnete Bahnen zurückkehren, und wie selbstverständlich wird das Fressen der Tiere, in den Schlachthäusern vorbereitet, durch Menschen und andere Tiere dann wieder gewährleistet sein.

Während Marcel Beyer im Bild eines paradiesischen Zustands zwischen Menschen und Zootieren mitten in der zivilisatorischen Katastrophe des 20. Jahrhunderts eine unhaltbare Phantasie der Versöhnung erkennt, zeigt Wassili Grossman das Überleben der Zootiere um den Preis der Fleischbeschaffung durch das Schlachthaus, in dem andere Tiere zur Nahrung – auch für die Zootiere – werden. Und W. G. Sebalds Protagonist setzt das Bild brüllender Raubtiere für den nicht abbildbaren Schrecken der Vernichtung ein. Damit hat der Zoologische Garten, verstanden als Schauplatz und Reflexionsraum von Modernisierungsprozessen, einen *point of no return* der Erkenntnisträchtigkeit erreicht.

59 Ebenda, S. 114.
60 Ebenda, S. 116.
61 Ebenda.

# III. Künstler(innen)-Bestiare: Literarische Lebewesen in poetologischer Hinsicht

Alexander Košenina

# Löwen in Bild und Text
## Johann Heinrich Ramberg bevölkert literarische Almanache der Goethezeit mit wilden Tieren

*I.*

In Charlie Chaplins Stummfilmkomödie *The Circus* (1928) gerät der von einem Missgeschick ins nächste stolpernde Tramp einmal unfreiwillig in einen Löwenkäfig.[1] Alle Versuche der Selbstbefreiung misslingen – erst fällt der Außenriegel ins Schloss, dann die Klappe zur nächsten Abteilung, hinter der ein Tiger lauert; schließlich fällt die nahende Geliebte vor Schreck in Ohnmacht. Der Löwe räkelt sich derweil müde in seiner Ecke, vorerst nimmt er keine Notiz von seinem ungebetenen Gast. Doch das könnte sich jederzeit ändern, beim Gähnen entblößt das Raubtier seine bedrohlichen Zähne. Diese ausweglose Lage meistert der Tramp wie jede andere – mit tänzerisch schwebender Eleganz und beredter Körpersprache. Als die angebetete Stieftochter des Zirkusdirektors endlich zu Hilfe kommt, gebärdet er sich zunächst unerschrocken heroisch, so als sei eine Befreiung gar nicht nötig. Bei inzwischen geöffneter Käfigtür macht er gar einige Schritte auf die Bestie zu; als diese doch noch zum Angriff ansetzt, rennt der Hilfsclown wie ein Wiesel und rettet sich auf den nächsten Lichtmast.

Was Chaplin hier gut *er*funden zu haben scheint, ist mehr oder weniger *ge*funden. In der kleinen Szene werden viele Topoi angespielt, die auch in Hans Blumenbergs nachgelassenen Essays über *Löwen* (2001) – einer wunderbaren Sammlung von Fabeln und Imaginationen seit biblischen Zeiten – begegnen: Die „königliche Müdigkeit“ dieses Herrn der Steppe, der aber einsehen muss, dass „alle schneller als er“ sind;[2] die geballte, wilde Kraft, die jederzeit hervorbrechen kann; schließlich das zum Erhabenen taugliche Spiel des Menschen mit der tödlichen Gefahr. Solche Reize machen Raubkatzen

1 Vgl. <https://www.youtube.com/watch?v=U9BinpcqWGM>, zuletzt: 1.5.2015.

2 Hans Blumenberg: Löwen, Frankfurt a. M. 2001, S. 51.

– Jaguar *(Panthera onca)*, Leopard *(Panthera pardus)*, Löwe *(Panthera leo)*, Tiger *(Panthera tigris)* – literarisch und ikonographisch so attraktiv. Von La Fontaines Tierfabeln bis zu Rilkes Gedicht *Der Panther* sind sie weit verbreitet. Bildlich dargestellt hat sie, zumindest in der Goethezeit, keiner ausgiebiger als der Hannoversche Hofmaler Johann Heinrich Ramberg (1763–1840). Nach dem Tod Daniel Chodowieckis (1726–1801) stieg er zum produktivsten und beliebtesten Literaturillustrator Deutschlands auf. Auf den nach seinen Entwürfen gestochenen Kupfern in Almanachen und Taschenbüchern der Zeit sind fast immer Tiere zu finden. Vor allem Rambergs Hunde waren legendär und bildeten geradezu eine Signatur dieses Künstlers, der literarische Texte von fast 100 Autorinnen und Autoren oft eigenwillig illustrierte.[3] In Goethes Todesjahr berichtet der Zeichner und Schriftsteller Johann Peter Lyser (1804–1870) über eine Begegnung mit dem unermüdlich für Almanache zeichnenden Ramberg, den er dann wie folgt selbst zitiert:

> Es wäre ja nicht zum Aushalten, wenn ich nur so zeichnen wollte, wie es in den albernen Erzählungen steht! Nein! Ich muß hinzutun zu diesen rührenden Liebesgeschichten, die alle nach demselben Maße von den schreibseligen Dämchen zusammengeprünt werden. [...] Ja, hinzutun m u ß ich, und wär's auch nur ein Vieh! eine Katze, ein Hahn oder einen Hund – ach ja! Über den ‚Rambergschen Hund' schreien sie alle Jahre, die Rezensenten; na warte, da will ich euch gleich wieder einen zeichnen – Presto! (so hieß sein kleiner Hund) ducke dich, horch! und das kluge Hündchen legte sich in gehorsamer Stellung auf den Boden, so zeichnete es Ramberg immerfort Witze machend, in die Skizze hinein, deren Hauptfiguren ein scheidendes Liebespaar waren.[4]

## *II.*

Im Folgenden soll es nicht um Nebentiere gehen, die Ramberg nach Belieben überall einschmuggelte und hinzufügte, sondern um Zentralfiguren in Bild und Text. Zunächst ist die Begegnung zwischen Mensch und Löwe der exemplarische Gegenstand, der mit der Szene aus Chaplins *The Circus* eingeführt wurde. Etwas früher rückt Rambergs Vorbild Chodowiecki auf einer Illustration zu Don Quijotes Abenteuer einen Löwen ins Bild *(vgl. Abb. 1)*, der auf einem Fuhrwerk zum König gebracht werden soll. Cervantes' Held

3 Kommentierte Illustrationen zu 66 deutschsprachigen Schriftstellern versammelt der Katalog: Alexander Košenina (Hrsg.): Literatur – Bilder. Johann Heinrich Ramberg als Buchillustrator der Goethezeit, Hannover 2013.

4 Vgl. Ferdinand Stuttmann: Johann Heinrich Ramberg, Hannover 1929, S. 30 f.

lässt den Käfig öffnen und besteht auf der Mutprobe, sich dem gefährlichen Raubtier allein entgegenzustellen. Doch der Löwe zeigt, wie bei Chaplin, kein Interesse, sich herausfordern zu lassen:

Abb. 1.

> Das erste, was er tat, war, daß er sich im Käfig, worin er gelegen hatte, nach allen Seiten hin drehte, die Tatze ausstreckte und sich um und um reckte und dehnte; dann riß er den Rachen auf und gähnte lang und gemächlich. […]
> Allein der großmütige Löwe bewies viel eher Freundlichkeit als Hochmut, und ohne sich um Kindereien und Großsprechereien zu kümmern, und nachdem er sich nach allen Seiten umgesehen, wandte er den Rücken, wies Don Quijote sein Hinterteil und streckte sich höchst gelassen und gemächlich wiederum im Käfig nieder.[5]

Ganz so harmlos geht es in Schillers Ballade *Der Handschuh* (1797) nicht zu und erst recht nicht in Chamissos *Die Löwenbraut* (1829). Schillers Erzählgedicht greift eine anekdotische Erklärung des Straßennamens Rue des Lions in Paris auf, die Germain François Poullain de Saint-Foix in seinen *Essais historiques sur Paris* (1759) überliefert.[6] An Schillers Fassung des Stoffes lobt Wilhelm von Humboldt den „eigenthümlichen Eindruck des Großen, Schauderlichen und Tragischen", der „durch die prächtige Beschreibung der Thiere" hervorgebracht wird: „Sie haben darin Ihrem Liebling, dem Löwen, ein Denkmal gestiftet."[7] Tatsächlich besticht der König der Tiere vor dem französischen König Franz I. (1494–1547) und seinem Hofstaat durch träge Lässigkeit: „Ein Löwe tritt, / Und sieht sich stumm / Rings um, / Mit langem Gähnen, / Und schüttelt die Mähnen, / Und streckt die Glieder, / Und legt sich nieder." (VV. 10–16)[8] Ein murrender Tiger und zwei grimmige Leoparden kommen noch hinzu, doch sorgt der „Leu mit Gebrüll" (V. 39) und überlegener Gebärde für Ruhe und Respekt unter den „greulichen Katzen" (V. 43). In dieser prickelnden Atmosphäre von drohender Gefahr und schierer „Mordsucht" (V. 42) wirkt der von Kunigundes Hand in den Zwinger gelangte Handschuh wie ein Zeichen koketten Übermuts und niedriger Sensationsgier. Bei Schiller deutet lediglich die spöttische Herausforderung des Ritters auf Vorsatz hin, in seiner möglichen Vorlage *Die Liebesprobe* (1783) von August Friedrich Ernst Langbein wird die Absicht hingegen explizit ausgesprochen.[9] Ritter Delorges rettet bei Schiller jedenfalls das nich-

5 Miguel de Cervantes Saavedra: Der sinnreiche Junker Don Quijote von der Mancha. Übertragung v. Ludwig Braunfels, München 1961, S. 670.

6 Vgl. die Erläuterungen in Schillers Werke. Nationalausgabe, Bd. 2 II A, Weimar 1991, S. 605 f.; fortan zitiert: NA.

7 NA 37 I, S. 62 f.

8 NA 2 I, S. 274.

9 Vgl. Nikolas Immer: Der Handschuh als Liebesprobe. Schillers Beziehung zu August Friedrich Ernst Langbein. In: Jahrbuch der deutschen Schillergesellschaft 53 (2009), S. 89–102. In dem hier zitierten Text Langbeins heißt es am Ende der ersten Strophe: „Als, wohl bedacht, die Schönste schöner Frauen / Den seidnen Handschuh fallen ließ."

tige Accessoire und erbringt damit den zynisch geforderten Liebesbeweis; doch seine Ehre und Selbstachtung verteidigt er durch den verächtlichen Wurf des Handschuhs in das Gesicht des übermütigen Fräuleins, versehen mit seinem Abschied: „„Den Dank, Dame, begehr' ich nicht"" (V. 66).

In *Minerva. Taschenbuch für das Jahr 1809* zeigt der nach Rambergs Entwurf gefertigte Stich von Johann Friedrich Wilhelm Jury die verwegene Bergungsoperation *(vgl. Abb. 2):*

Abb. 2.

(VV. 5 f.) Dass Ramberg Texte Langbeins ebenso begeistert und fast so häufig illustrierte wie die Schillers stellt übrigens eine weitere Verbindung zwischen beiden Dichtern her, vgl. Košenina (wie Anm. 3), S. 244–253.

In der Symmetrieachse liegt das Objekt der Mutprobe vor dem lauernden Löwen und der darüber platzierten gespannten Beobachterin Kunigunde; um den Handschuh liegen im Vordergrund der Tiger und rechts die Leoparden, von links naht Ritter Delorges mit haschender Hand.

Die innere Bewegung unter den Zuschauern auf der Galerie ist groß, sie bilden geradezu eine Allegorie für Schillers Affektdramaturgie des Erhabenen – im Zustand höchster Furcht und Anspannung verfolgen sie aus sicherer Distanz das Geschehen, dessen Größe mit der Gefahr wächst. Karl August Böttiger versieht diesen Stich mit einer Erläuterung in vier Strophen. In einer einleitenden Erklärung zu diesem ersten Jahrgang von *Minerva,* der insgesamt sechs Illustrationen zu Balladen Schillers enthält, formuliert Böttiger seine These für die folgenden Bilddeutungen: „Süßlehrende Wechselwirkung! Der Maler verstand den Dichter, und der Dichter den Maler!“[10]

Böttiger richtet seinen Blick zunächst auf den gleichmütig wirkenden König, dessen warmer „Fürstenhermelin“ möglicherweise ein „ziemlich eiskalt Heldenherz bedecken“ (VV. 3 f.) mag.[11] Von hier wendet sich die Ekphrasis dem Fräulein zu, die Böttiger – wohl angesichts des Dekolletés – „von der Natur sonst karg nicht ausgesteuert“ (V. 6) scheint. Noch größere Aufmerksamkeit findet aber ihr starrer, „tigergleich“ fixierter Blick auf den Handschuh, der zugleich „den Muthigen befeuert“ (VV. 7 f.). Erst mit der dritten Strophe tritt das unerhörte Hauptgeschehen um Ritter Delorges ins Zentrum. Die für ihn so gefährliche Situation schlägt nicht in eine Katastrophe um, sondern verbleibt im Zustand der Bedrohung: „ihn ehrt der Leu, der Tiger schont sein Blut, / und selbst der Pardel zeigt ihm nur die Zähne“ (VV. 11 f.). Von hier wendet sich der Betrachter erneut dem Fräulein Kunigunde, dem „Unthier droben“ (V. 13), zu, das grimmiger als jede Wildkatze Libyens wirke. Wie in der Ballade ist es nur folgerichtig, dass der Ritter sich nach bestandener Mutprobe von der grausamen Frau abwendet, die so leichtfertig sein Leben aufs Spiel setzt. Dabei konterkariert Böttiger den von Zeitgenossen als anstößig getadelten Vers 65 aus Schillers Gedicht, der für die Erstfassung gemildert wurde und erst in der späteren Version wie geplant zum Abdruck gelangt:[12] „Wirf ihr den Handschuh nicht ins Angesicht! / bewahr' dies Bild des Mädchens ohne Seele.“ (VV. 15 f.)

10 Minerva. Taschenbuch für das Jahr 1809, Leipzig: Gerhard Fleischer d. J. [1808], S. 12.

11 Ebenda, S. 19. Böttigers Erläuterung wird wie hier mit Angabe des Verses zitiert.

12 Für die Erstausgabe änderte Schiller den in der Zweitfassung wiederhergestellten ursprünglichen Wortlaut: „Und er wirft ihr den Handschuh ins Gesicht“ (NA 2 I, S. 276) heißt es in der späten, „Und der Ritter sich tief verbeugend, spricht:“ (NA 1, S. 367) in der

Das Spiel mit wilden Tieren findet in Adelbert von Chamissos Ballade *Die Löwenbraut* einen weniger günstigen Ausgang als bei Schiller. Der Stich nach Rambergs Illustration, ebenfalls von Jury, erscheint mit dem Erstdruck des Textes im *Taschenbuch für das Jahr 1829, der Liebe und Freundschaft gewidmet (vgl. Abb. 3)*. Chamisso greift hier – wie häufig in seinen Balladen – angeblich Tatsachen auf:

Abb. 3.

Im Wiener Schloss Neugebäude soll die Tochter des Tierwärters seit Kindertagen sehr vertraut mit einem prächtigen Berberlöwen *(Panthera leo leo)* gewesen sein, der sie später in einem Anfall von Eifersucht tötete. Chamisso inszeniert die Legende in 12 dramatischen Strophen.[13] Im dritten bis siebten Vierzeiler spricht die „Herrin" (V. 4, V. 6, V. 42) und „Jungfrau" (V. 7) in

frühen Version. Böttiger verweist in einer Fußnote auf den ursprünglichen Tadel bei einer Lesung in Weimar am 14.7.1797.

13 Der Text wird mit Versangabe zitiert nach: Adelbert von Chamisso: Sämtliche Werke in zwei Bänden, hrsg. v. Jost Perfahl, Bd. 1, München 1975, S. 304 f.

wörtlicher Rede und verkündet unter Tränen ihren Abschied, weil sie ihre Hand einem „fremden Mann“ (V. 20) gegeben hat. „Mit der Myrte geschmückt und dem Brautgeschmeid“ (V. 1) betritt sie den Zwinger des „Gewaltige[n]“ (V. 5), der aber – obgleich eigentlich „wild und unbändig“ (V. 5) – „fromm und verständig“ (V. 6) zu ihr aufblickt. Genau diesen Moment, der dem „letzten Kuß“ (V. 28) vorangeht, hält Ramberg in seiner Illustration fest. Zu sehen ist die „rosige Maid“ (V. 2) in ihrem beschriebenen Schmuck das riesige Raubtier umhalsend; zugleich erblickt man aber auch „am Gitter den Jüngling“ (V. 31), der im Text erst nach dem Abschiedskuss erwähnt wird. Sein Auftritt bewirkt die tragische Peripetie, die den Löwen von dem frommen und ergebenen Gespielen in das wilde Raubtier verwandelt, das die junge Frau als Geisel statt als Herrin genommen hat:

> Er stellt an die Tür sich des Zwingers zur Wacht,
> Er schwinget den Schweif, er brüllet mit Macht;
> Sie flehend, gebietend und drohend begehrt
> Hinaus; er im Zorn den Ausgang wehrt. (VV. 33–36)

Als der Bräutigam jenseits des Gitters nach Waffen ruft, „brüllt der Gereizte, schäumend vor Wut“ (V. 40). So wird das einst gute Tier zur Bestie: „Die schöne Gestalt, ein gräßlicher Raub, / Liegt blutig, zerrissen, entstellt in dem Staub.“ (VV. 43 f.) Bevor der Löwe erschossen wird, liegt er voll „Trauer und Schmerz“ (V. 47) und „mit finsterem Mut“ (V. 46) neben der Herrin, die für ihn zwar verloren, aber wenigstens an keinen anderen abzutreten ist. Während bei Schiller das Fräulein mit dem Leben des Geliebten spielt und ihn damit fürs eigene Leben verspielt, verlässt bei Chamisso die rosige Maid ihren stets treuen Freund und wird dafür selbst in den Tod entlassen. Die wörtliche Umsetzung der Redewendung „zum Fressen lieb haben“ durch Penthesileas (1808) „Versehen“ bei Kleist – „Küsse, Bisse, / Das reimt sich, und wer recht von Herzen liebt, / Kann schon das Eine für das Andre greifen“[14] – wird in Chamissos grausamer Ballade gleichsam wieder in die Ordnung der Natur zurückversetzt: Löwen fressen eben gelegentlich Menschen – sie nicht als wilde Tiere zu behandeln, ist ein Zeichen von Hybris; im Falle Schillers zeugt es analog von Zynismus, ein anderes Leben leichtfertig einer tödlichen Gefahr auszusetzen.

14 Heinrich von Kleist: Sämtliche Werke und Briefe in vier Bänden, hrsg. v. Ilse-Marie Barth u. a., Bd. 2, Frankfurt a. M. 1987, S. 254 (VV. 2981 ff.).

Eine Variante auf Schillers Liebesprobe vor einer sensationslüsternen Hofgesellschaft gestaltet Otto Heinrich Graf von Loeben (1786–1825) in *Der Löwenkranz*. Die 71 Strophen umfassende Ballade erscheint zusammen mit der nach Rambergs Entwurf von Christian Gottfried Zschach gestochenen Illustration *(vgl. Abb. 4)* in *W. G. Becker's Taschenbuch zum geselligen Vergnügen 1822*. Otto von Loeben, ein vergessener Romantiker aus dem Kreis um Ludwig Tieck,[15] greift darin auf einen Stoff aus der englischen Geschichte zurück: Isabella von Frankreich, die Frau von König Eduard II., ließ mit ihrem Geliebten Roger Mortimer den König 1326 gefangensetzen und anschließend ermorden.

Abb. 4.

15 Vgl. Gerhard Schulz: Art.: Loeben. In: W. Kühlmann (Hrsg.): Killy Literaturlexikon, Berlin, Boston $^{2}$2010, Bd. 7, S. 470 f.

Zusammen regierte sie bis zu ihrer Absetzung mit Mortimer an Stelle des minderjährigen Sohnes Eduard III. In dieser intriganten Atmosphäre erzählt die Ballade – chronologisch nicht ganz korrekt – von einem Aufenthalt des Grafen Heinrich von Holstein-Rendsburg am englischen Hof. Ihm verleiht die hinterlistige Königin Isabella einen Rosenkranz als eine Art „Minnesold" (V. 124),[16] um so die Eifersucht ihres Geliebten Roger Mortimer anzustacheln.

> Daß Rogers Blick es mußte schaun,
> Als wär's 'ne Siegesfrucht?
> Es thut mir leid, doch freut mich traun
> Des Liebsten Eifersucht. (VV. 125–128)

Ähnlich wie bei Schiller gibt hier weibliche Eitelkeit Anlass zu einer gefährlichen Herausforderung männlicher Tapferkeit. Graf Heinrich wird schon zu Beginn als ein löwengleicher Mann eingeführt, ein „edler Ritter treu und brav, / Ein Leu in seinem Muth" (VV. 11 f.). Seine Unerschrockenheit, die dem historischen Vorbild den Beinamen „Heinrich der Eiserne" einbrachte, beweist der Graf, noch bevor er durch Isabella oder Roger herausgefordert wird. Als ein brüllender Löwe mit der Kette um den Hals aus seinem Zwinger entspringt und unter den Damen für alarmiertes Geschrei sorgt, herrscht Heinrich die Bestie mit lauter Stimme an, worauf das „stolze Thier" (V. 152) sich ihm „brav" (V. 153) zu Füßen legt und in seinen Käfig führen lässt. Natürlich neidet Roger Mortimer dem Grafen diese Heldentat, die er für unvereinbar mit dessen zartem Rosenkranz hält. Auf diese missgünstige Bemerkung hin begibt sich Heinrich erneut in die Höhle des Löwen und setzt diesem den Kranz auf:

> Wer würdiger, als ich,
> Des Rosenlohns sich glaubt,
> Der geh' und nehme sich
> Den Kranz vom Löwenhaupt. (VV. 205–208)

Genau diesen Akt der Löwenkrönung hält Ramberg malerisch fest. Kompositorisch ähnelt die Illustration derjenigen zu Schillers *Der Handschuh:* In unverzagter, eleganter Pose tritt der Held von der linken Seite ins Bild und

16 Graf von Loeben: Der Löwenkranz: In: W. G. Becker's Taschenbuch zum geselligen Vergnügen auf das Jahr 1822, S. 123–137, hier S. 129; fortan im Text zitiert mit Angabe der Verszeile.

überreicht dem grimmig blickenden Tier die Schmuckinsignien der Macht. Im Hintergrund verfolgt Isabella das Geschehen gespannt von der Galerie aus – so wie vermutlich Roger aus sicherer Distanz vor der Gittertür. Der Löwe ist nicht angekettet und der Ritter – im Unterschied zu Don Quijote *(vgl. Abb. 1)* – ohne Rüstung. Ihn beflügeln allein sein Mut und die Selbstbehauptung gegen die Zumutungen seines Rivalen Roger Mortimer. Fast scheint sich die Pointe des Textes, die derjenigen Schillers nicht unähnlich ist, aus dem Bild zu ergeben: Heinrich lässt sich so wenig wie Ritter Delorges von den Mächtigen kaufen oder korrumpieren; dem erneuten Ansinnen des Königs, sich den Kranz zurückzuholen, widersteht er mit der demütigen Bitte um seine Verabschiedung:

> Zum Löwen trat ich ohne Leid,
> Nun aber sei's genug,
> Und gönnen muß ihm selbst der Neid
> Die Krone die ich trug. (VV. 269–272)

Nicht die um Ehre und Anerkennung streitenden Kontrahenten tragen bei v. Loeben den Sieg davon, sondern der Löwe als König der Tiere. Diese durch zahllose Tierfabeln bestätigte Spitzenstellung versinnbildlicht Ramberg auch bei anderer Gelegenheit, etwa in seinen 30 Illustrationen zum Tierepos *Reineke Fuchs* – nicht in Goethes Version, sondern in den weiter verbreiteten, volkstümlichen Knittelversen des Lüneburger Privatgelehrten Dietrich Wilhelm Soltau aus dem Jahre 1803. Am Ende des Epos – bei Goethe im 12. Gesang – stellt sich der hinterhältige und schuldbeladene Reineke im Zweikampf Isegrim dem Wolf gegenüber und besiegt ihn mit unlauteren Tricks, durch Griff an die „empfindlichen Teile“, wie es bei Goethe heißt.[17] König Nobel ernennt den listigen Fuchs gleichwohl zum Kanzler. Auf Rambergs Illustration *(vgl. Ausschnitt Abb. 5)* sieht man ihn devot buckeln, der mit einer Krone geschmückte Löwe verleiht ihm die Amtsinsignien am Band, die übrigen Tiere verneigen sich tief. Diese Stellung verdankt sich der natürlichen Stärke. In der emblematischen Tradition ist der Löwe nicht nur den anderen Tieren an Kraft überlegen, er zeichnet sich zugleich durch Erhabenheit aus, seine Größe erweist sich in großen Taten und ebenbürtigen Gegnern. In Julius Wilhelm Zincgreffs *Emblematum ethico-politicorum* (1619)

17 Bei Soltau steht für das delikate Manöver ein Gedankenstrich: „Schob Reineke ihm allgemach / Die andre Kralle zwischen die Beine / Und zwickte ihm so heillos seine –, / Daß er vor Schmerz das Maul aufriß / Und Reinkens Pfote fahren ließ.“ D. W. Soltau: Reineke der Fuchs. Aus dem Urtext übertragen, Berlin o. J., S. 198.

schlägt ein Löwe unter dem Motto „Magno furor est in sanguine mergi" [Statius, *Thebais*, 8, 595][18] einen Stier, lässt die daneben stehenden Ziegen aber unbeachtet; die Subskriptio erklärt: „ICh acht kein kleine Beutt / es bringt kein Nutz noch frommen // Mein Adelich gemüth eins grossen Feindts begehrt // Der mir an Kräfften gleich / im Kampff sich meiner wehrt // Bring ich den Sieg davon / so kann ich ehr bekommen."[19]

Abb. 5.

18 Publius Papinius Statius: Thebais. Die Sieben gegen Theben, übers. v. Hermann Rupprecht, Mitterfels 2000, S. 283: „Grimmig ist er darauf aus, sich im Blut von Starken zu baden".

19 Vgl. Arthur Henkel, Albrecht Schöne (Hrsg.): Emblemata. Handbuch zur Sinnbildkunst des XVI. und XVII. Jahrhunderts, Stuttgart, Weimar 1996, Sp. 395 sowie viele weitere Löwen-Embleme in diesem Abschnitt.

Ramberg stellt in seinem Zyklus zu Homers *Ilias* solche stolzen Löwen dar, die eine ganze Rinderherde anfallen *(vgl. Abb. 6)*.

Abb. 6.

Im 18. Gesang wird berichtet, wie Hephaistos, der Gott der Schmiedekunst, den Schild des Achill mit Bildgeschichten verziert. Die Verse ähneln damit einer klassischen Ekphrasis, indem sie sprachlich nachvollziehen, was von Hephaistos aktuell künstlerisch gestaltet wird:

Eine Herd auch schuf er darauf hochhauptiger Rinder;
Einige waren aus Golde geformt, aus Zinne die andern.
Laut mit Gebrüll vom Hof enteilten sie dort auf die Weide,
Längs dem rauschenden Fluß, der hinabschoß, wankend von Schilfrohr.
Aber goldene Hirten begleiteten emsig die Rinder,
Vier an der Zahl, auch folgeten neun schnellfüßige Hunde.
Zween entsetzliche Löwen, gestürzt in die vordersten Rinder,
Faßten den dumpf aufbrummenden Stier; und mit lautem Gebrüll nun
Ward er geschleift; doch Hund' und Jünglinge folgten ihm schleunig.
Jene, nachdem sie zerrissen die Haut des gewaltigen Stieres,
Schlürften die Eingeweid' und das schwarze Blut, und vergebens
Scheuchten die Hirten daher, die hurtigen Hund' anhetzend.
Sie dort zuckten zurück, mit Gebiß zu fassen die Löwen,
Standen genaht und bellten sie an, doch immer vermeidend.[20] (VV. 573–586)

20 Homer: Ilias / Odyssee, in der Übertragung v. Johann Heinrich Voß, München 1963, S. 332 f.

Weder der muskulöse Hirte noch seine Hunde können das Blutbad verhindern. Ramberg zeigt über dem gerissenen Stier einen Löwen thronen, einer der Hirtenhunde naht sich ihm kühn, während die anderen ängstlich auf Distanz halten. Solchen bedrohlichen Szenen stehen in den vorangehenden Beispielen wie in der emblematischen Tradition andere gegenüber, die den gezähmten, zutraulichen, sanftmütigen Löwen zeigen. So ein starkes, aber gebändigtes Exemplar, auf dem eine junge Frau mit Zügeln reitet, entwirft Ramberg beispielsweise als Titelblatt zu Goethes *Egmont*.[21]

Noch mehr paradiesische Wunder zeigt ein anderes Blatt Rambergs: Das eindrucksvolle Aquarell mit dem für ihn typischen Zackenblitz (Umschlagillustration des vorliegenden Bandes) dient als Vorlage für ein Kupfer Carl August Schwerdgeburths für das *Taschenbuch zum geselligen Vergnügen 1823 (vgl. Abb. 7).* Es illustriert das Gedicht *Der Missionair* des Almanach-Dichters Friedrich Krug von Nidda. Diese „Legende", so der Untertitel, erzählt in 20 Strophen das Schicksal des Missionars Guido, der vom Papst mit dem Kreuzstab nach Afrika geschickt wird, um die „wilden Negerschaaren / Am fernen Senegall" zu christianisieren, „Wo erst seit wenig Jahren / Versank der Blindheit Wall" (VV. 33–36).[22] Doch der Missionstrupp erreicht gar nicht erst sein Ziel, das Schiff gerät in einen Sturm und zerschellt vor der afrikanischen Küste an einer Klippe. Guido schlägt sich allein durch die Wüste und ist dem Tode nahe. In seiner Verzweiflung rammt er seinen Kreuzstab in den Boden, der – welch Wunder – sofort zu grünen und ein natürliches Zelt zu bereiten beginnt. Mit einbrechender Dunkelheit nahen dann wilde Tiere:

> Der Löwen Zorngebrülle
> War schauerlich erwacht;
> Fernwitternd Menschenbeute
> Naht eine blutge Schaar,
> Von vorn, von jeder Seite
> Gleich drohende Gefahr! (VV. 107–112)

21 Vgl. die Abbildung in: Handzeichnungen II: Johann Heinrich Ramberg. Illustrationen zu deutschen Klassikern (Bildkataloge des Kestner-Museums Hannover, V), Hannover 1963, Abb. 8.

22 Krug von Nidda: Der Missionair. In: W. G. Becker's Taschenbuch zum geselligen Vergnügen auf das Jahr 1822, S. 128–134; fortan zitiert mit Verszähler im Text.

Abb. 7.

Was tut ein guter Christ in solch hoffnungsloser Lage? Er ruft Gott um Hilfe an – und erhält sie natürlich. Der Vater im Himmel schickt sogleich mit „plötzlichem Gezische“ (V. 129) einen Wetterstrahl, und „Durch Gottes Flammenblick, / Steht das Gewild und flüchtet / Stracks ins Gebirg zurück.“ (VV. 134–136) Ramberg zeigt genau diesen Moment der Wunderwirkung; die Löwen und Tiger nehmen von Guido überhaupt keine Notiz mehr, im Unterwerfungsgestus, einige mit zum Himmel gerichteten Blick, beugen sie sich der überlegenen Naturgewalt. Um das Klischee göttlicher Allmacht restlos auszureizen – und damit auch eine ironische Perspektive zuzulassen –, tauchen unvermittelt die schiffbrüchigen Gesellen auf, gemeinsam setzen sie ihren Missionierungsmarsch zu Fuß in Richtung Senegal fort. Wenn Gottesbeweise nur so einfach zu haben wären.

Das letzte Beispiel tendiert noch vorbehaltloser ins Gebiet der Ironie, wenn nicht der Satire, in dem Ramberg sich so gerne betätigte.[23] Die Almanacherzählung *Der Sturz* aus dem *Taschenbuch der Liebe und Freundschaft gewidmet* (1822) verbindet eine bieder-sentimentale Liebesgeschichte mit einem dramatischen Abenteuer, das allerdings ins lächerliche Gegenteil umschlägt. Der zu seiner Zeit höchst populäre Friedrich Gustav Schilling, dessen *Sämtliche Schriften* (1828–1839) rund 200 Romane und Erzählungen in 80 Bänden enthalten, gestaltet diesen Absturz des Erhabenen ins Komische – nach der rhetorischen Lehre also eine Figuration des Bathos.[24] Mit dem Titel *Der Sturz* wird eine solche Konstellation zunächst nicht nahegelegt, auch wenn die aufkeimende Liebe zwischen Leontine und Leo durch die Assonanz der Namen eine Löwengeschichte mit Fallhöhe ahnen lässt. Fräulein Leontine brennt für den tollkühnen Hauptmann, obgleich dessen Schwester Ida als Soldatenwitwe – nach über zwei Jahrzehnten Napoleonischer Kriege – nicht das beste Vorbild für eine solche Verbindung abzugeben scheint. Völlig unerwartet schmiedet die beiden Liebeslöwen (Panthera leo) aber das plötzliche Auftauchen eines gefährlich wirkenden Tigers (Panthera tigris) zusammen, der sich erst im Nachhinein als harmloser Zirkushund im Tigerfell entpuppt. So schlägt Pathos in Bathos um.

Rambergs Aquarell *(vgl. Abb. 8),* das wiederum Johann Friedrich Wilhelm Jury für die Almanach-Illustration im *Taschenbuch der Liebe und Freundschaft gewidmet 1822* nutzt, zeigt den Auftritt der Bestie vor dem Mädchenpensionat, das Leontines Haus gegenüberliegt. In den Fenstern sind entsetzte Gesichter zu erkennen, aus dem Giebelfenster zielt ein Mann mit einer Flinte. Hinter dem Gartenzaun kauert eine verängstigte Gestalt. In Schillings Text heißt es:

23 Vgl. Franziska Forster-Hahn: Johann Heinrich Ramberg als Karikaturist und Satiriker. In: Hannoversche Geschichtsblätter NF 17 (1963), S. 1–235.

24 Vgl. Peter Hughes: Art. Bathos. In: G. Ueding (Hrsg.): Historisches Wörterbuch der Rhetorik, Bd. 1, Tübingen 1992, Sp. 1366–1372.

Abb. 8.

> Es schritt, zu Aller Entsetzen, ein königlicher, wahrscheinlich der fürstlichen Menagerie entsprungener Tiger langsam und knurrend die Straße herab. Er machte zwischen Tina's Wohnung und dem Blauen Storche Halt; er warf, von der Witterung des zahlreichen süßen Mädchenfleisches angeregt, die Nase schnüffelnd auf, und heulte freßlustig.[25]

In dieser Situation höchster Anspannung gerät Leo in die Szene, sein Pferd scheut und wirft den Reiter vor dem Tiger ab. Dieser wird seinerseits durch den Fehlschuss aus dem Dachfenster in die Flucht geschlagen. Leontine und die Schwester des Hauptmanns fallen einander ohnmächtig in die Arme. Kurz darauf wird der verletzte Ritter geborgen, als „Scheinleichnam" in das nächstliegende, also Leontines Haus gebracht und dort – ein „schauerliches Feldspital" – auf ihr Bett gelegt.[26] Für einen Brautwerber könnte sich die Lage gar nicht günstiger entwickeln. Der eher an Liebes- als Wundfieber erkrankte Hauptmann erstreitet sich so tapfer seinen Verlobungskuss. Dem Feldzug im amourösen Gelände geht indes keine Heldentat voran. Was als triumphaler Einzug eines ritterlichen Knappen beginnt, endet mit einem schmählichen Sturz aufs Straßenpflaster, ausgelöst durch keine wirkliche Gefahr, sondern einen lächerlichen Hund im Tigerfell. Der Ballettmeister einer wandernden Truppe muss als Verursacher des peinlichen Unfalls eingestehen, dass der „eingenähte Elementer" die Theaterprobe zu einem Bacchus in Indien – wahrscheinlich Carlo Agostino Badias *Bacco, vincitore dell'India* (1697) – unerlaubt verlassen und „die halbe Stadt in Angst und Aufruhr" versetzt habe.[27]

## *III.*

Rambergs Löwen- und Tigerbilder flankieren ein weites Spektrum literarischer Beispiele. Das wilde Tier ist stets mit einer Herausforderung verbunden, mit einer Mut- und Liebesprobe (Schiller), einer eifersüchtigen Nebenbuhlerei (Chamisso), einer Selbstbehauptung gegenüber höfischen Intrigen (von Loeben), der hierarchischen Naturordnung (Homer), dem riskanten Vertrauen auf die Vorsehung (Krug von Nidda) oder einem Absturz ins Lächerliche (Schilling). Die Bilder sind dabei mehr als bloß illustrierendes Bei-

25 Gustav Schilling: Der Sturz. In: Taschenbuch auf das Jahr 1822. Der Liebe und Freundschaft gewidmet, hrsg. v. St. Schütze, Frankfurt a. M. 1821, S. 99–114, hier S. 104.

26 Ebenda, S. 406.

27 Ebenda, S. 109.

werk, über den Blick für prägnante Augenblicke und signifikante Szenen hinaus zeichnen sie sich durch eigenwillige Deutungen mit der Tendenz zur eigenständigen Bildgeschichte aus. Sie treten zu den Texten in ein produktives, zuweilen ergänzendes und kommentierendes Verhältnis.

Goethe, der 1806 in Karlsbad eine Sammlung von Rambergs Zeichnungen und Aquarellen bewunderte, lobte darin „das heitere, glücklich auffassende, mitunter extemporirende Talent".[28] Das gilt ohne Einschränkung auch für seine Löwenbilder. Sie zeigen allesamt, dass der Mensch dem König der Tiere nie gleichgültig gegenübertritt, das Verhältnis ist in allen Beispielen von einem spannungsvollen Spiel mit Respekt und Angst, Zuneigung und Risiko, Vertrauen und Herausforderung geprägt.

Die affektive Dialektik trägt zweifellos dazu bei, sich solche Tiere zu halten. Kein Zoo kommt ohne Löwen und Elefanten aus. Sie tun sich gegenseitig nichts an, weil sie, wie Hans Blumenberg richtig beobachtet, kein Interesse aneinander haben. Der Mensch hingegen unterhält zugleich eine starke Bindung zum Elefanten kraft seiner schieren Größe wie zum Löwen angesichts seiner Bedrohlichkeit, die wiederum eine Voraussetzung für die ästhetische Kategorie der Angstlust bildet. Das unterscheidet die Beziehung des Menschen zum Löwen von der des Elefanten zum Löwen. Hans Blumenberg führt diese Differenz zu einer erhellenden Überlegung, die viel über jene Neigung zum prickelnden Spiel mit der Gefahr verrät, von der alle vorangehenden Beispiele berührt werden:

> Etwas zum Nachdenken für die, denen es immer nicht genügen will, daß nur ‚nichts passiert'. Sicherer als die Phrase, daß nichts passieren *darf*, ist die, daß nichts passieren *kann*. Und die sicherste Bedingung dafür ist wiederum, wie es zwischen dem Elefanten und dem Löwen steht: Der eine ist für den anderen abwesend.[29]

28 Goethe: Tag- und Jahreshefte. In: Weimarer Ausgabe, Abt. I, Bd. 35, Weimar 1892, S. 249.

29 Blumenberg (wie Anm. 2), S. 90.

Abbildungsverzeichnis

Abb. 1: Daniel Chodowiecki: *Unerhörtes Abenteuer mit dem Löwen den der Ritter ausfordert* (1770), gestochen von Daniel Berger (Herzog August Bibliothek Wolfenbüttel Uh 4° 47 [181]).

Abb. 2: Ramberg: Schillers *Der Handschuh* (1808), gestochen von Johann Friedrich Wilhelm Jury. In: Minerva. Taschenbuch für das Jahr 1809, Leipzig: Gerhard Fleischer d. J. [1808], nach S. 18 (privat).

Abb. 3: Ramberg: Szene aus *Die Löwenbraut* von Adelbert von Chamisso (1828), gestochen von Johann Friedrich Wilhelm Jury. In: Taschenbuch für das Jahr 1829, der Liebe und Freundschaft gewidmet, Frankfurt: Wilmans [1828] (Staatsbibliothek Preußischer Kulturbesitz, Berlin).

Abb. 4: Ramberg: Graf von Loebens *Der Löwenkranz* (1821), gestochen von Christian Gottfried Zschach. In: W. G. Becker's Taschenbuch zum geselligen Vergnügen auf das Jahr 1822, Leipzig: Hartmann 1821 (UB Hannover).

Abb. 5: Ramberg: Federzeichnung zu Dietrich Wilhelm Soltaus *Reineke Fuchs* (1825; Landesmuseum Hannover).

Abb. 6: Ramberg: Radierung zu Homers *Ilias* (1807). In: Alheidis von Rohr: Johann Heinrich Ramberg (1763 – Hannover – 1840). Maler für König und Volk, Hannover 1998, S. 155.

Abb. 7: Kupfer von Carl August Schwerdgeburth. In: W. G. Becker's Taschenbuch zum geselligen Vergnügen auf das Jahr 1823, Leipzig: Hartmann 1821 (UB Hannover).

Abb. 8: Ramberg: Aquarell zu *Der Sturz* von Friedrich Gustav Schilling (1820; Landesmuseum Hannover, Inv.-Nr. Z 716).

ULRIKE STAMM

# Fremde Tiere
## Begegnungen im Reisebericht

Die Begegnung mit Tieren ist häufig Teil der Reiseerfahrung und dementsprechend ein wiederkehrendes Thema von Reiseberichten. Selbst wenn Tiere nur beiläufig erwähnt werden und eher als Kulisse der Reise interessieren, gehören sie doch zu jenem Inventar, aus dem sich die Alterität der fremden Welt bildet. Manche stehen geradezu paradigmatisch für die Fremde. Man denke nur an das Kamel, das auf den Orient verweist, an das Känguru, das Australien symbolisiert, den Bären, der für die nördlichen Weiten Amerikas oder Kanadas steht, oder den Affen, der Afrika impliziert.[1] Tiere spielen insofern nicht nur eine große Rolle für die Repräsentation der fremden Welt, sondern ihre Evokation dient zugleich der Demarkation von eigenem und fremdem Land, vertrauter und unbekannter Natur wie Kultur.

Dies bedeutet auch, dass die dargestellten Tiere in ihrer Position zwischen Natur und Kultur changieren, gehören sie doch einerseits als animalische Wesen dem natürlichen Bereich an, verweisen aber andererseits auf die fremde Welt und verbleiben damit im Bannkreis der anderen Kultur.[2] Diese Zwischenstellung ist ein Spezifikum der in Reiseberichten auftretenden Tiere.

Deren Darstellung spielt aber nicht nur an der Grenze von eigener und fremder Kultur, sondern ermöglicht dem schreibenden Subjekt darüber hin-

1 Im Zentrum stehen sie dagegen in biologisch ausgerichteten Forschungs- oder Jagdberichten, um die es hier aber nicht gehen soll. Dieses Genre war im 19. Jahrhundert weitverbreitet, vor allem im Zusammenhang mit imperialen Unternehmungen. Vgl. Nigel Rothfels: Killing Elephants: Pathos and Prestige in the Nineteenth Century. In: D. Denenholz Morse u. a. (Hrsg.): Victorian Animal Dreams. Representations of Animals in Victorian Literature and Culture, Farnham 2007, S. 53–65. Der Jagdreisebericht war zudem eine dezidiert männliche Domäne, da reisende Frauen so gut wie nie mit der Jagd beschäftigt waren. Zu seltenen Ausnahmen vgl. Wendy Roy: The Politics of Hunting in Canadian Women's Narrative of Travel. In: J. Fiamengo (Hrsg.): Other Selves. Animals in The Canadian Literary Imagination, University of Ottawa Press, Ottawa 2007, S. 305–333.

2 Gleichwohl sind die in Reiseberichten aufgerufenen Tiere keineswegs nur Metaphern, sondern immer auch insofern diegetische Wesen, als sie auf eine erlebte Welt referieren.

aus die Selbstkonstitution als menschliches Wesen. Im Kontext der Differenz von Animalischem und Humanem haben Tiere somit auch die Funktion, eine Selbstdarstellung des Menschen als eines rationalen, denkenden und sprechenden Wesen zu ermöglichen. Insofern sie nicht nur Teil der fremden Welt sind, sondern grundsätzlich für das Andere des Menschen stehen, überschneiden sich in der Repräsentation von Reise-Tieren zwei Differenzachsen, nämlich die von human *versus* animalisch und fremd *versus* vertraut. Diese werden zudem durch eine dritte Kategorie, die einer dichotomischen Geschlechtercodierung, gekreuzt. So sind, gerade innerhalb eines imperialen oder Hierarchien betonenden Denkens, Tiere häufig weiblich konnotiert, was entweder Abwertung implizieren oder aber, als Teil eines sentimentalen Diskurses, zu deren Aufwertung als Objekt emotionaler Zuwendung führen kann.[3]

Vor dem Hintergrund dieser spannungsreichen Zuschreibungen sollen die Tierrepräsentationen in Reiseberichten von Autorinnen des 19. und 20. Jahrhunderts untersucht werden, wobei der Vergleich zwischen den knapp 100 Jahre auseinanderliegenden Texten auch historische Veränderungen aufzeigen wird. Folgende Fragen werden dabei im Zentrum stehen: Welche Funktion haben Tiere für die Kennzeichnung der fremden Welt, und wie werden sie im Spannungsfeld von Natur und Kultur verortet? Gibt es einen Zusammenhang zwischen der Repräsentation von Tieren und der Bewertung der fremden Kultur? Und in welchem Verhältnis stehen normativ statuierte Mensch-Tier-Grenzen und die Abwehr anderer Kulturen?

## *I. Wolfradine von Minutoli (1794–1868)*

Wolfradine von Minutoli schildert in ihrem Reisebericht *Mes Souvenirs d'Égypte*, der im Jahr 1826 zunächst auf Französisch erschien und 1829 ins Deutsche übersetzt wurde, ihre Reise durch Ägypten in den Jahren 1820/1821, auf der

3 So verweist Wendy Roy darauf, dass viele Texte „the animal as a figurative, often female, human" positionieren: The Politics of Hunting in Canadian Women's Nararative of Travel. In: Fiamengo (wie Anm. 1), S. 329. Auch Anne D. Peiter verweist auf die „misogyne Stoßrichtung" in Kamelbeschreibungen des 19. Jahrhunderts; vgl. dies.: Ambivalente Ritte durch den Wissensraum. Kamelbeschreibungen deutschsprachiger Orient-Reisender des 19. Jahrhunderts. In: ZfGerm NF XXIV (2014), H. 1, S. 79–96, hier S. 92.

sie ihren Mann, den General von Minutoli, begleitete.[4] Der Reisebericht der adligen Autorin ist insofern besonders interessant, als sie sich um eine Evokation der untergegangenen ägyptischen Hochkultur bemüht, die von einem romantischen Erfahrungs- und Darstellungsmodus bestimmt wird. Da der Text noch vor dem eigentlichen Kolonialismus geschrieben wurde, fehlen weitgehend die hierarchisierenden Abwertungsgesten späterer Ägyptenberichte.[5] Zudem unterscheidet sich ihr Text von anderen Frauenreiseberichten, da sie in einer für Autorinnen ungewöhnlichen Ausführlichkeit auf archäologische Zusammenhänge eingeht. Und schließlich ist ihr Reisebericht bemerkenswert, da in ihm erstaunlich viele Tiere auftreten, deren Funktionen und Repräsentationsweisen im Folgenden dargelegt werden:

Zum einen haben Minutolis Beschreibungen des animalischen Gegenübers die Aufgabe, das orientalische Dekor zu bereichern und damit die Erwartungen an eine exotisch-fremde Umgebung zu erfüllen. So berichtet sie von Begegnungen mit Delphinen und Haien (vgl. 213 f.), mit Hyänen (vgl. 113) und Schlangen (vgl. 115), mit einem aus Indien stammenden „sehr großen Elephanten"[6], mit Skorpionen, die Kunststücke vorführen (vgl. 49), und schließlich „melancholischen" (194) Chamäleons, die sie – ebenso wie die Einheimischen – als Mittel gegen die Fliegen in ihrem Zimmer hält. Aus den längeren oder kürzeren Schilderungen dieser Tiere entsteht der Eindruck einer belebten exotisch-fremden Welt; dabei fällt manchen der von ihr aufgerufenen Tiere die Aufgabe zu, auf die Gefahren des Reisens zu verweisen – so dem Bären, der sich während ihres Aufenthalts in einer Oase losreißt und Maultiere und Diener bedroht (vgl. 44). In solchen Schilderungen sind die animalischen Bewohner Ägyptens keineswegs leblose Kulissen, sondern animierte Zeichen für die Alterität des Orients, die gleichermaßen als diegetische wie semiotische Tiere fungieren.[7]

4 Diese Forschungsreise, die der General mit einer ganzen Gruppe von Forschern im Auftrag des Königs von Preußen unternahm, um Altertümer zu erwerben, wurde erstaunlicherweise in insgesamt fünf Reiseberichten dokumentiert. Vgl. Ulrike Stamm: A German expedition to Egypt in 1821: between scientific endeavor and literary vivification. European Romantic Review, 2015 (im Druck).

5 Vgl. Ulrike Stamm: Der Orient der Frauen. Deutschsprachige Reiseberichte aus dem frühen 19. Jahrhundert, Köln u. a. 2010.

6 Wolfradine A. von Minutoli: Reise der Frau Generalin von Minutoli nach Egypten, deutsch hrsg. v. Wilhelmine von Gersdorff, Leipzig 1829, S. 44; fortan im Text zitiert mit Seitenzahlen.

7 Roland Borgards unterscheidet grundsätzlich zwischen semiotischen und diegetischen Tieren; während Erstere nur als Zeichenwesen auftauchen, werden Letztere als Lebewe-

Zugleich geht es Minutoli mit dem Sammeln von Beobachtungen über Größe, Aussehen und Äußerungsweisen von Tieren darum, einen Beitrag zu leisten zum objektiven Wissen über diese. Hinweise auf deren Gefährlichkeit dienen daher keineswegs dazu, ihren Bericht im Sinne einer Abenteuererzählung auszugestalten, sondern sie will vielmehr allzu abenteuerliche Berichte widerlegen und Ängste abbauen. Auch die Schilderung ihrer Begegnung mit einer sehr großen Echse richtet sich gegen die Furcht vor dem fremden Tier. Dieses hatte sie zunächst voller „Furcht und Schrecken" (85) für ein Krokodil gehalten, um dann eines Besseren belehrt zu werden:

> Dieses arme Thier, Vareus genannt, soll von sanfter, furchtsamer Gemütsart seyn, und erschrak ohne Zweifel eben so sehr, als es mich erblickte, denn es sprang von einer kleinen Höhe über meinem Kopf so schnell in den Nil, daß ich durchaus mit Wasser besprützt und naß ward, anstatt wie ich glaubte, gefressen zu werden. (85)

Indem die Autorin hier Mensch und Tier in ihrer Angst gleichsetzt, vermittelt sie Einsicht in deren kreatürliche Ähnlichkeit. Das nur scheinbar wilde Tier wird somit nicht als Beleg für menschliche Überlegenheit und mit Blick auf eine hierarchische Ordnung eingeführt, sondern als Sinnbild einer Mensch und Tier umfassenden Gemeinsamkeit. Durch die geteilte Angst und das gemeinschaftliche Bad entsteht eine Art Kontaktzone, in der – anstelle von Abgrenzung – Nähe und Vergleichbarkeit zwischen Mensch und Tier sichtbar werden.

Eine zweite bemerkenswerte Tendenz der Tierschilderungen Minutolis ist die Rückbindung der exotischen Tiere an die ägyptische Kultur. Ein Beispiel für diese Transformation der natürlichen Welt in einen Bereich kultureller Wirklichkeit findet sich in einer Passage, in der die Autorin in der Nähe von Alexandria die dortigen Ameisen beobachtet und ihnen durch die kahle Landschaft bis zu ihrem Bau folgt. Sie bewundert die erstaunliche Ausdauer der Ameisen und registriert, dass sie selbst, obwohl so viel größer, nach diesem Weg ausnehmend erschöpft ist. Durch diese Gleichsetzung von Mensch und Insekt stellt sie die Vorstellung einer starren Abtrennung zwischen beiden in Frage. Darüber hinaus sieht sie eine Analogie zwischen den Gängen des Ameisenbaus und den Labyrinthen und unterirdischen Grabkammern

sen evoziert, auch wenn sie im Text nur als sprachliche Wirklichkeit präsent sind; vgl. ders.: Tiere in der Literatur – Eine methodische Standortbestimmung. In: H. Grimm, C. Otterstedt (Hrsg.): Das Tier an sich. Disziplinenübergreifende Perspektiven für neue Wege im wissenschaftsbasierten Tierschutz, Göttingen 2012, S. 87–119.

der alten Ägypter und stellt auf diese Weise eine erstaunliche Verbindung zwischen Natur- und Kulturgeschichte her.

Auch an anderen Passagen ihres Reiseberichts wird deutlich, dass die Tiere in Ägypten für sie eine Position zwischen Natur und Kultur einnehmen, was verdeutlicht, dass sie natürliche Phänomene im Kontext der ägyptischen Kultur, vor allem der Mythologie, interpretiert. Ein bemerkenswertes Beispiel ist folgende in Theben beobachtete Szene, die stattfindet, nachdem der Koch die Eingeweide eines geschlachteten Schafs entsorgt hat:

> Ich saß dort, die Augen auf die herrlichen Ruinen von Luxor geheftet, als ich eine Menge hungriger Hunde herbeistürzen sah, die, um an dem Feste Theil zu nehmen, sich auf die blutige noch rauchende Beute stürzten, um sich dieselbe zuzueignen. (103)

Mit einer Gruppe von Sperbern, die das Fleisch ebenfalls rauben wollen, entsteht dann ein

> sehr sonderbarer und bemerkenswerther Kampf; wechselseitig einander anfallend, um den Raub fortzutragen, gelang es zuweilen dem Vogel des Osiris, sie dem Rachen des wilden Hundes zu entreißen, der darnach bellte und haschte, während der Sieger, sich in die Lüfte schwingend, seinem ohnmächtigen Geschrei gleichsam Hohn sprach. (103 f.)

Die Ausführlichkeit dieser Beschreibung und der explizite Hinweis, dass sich diese Auseinandersetzung vor den Ruinen von Luxor abspielt, betonen zunächst den Kontrast zwischen der Grandiosität der Altertümer und dem Streit der Tiere – ein Kontrast, den man als Ausdruck einer quasi prä-darwinistischen Perspektive verstehen könnte, die die Schönheit der Kunst dem grundsätzlichen Kampf aller Kreaturen gegenüberstellt. Indem aber der Sperber als Vogel des Osiris aufgerufen wird, hebt die Schilderung zugleich umgekehrt auf eine Kontinuität zwischen realen Tieren und Kunstwerken ab. Im Gestus einer romantischen Ästhetik des Grotesken, die bewusst den Abstand zu ästhetischen Prinzipien des Idealismus betont, werden so der animalische Kampf und die in ihm zu Tage tretende Körperlichkeit als Teil und Voraussetzung künstlerischer Werke gekennzeichnet. Dergestalt fließen nicht nur naturkundliche Wahrnehmung und Mythologie in einem durchaus romantischen Sinne in eins, vielmehr wird auch die Welt der Tiere aufgewertet.

Minutolis Text enthält eine weitere – im Zusammenhang mit der Kategorie ‚Gender' stehende – Repräsentationsstrategie, die darin besteht, bestimmte Tiere im Kontext eines sentimentalen Diskurses zu verorten. Über die Gazelle, die sie aus Alexandrien nach Kairo mitgebracht hatte, schreibt sie:

> Dieses reizende Tier war mir so ergeben, daß es nie mein Zimmer verließ, und mir überall wie ein Hund nachfolgte. Gewißlich sind die Gazellen die zartesten und muthigsten Tiere in der Schöpfung. Ihre Füße sind außerordentlich fein und ihre Schnelligkeit übertrifft jede Vorstellung. Wenn sie springen, strecken sie alle vier Beine in die Luft, und ihr Lauf gleicht dem Flug eines Vogels. Sie sind von ausnehmender Reinlichkeit, und ihr Abgang selbst riecht wie Moschus. Ihre Haut ist kurz, glatt und glänzend, von graubrauner Farbe. Sie haben die herrlichsten Augen. (44 f.)

Hier wird nicht nur eine affektive Beziehung zwischen Mensch und exotischem Tier beschrieben, sondern dieses ist auch weiblich konnotiert, sowohl durch die Attribute von Zartheit und Feinheit als auch durch den späteren Hinweis auf die in der Poesie der Araber gängige Metapher der Gazellenaugen, die für weibliche Schönheit steht. Insofern wird die Gazelle weniger als Teil der Natur, sondern stärker im Kontext der ägyptischen Kultur präsentiert. Als Sinnbild weiblicher orientalischer Schönheit wird sie zu einem beinahe individualisierten Gegenüber, in dem die arabische Weiblichkeit zumindest indirekt aufgewertet wird. Nicht zuletzt erweist sich auch innerhalb dieses sentimentalen Diskurses die Abgrenzung von Mensch und Tier als relativ durchlässig.

In Minutolis Reisebericht erfolgt der Bezug zur fremden Tierwelt also vor dem Horizont kultureller Wissensbestände. Daher unterliegen weder die naturkundliche Sichtweise noch der sentimentale Bezug zu einzelnen Tieren einer einseitigen Naturalisierung. Durch den Rückbezug auf eine kulturell-mythologische Bedeutungsschicht kann die Autorin zudem in der Repräsentation der Tiere jene Dichotomie von „science" und „sentiment" unterlaufen, deren Widerstreit Susan McHugh als eine im 19. Jahrhundert vorherrschende Ambivalenz beschrieben hat.[8] Ebenso bemerkenswert ist, dass Minutoli immer wieder auf Analogien von Humanem und Animalischem abhebt.

## *II. Maria Schuber (1799–1881), Ida Hahn-Hahn (1805–1880)*

Entgegengesetzte Pole der Bezugnahme auf Tiere markieren die Texte der beiden nachfolgend behandelten Autorinnen des 19. Jahrhunderts. Die österreichische Nonne Maria Schuber beschreibt in ihrem Reisebericht *Meine Pilgerreise über Rom, Griechenland und Egypten durch die Wüste nach Jerusalem und zurück*

8 Vgl. Susan McHugh: Animal Stories. Narrating across Species Lines, University of Minnesota, Minnesota 2011, S. 214.

*vom 4. October 1847 bis 25. September 1848* immer wieder Übergänge und Ähnlichkeiten zwischen Orient und Okzident und hinterfragt damit Vorstellungen von einer Binarität der Kulturen. Dabei inszeniert sie auf spielerische und ironisch-naive Weise Vertrautheit mit dem Orient, besonders augenfällig in der ungewöhnlichen Schilderung ihrer Begegnung mit einem Elefanten in Ägypten:

> Ich unterhielt mich lange mit ihm, ihn anzusehen, und der Elephant unterhielt sich mit mir, er sah mich mit seinen kleinen Augen so scharf an, und trat mit seinen schwerfälligen Füßen seitwärts, dass ich zurücktretend immer meine Nähe und seine Entfernung maß. Auf einmal drehte er mit seinem Rüssel einen ganzen Schub von seiner Streu zusammen, und während ich ihm zusah, was er mache, hatte ich im Nu den ganzen Beguß von Laubwerk und Staub über mir; einen zweiten solchen Beguß wußte er aber in gleicher Geschwindigkeit über seinen Rücken zu werfen, dass er ganz bestaubt war. Er schien zu einem freundlichen Scherze aufgelegt gewesen zu sein.[9]

Die Begegnung mit dem Tier wird als eine Form der Kommunikation geschildert, die von einem gegenseitigen Blickkontakt ausgeht, wobei nicht nur das Tier Objekt menschlicher Beobachtung ist, sondern der Mensch gleichermaßen Gegenstand des tierischen Blicks wird. Insofern findet sich hier die in den gegenwärtigen Diskussionen der *human-animal-studies* geforderte Berücksichtigung des tierischen Blicks ansatzweise realisiert. Zugleich wird dem Elefanten das Primat des Handelns zugeschrieben, während die Autorin auf seine sich verändernde Position nur re-agiert. An die Stelle des unmöglichen sprachlichen Austausches tritt der „Beguß" durch den Elefanten, den die Autorin nicht als aggressive Grenzüberschreitung deutet, sondern als Scherz. Für die von Schuber hier konstruierte Logik dieser Begegnung ist zudem entscheidend, dass Elefant und Mensch gleichermaßen „begossen" werden, die tierische Aktion somit eine Verbindung herstellt und als Geste der Verbundenheit und Fortsetzung der schon durch den Blick begonnenen Kommunikation erscheint. Im Gegenüber von europäischer Reisender und exotischem Tier kristallisiert sich somit – nicht ohne ironische Brechung – ein Verhältnis heraus, in dem die animalische Seite agiert und eine, durchaus körperliche, Gemeinsamkeit herstellt.[10]

9 Maria Schuber: Meine Pilgerreise über Rom, Griechenland und Egypten durch die Wüste nach Jerusalem und zurück vom 4. October 1847 bis 25. September 1848, Graz 1850, S. 237.

10 In den *animal studies* haben die Begriffe „agency" und „companionship" besondere Relevanz; mit ihnen wird jene für die Literatur der Moderne charakteristische Repräsentation von Tieren gekennzeichnet, die immer stärker Gleichwertigkeit und Ebenbürtigkeit von Humanem und Animalischem hervorhebt.

Die spielerische Art und Weise, in der hier eine Welt von Kontakten und Berührungen entfaltet wird, ist Ausdruck einer bewussten erzählerischen Strategie, die eine starke literarische Wirkung entfaltet. Maria Schubers Text steht für einen vergleichsweise ‚moderneren' Blick auf Tiere, der diesen Handlungsfähigkeit und -initiative zuschreibt; so ist hier der Elefant der Akteur, der weder flieht noch angreift, sondern von sich aus den Blickkontakt zu der ihn betrachtenden Person herstellt, Gemeinsamkeit ermöglicht und eine freundschaftliche Form der Kommunikation initiiert.[11] Im gleichen Maße, wie in dieser Passage die Grenze zwischen Mensch und Tier – in einer für die Mitte des 19. Jahrhunderts erstaunlichen Weise – durchlässig erscheint, wird in dem gesamten Reisebericht die Abgrenzung zwischen dem Orient und der reisenden Europäerin immer wieder aufgeweicht und durchbrochen.

Den größtmöglichen Gegenpol zu dieser Alterität inkludierenden Perspektive stellt Ida Hahn-Hahns Reisebericht *Orientalische Briefe* (1844) dar, in dem der negative Bezug auf bestimmte Tiere, hier auf das Kamel, wie häufig im 19. Jahrhundert, Teil und Ausdruck einer rassistischen Abwertung der gesamten fremden Kultur ist, die in Hahn-Hahns Text auch sonst an vielen Stellen zum Ausdruck kommt. So wird das Kamel nicht nur aus ästhetischen Gründen abgelehnt, vielmehr dient dessen negative Beschreibung als Legitimation für die Abwehr der orientalischen Welt insgesamt:

> Ich finde das Tier widerlich! Geschunden, mit Schwielen, struppig behaart, von unförmlichem Gliederbau, gewährt es einen unerfreulichen Anblick, und als das unsre einmal seinen langen Hals wendete und an meinen Füßen schnoberte, zog ich sie mit einigem Widerwillen zurück. Der Treiber bemerkte es, und um zu zeigen, wie man mit diesem Tier umgehen müsse, zog er dessen Kopf herab und küsste ihm das schlabbernde Maul. Ich war im höchsten erstaunt – nicht, dass er das Kamel küsste, das passte für diesen Halbwilden – aber dass er überhaupt etwas vom Kuss wusste.[12]

Übergangslos verschiebt sich der abwertende Blick vom Kamel hin zum Orientalen; der Kuss zwischen Mensch und Tier wird darüber hinaus als Ar-

11 Ein persönliches Verhältnis entwickelt Maria Schuber auch zu dem Kamel, auf dem sie die Wüstenreise zurücklegt und das sie auf den Namen „Herr Bruno" tauft. Hier nutzt sie die Begegnung mit dem Tier für eine spielerisch-subversive Umkehrung der Geschlechterhierarchie (vgl. Anm. 9, S. 257).

12 Ida Hahn-Hahn: Orientalische Briefe, Bremen 2010, S. 189. Diese Passage wird von Peiter (vgl. Anm. 3, S. 90) mit Kamelbeschreibungen anderer Autoren verglichen, wobei sie die „negative Profilierung des Tieres" innerhalb eines rassistischen Kontexts sowie die sexuellen Konnotation nachzeichnet und ebenfalls auf den im folgenden zitierten Text von Hammer-Purgstall eingeht.

gument für eine Perspektive instrumentalisiert, die auf den Ausschluss des Arabers aus dem Bereich des Humanen insgesamt zielt. Dies zeigt sich auch am rhetorisch verstärkten Erstaunen darüber, dass der Kameltreiber überhaupt einen Kuss kennt. Die ästhetische Wertung bietet somit eine vermeintlich nachvollziehbare Begründung für die inhaltliche Ablehnung von Mensch und Tier und folgt damit jenem Mechanismus, den George Mosse als zentrale Strategie rassistischer Argumentationsformen beschrieben hat.[13]

## *III. Joseph von Hammer-Purgstall (1774–1856)*

Eine gänzlich andere Beziehung zu dem fremden Tier findet sich in Hammer-Purgstalls Abhandlung *Das Kamel* (1854), die die sprachliche Behandlung des Kamels innerhalb der arabischen Sprache untersucht. In diesem fast 100-seitigen Werk referiert der Autor die arabische Sichtweise auf das Kamel, wobei er die unglaubliche Zahl von 6.000 Wörtern verzeichnet, die entweder als Homonyme oder zur Kennzeichnung von besonderen Zuständen des Kamels gebraucht werden. Seine Abhandlung kann – zumindest ansatzweise – als Umkehr der kolonialen Perspektive interpretiert werden, da das Wort den untersuchten Völkern selbst erteilt wird.

Zugleich verfolgt seine Untersuchung eine zweite Absicht, denn es geht ihm um eine grundsätzliche Aufwertung der Philologie, wie er in der folgenden Passage verdeutlicht:

> [D]urch diese Abhandlung wird von neuem bestätigt, dass die Geschichte eines Thieres, eben so wenig als die eines Volkes ohne stete Berücksichtigung der Dichter, welche nicht nur die Meister des Wortes sondern auch die Lehrer des Volkes, die Beschreiber seiner Sitten und seines Geistes, vollständig geschrieben werden kann.[14]

Dass diese philologische Annäherung an das fremde Tier auch eine Rückwirkung auf den europäischen Forscher hat und dieser sich damit nicht nur der fremden Kultur, sondern auch dem beschriebenen Tier annähert, verraten seine abschließenden Worte: So „nimmt der Sammler den arabischen

13 Vgl. George Mosse: „Dieses ständige Überwechseln von der Wissenschaft zur Ästhetik ist eine der Haupteigenschaften des modernen Rassismus". Rassismus. Ein Krankheitssymptom in der europäischen Geschichte des 19. und 20. Jahrhunderts, Königstein 1978, S. 10.

14 Joseph von Hammer-Purgstall: Das Kamel. Aus dem VI. Bande der Denkschriften der philosophisch-historischen Classe der K. Akademie der Wissenschaften besonders abgedruckt, Wien 1854, S. 83. Vgl. Peiter (wie Anm. 3) S. 91 f.

metonymischen Namen des Kamels in Anspruch als: *Sohn* oder *Vater der Geduld*" (84). Wer lange über Kamele forscht, kann somit selber zum Kamel werden – zumindest im übertragenen Sinn. Hammer-Purgstalls Reisen durch die Vielzahl der Worte nähern sich zwar dem Kamel, konturieren dieses aber zugleich gänzlich als Gegenstand der Kultur bzw. von Sprache und Dichtung.

## *IV. Mechtilde Lichnowsky (1879–1958)*

Mechtilde Lichnowskys Reisebericht *Götter, Könige und Tiere in Ägypten* (1913) ist ein Beispiel für die Relevanz der theriomorphen Perspektive in der Literatur des 20. Jahrhunderts.[15] Dieser Text der mit Hofmannsthal, Rilke und Karl Krauss befreundeten Autorin belegt die innerhalb der modernen Literatur veränderte Repräsentation von Tieren, die nicht mehr nur deren körperliche Gemeinschaft mit dem Menschen, sondern darüber hinaus deren Handlungsfähigkeit und Individualität ins Zentrum stellt.[16] Ihr Reisebericht ist insofern, wie viele Tiertexte des 20. Jahrhunderts, Ausdruck einer „post-Darwinian awareness of the broader consequences of cross-species interrelations"[17]. Dies bedeutet, dass die Autorin nicht nur die Grenze zwischen Humanem und Animalischem immer wieder unterläuft, sondern darüber hinaus Tiere als hybride Wesen präsentiert und selbst die Unterscheidungen zwischen verschiedenen Arten aufhebt.

Lichnowskys Beschreibung einzelner Tiere unterscheidet sich insofern weitgehend von den Tierreferenzen in Reiseberichten des 19. Jahrhunderts. Von den vielen Tieren, die sie erwähnt, stehen einzig die von Schlangenbeschwörern vorgeführten Schlangen (vgl. 198) und die Kamele für die Fremdheit und Exotik Ägyptens. Dagegen ist die Mehrzahl der erwähnten Tiere – Hunde, Vögel, Spatzen, Störche, Ziegen, Esel und Kühe – auch in Europa vorhanden. Schon durch diese weitgehende Identität der europäischen und orientalischen Tierwelt werden Abgrenzungen aufgehoben und Ähnlichkeiten starkgemacht.

15 Mechtilde Lichnowsky: Götter, Könige und Tiere in Ägypten, München 1913; fortan direkt im Text zitiert mit Seitenzahlen.

16 Borgards (vgl. Anm. 7, S. 109) verweist darauf, dass sich in modernen Texten ein sehr viel stärkeres Bewusstsein für die Handlungsfähigkeit von Tieren findet.

17 McHugh (wie Anm. 8), S. 212.

Zudem rücken in ihren Beschreibungen einzelne Tiere in den Vordergrund des Geschehens. Dabei wird nicht nur jene mit den Menschen gemeinsame Körperlichkeit herausgestellt, wie schon – allerdings in geringerem Ausmaß – in den Texten Wolfradine Minutolis und Maria Schubers, sondern sie erlangen darüber hinaus Eigenwert und „agency". So rücken in der folgenden Passage die Kühe aufgrund ihrer Genussfähigkeit in den Vordergrund:

> Braune Buben und schwarzes Vieh liegen im Wasser. Von den Kühen sieht man nur den zurückgelegten Kopf. Sie seufzen vor Wonne über die Kühle und wiederkauen in dumpfer Seligkeit. (90)

Zwar könnte die Parallelisierung von Mensch und Tier – vor allem wegen des Hinweises auf die gemeinsame dunkle Farbe – als bewusste Strategie zur Abwertung der ägyptischen Kinder interpretiert werden. Es geht der Autorin jedoch um einen positiv aufgeladenen Perspektivwechsel hin zu den Tieren, weshalb deren Gefühlsfähigkeit im Zentrum steht. Auch in anderen Tierbeschreibungen zielt sie darauf ab, die kategoriale Grenze zwischen humanem und animalischem Bereich ironisch zu unterlaufen, was bedeutet, dass sie die Tiere in einer durchaus individuellen Weise auffasst, z. B. in der folgenden Passage:

> [Z]ottelige Ziegen galoppieren [...] herum, gefräßig und übernervös an den Grasbüscheln äsend. Diese Ziegen, mit weichen, biegsamen Dackelohren und klugem Gesichtsausdruck sind meine Freunde. Sie schreien nicht „Bäh" sondern „Mé" mit deutlichem m und accent aigu. (145)

Hier werden die Ziegen als hybride Wesen gekennzeichnet, die sich jeder konventionellen Einordnung entziehen und keinem kategorialen Bereich eindeutig zugeordnet werden können. Mit ihren „Dackelohren" gehören sie kaum mehr zur verbürgten Art der Ziegen, und allgemein scheinen sie nicht einmal mehr zur Kategorie der Tiere zu zählen, werden sie doch durch die Zuschreibung von Nervosität, Klugheit und französischem Akzent weitgehend anthropomorphisiert. Mit spürbarem Vergnügen demontiert die Autorin in ihrer Beschreibung jede mögliche klassifikatorische Eindeutigkeit und zeichnet die Ziegen dergestalt als individuelle, geradezu ausgefallene und fast kapriziöse Wesen, die ihr als „Freunde" zudem näher stehen als die Bewohner des Landes.

Lichnowskys Repräsentation von Tieren ist außerdem durch ein hohes Maß an phänomenologischer Genauigkeit bestimmt, welche ihre Prägnanz aus einer detailfreudigen, manchmal fast surreal anmutenden Wahrnehmung und einer entsprechenden Darstellungstechnik bezieht. Ihre Beobachtung der Tierwelt beruht somit nicht auf einer sentimentalen Attitude, sondern privilegiert die besondere Aufmerksamkeit und Intensität des Blicks. Dieser kann nahtlos in eine kühle Bestandsaufnahme übergehen, wie in der folgenden Episode während eines Spaziergangs in Kairo:

> Aus einem Torweg flattern zwei geköpfte Hühner heraus. Niemand holt sie – sie verspritzen ihr Blut auf dem lehmigen ungepflasterten Weg, und wir alle weichen ihnen unmerklich aus, ohne sie besonders anzusehen. (202)

Trocken und ohne jede emotionale Einfärbung wird hier das Ineinander von flanierenden Touristen und sterbenden Hühnern geschildert.

Intensität und Annäherung des beobachtenden Blicks bedingt, dass auch andere Tiere, denen die Autorin begegnet, geradezu bizarr verfremdet erscheinen, wie in der folgenden Reflexion über Kühe:

> Dieses Land produziert langwimprige, melancholische Tiere. Die büffelartige Kuh hat auch lange, seidene Wimpern um die nassen Augen, die nichts Rollendes, Weißes, zeigen, sondern schwarzblau, wie die Augen des Wildes sind. Schwarz ist auch ihre Haut und spärlich von lockigem, abstehenden Flaum bewachsen. Das Auge, kummervoll in die Ferne schauend, der Mund hoch und schmachtend, fast horizontal, gibt diesen Kühen einen Ausdruck von Burne Jones-Menschen. Aber sie haben schwere, gesundere Beine und Hufe. (144)

Auffallend ist hier wiederum die Überschreitung kategorialer Zuordnungen, durch die die Kühe zwischen animalisch und human, domestiziertem und wildem Tier, aber auch zwischen natürlichem und künstlerischem Bereich oszillieren. In der durch Ironie und Faszination geprägten Passage wird die Kuh geradezu als ein grundsätzlich inkongruentes Wesen geschildert, dessen starke Beine in offensichtlichem Kontrast stehen zu dem sehnsüchtigen Ausdruck von Augen und Mund. Waren die Kühe in der zuvor zitierten Passage von einer ‚dumpfen Seligkeit' bestimmt, so sind sie nun melancholisch und erinnern insofern an Menschen auf Bildern des prä-raphaelitischen Malers Burne-Jones. Nicht zuletzt scheinen sie durch ihre Sehnsucht eine Überschreitung des eigenen Ortes anzustreben und werden so zu grundsätzlich uneindeutigen Wesen.

Auch hier impliziert die am Anfang vorgenommene Engführung von Land und Tieren keine Naturalisierung Ägyptens und seiner Kultur, da das Tier gerade nicht für eine per se natürliche Wirklichkeit steht, sondern vielmehr sowohl der orientalischen Kultur „entwachsen" als auch der europäischen Kunst verwandt erscheint. Insofern geht es der Autorin mit dem Entwurf solch hybrider, verfremdeter Wesen um eine neue Sicht auf das animalische Gegenüber.

Dies zeigt sich auch an den Beschreibungen der verschiedenen Esel und Kamele, auf denen die Autorin reitet und die sie häufig mit Namen nennt. Deren enthusiastische Darstellungen müssen als bewusste Gegenposition zu der häufig abwertenden Charakterisierung dieser arabischen Fortbewegungsmittel des 19. Jahrhunderts gelesen werden. So wurden in vielen Reiseberichten sowohl die Langsamkeit als auch das Mechanische im Tritt dieser Tiere kritisiert und als Beweis grundsätzlicher orientalischer Defizite gedeutet.[18] In Opposition dazu beschreibt Lichnowsky ihre eigene Reiterfahrung auf einem Kamel:

> [E]s gibt kein anderes Tier, das so wie fließender Sand seine Glieder in sich rollend machen kann. Mit der Grazie einer Katze setzt es seinen Fuß auf irgendwelches Terrain – und gleitet vorwärts wie ein Schwan auf dem Wasser. Seine Klauen können alles, – es ist gemacht aus einer grauen Gummihaut, mit blondem, spärlichen Pelz; es könnte mit der Haut die Glieder überall hin spannen. Das Tier ist sicher eine Attrappe, etwas mit einer genialen Maschinerie, – vielleicht die einzige Maschine, die uns von den Alten überkommen ist, und auf die wir bisher hereingefallen sind – bis daß man auf den Betrachtungsreisen, die man auf seinem endlosen Körper anstellt, an die Augen kommt. Auf einmal erschrickt man und sieht, daß das Tier Ansichten hat, Charakter, Persönlichkeit. Es hat Augen wie Damen, so von Laszlo, nein viel liebere Augen natürlich. Wie kleine Mädchen tragen die Kamele Halsketten aus Glasperlen. (133 f.)

Die Autorin beginnt mit einer präzisen Beschreibung der Bewegung der Tiere, die sie wiederum als hybride Mischung kennzeichnet, in der sich fließender Sand und animalischer Schritt, der Gang der Katze mit dem Gleiten des Schwans verbinden, um so die Gleichmäßigkeit einer Maschine zu erreichen. Mit diesem komplexen Zusammenwirken verschiedenster Elemente, Arten und Bewegungsformen veranschaulicht die Autorin sowohl die Alterität dieses orientalischen Transportmittels als auch ihr Erstaunen über diese gänzlich neue Erfahrung. Der Eindruck des Maschinellen wird dann aber konterkariert durch die Augen des Kamels, die dieses nicht nur als lebendiges Wesen auszeichnen, sondern als „Persönlichkeit" und individualisiertes Gegenüber. Wieder endet die Autorin mit einem Vergleich, der die Augen eines Tieres mit menschlichen Augen auf Gemälden gleichsetzt, hier allerdings unter Verweis auf den britischen Porträtmaler Philip Alexius de László. Am Schluss

18 Vgl. zu dieser Kritik, u. a. bei Hermann Masius und Gustav Parthey, Peiter (wie Anm. 3).

erscheinen die Kamele insofern weder als Tiere noch als Maschinen, sondern als junge Damen mit Halsketten, wodurch sich die Wüste quasi in einen Salon verwandelt.

Das Tier entzieht sich in Lichnowskys Verständnis also allen eindeutigen Kategorien. Als Fazit ihrer Perspektive auf das Tier lässt sich daher jene Aussage über die ägyptische Kunst verstehen, in der die Autorin deren Vermischungen von Göttlichem, Animalischem und Menschlichem hervorhebt:

> Augenblicke der Vollkommenheit – Gott mit Tierhaupt – Tierleib an Menschenantlitz – Augenblicke höchster Vollendetheit hinter starren Augen, geraden Mündern und gelassener Körperhaltung. (209)

Das Tier erscheint hier als unabdingbare Voraussetzung aller künstlerischen Vollendung, was Lichnowskys Reisebericht deutlich als Text der klassischen Moderne kennzeichnet.

## *V. Resümee*

Die Repräsentation von Tieren in Reiseberichten weist eine große Bandbreite von Darstellungsmodi und Funktionen auf. In Texten des 19. Jahrhunderts finden sich sowohl Vorstellungen einer menschlichen Gemeinschaftlichkeit mit Tieren als auch deren deutende Einordnung in einen kulturellen Zusammenhang, während – am entgegengesetzten Pol – eine ästhetisch motivierte Abwertung fremder Tiere steht, die für eine rassistische Naturalisierung der anderen Kultur instrumentalisiert wird. Zumindest die hier vorgestellten Lektüren legen nahe, dass Autor(inn)en, die im Blick auf ‚fremde Tiere' eine Gemeinsamkeit von animalischer und humaner Körperlichkeit und Affektivität thematisieren, nicht auf Entwertung der fremden Kultur zielen, sondern um Annäherungen bemüht sind.

In Lichnowskys Text dagegen ist nicht nur die Grenze zwischen Mensch und Tier, sondern die zwischen einzelnen Arten so weit durchlässig geworden, dass sie in ihren Beschreibungen der fremden Lebewesen zu vielfältigen Mischformen gelangt und normative Kategorien programmatisch unterläuft. Insofern wird das Tier in ihrem Werk zum Paradigma für Hybridität und stellt insofern auch die Dichotomien von Natur versus Kultur und fremd versus vertraut in Frage.

ROLAND BERBIG

# Untergraben und Abfedern
# Günter Eichs poetische Tierwelt*

*I.*

Dass ‚Tiere' eine Literaturgeschichte von fulminantem Ausmaß geschrieben haben, wer wird es ernstlich bezweifeln. Man muss nicht die Schöpfungsgeschichte bemühen, um an die Wurzeln zu gelangen, obwohl ihr mythischer Grund dort gelegt wurde. Eine menschliche Existenz ohne Tiere zu denken, ist ausgeschlossen. Umgekehrt, wir wissen es und werden es mit jeder Daseinswendung immer nachhaltiger wissen, liegt es anders. Die Tierwelt in ihrer Vielfalt bedarf des Menschen nicht, ja, möglicherweise wird sie erst nach dessen absehbarem Ende ihren eigentlichen Anfang nehmen. Einziger Verlust wird der sein, der dieses Projekt mitbegründet und rechtfertigt: ihre Zeichenhaftigkeit. Im hier waltenden Zusammenhang ist das nicht nur an-, sondern auch hinzunehmen. Die im Raum stehende Frage ist weniger anthropologischer als poetischer, wenn nicht poetologischer Natur. Was richtet die Tierwelt an, gerät sie in Dichterhände? Wie besteht, wie übersteht sie den Transfer ins Poetische? Was veranlasst den Dichtenden gerade in dieses Zeichenarsenal zu langen, um im Diktat der Poesie die richtigen Buchstaben zu setzen?

Das Werk, das diesem Beitrag den Anlass gab, stammt von Günter Eich. Geboren am 1. Februar 1907 in Lebus an der Oder bei Frankfurt, gestorben am 20. Dezember 1972 in Salzburg. Seinen Rang begründeten ein lyrisches und ein Hörspielwerk, daneben wenig Prosa und noch weniger Poetologisches, alles gesammelt in einer vierbändigen, einmal revidierten Ausgabe. In den 1950er und 1960er Jahren zu den bekanntesten deutschen Autoren gehörend, wird Eich von der um 1990 geborenen Generation kaum vom Hö-

* Das Rabenlatein, von dem der nachstehende Text nicht ganz frei ist, war willkommener Anlass für kollegiale Gespräche mit Prof. Dr. Ernst Osterkamp, die den Institutsflur, wo sie stattfanden, in ein heiteres akademisches Licht tauchten. Dafür zu danken fällt leicht und ist, 2015 zumal, unbedingtes Bedürfnis. Ihm sei dieser Beitrag zugeeignet.

rensagen gekannt. Liegt es anders, trägt der Zufall den Namen eines Lehrenden im Deutsch-Leistungskurs. Gewiss, das besagt wenig – und nichts mit Blick auf die Fauna in Eichs Dichtung. Sie nämlich, die poetische Zoologie, ist eine Signifikante und eine Konstante in Eichs Werk. Mit ihr hat es ein Bindeglied, das dessen Heterogenität, die sich nur schwer zu einem geschlossenen Ganzen fügen will, entschärft, wenn nicht aufhebt. Das klingt nach einer These, vielleicht sogar einer Kernthese, die diesem Beitrag Richtung gibt. Sie will bewiesen sein; und verfügt sie über Beweiskraft, ist sie auf den Grund zurückzuführen, der ihre Legitimation bedeutet: „Mit Eselsohren weiß man, was in der Welt vor sich geht",[1] schreibt Eich, und: „Der rötliche Schimmer im Schwarz unserer Katze überwältigt uns, wir erfahren für Augenblicke die Wahrheit. Sie hat kurze Beine und lange Ohren."[2] Das mutet verheißungsvoll an. Was verheißt es?

Das Unterfangen ist schwierig. Wie soll eine Eich-Tier-Werkschau bewerkstelligt werden? Und was bringt sie? Vor allem erst einmal Gewissheiten. Der Vers, der Prosasatz, das Personal im Hörspiel – sie sind poetische Realität. Von ihr nur kann ausgehen, was bei ihr enden will. Erst eine Vorstellung von ihrer Dimension gibt Antwort, ob es sich überhaupt um Dimensionales handelt. Wer die Tier-Werkschau wünscht, wünscht Systematik. Ist sie zu leisten? Lässt sich Ordnung in die Fülle der Stellenfunde bringen, die der fokussierte Lektüredurchlauf erbrachte? Eine Präsentation des vollständigen Stellenverzeichnisses, inklusive Kommentierung verbietet sich, Selektives hinterlässt den Beigeschmack, Wichtiges zu unterdrücken. Verfahren, die sich empfehlen: die chronologisch gedrängte, notgedrungen kursorische Schau des Eich'schen Tieruniversums, Testläufe ausgewählter Motivkomplexe in ihrem Wandel und das Aufblenden signifikanter Belege. Sondiert wird nicht nach Gattungen, Schrittmaß ist das Schreiben, die poetische Arbeit. Welche animalische Spur zieht eine Dichtung, die mit dem Vers „Es genügte, ein Tier zu sein"[3] ihren Anfang nahm?

1 Günter Eich: Ein Nachwort von König Midas. In: Ders.: Gesammelte Werke in vier Bänden. Revidierte Ausgabe, Bd. 1: Die Gedichte. Die Maulwürfe, hrsg. v. Axel Vieregg, Bde. 2 u. 3: Die Hörspiele, hrsg. v. Karl Kast, Bd. 4: Vermischte Schriften, hrsg. v. Axel Vieregg, Frankfurt a. M. 1991, Bd. 1, 355 (fortan zitiert: GW mit Band- u. Seitenzahl).

2 Günter Eich: Äquinoktium. In: GW 1, 357.

3 Günter Eich: Verse an vielen Abenden. In: W. R. Fehse, K. Mann (Hrsg.): Anthologie jüngster Lyrik, Hamburg 1927, S. 36. In: GW 1, 9 (veränderte Anordnung der Verse gegenüber Erstdruck).

*II.*

Eich war 20 Jahre alt, als Willi R. Fehse und Klaus Mann 1927 Gedichte von ihm in ihre *Anthologie jüngster Lyrik* aufnahmen. Er versteckte sich hinter dem etwas faden Pseudonym Erich Günther, nicht in seinen Versen. Sie wuchern in Wortwelten, noch ist nichts zu spüren von jenem spartanischen Zug, zu dem sie später finden. Das Auftaktgedicht unter dem Titel *Verse an vielen Abenden* war für Eich von Gewicht. Es fand Eingang in seine *Gedichte* 1930, und seine Lebensgültigkeit bezeugt, dass Eich es in seinem *Lesebuch* 1972 erneut aufnahm.[4] Damit begann seine Lyrik, und er wollte sie damit begonnen sehen, mithin: im Tierbild. Denn das tragende Bild der Verse sieht ein angeredetes Du „mit hungrigen Wolfsschritten" um eine Hütte traben, unbehelligt „von den Beruhigungen der Zeit" – ganz im Gegensatz zum Ich, dessen Rede Klage führt: „O ich bin von der Zeit angefressen und bin in gleicher / Langeweile vom zehnten bis zum achtzigsten Jahre."[5] Seinsvergessenheit steht einem reflektierten Dasein gegenüber, ohne dass die Dichotomie von Du und Ich aufrechtzuerhalten ist.

Genau an der Schnittstelle wird jener Vers platziert, dessen utopischer Gestus die scheinbare Geringfügigkeit des Ersehnten nicht relativiert: „Es genügte, ein Tier zu sein." Dem steht in der Sprache des Gedichts *Menschlichkeit* mit bezeichnenden Grenzen im Wege: „Manchmal glückt dir ein vergeßlicher Tag."[6] Unmöglich sei es, der „eignen Gestalt" zu entrinnen, die Tage „gehen falsch".[7] Eine Frage („Kannst du dich erinnern?") und ein Imperativ („Du mußt wieder dorthin zurückkehren") geben dem Gedicht seine Wendung. Sie führt in eine natürliche, schweigende, in eine nicht-menschliche Welt: „Du mußt wieder stumm werden, unbeschwert, / eine Mücke, ein Windstoß, eine Lilie sein."[8] Vergessen und Verstummen erscheinen als Glückszustand, Tier- und Pflanze-Werden dessen Inbegriff. Wie in einem Kristall funkeln in diesen Versen poetische Splitter, die Eich nie wieder ganz aus der Hand gibt, allen Wandlungen zum Trotz. Das gilt sowohl für das Wolfsbild, das ihm als „Hoffnung, alte Wolfsfährte" eine der „17 Formeln" im 1964 erschienenen Gedichtband *Zu den Akten* wurde und dem er noch

4 Ein Lesebuch, ausgewählt v. Günter Eich, Frankfurt a. M. 1972, S. 3 f.

5 Eich: Verse an vielen Abenden. In: GW 1, 9.

6 Ebenda.

7 GW 1, 10.

8 Ebenda.

1972 ein Kurzdrama widmen wollte,[9] als auch für die Gattungsgrenzen. 1929 stellte Eich neun dramatische Szenen fertig und unter den Titel *Der Präsident* – „das alle loben aber keiner haben will, da wegen Fehlens jeglicher Theaterwerte kein Geschäft damit zu machen" sei, wie er gegenüber Martin Raschke bemerkte[10] –, die in einem mehrseitigen Monolog der Hauptfigur, George Kalkar, gipfelten. Und der ist nichts anderes als die Überführung des Gedichts in dramatische Rede. George, aus allen Lebensverhältnissen heraus geekelt, streift durch Wälder mit Wolfsgeheul und vergisst mit jedem Schritt das zivilisierte Dasein, dessen Teil er war:

> Jetzt bin ich jede Minute ohne Ziel und beginne jeden Tag ein anderes Leben. [...] Jetzt im Wald, ich glaubte, es sei Monat Juli, aber diese Rechnungen sind ohne Gültigkeit und hier ist es Dezember und ich gewöhne mich daran, ein Tier zu sein und werde bald meine Sprache vergessen. [...] Man darf sich an nichts erinnern, [...] ich muß leben, muß meine Augen vervierfachen, muß acht Hände haben, die Finger müssen sich umbilden zu Klauen. [...] Wären wir endlich Tiere. Seele ist zu schwer, lebten wir noch einfältig auf den Bäumen, hätten wir noch das Gesicht der Berge, wären wir ein Windstoß.[11]

Je näher George die Wölfe kommen und ein letzter Widerstandswille sich regt, umso verzweifelt inbrünstiger sein Einverständnis:

> [E]s ist ein lustiger Tod, denn nachher traben die Teile meines Fleisches verdaut und in den Bäuchen der Wölfe in alle Richtungen, ich gehe ein in das Blut vieler Tiere, irgendwann sterbe ich zum zweiten Mal, im Schnee oder südlich in den Felsen [...].[12]

Dies also: Eins in allem, stirb und werde, zurück zur Natur als Heimkehr, psychisch wie physisch, in einen ewigen Kreislauf, den man in Verkennung des menschlichen Seins vergessen hatte – aber auch ein Anklang an Nietzsches Wort vom Menschen als dem „noch nicht festgestellte[n] Tier"[13]. Der

9 Vgl. Kommentar zu Günter Eich: Der Präsident. Neun Szenen. In: GW 4, 638 (Kommentar: Axel Vieregg).

10 Brief v. Günter Eich an Martin Raschke v. 22.7.1929. In: GW 4, 638.

11 Günter Eich. Der Präsident. Neun Szenen. In: GW 4, 132 f.

12 Ebenda, GW 4, 134.

13 Bei Nietzsche heißt es: „Grundsatz: das, was im Kampf mit den Thieren dem Menschen seinen Sieg errang, hat zugleich die schwierige und gefährliche krankhafte Entwicklung des Menschen mit sich gebracht. Er ist das noch nicht festgestellte Thier." (Nachgelassene Fragmente, Frühjahr 1884). In: Friedrich Nietzsche: Sämtliche Werke. KStA in 15 Einzelbänden auf der Grundlage der „Kritischen Gesamtausgabe", hrsg. v. Giorgo Colli, Mazzino Montinari, München u. a. 1988, Bd. 11, S. 125. Vgl. weiterführend Stephan Braun: Nietzsche und die Tiere oder: Vom Wesen des Animalischen, Würzburg 2009.

Vers im Gedicht *Es genügte, ein Tier zu sein* spiegelt eine Rückwärts-, der Monologsatz im Drama *Wären wir endlich Tiere* eine Vorwärtsbewegung – beide eint der Konjunktiv. Die Wertungsskala „Tier“ entwertet das Selbstbewusstsein einer Menschheit, die sich als darwinistischen Fortschritt versteht. Das Tier gehört zum Inventar des Natürlichen, so unerreichbar wie ersehnt. Erinnerung, Gedächtnis und Sprache geraten in diesen Natur-Diskurs und in ein Mahlwerk, das sie verschrotet, als stünde ihre Tauglichkeit tatsächlich zur Disposition.

Da hat es seinen eigenen Witz und seine eigene Bewandtnis, dass es gerade der Wolf ist, dem dafür die literarische Tür geöffnet wurde. Dessen Bedeutungsgeschichte, folgt man der einschlägigen Literatur, ist universal: Er ist Geschöpf eines bösen Dämons, der aus Evas Ungehorsam entstand; er ist des Teufels missglückter Versuch, Menschen zu schaffen, und weil Luzifer ihn schuf, Gott ihn aber erst belebte, weiß der Wolf nicht, wessen Partei er zu ergreifen hat. Einerseits „Sinnbild alles Feindlichen, des Ketzers, der Bösen, der Gottlosen, und Widersacher der Frommen“[14], stehen ihm andererseits antike Kultzeremonien gegenüber, die Aphrodite und Priester des Zeus in Wolfsgestalt verehren. Selbst Apollo unterhält gute Beziehungen zum Wolf. Eich machte sich diese Deutungsbreite zunutze. Es ist gleichgültig, ob ihm bewusst war, dass in der *Edda* die Endzeit als Wolfszeit begriffen wird[15] – seinem Vers bekommt dieser eschatologische Anker wie die Ambivalenz, die die vordergründige Zuweisung im Menschenfeindlichen aufweicht und bis ins Heiligste weist.[16] Zweifelsfrei geläufig war Eich die durch Thomas Hobbes glattgeschliffene, von Plautus herrührende Sentenz „homo homini lupus“[17] (ein Wolf ist der Mensch dem Menschen), die negativ auf einen vorstaatlichen Naturzustand verwies, um positiv den bürgerlichen zu adeln. Das war gymnasiales Bildungsgut – und eignete sich gerade deshalb als Haken, um an ihn genau die Umkehr von Positiv und Negativ in seinem poetischen Wider-Wort zu hängen.

Will man vom Frühwerk Eichs sprechen, dann weist es damit bereits wesentliche Denkbilder auf, denen Eichs Tier-Dichten bis zum Ende anhing:

14 Will-Erich Peukert: Art.: Wolf. In: H. Bächtold-Stäubli (Hrsg.): Handwörterbuch des deutschen Aberglaubens, Bd. IX, Berlin 1938/1941, Sp. 716–794, hier Sp. 730.

15 Vgl. ebenda, Sp. 738, 742.

16 Vgl. ebenda, Sp. 752.

17 Die Wendung des römischen Komödiendichters Titus Maccius Plautus lautet: „lupus est homo homini, non homo, quom qualis sit non novit.“ („Ein Wolf ist der Mensch dem Menschen, nicht ein Mensch, wenn man sich nicht kennt.“) In: Plautus: Asinaria V. 495.

dem Gestaltenwandel, dem Sprachwandel und der Umkehrung von Gedächtnis und Vergessen. Die Naturlyrik seiner Zeit, die ihm mit Wilhelm Lehmann (1882–1968) und Oskar Loerke (1884–1941) beispielhaft vor Augen stand, hatte in dieser frühen Phase nicht ihre Wirkung auf ihn verfehlt – in ihr fand auch seine Sprach-Tierwelt Entfaltungs-, Probe- und Unterbringungsräume. Einer verunglückten, von Menschen geformten Welt zu entkommen, bedürfe es einer natürlichen Sprache, der die Natur das Zurück nicht verwehre. Anstelle des Menschen, der in die Natur tritt, tritt durch Poesie Natur in die Dichtung. Der Dichtende überantwortet sich dieser Bewegung und übernimmt Verantwortung, dass dieser Schritt glückt: „Uns überkommen Wald und Gras und Tiere, / vergeßne Wege münden in uns ein", heißt es im Gedicht *Der Anfang kühlerer Tage*[18], und in der schon 1928 in der *Neuen Rundschau* veröffentlichten *Erinnerung an mich selbst* lautet das programmatische Verspaar: „Deinen Namen wissen die Tiere im Walde / und deine Stimme ist mir verschollen."[19] Der im Gedicht sich Ansprechende verliert und findet sich im Grenzbereich, den das Poetische absteckt. Nicht bei Gott ist das Erlösungswort „Ich habe dich bei deinem Namen gerufen" (Jesaja 43,1). Die den Namen wissen, die Tiere, sie wissen ihn nicht zum Weitersagen. Statt Erlösung Loslösung, statt Schall Verschollensein „deine[r] Stimme".

Die Tiermetaphorik ist von Beginn an in diesem Exterritorium angesiedelt, und das Bestreben des Dichters muss sein, sich im Unwegsamen anzusiedeln, auf ewig unzulänglich. Bis ins Polemische reichte Eichs Abwehrbewegung, Dichtung wie Kunst etwas Gezieltes zu unterlegen, sie als Aktives zu begreifen und zu handhaben. Deren Größe habe „die Absichtslosigkeit eines Naturphänomens", erwiderte er 1932 Bernhard Diebold, der der zeitgenössischen Lyrik vorgeworfen hatte, „sie sei zeitfremd".[20] Sprachliche Modernismen vermodern, und sie vermodern rasch. Eichs poetische Tierwelt, der der Grund gelegt war, sah um 1930 keinerlei Veranlassung, ihn durch Zeitanklang zu gefährden. Noch war sie Grund, nicht Untergrund.

18 GW 1, 12.

19 Ebenda, GW 1, 18.

20 Günter Eich: Bemerkungen über Lyrik. Eine Antwort an Bernhard Diebold (1932). In: GW 4, 561, 458.

*III.*

Zwischen 1933 und 1945 verlegte sich Eich auf den Rundfunk, man hat ihm daraus, nicht unbegründet, politisch motivierte Vorwürfe gemacht. Er war Teil des kulturpolitischen Apparats, ohne dessen Intentionen mit Überzeugung zu teilen. Gedichte schrieb er wenige und veröffentlichte noch weniger. Mit der poetischen Ader stockte auch die Erweiterung seiner literarischen Tierwelt. Aber als er nach 1945, eher zögerlich, misstrauisch, wieder mit Versen begann, stellte sich auch unversehens wieder eine Tierwelt ein – und zwar mit einer Nach- und Ausdrücklichkeit, die wenigstens eine kleine Zitatauswahl bezeugt: Da klappert in *Abendliches Fuhrwerk* der Pferdeschritt (GW 1, 19), da „zuckt unterm Lichte / die Pantherhaut" (*Märzmorgen,* GW 1, 20), „Hühner und Enten treten" in *Abgelegene Gehöfte* „den Hof zu grünlichem Schmutz", Spinnen weben, „der Spitz" verbellt die Bettler, und „Die Ratten pfeifen im Keller / ein Vers schwebt im Schmetterlingslicht" (GW 1, 24 f.), Krähen, Grillen und Drosseln bevölkern die *Winterliche Miniatur* (GW 1, 27 – die Krähen trifft man überdies „[b]eim Telegrafenbau" GW 1, 49, *Vom Zug aus,* GW 1, 54 und in *Wiepersdorf, die Arnimschen Gräber,* GW 1, 67), Unke, Frosch und Mückenwolke werden in *Die Orgel der Sümpfe* „mein Genoß" (GW 1, 27), in *Wacholderschlaf* erklingen der „Abendvogelschrei" und der „Zauberlaut der Ammer", während die Fledermäuse „mir fremd am Aug vorbei" schwirren (GW 1, 28 f.), und selbst in jenen berühmt werdenden sogenannten „Kahlschlag"-Gedichten wie *Erwachendes Lager* ist es der „Nachbar von Wurm und Käfer", der „mächtig den Morgen gefühlt" (GW 1, 30), in *Camp 16* tummeln sich als einzige Gesellschaft des lyrischen Ich „Laus und Regenwurm" (GW 1, 34) so wie die Lerche in der kleinen Ode als „Vogel der Gefangnen" bedichtet wird. Sie solle, heißt es, ohne „falschen Schlummertrost", Prophet sein und „die kalte Zukunft, / die jubelnde!" besingen (GW 1, 38). Diese Liste ließe sich bequem erweitern um den Eichelhäher, der im bald schulbucherprobten *Die Häherfeder* (GW 1, 43 f.) seinen poetischen wie poetologischen Platz erhält, die Elster in *Variationen über eine Novemberlandschaft* (GW 1, 45) oder endlich die Dohlen (*Geisenhausen,* GW 1, 41 u. *Im halben Schlaf,* GW 1, 52), die Schwalben (*Wind,* GW 1, 64) und die Möwen (*Berlin, Hafenplatz,* GW 1, 66).

Veröffentlicht wurden diese Gedichte 1948 in dem Band *Abgelegene Gehöfte,* der ursprünglich *Wiederkehr* heißen sollte. Dem zeitgenössischen Leser dürfte kaum bewusst gewesen sein, dass er es nicht ausschließlich mit Nachkriegslyrik zu tun hatte. Einige Texte gingen zurück bis in das Jahr 1930. Die augenfällig in ihnen vertretene Fauna übersah die Kritik. Sie ließ sich unter Naturlyrik subsummieren und wurde überlagert vom poetischen Kargheitszug einiger Gedichte. Der fiel so sehr ins Auge, dass man die sich wandelnde Verssprache nicht bemerkte. Der suchende und sondierende Blick wird schnell Dominierendes ausmachen – Vögel bevölkern die Verse, dass schlicht von einer poetischen Landnahme gesprochen werden darf. Signifikant dabei das Urmodell einer Natur, die selbst zum Zeichen, die Text wird. Ihn zu entziffern, das galt seit alters her als hohes Amt: von Augustinus über Galileo Galilei bis Johann Georg Hamann:

> Jede Erscheinung der Natur war ein Wort – das Zeichen, Sinnbild und Unterpfand einer neuen, geheimen, unaussprechlichen, aber desto innigeren Vereinigung, Mittheilung und Gemeinschaft göttlicher Energien und Ideen. Alles, was der Mensch am Anfange hörte, […] war ein lebendiges Wort; denn Gott war das Wort.[21]

Mit Hamann die Natur als Chiffrenschrift zu begreifen, das ist ein Gedankengang, den nun vor allem Eichs poetische Vogelwelt vergegenwärtigt: „Krähen", heißt es in *Winterliche Miniatur*, „schreiben mit trägem Flügel / eine Schrift in den Himmel, die keiner kennt".[22] Er sei Schriftsteller, so Eich 1956, das sei kein Beruf,

> sondern die Entscheidung, die Welt als Sprache zu sehen. Als die eigentliche Sprache erscheint mir die, in der das Wort und das Ding zusammenfallen. Aus dieser Sprache, die sich rings um uns befindet, zugleich aber nicht vorhanden ist, gilt es zu übersetzen. Wir übersetzen, ohne den Urtext zu haben.[23]

Im Gedicht *Geisenhausen* sind es die „Flüge der Dohlen", jene arglosen und bedeutungsleichten Stiefschwestern der Raben, die dem Ich im Verbund mit den Kirchglocken Himmel und Tag teilen und deren Raum und Zeit fügen. Symbol und Reales verbünden sich im Vers, ja, sie greifen ein in den natürlichen Gang und verkehren das eingangs idyllische Standbild in eine bedrohlich-prophetische Dynamik:

21 Johann Georg Hamann: Sämtliche Werke, hrsg. v. Josef Nadler, Bd. 3: Sprache, Mysterien, Vernunft (1772–1788), Wien 1949–1957 (Nachdruck 1999), S. 32.

22 GW 1, 27.

23 Günter Eich: Der Schriftsteller vor der Realität. In: GW 4, 613. Vgl. hierzu komprimiert Peter Horst Neumann: Das Nicht-Übersetzbare übersetzen. Zur Poetik von Günter Eich. In: U. Stadler (Hrsg.): Zwiesprache. Beiträge zur Theorie und Geschichte des Übersetzens. Bernhard Böschenstein gewidmet, Stuttgart, Weimar 1996, S. 314–319.

Der Zeiger der Turmuhr läuft schneller
unter dem Dohlengewicht.
Die Vögel über den Dächern
fürchten kein Gericht.[24]

Wer aber muss es fürchten? Der allein, zu dem die Natur auf diese Weise spricht. Die Tierwelt hat Teil am Gericht, sie richtet nicht selbst und steht in der Gnade, dessen Urteil nicht zu fürchten. Ihre Unschuld weckt Schuldbewusstsein durch bloßes Existieren. Die von Menschen eingerichteten Räume finden durch das unbestimmbare und unlenkbare Sein der Vögel eine Bestimmung. Sie zielt auf das Ich und zielt auf das Zeitmaß. So fest dieses Maß steht, erscheint es in dem, was das Ich wahrnimmt, erschütterbar.

Wie weit Eichs poetischer Weltumgang von der Gewissheit erfüllt war, ‚die Welt' sei lesbar und provoziere ihre Lektüre, zeigt sich in diesen Nachkriegsjahren. Frei von Missionarischem und offen für Philosophisches suchte er, ehe sich phrasenhaft in Exegetisches zu verlieren, nach Zeichen. Programmatisch heißt es im Gedicht *Die Häherfeder:*

Ich bin, wo der Eichelhäher
zwischen den Zweigen streicht,
einem Geheimnis näher,
das nicht ins Bewußtsein reicht.[25]

Das Ich fühlt sich dem Geheimnis dort näher, wo der Häher haust. Es sucht den Platz auf und weiß sich am rechten Ort, obgleich ihm da Herz und Lunge gepresst werden und es für das, was auf der Zunge liegt, „kein Wort" gibt. Nur der Zweifel findet seinen Vers: „Das Rauschen der Vogelschwinge", fragt das Gedicht, „begreift es den Sinn der Welt?"[26] Begreift das Zeichen, wofür es steht, muss es das? Aber die Schwinge lässt das Ich mit dieser Frage allein, eine „blaue Feder" bleibt zurück: „Sie liegt wie eine schlaue / Antwort in meiner Hand." Statt einer Antwort muss sich das Ich mit Vogelzeichen und Vergleichswort „wie" begnügen – es genügt ihm, und Gedicht wie Lesende fügen sich. Der Dichtende und sein Ich wissen, dass der Vogelzüge Spur die flüchtigste und die reinste ist, doch auch, dass der Himmel nur „um ihre schönen Flüge"[27] weiß. „Ich will in solchen Schriften lesen", heißt

24 GW 1, 41.
25 GW 1, 43.
26 GW 1, 44.
27 Günter Eich: Weg durch die Dünen. In: GW 1, 61.

es in *Weg durch die Dünen,* doch die Zeichen sind fremd, ohne Ruhe, ohne Verstehen. Die Chiffre steht für sich. Nur bleibt der Wunsch, dass die „Vogelschrift [...] nichts bedeute / als Flug und Wind". Das Ich fühlt die „fremde Nähe" und „eine Last von vieler Zeit" – ihm ist, „als ob" es „mit Augen sähe / die tödliche Unendlichkeit".[28] Bewusstsein als Qual, Zeit, die nicht endet, als tödlich, und der Wunsch nach Zeichen, die nichts sind als das, was sie sind – ein Leben im Als-ob, wie es die Philosophie Hans Vaihingers schon 1911 als erkenntnistheoretischen Ausweg postulierte.[29] Diese wie andere Vogelzeichen ziehen ihre Spur in Eichs Lyrik. Sie markieren eine Existenzgrenze und geben der Wahrnehmung Halt im Haltlosen. Sinn stiften sie nicht, es wird von ihnen nicht erwartet. Aber sie bewahren das Denken daran und das Gefühl, das dessen Abwesenheit „Schwermut"[30] bedeutet.

Neben den exponierten Vögeln prägt eine zweite Tierart Eichs Lyrik nach 1945: Spinnen. Das kann überraschen, muss es aber nicht. An mythischer und poetischer Prominenz stehen sie Wolf und Vögeln in nichts nach. Ovid und Vergil wissen von einem Webwettstreit zwischen Arachne, Tochter des Idmon von Kolophon, und Athene, den die Göttin verlor. Im Zorn verwandelte sie die Konkurrentin in eine Spinne, in der der Sieg über das Göttliche zeitlos fortwirkt. So widrig ihr Ursprung – aus verfaulten Gegenständen oder menschlichem Speichel nach der Mahlzeit[31] –, so mysteriös ihre meist weibliche Präsenz. Sie „kann prophezeien" und werde „wie ein Orakel befragt",[32] schreibt Riegler in seinem Aberglauben-Handbuchartikel. Kein Zufall, dass ein nicht minder poetisches wie poetologisches Spinnengedicht von Eich unmittelbar vor *Die Häherfeder* platziert wurde. Es trägt den Titel *Die Spinnenkammer.* Das Ich wird in seinem ‚einsiedlerischen Gehäuse' von Spinnen eingewoben, die durch die Dachluke dringenden „Zeichen der Welt"[33] schwinden. Der sich wandelnde Raum zeugt veränderten Zeitsinn. Vergangenes verfängt sich nicht in den Spinnweben. Die gelebten Tage sind verlorene – jedoch:

28 Ebenda.

29 Hans Vaihinger: Die Philosophie des Als Ob. System der theoretischen, praktischen und religiösen Fiktionen der Menschheit auf Grund eines idealistischen Positivismus. Mit einem Anhang über Kant und Nietzsche, Berlin 1911.

30 Günter Eich: Die Lärche. In: GW 1, 46.

31 Richard Riegler: Art.: Spinne. In: Handwörterbuch (wie Anm. 11), Sp. 266–282, hier Sp. 266.

32 Ebenda, Sp. 272.

33 GW 1, 43.

Werde der Tage ich inne.
wie ich sie alle verlor,
raunt die prophetische Spinne
Ewigkeit mir ins Ohr.

Im Schatten der Fensterachsen
webt sie mir nah dem Gesicht
und in der Finsternis wachsen
kostbar mir Stimme und Licht.[34]

Aus *den* webenden Spinnen zu Beginn wird *eine,* deren Weben nun nicht mehr die eindringenden Zeichen der Welt eindunkelt, sondern dem Ich prophetisch von Ewigkeit raunt. In der zuerst von Verlust geprägten Finsternis der einsiedlerischen Schattenwelt erfährt das Ich einen als kostbar empfundenen Gewinn: „Stimme und Licht“. Die in *Erinnerung an mich selbst* als verschollen beklagte „Stimme“ kehrt im Gewebe der Spinnen zurück. Das Ich wird seiner Tage inne, und dem, was durch die Spinnweben nur noch schemenhaft in den eigenen Lebensraum drang, erwächst durch *eine* Spinne ein neues Wahrnehmen: Hören und Sehen, Stimme und Licht. Mit den Spinnen wird der Dachluken-Außenraum ausgesperrt und eine neue Zeitordnung vorhergesagt. Will der englische Aberglaube, dass eine einzelne Spinne Schlechtes, mehrere aber Gutes bringen, so kehrt Eichs Gedicht diese Rechnung um.[35] Die Nähe zum Gesicht suggeriert die Korrespondenz zum Hirngespinst, eine Spinnenassoziation, die sich in vielen Sprachen niedergeschlagen hat.[36] Das ändert den Status des Ich, es entfernt sich von den Konstanten des Menschlichen und rückt eigene Visionen und Tier-Prophetie zueinander. Das spinnenhafte Fädennetz erzeugt Ferne (zur „Welt“) und Nähe (zur „prophetischen Spinne“).

## *IV.*

Eine Welt des poetischen Sagens gibt es – so der Zwischenbefund – in dieser Dichtung beinahe ausschließlich nur über, nur durch die beschworene Tierwelt. Sie wird einer Natur abgetrotzt, die über Zeichen verfügt, in denen das „Wort“ erkannt, der „Name“ gewusst wird, aber wesenhaft „unaus-

34 Ebenda.
35 Riegler (wie Anm. 31), Sp. 271 f.
36 Ebenda, Sp. 271.

sprechlich“[37] bleibt. Das steht – auch – auf einem theologischen Grund, der sich für den Menschen als Abgrund offenbart:

> Die Krähen haben Flügel, dem Tod zu entrinnen.
> Manchmal weiß ich, daß Gott am meisten sich sorgt um das Dasein der Schnecke.
> Er baut ihr ein Haus. Uns aber liebt er nicht.[38]

Diese Verse aus *Ende August,* entstanden um 1947, sind Brückenschlag zu einem korrespondierenden Werkkomplex, der das schon stabile Tier-Thesen-Fundament endgültig befestigt: 1951 und 1952 entstanden zwei Hörspiele, in denen Tiere derart prominent besetzt sind, dass sie tonangebend und stimmführend sind. Waren es schon in Eichs größtem Hörspiel-Erfolg *Träume* im fünften Traum Termiten gewesen, die das Urteil über eine sinnlose Menschheit vollstreckten – sie höhlten alles aus, so dass im Schlussbild nur noch eine hauchdünne Oberfläche über allem Sein blieb, apokalyptisch –, so übernahmen Tiere nun gänzlich die Regie. Am 14. Juni 1951 strahlte der Süddeutsche Rundfunk das Hörspiel *Sabeth oder Die Gäste im schwarzen Rock* aus, und am 15. August 1952 der Nordwestdeutsche Rundfunk das Hörspiel *Der Tiger Jussuf. Ein Märchen.* Beide Hörtexte sind auf dem Zenit Eich'scher Hörspielkunst angesiedelt – und *Sabeth* ist vielleicht der poetischste Text, den Eich für den Rundfunk geschrieben hat. Wenigstens zu ihm ein paar Sätze:

Erzählt werden in *Sabeth* mehrere Geschichten: Es ist die Geschichte der Bauernfamilie Fortner, die durch die Begegnung mit menschengroßen Raben verzaubert wird. „Ja“, erzählt die Bäuerin, „diese Raben, die so unversehens erschienen waren, hatten die Macht, Glück zu verbreiten“, so „kindisch oder lächerlich oder verrückt“ die Dinge auch waren, die sie „uns“[39] tun ließen. Weiter ist es die Geschichte ihrer Tochter Elisabeth, die mit einem dieser Raben Freundschaft schließt, ihm den Namen Sabeth gibt (abgeleitet von ihrem, sein Echo gewissermaßen) und sich auf das Wundersamste verändert – wie ihr Federfreund:

37 Günter Eich: Fragment. In: GW 1, 80.
38 Günter Eich: Ende August. In: GW 1, 78.
39 Günter Eich: Sabeth. In: GW 2, 450.

> Er hat schnell sprechen gelernt. Er spricht so wie wir, so als wenn er ein Mensch wäre. Aber eigentlich spricht er auch wieder anders, denn er ist ja viel klüger als wir alle. Oft begreife ich seine Worte nicht, besonders seitdem er traurig ist.[40]

Überdies ist es die Geschichte der Lehrerin Therese Weisinger, die zuerst allein, dann in Begleitung ihres Schuldirektors Eginhard Woturba die Erzählung ihrer Schülerin ernstnimmt und dem Geheimnis des Raben Sabeth auf die Spur kommen möchte, gründlich, systematisch, wissenschaftlich-exakt. Vor allem aber ist es die Geschichte jenes sonderbaren rabenhaften Wesens, das durch die menschliche Sprache eine neue Welt gewinnt und dabei seine angestammte, die eigene Identität und die Gemeinschaft der anderen Raben verliert:

> Ich habe eure Sprache gelernt. Ich bin kein Rabe mehr und bin kein Mensch geworden. [...] Aber ich habe noch etwas andres und das habe ich mit euch gemeinsam: Seit heute, seitdem ich gesucht habe [seine Rabenbrüder – R. B.], habe ich Angst.[41]

Als ihm die Bäuerin eindringlich versichert, bei ihnen zu bleiben – „Wir lieben dich." –, erwidert Sabeth: „Lieben? Ja, ihr könnt lieben. Ich glaube, das hat mich verführt, zu euch zu kommen. Oh, ihr armen herrlichen Menschen, die ihr lieben könnt!"[42] Der sich mit und in der Menschensprache wandelnde Rabe büßt seine Gabe, zeitloses Glück zu spenden, ein. Doch das Sprechen ermöglicht ihm, über sein Unglück zu reden. Der die Glücksbotschaft verkörperte, wird zum Boten eines den Menschen unvertrauten, aber umworbenen Wissens, das er mit jeder weiteren Annäherung vergisst. Darin liegt tiefe Tragik, vielleicht das Tragische schlechthin.

In zwei großen Gesprächen – zuerst mit Frau Weisinger, dann mit ihr und Herrn Woturba – erteilt Sabeth so bereitwillig wie abgründig existentielle Auskünfte. Mit dem ersten ausgesprochenen Wort habe er Gedächtnis und gleichzeitig Vergessen erfahren. Seine Rabenidentität sei unklar geworden, Dunkelheit umgebe sein Denken, er fühle sich ausgestoßen. In wenigen Augenblicken, wie beim Anblick einer Platane, durchfahre ihn ein „Licht", „die verzehrende Kraft eines Blitzes".[43] Das erste Gespräch endet mit dem Nachsinnen über Unsterblichkeit und gibt den Auftakt für das zweite, dessen latente Komik und offener Ernst auf dem wissenschaftlichen Klärungs-

40 Ebenda, GW 2, 452.
41 Ebenda, GW 2, 455.
42 Ebenda.
43 Ebenda, GW 2, 465.

eifer der Fragenden und der bedachtsamen Erklärungsunsicherheit des Befragten beruht:

| | |
|---|---|
| Woturba: | Tod, Liebe, Unsterblichkeit, das sind vorerst recht nebelhafte Dinge. Wir sollten erst die Realia Ihrer Welt kennen, also zum Beispiel nicht über die Liebe sprechen, sondern über das Geschlecht. |
| Sabeth: | Sie möchten wissen, ob wir auf Nestern sitzen und Eier ausbrüten wie die Nebelkrähen. |
| Woturba: | Ja, zum Beispiel das. |
| Sabeth: | Wenn ich es nur wüßte. Sie verlangen Genauigkeit, wo ich selbst nur Vermutungen habe. |
| Woturba: | Und was vermuten Sie? |
| Sabeth: | Daß wir Raben geschlechtslos sind.[44] |

Es ist ein religiöser Diskurs, der geführt wird. In ihm wird das Geschlecht ebenso zur Disposition gestellt (von einer „geschlechtslose[n] Welt“[45] spricht Sabeth) wie die Raben- oder Menschenexistenz (anlehnend an den christologischen Disput über Jesus als Sohn Gottes oder Menschensohn), in ihm fallen Liebe und Unsterblichkeit, Tod und Geburt in eins. „Welch schreckliches Dasein!“ ruft der Schulleiter aus, und Sabeth, sich in jenes Sein zurücksehnend, weiß einen Trost in der Verzweiflung: „Aber es wäre tröstlich anzunehmen, daß mir der Gedanke, ausgestoßen zu sein, nur aus der menschlichen Sprache kommt.“ Und er stellt die Frage, die sich als Schlüssel gibt: „Könnte es nicht ein Auftrag sein?“ Die menschliche Sprache ist, was die Welten bindet, und Sabeths Sehnen in die eine wie die andere ist „eine Hoffnung wie eine Furcht“[46]. Es bleibt dem Schulleiter vorbehalten, dieser Grenzgestalt eine Sinndeutung zu unterlegen – freilich erst, nachdem sie sich in Nichts aufgelöst hat. Sabeth sei frei gewesen von jenem „Rätselhaften und Schrecklichen, was wir Zeit nennen“, er habe „in der Ewigkeit gelebt“, „in einer Welt [...], in der die unsre als ein Teil enthalten ist“. Wo sei diese Welt, fragt Frau Weisinger, auf die man geblickt habe. „Überall. Wir sind selber darin. Wir wissen nichts und wir verstehen die Zeichen nicht, die uns bisweilen gegeben werden.“[47] Woturba und Weisinger richten sich in diesem Diskurs ein und finden sich – anders Elisabeth. Sie, heißt es im Epilog, sei fortan im Unterricht „meistens unaufmerksam und ganz geistesabwesend“. Manchmal stehe sie auf, wenn vor dem Fenster ein Krähen-

44 Ebenda, GW 2, 464.
45 Ebenda.
46 Ebenda, GW 2, 465.
47 Ebenda, GW 2, 470.

schwarm erscheine. Und wenn die Lehrerin „halblaut" sie beim Namen ruft, dreht sie sich um „und sieht mich an, wild und traurig, wie nur Tiere blicken".[48]

Hier ist abzubrechen. Die Eigenart des Hörtextes wird deutlich. Ein einfaches, in sich stimmiges Grundbild, dem Märchen verwandt, durchwirkt von einem Denken über die letzten Dinge. Die ‚übercodierte' Rabengestalt, von der gesprochen wurde, scheut in *Sabeth* augenfällig nicht, aus diesem Fundus zu schöpfen: Auch die Raben dort sind Boten und gewissermaßen auch Apostel Gottes,[49] sie verkörpern die göttliche Seele oder stehen doch in Verbindung zu ihr. „Leben und Tod"[50] bewegt sie. Die Gabe, Menschensprache zu lernen, eignet ihnen ebenso wie die Klugheit, deren Grenzen inne zu werden. Doch dominiert in der tradierten Zuschreibungsfülle das Dunkel-Dämonische, verbreitet der Rabe Sabeth einen hellen Glanz. Selbst wo der ins Dunkel-Melancholische umschlägt, ja ins Tragische mündet – Gefahr oder Gefährdung geht von ihm nie aus. Sein himmlischer Schein bleibt, selbst dann, als er sich den Menschen öffnet und mit dem menschlichen Sprachgedächtnis das göttliche Wissen einbüßt, es vergisst. Wo Göttliches und Menschliches sich begegnen und einander annähern, ist ein Preis zu zahlen. Man verliert, was man war, begreift kaum, was man ist, das Gewonnene zerrinnt, je näher man ihm kommt, in Unerreichbares.

Spuren aus Martin Heideggers *Sein und Zeit* sind in *Sabeth* unübersehbar, elementare philosophische Bruchstücke: Begriffe etwa wie das In-der-Welt-Sein, der Gegensatz von In- und Da-Sein, seiner Frage nach der „Seinsart der Sprache"[51], die in der Sache selbst münde, und endlich die Angst als existentielles Phänomen, als „Grundbefindlichkeit"[52]. Eich hörte Anfang der 1950er Jahre mehrfach Heidegger-Vorträge und hatte näheren Umgang mit Vertrauten des Philosophen, auch wenn er vorgab, ihn noch nicht gelesen zu haben. Man muss nicht diesen und weitere Bögen von Sören Kierkegaard zu Hans Blumenberg[53] schlagen, um einen Begriff vom fruchtbaren Boden

48 Ebenda, GW 2,473.

49 Will-Erich Peukert: Art.: Rabe. In: Handwörterbuch (wie Anm. 11), Sp. 428–458, hier Sp. 435–437.

50 Ebenda, Sp. 445.

51 Martin Heidegger: Sein und Zeit. Fünfzehnte, an Hand der Gesamtausgabe durchgesehen Auflage mit den Randbemerkungen aus dem Handexemplar des Autors im Anhang, Tübingen 1984, S. 166.

52 Ebenda, S. 188.

53 Gleich zu Beginn seiner Studie *Arbeit am Mythos* entwickelt Hans Blumenberg Angst (in seiner Korrespondenz zu Furcht) als einen elementaren Zug menschlicher Existenz. In

zu haben, aus dem Sabeths Denk- und Seinsbilder erwachsen und in dem „Angst" als Wesensmerkmal des Menschlichen verankert ist. Hinweisen muss man allerdings darauf, wie in dieser Hördichtung erneut und nun bündig poetisch, philosophisch wie religiös verknüpft jene Wort- und Begriffsbezüge ihr Fortleben bekunden, für die Eich schon zu Beginn seines Dichtens die Tier-Zeichen-Welt bemüht hatte. Hatte sie damals noch auf tönernen Füßen gestanden, glückte nun ein poetisch geschlossenes Bild. Für die Produktion im Süddeutschen Rundfunk Stuttgart hatte man Eich um einführende Worte gebeten, zu seinem Kummer. Er halte nichts von Stücken, die der Erklärung bedürften, so Eich, ja noch schlimmer, er wisse nichts zu erklären, auch nichts zu „diesen Rabengeschöpfen":

> Soll man diese Raben symbolisch nehmen, sind die Raben Engel oder Erinnerungsbilder an eine vormenschliche Existenz? Ich weiß das alles ebensowenig wie Sie, verehrte Hörer, denn ich habe mir diese Raben nicht ausgedacht, sondern habe sie gesehen. Ich gestehe es zögernd, denn [...] ich weiß sehr genau, daß es solche Wesen nicht gibt. Dennoch zweifle ich nicht im geringsten an ihrem Dasein.

Er möchte, so Eich weiter, „selber sehr gern wissen, was es eigentlich mit den Raben auf sich hat".[54] War das scheinheilig? Und was ist davon zu halten, wenn Eich in das Widmungsexemplar mit dem Hörtext für Anne Schmid, Lehrerin und Hausfreundin in seinem damaligen niederbayerischen Domizil, schrieb *(vgl. Abb. 1):* „Für Therese Weisinger von Sabeth"[55]? Der Rabe Sabeth als poetisches Vexierbild von Eich selbst? Keine Gewissheit, keine außerhalb der Dichtung, kein Wissensvorrecht oder -vorsprung durch den Poeten, dessen Phantasie offenbar eine Wahrheit der Wirklichkeit dichtend begriff. Tiere waren es, die eine Spur legten und ihm die Spur wiesen.

diesem Zusammenhang kommt er auch auf das Phänomen von Namen und Namensgebung zusprechen: „Was durch den Namen identifizierbar geworden ist, wird aus seiner Unvertrauheit durch die Metapher herausgehoben, durch das Erzählen von Geschichten erschlossen in dem, was es mit ihm auf sich hat. Panik und Erstarrung als die beiden Extreme des Angstverhaltens lösen sich unter dem Schein kalkulierbarer Umgangsgrößen und geregelter Umgangsformen. " In: Ders.: Arbeit am Mythos, Frankfurt a. M. 1979, S. 12. Man bannt das, wovor man sich fürchtet, in dem man ihm einen Namen gibt – und wird Freund mit ihm bei anhaltender Fremde. Elisabeth gibt dem Raben seinen Namen, der ein Teil ihres eigenen ist.

54 Günter Eich: Einführende Worte zu „Sabeth oder Die Gäste im schwarzen Rock" (1951). In: GW 4, 489.

55 Dieses Exemplar befindet sich im Privatbesitz der Familie Schmid (Geisenhausen).

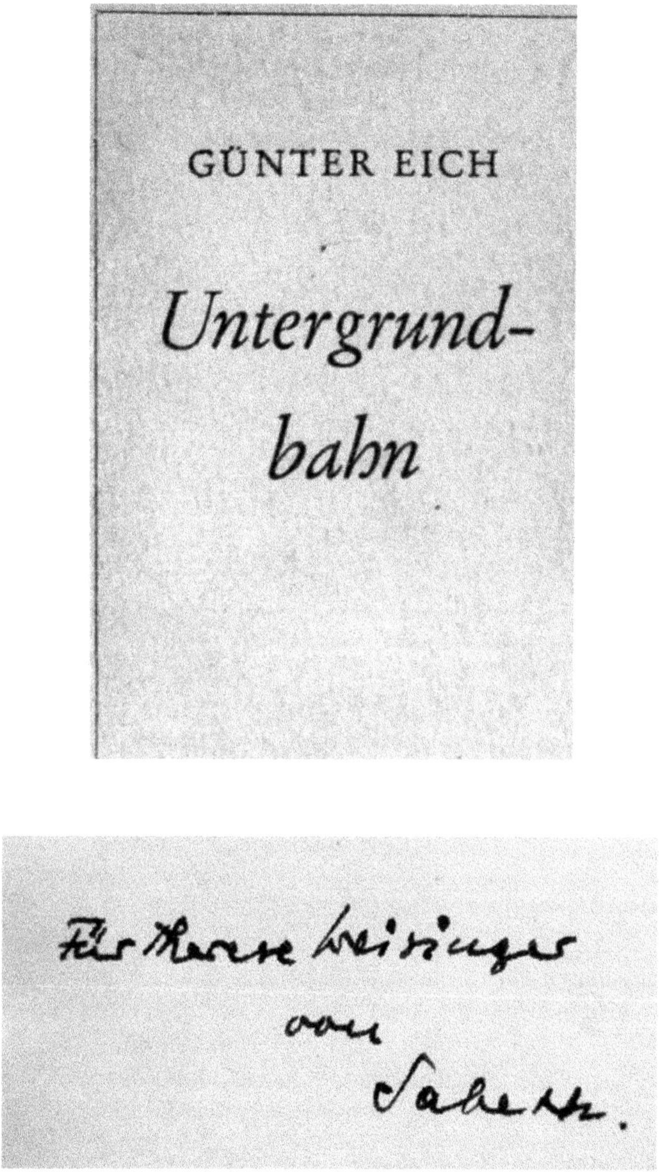


Abb. 1: Für die Freude, diese Widmung abbilden zu dürfen, sowie die perfekte Hilfe ist Olga, Bruno und Oskar Schmid herzlich zu danken.

Blieb ihre Zeichenhaftigkeit auch im Unerklärlichen, bestand sie doch in Entschiedenheit auf Klärungsbedarf und auf das Gelten-Lassen von Unerklärlichem. Wie Elisabeth am Schluss von *Sabeth* ihre Lehrerin wild und traurig anschaute, „wie nur Tiere blicken", so blickt am Schluss von *Der Tiger Jussuf*, der ein Jahr später seine Hörerschaft finden sollte, Max in die Augen von Anita, als er vom erschossenen Tiger berichtet:

| | |
|---|---|
| Anita: | Man hatte schlecht geschossen und keine Kugel mehr. Er starb gerade, als ich hinunterkam. |
| Max: | Ich weiß nichts davon. |
| Anita: | Du schliefst. Als ich dich weckte und es dir erzählte, sagtest du, du interessierst dich nicht für Tiger. |
| Max: | Wie kann ich so etwas gesagt haben? |
| Anita: | Wer ist nun tot? |
| Max: | Mit was für Augen siehst du mich an? |
| Anita: | Mit was für Augen? |
| Max: | Mit den sanften sandgelben Augen des Tigers.[56] |

Die Unruhe dieses Schlusses erklärt sich, bedenkt man, dass der Hörer gleich zu Beginn über die Existenz des sprechenden Tigers und der Stimmen, die ihn verkörpern, dauerhaft verunsichert wurde – und zwar durch Jussuf selbst, gipfelnd in der Bemerkung: „daß es nicht mit Sicherheit feststeht, wer ich bin".[57] Auch hier ist das Tier Inkarnation eines Seins, dessen Konsistenz ungesichert, dessen Existenz fragwürdig ist. Dem Feinsinnigen ist diese Ungewissheit offenbar, Dichtung offenbart sie – jedenfalls die Günter Eichs.

## *V.*

„Dem Vogelzug vertraue ich meine Verzweiflung an"[58], dichtet Eich in seinem Gedicht *Ende eines Sommers* (1955 in *Botschaften des Regens*). Nicht mehr die Wahrnehmung einer Geheimnis bleibenden Naturschrift bewegt das Ich, der Blick geht auf eine „Ewigkeit" (vgl. *Die Spinnenkammer* und *Sabeth*), die der Vogelzug gelassen abmisst – und die Geduld bis zur Entsiegelung der Schrift ist Geduld auf den Tod hin. Das Vogeltierbild erweitert sich, es wird Hoffnungsträger jenseits eines zu dechiffrierenden Daseins. „Der Häher",

56 GW 2, [707].
57 GW 2, 675.
58 GW 1, 81.

den das Gedicht bewahrt, wirft dem Ich nun keine blaue Feder mehr zu, sie bleibt „ungesehen in der Finsternis / […] vor meinem Schuh“: die Verbindung zur Tierwelt verbleibt im Vergleich („Sein Flug gleicht dem Herzschlag“[59]), ohne Brücke. Trigonometrische Natur- und Tierzeichen müssen markieren,[60] wofür es keinen Ort mehr gibt. Der Dichter, „wie ein taubstumm Blinder“, schreibt seine Gedichte „als trigonometrische Punkte“, um sich „in der Wirklichkeit zu orientieren“. Die Vögel nehmen das Bild des Ich auf der Netzhaut mit (und eben nicht umgekehrt!), und sie tragen es „zu den Wölfen ins Dickicht“, die „morgens deine Spur im Schnee“[61] verlieren, wie es im Gedicht *Belagerung* heißt. Der Schnitt ist vollzogen, das Ich entsorgt in einem anderen, unerreichbaren Sein. Was es als Spur in jener anderen, der Tierwelt hinterließ, es wird verloren. Schon in diesen Gedichten begegnet dem Lesenden der Maulwurf – dessen Hügel etwa im Gegensatz zu den „Namen der Dörfer“ die „Nachricht“ „noch weitergeben“[62]. Der „Schrei des sterbenden Maulwurfs“, von dem die Verse „Mittags um zwei“ in *Botschaften des Regens* (1955) sprechen, schallt nach. Von ihm soll und muss abschließend die Rede sein: zu kurz, um ihm in Eichs Dichtung gerechtzuwerden, vielleicht lang genug, ihn unter der Tier-Flagge zu positionieren.

Blind (übrigens unzutreffend), schädlich, unterirdisch, zerstörerisch, ein unwertes Geschöpf, dabei geheimnisvoll, hat der Maulwurf „die Phantasie des Volkes mächtig angeregt“[63], schreibt Riegler in seinem nicht zufällig stattlichen 20-spaltigen Artikel für das *Aberglauben*-Handbuch: „Die menschenähnlichen Extremitäten […] gelten der Volksphantasie als Beweise seines Ursprungs aus verwandelten Menschen.“[64] Wundersame Heilkraft verhieß sein Fell, wundersame Zauberkraft seine Erdexistenz, in unmittelbarer Nachbarschaft zu deren Schätzen. Als „Wühler und Aufwerfer von Erdhügeln“[65] rückte man ihn in Grab- und Friedhofsnähe. Davor jedoch, in der Renaissance, hatte die anverwandelnde Deutungslust dem kleinen Tier schon die Last des Geizes und des Verrates sinnbildhaft aufgebürdet, um es – immerhin durch den Mund Giordano Brunos – im Gegenzug als Inbegriff des Philosophen zu adeln: als ein Überwinder des Nicht-Sehens, der den

59 Ebenda, GW 1, 81 f.
60 Vgl. Günter Eich: Der Grosse Lübbe-See. In: GW 1, 84 f.
61 Günter Eich: Belagerung. In: GW 1, 89.
62 Günter Eich: Veränderte Landschaft. In: GW 1, 93.
63 Richard Riegler: Art.: Maulwurf. In: Handwörterbuch (wie Anm. 11), Sp. 4–23.
64 Ebenda, Sp. 11.
65 Ebenda, Sp. 23.

Blick in die Hallen der Wahrheit wirft.[66] Kein Zufall, dass sich Hegel diese Bildkraft zu Nutze machte und, Shakespeare und dessen Geist von Hamlets Vater zitierend, für das Fortwirken des Zeitgeistes in der Wirklichkeit jenen kleinen *Talpa europae* beschwor. Ja mehr noch: In der ersten Ausgabe seiner *Philosophie der Geschichte* (1837) scheute Hegel sich nicht, das Prinzip der Freiheit in einen Maulwurf-Vergleich zu bringen und dabei das revolutionäre Frankreich in den Blick zu nehmen.[67]

Der Maulwurf hatte bei Eich schon in den 1950er Jahren das Zeug zu einer literarischen Karriere. Als seine Kraft, Gedichte zu schreiben, nach eigener Aussage schwand, formte Eich für sich eine Kurzprosa, die er *Maulwurf* nannte. Seine Frau, die Schriftstellerin Ilse Aichinger, habe es zuerst Mitte der 1950er Jahre für kleine Prosastücke gefunden. Von dort sei es in die Familiensprache übergegangen: „Das Wort stammt von einem wirklichen Maulwurf, der vor unserem Fenster herumlief", erzählte er 1968, „und zwar meistens über der Erde, nicht unter der Erde. Es war also ein ganz besonders auffälliges Tier, was uns angeregt hat, ihn als Symbol für unsere Produktionen zu wählen."[68] Die Grenze der menschlichen und tierischen Welt, die Eich von Beginn an beschäftigte und deren Existenz ihm zunehmend Not im Dasein und Dichtungsanlass geworden war, öffnete sich von der entgegengesetzten, der Tierseite. Ihr wird Raum in der Sprache gewährt, und fast scheint es, als habe sie ihn sich genommen und der Dichter nicht anders gekonnt. Aber war das Allusionspotential jenes realen Tieres schon groß, übertroffen wurde es vom nicht minder realen Wort. Der „Wühler", der im Maulwurf steckt, war im 19. Jahrhundert „die bezeichnung" für „revolutionäre, [...] umstürzler, anarchisten", „einer von der gottlosen satansbande"[69] – eine Konnotation, deren vor allem anarchistischer, freiheitsbedachter Fingerzeig Eich behagte. Keine Metapher für etwas, sondern Markierung für „den einzigen Ort / wo du immer bist", wie es im Gedicht *Fortsetzung des Gesprächs* in *Anlässe und Steingärten* (1966) heißt. 1968 kam der

66 Vgl. Horst Bredekamp: Art.: Maulwurf, der. In: Ch. Kassung, J. Mersmann, O. B. Rader (Hrsg.): Zoologicon. Ein kulturhistorisches Wörterbuch der Tiere, München 2012, S. 241, 243.

67 Ebenda, S. 243.

68 Günter Eich: Das Wort „Maulwürfe" ist ein Wort aus der Familiensprache. Interview mit Johannes Poethen (1968). In: GW 4, 515.

69 Zitate aus Johannes Scherrs *Schiller* (1873) und Wilhelm Raabes *Die Chronik der Sperlingsgasse* (1857). In: Deutsches Wörterbuch von Jacob und Wilhelm Grimm, Bd. 30: Wilb – Ysop, Leipzig 1960, Sp. 1748.

erste Band *Maulwürfe,* 1970 der zweite unter dem Titel *Ein Tibeter in meinem Büro. 49 Maulwürfe* heraus. Peter Horst Neumann, dem wir das nach wie vor hellsichtigste und am tiefsten lotende Eich-Buch verdanken, schreibt zur Maulwurf-Gattung:

> Der Auswurf des Mauls kann Sprache sein oder Gekotztes. Beides will mitverstanden werden im Namen des Tieres. Der Maulwurf lebt unter der Furche, er ist *sub-versiv* in der umfassendsten Bedeutung von „versus": ein schädlicher Nützling und nützlicher Schädling.[70]

Diese Maulwürfe sind ein radikales literarisches Kabinettstück – und zugleich das Höllengelächter eines, dem nichts mehr vorzumachen ist. Die Sprache legt das Zaumzeug ab. Entfesselt erlaubt sie sich alles, was unter Vernunft, Einsicht, Verständigsein und gesundem Menschenverstand rubriziert, zur Disposition zu stellen. Sinn und Unsinn sehen sich zum Verwechseln ähnlich – etwa so wie ein natürlicher dem literarischen Maulwurf:

> Meine Maulwürfe sind schädlich, man soll sich keine Illusionen machen. Über ihren Gängen sterben die Gräser ab, sie machen es freilich nur deutlicher[71],

heißt es in der „Präambel". Staat, Religion, Gesetz, Ordnung – an sie wird der Brechhebel gelegt, und sie erweisen sich in diesem maulwürfigen Getummel als ebenso leicht, lächerlich wie gefährlich. Ordnung – nur eine andere Gestalt von Unordnung.

Der Dichter, der zuerst versucht hatte, im Verstehen des Natürlichen Halt zu finden, der dann in der Grenze zwischen der sprachlosen Tierwelt und der sprachergebenen Menschenwelt eine unerreichbare, aber dennoch nicht trostlose Erlösung zu visionieren, und dem gewiss war, dass das poetische Heil nirgends anderswo zu finden ist als im poetischen Umgang mit Spinne, Rabe oder Häher – dieser Dichter verweist nun diese fragwürdige Welt ganz und gar ins Sprachliche, ins Lexikalische, ins Alphabetische, um dort „ihr umstürzlerisches, revolutionäres Potential"[72] freizulegen:

70 Peter Horst Neumann: Die Rettung der Poesie. Der Anarchist Günter Eich, Stuttgart 1981, S. 100.

71 GW 1, 318.

72 Genau in diesem Sinne wird Aura Maria Heydenreich die *Maulwürfe* dann auch in ihrer an Beobachtungs- und Verweisdichte nicht zu überbietenden Studie analysieren. Dies.: Wachstafel und Weltformel. Erinnerungspoetik und Wissenschaftskritik in Günter Eichs „Maulwürfe", Göttingen 2007, S. 22.

> Heute bin ich kopflastig, das ist selten, ich zitiere wie Espenlaub, meine Hundenase wittert einen Geruch zwischen Pfefferminze und weiblichen Hormonen.
> Unter den Tieren stehen mir bekanntlich die Maulwürfe am nächsten. Höhlenbewohner, aber ich kannte einen, der lebte über der Erde und hatte ein Revier, aus dem er die Ratten verbiß, neben den Abfällen der Bässerei.
> Einmal nahm ich ihn ins Theater mit. Für Maulwürfe ist nichts gemütlicher als das Mekongdelta vom Parkett aus.[73]

Sprachanarchistisch verweigerten die Gattung Maulwurf und der Maulwurf in der Gattung jedes Bändigen und Festgelegt-Werden. Hat der Lesende sich auf Witz und Aberwitz eingestellt, verdreht ihm die nächste subversive Wendung den Verstand und stößt ihn, wie hier, unversehens vom lustigen Theaterbesuch auf den brutalen Vietnam-Krieg. „Maulwürfe", das sind Meister-Dekonstrukteure, die der Sprachwelt den Sinn austreiben, der nichts als eine menschheitsgeschichtliche Tollheit ist – eine Tollheit, der nur mit Sprachwillkür, mit verbalgesättigtem Wahnwitz und wirklichkeitsgestopftem Unsinn angemessen zu begegnen ist.[74]

Anspielungshorizont und Allusionsdichte, die der erste Blick vermutet, der zweite bestätigt und von denen der dritte überwältigt wird. In dieser Wort-Tier-Welt ist alles möglich, weil die ‚eigentliche' Welt unmöglich ist. Man sieht es, will es nicht glauben – und wird so behutsam wie gnadenlos eines Besseren belehrt. Im demonstrativ Umgangssprachlichen und in der Redewendung dekonstruiert sich eine auf Stabilität, Werte und Bewusstsein gegründete Welt ins Unhaltbare. Was Halt verspricht, ver-spricht sich – und landet im Unerschöpflichen, im Unausschöpfbaren, schlicht in einer Schöpfung, die besser unterblieben wäre. Die Sprache, das der Gestus der „Maulwürfe", ist Geburtshelfer jener gebrechlichen, zerbrechenden Welt – und sie ist im gleichen Zuge deren Totengräber. Eins ihrer angestammten Ämter ... Wer so im Klopstock'schen Sinne seiner Ode *Der Zürchersee* die „Schöpfung noch einmal denkt", auf die ein früher „Maulwurf" anspielt, der weiß, warum ihm Elefanten „lebenswichtig"[75] sind:

73 Günter Eich: Zwischenakt. In: GW 1, 319.

74 Die Maulwürfe heben, schreibt Heydenreich (wie Anm. 72, S. 23), „die Grenzen zwischen Sinnstiftungen und Sinnsubversion auf und werden durch subtil pointierte Zitate zu Kampfplätzen verschiedener semiotischer oder metaphysischer Ordnungen umfunktioniert." Eich wage mit ihnen „eins der größten Abenteuer, die der Literatur als Form kultureller Kommunikation zugemutet werden können: das Abenteuer der radikalen Ordnungslosigkeit".

75 Günter Eich: Pe. In: GW 1, 377. Eich ließ sich bei diesem Deutungsbild, dessen befreiender Wirkung sein *Maulwurf* nachgibt, ein Gegenbild entgehen, das die kulturanthropologische

> Lieber Gott, was tu ich mit vier Füßen, vier säulenförmigen Füßen? Hier gibt es nichts, was man zertrampeln könnte, außer alles. Und das streich ich auch. Alles streich ich, was ich zertrampeln könnte [...].[76]

Hier muss es enden, in Vorläufigkeit, natürlich. Mehr als einen Streifzug, eine flüchtig gezogene Linie durch Eichs poetisches Tieruniversum, das sich als ein Bestiarium entpuppt, gibt der Rahmen nicht her. Begonnen hatte sie bei Eich mit dem Wunsch, die Lebenswelt zu wechseln, von der bewussten menschlichen in die unbewusst tierische. Ihre Fortsetzung fand sie im Bestreben, sich über die Dichtungssprache einem verlorengegangenen Urtext anzunähern und die Zeichen der Tier- und Pflanzenwelt zu ‚übersetzen', nicht zu dechiffrieren, sondern als Chiffre zu markieren. Am Ende nun stand eine Kapitulation vor der Schöpfung, die nicht mehr zu befragen, nicht mehr zu hinterfragen – die es in Frage zu stellen galt: durch ein abgrundtiefes Unterwühlen und mit einer Sprachneuschöpfung, den Maulwürfen. Dass sie in ihrer anarchistischen Unzulänglichkeit in nichts der ‚eigentlichen' Schöpfung nachstand, es scherte sie nicht – ihr Gewand war tierisch, ihr Geist närrisch und ihr Verstand ungezügelt. Dass es Tiere in vielerlei und einer Gestalt waren, die den letzten Sinn-Stein lösten, der das Seinsgebäude zusammenstürzen ließ und dem Un-Sinn alle Dämme öffneten: Das ist vielleicht die erstaunlichste Botschaft einer Tier-Dichtung, die vom Wunsch getragen war, zurückzukehren in den Zustand einer Unschuld, von dem sie wusste, dass es ihn nie gab: „Ich las in einer Tiertheologie", heißt es im Maulwurf *Sünde,*

> die Aufgabe des Menschen sei es, alle Tiere zu Haustieren zu machen. Welche Aussichten, und für wen!

Überlieferung lange beschäftigt hat: die Neigung des Elefanten zu Knochen toter Artgenossen. Ein sich daraus entwickelnder Mythos, in dessen Zentrum die Vorstellung eines mysteriösen Elefantenfriedhofs steht, hätte ihn reizen müssen – „eine geradezu archaisch anmutende, gattungsüberschreitende Ähnlichkeit zwischen Mensch und Tier im Trauern", in der wir, wie Corina Caduff schreibt, „die Vorstufe einer menschlichen Ausgestaltung von Todesvorstellungen (an)erkennen mögen". Dies.: Art.: Elefant, der. In: Kassung u. a. (wie Anm. 67), S. 101.

76 Günter Eich: In das endgültige Manuskript nicht aufgenommenes Bruchstück eines Memoire. In:GW 1, 315.

Dorothee Wieser

# „Der Mensch als Augentier": Zur Zoopoetik Marcel Beyers in den Romanen „Flughunde" und „Kaltenburg"

„Wenn die Menschen über Tiere reden, reden sie von sich. […] Wenn die Menschen über die Menschen reden, indem sie über die Tiere reden, werden sie unvorsichtig."[1] – Diese These Silvia Bovenschens soll als Ausgangspunkt der folgenden Überlegungen zur Zoopoetik Marcel Beyers in den Romanen *Flughunde* und *Kaltenburg* gewählt werden: In beiden Romanen wird Tieren eine prominente Funktion im Zuge der Reflexion von Erfahrungen in historischen Konstellationen zugeschrieben. Damit ist zum einen zu fragen, *was* über menschliches Verhalten sowie über das menschliche Erinnerungs- und Reflexionsvermögen durch das Reden bzw. die Wahrnehmung von Tieren ausgesagt wird und welche Unvorsichtigkeiten unvermeidlich sind. Zum anderen ist durch die Kontrastierung der beiden Romane zu klären, *wie* diese Form der Reflexion qua Tier zu charakterisieren ist. Es gilt also, die je spezifischen Konstellationen von Mensch und Tier und die damit verbundenen Modellierungen der anthropologischen Differenz und des Natur-Kultur-Verhältnisses mit Blick auf das (historische) Reflexionspotential zu untersuchen.

## *I. „Flughunde": Tiere als Projektionsfiguren*

In Beyers Roman *Flughunde* (1996) treten die titelgebenden Tiere zwar in zwei zentralen Szenen als reale Tiere in Erscheinung,[2] doch diese beiden Szenen stellen letztlich nur den Rahmen für ein Netz von diversen Flug-

1 Silvia Bovenschen: Tierische Spekulationen. Bemerkungen zu den kulturellen Mustern der Tier-Projektionen. In: Neue Rundschau (1983), H. 1, S. 5–28, hier S. 27.

2 Einerseits in der Begegnung des Jungen (Hermann Karnau) in der Turnhalle, andererseits beim Besuch des Dr. Moreau.

hund-Projektionen des Protagonisten Hermann Karnaus, die dessen wahnhafte Stimm-Theorie und seine anthropologischen Positionen erkennbar werden lassen.

### *I.1. Flug-Hunde: Symbolfiguren der Stimm-Theorie Hermann Karnaus*

Karnaus Vorhaben, eine Karte zu erstellen, in der alle menschlichen Laute verzeichnet sind, verortet die Figur in einem Feld, das durch höchst widersprüchliche bzw. spannungsreiche Konstellationen von Natur, Kultur bzw. Technik sowie von Mensch und Tier bestimmt ist:

> Denn diese Karte wird nicht nach bekannten Regeln angelegt, nicht innerhalb abschätzbarer Grenzen, sie vermißt nicht ein bekanntes Terrain lediglich unter neuem Blickwinkel: Sie zeigt ein Areal jenseits aller kartographierten Gegenden des Menschen. [...] Als Tier muß man die Fährten ablaufen, man darf das keinesfalls als Mensch tun, der man ist, als dieses Augentier, das meint, alle Erscheinungen seien für immer so zu betrachten, wie es sich im bisherigen Leben aus den Gewohnheiten ergeben hat.[3]

Karnau unternimmt also den Versuch, die Begrenztheit der menschlichen Sinne zu überwinden. Indem er den Menschen als Augentier beschreibt, verweist er auf den Menschen als (sinnliches) Mangelwesen; vor allem aber thematisiert er die menschliche Blindheit durch Konventionen. Der Mensch als *Augen*tier verfügt aber nicht nur über mangelhafte Sinnesorgane, sondern er neigt dazu, das sinnlich Wahrgenommene falsch zu interpretieren. Sehen ist eben nicht nur wahrnehmen, sondern auch erkennen. Diese Charakterisierung des Menschen als sinnliches *und* kognitives Mangelwesen beweist sich letztlich in Karnau selbst: In dem Gespräch mit Dr. Moreau muss Karnau erkennen, dass sein Stimmkarten-Projekt zum Scheitern verurteilt ist, da die Flughunde für das menschliche Ohr nicht hörbare Töne wahrnehmen können. Dass ihm die Konsequenzen dieses Wissens, über das er eigentlich verfügt, erst so spät bewusst werden, zeigt seine eigene Verhaftetheit in gewohnten Betrachtungsweisen. Karnau, der sich wiederholt mit Tieren, z. B. seinem Hund, vergleicht bzw. sich in der Angleichung versucht, wird in die Grenzen des Menschlichen zurückverwiesen: „[A]lles wird zurückgesaugt in die Stille angesichts jener nie hörbaren Töne in der Welt, die nur die Tiere kennen".[4]

3 Marcel Beyer: Flughunde, Frankfurt a. M. 1996, S. 30.

4 Beyer (wie Anm. 3), S. 180.

Doch die anthropologische Differenz wird für Karnau bei weitem nicht nur durch die mangelhaften Sinnesorgane markiert. Seine Bestimmung des Menschlichen, insbesondere in seiner Stimm-Theorie, lässt sich durch Bezüge und Kontraste zu Herders *Abhandlung über den Ursprung der Sprache* genauer fassen.[5] Der Vergleich ist auch deshalb von Interesse, weil Herder, der Tradition der Glottogenetik folgend, die Gemeinsamkeit der Laute und Stimmen bei Tier und Mensch als zentralen Ausgangspunkt seiner Überlegung setzt:

> *Schon als Tier, hat der Mensch Sprache.* Alle heftigen und die heftigsten unter den heftigen, die schmerzhaften Empfindungen seines Körpers, alle starken Leidenschaften seiner Seele äußern sich unmittelbar in Geschrei, in Töne, in wilde, unartikulierte Laute. Ein leidendes Tier sowohl, als der Held Philoktet, wenn es der Schmerz anfället, wird wimmern! wird ächzen![6]

Auch Karnaus Interesse ist auf die tierischen Ursprünge der menschlichen Stimme gerichtet. Zieht man Herders Unterscheidung zwischen dem „Geschrei der Empfindungen", das die ursprüngliche Gemeinsamkeit zwischen Mensch und Tier anzeigt, und der menschlichen Sprache, die einen gänzlich anderen Ursprung hat,[7] hinzu, ließe sich präzisieren, dass sich Karnau auf das „Geschrei der Empfindungen" konzentriert. Die menschliche Sprache erweckt sein Forschungsinteresse hingegen nicht. Karnau nimmt nur äußerst selten sprachliche Äußerungen auf. Vielmehr sind es „die extremsten Äußerungen, [...] Schreien, Krächzen, Wimmern",[8] in denen er die Eigenheiten einer menschlichen Stimme zu erkennen glaubt.

Für Herder sind die Seufzer der menschlichen Sprache, „Das matte Ach! [...]; das feurige O!",[9] Reste der ursprünglich gemeinsamen Sprache von Tier und Mensch. Diese ursprüngliche Sprache ist bei Herder jedoch untrennbar mit der Kommunikation und der Äußerung von Empfindungen innerhalb einer Art verbunden. So formuliert er folgendes Naturgesetz:

5 Vgl. Cornelia Blasberg: Die Stimme und ihr Echo. Zur literarischen Inszenierung des „Wiederschalls" von Herders Sprachursprungs-Theorie bis Marcel Beyers Topophonie des Faschismus. In: W. Wiethölter, H.-G. Pott, A. Messerli (Hrsg.): Stimme und Schrift. Zur Geschichte und Systematik sekundärer Oralität, Paderborn 2008, S. 236–249.

6 Johann Gottfried Herder: Abhandlung über den Ursprung der Sprache. In: Werke in zehn Bänden, Bd. 1, hrsg. v. U. Gaier, Frankfurt a. M. 1985, S. 697–810, hier S. 697.

7 Vgl. ebenda, S. 708.

8 Beyer (wie Anm. 3), S. 64.

9 Herder (wie Anm. 6), S. 699, vgl. auch S. 701.

> *„Hier ist ein empfindsames Wesen, das keine seiner lebhaften Empfindungen in sich einschließen kann; das im ersten überraschenden Augenblick, selbst ohne Willkür und Absicht jede in Laut äußern muß."* Das war gleichsam der letzte, mütterliche Druck, der bildenden Hand der Natur, daß sie allen das Gesetz auf die Welt mitgab: *„empfinde nicht für dich allein: sondern dein Gefühl töne!"* und da dieser letzte schaffende Druck auf alle von Einer Gattung Einartig war: so wurde dieses Gesetz Segen: *„deine Empfindung töne deinem Geschlecht Einartig, und werde also von allen, wie von Einem mitfühlend vernommen!"*"[10]

Für Hermann Karnau scheint diese kommunikative Dimension der Stimme nicht zu existieren. Während er die Stimmen der sterbenden Soldaten im Elsass aufnimmt, aber auch während der Stimm-Experimente mit Gefangenen, betrachtet er deren Laute als rein akustische Phänomene und offenbart sich selbst als nicht-mitfühlendes Wesen. Dass Karnau sich an keinem Punkt von den Leidensäußerungen berührt fühlt, ist zudem auf die von ihm vorgenommene Trennung von menschlichem Körper und Stimme zurückzuführen. Diese Trennung ist wiederum eng mit dem Glauben an die Möglichkeiten der technischen Reproduzierbarkeit der menschlichen Stimme verbunden. Sowohl bei seinen Stimmaufnahmen von Sterbenden an der Front als auch bei seinen Experimenten mit den Stimmorganen von Gefangenen trennt Karnau konsequent zwischen dem menschlichen Körper und der aufgenommenen Stimme und negiert somit die humane Dimension seiner grausigen Tonaufnahmen. Karnaus Interesse an der menschlichen Stimme ist folglich durch die Ausgrenzung sowohl der sozialen bzw. empathischen als auch der körperlichen Dimension bestimmt.

Karnaus Überzeugung, dass die körperlose Stimme des Menschen der Kern seines Wesens sei, führt ihn zu der These, dass man durch medizinische Eingriffe am artikulatorischen Apparat das Innere des Menschen ergreifen könne und somit eine Option zu seiner Umerziehung hätte. Diese These Karnaus wird von dem NS-Mediziner Stumpfecker begeistert aufgegriffen und führt zu den bereits erwähnten Experimenten mit Gefangenen. In seinen Äußerungen zu diesen Experimenten, welche die Suche nach dem vormenschlich Wahren, Reinen, Ursprünglichen zum Ziel haben und die unausweichlich in einer humanen Katastrophe enden, stellt Karnau einen mehrfach markierten Bezug zu den titelgebenden Flughunden her und weist ihnen eine symbolische Position zu:

> Man sucht mit solcher Unnachgiebigkeit nach einem tierischen Ursprung der Sprache, als warte man nur darauf, am Ende alle Theorien in sich zusammenbrechen zu sehen, um

10 Ebenda, S. 698.

> dann wieder an einen göttlichen, unerforschlichen Ursprung glauben zu können. Zwei Möglichkeiten: Die unverständlich flatternde Zunge, die, unsichtbar gelenkt, die Stimme weithin hörbar verbreitet in der Luft, ein Schwirren, als befände sich ein schwereloser Körper im Flug – Hunde am Boden, deren Pfoten an der Erde kleben, wie unter übermäßiger Gravitation leidend, die Sprache von Instinkten geweckt, entsprungen aus der Unzulänglichkeit fleischlicher Zusammensetzung.[11]

Neben der hier, wie grundsätzlich vorgetäuschten Distanz Karnaus zu den von ihm durchgeführten Experimenten („man sucht") zeigt sich in der graphisch herausgestellten Doppelnatur der *Flug-Hunde* das Spannungsverhältnis von Stimme und Sprache: die Stimme – „ein schwereloser Körper im Flug", die Sprache – „Hunde am Boden, deren Pfoten an der Erde kleben". Karnaus Versuch, die Stimme jenseits der „aus der Unzulänglichkeit fleischlicher Zusammensetzung" entsprungenen Sprache zu greifen, knüpft einerseits an Herders Überlegungen zum Ursprung der menschlichen Sprache an, zeigt andererseits aber, wie sich diese aufklärerische, gegen einen göttlichen Ursprung der menschlichen Sprache gerichtete Theorie ins Inhumane kehren kann.[12]

Für Herder unterscheiden sich Tier und Mensch dahingehend, dass Tiere über ausdifferenzierte, auf den jeweiligen „Kreis ihrer Würkung" ausgerichtete Instinkte verfügen, während der Mensch dem Tier in Bezug auf „Stärke und Sicherheit des Instinkts weit nachstehe".[13] Auch die tierische Sprache ist nach Herder instinktmäßig und damit angeboren, während der Mensch hingegen stumm geboren werde. Der Mangel an Instinkten wiederum begründet die Notwendigkeit der menschlichen Sprache. Die menschliche Sprache ist jenes Merkmal, das den Menschen grundsätzlich vom Tier unterscheidet und seine eigene Art begründet: „In dem Falle", so Herder, würde die *„Sprache dem Menschen so wesentlich, als – er ein Mensch ist"*.[14]

Karnaus Fokussierung der Stimme als das Nicht-Sprachliche kann somit mit Herder als die prinzipielle Ausgrenzung des eigentlich Menschlichen gelesen werden. Karnau hingegen sieht im Spracherwerb des Menschen seine

11 Beyer (wie Anm. 3), S. 167

12 Vgl. Blasberg (wie Anm. 5), S. 237 f. Herder spricht hingegen von der Sprache als „Medium unseres Selbstgefühls und geistigen Bewußtseins" und von der Sprache als Hilfe „unser *innigstes* Sehen und Hören gleichfalls zu wecken und zu leiten", betont somit die Notwendigkeit der Sprache für die menschliche Erkenntnis: Johann Gottfried Herder: Vom Erkennen und Empfinden der menschlichen Seele. In: Werke in zehn Bänden, Bd. 4, hrsg. v. J. Brummack, M. Bollacher, Frankfurt a. M. 1994, S. 327–393, hier S. 357 f.

13 Herder (wie Anm. 6), S. 711 ff.

14 Ebenda, S. 716.

Verformung, was sich in seiner Vorstellung von der Ursprünglichkeit der kindlichen Stimme zeigt. Er führt aus,

> daß ein Erwachsener nicht begreifen kann, daß hinter jener äußeren Kinderstimme noch eine innere Stimme steht, mitunter im krassem Gegensatz zum Suchen nach Worten, zum kindlichen Klang.[15]

In einer vorausgehenden Passage, in der Karnau die Kinder von Joseph Goebbels auf einem Familienfest beobachtet, finden sich ähnliche Betrachtungen, die zudem das Bild vom *Flug-Hund* aufgreifen:

> So sehen die frühen Übungen der Formung aus, so wird der unbefangene Kinderkörper dem Zugriff der Erwachsenen ausgesetzt, und er erstarrt. Übungen, die so lange wiederholt werden, bis der gesamte Leib von allein in dieser Starre verbleibt: Das langsame Absinken vom Kind zum Erwachsenen, von einem Tier, das sich frei in der Luft bewegt, zu einem das am Boden klebt.[16]

Das Tier, das sich frei in der Luft bewegt und zugleich fest am Boden klebt, ist der *Flug-Hund,* der beide Dimensionen symbolisch in seinem Namen vereint und der, wie bereits gezeigt, auch für das Verhältnis von Stimme und Sprache steht. Für Karnau existiert demnach ein enger Konnex von Kind und Tier sowie von Ungeformtheit, Natürlichkeit bzw. Ursprünglichkeit der Stimme auf der einen und Sprache und Deformation durch Sozialisation auf der anderen Seite.[17] Doch die Flughunde fungieren nicht nur als Projektionsflächen für die Theorien Karnaus, sondern auch als Fluchtpunkt seiner (unterbundenen) Sehnsüchte.

### *I.2. Flughunde – SehnsuchtsBILDER Karnaus*

Eine der frühen Begegnungen Karnaus mit realen Flughunden offenbart viel über den Menschen, der von sich behauptet, dass es über ihn nichts zu be-

15 Beyer (wie Anm. 3), S. 233.

16 Ebenda, S. 149.

17 Die Position der Figur Karnau ist einerseits abzugrenzen von einer Herder oder Humboldt folgenden Sprachkonzeption, welche die kulturell-soziale Bedingtheit der Sprache und zugleich ihre Erkenntnisfunktion betont, andererseits von einer szientifischen Sichtweise, wie sie z. B. Chomsky vertritt, die Sprache als genetische Prädisposition des Menschen denkt und die Bedeutung sprachlicher Interaktion negiert. Vgl. Ludwig Jäger: Sprach/Kultur – Sprach/Natur. Zur Konfliktgeschichte linguistischer Gegenstandskonstitutionen. In: T. Anz (Hrsg.): Natur – Kultur. Zur Anthropologie von Sprache und Literatur, Paderborn 2009, S. 31–53.

richten gebe – er wird im Sinne Bovenschens unvorsichtig, indem er über die Flughunde und damit über sich spricht. In der Schulturnhalle wird frühmorgens eine Fledermaus an der Decke entdeckt und von den Klassenkameraden mit Schuhen und Bällen traktiert.

> Das Zittern des Fledermausleibes mit seinen hilflos flatternden Flügeln blieb mir den ganzen Morgen vor Augen, die schwarze Kreatur stand als Nachbild, und es gelang mir nicht, diese Erscheinung zu überblenden, das unruhige Kreiseln zu einer schwungvollen Flugbewegung in freier Wildbahn werden zu lassen, wie ich sie von den Flughunden in meinem Zigarettenbilder-Album kannte. [...] Nachttiere. Nacht. Eröffnung einer Welt, wo es kein Kampfgeschrei gibt und keine Leibesübungen: Komm, schwarze Nacht, umhülle mich mit Schatten.[18]

In der Begegnung mit der Fledermaus scheinen mehrere Ebenen auf: Zunächst ist da die Assoziation der Flughunde auf den Zigarettenbildern zu nennen, die für eine Traum- und Fluchtwelt stehen, die mit der Realität nicht in Deckung zu bringen ist. Zudem wird die Fledermaus als Tier der Nacht aufgerufen und damit als Vertreter einer Welt der Stille und des Rückzugs von den Mitmenschen, von Kampfgeschrei und Leibesübungen. Durch den intertextuellen Verweis auf ein Gedicht aus der barocken Neukirch'schen Anthologie wird jedoch noch eine weitere Ebene der Nacht angespielt. Dort heißt es:

> An die nacht.
> Komm schwartze nacht! umbhülle mich mit schatten
> Dein flor beziehe meines purpurs glantz
> Weil sich mit mir will eine sonne gatten
> Vor deren licht erbleicht der sternen krantz
> Laß deinen teppicht meine brust bedecken
> Und meinen sieg in dein gezelt verstecken.[19]

Die Referenz auf diesen erotischen Text steht in einem offensichtlichen Spannungsverhältnis zur Negation jeglicher Erotik und der Beziehungsunfähigkeit Karnaus, die wiederum mit seiner ausschließlichen Hinwendung zu Tieren und Kindern korrespondiert. Die Flughunde erweisen sich folglich als vielschichtiges Projektionsobjekt Karnaus.

18 Beyer (wie Anm. 3), S. 19 f.

19 Anonym: An die nacht. In: Benjamin Neukirchs Anthologie. Herrn von Hoffmannswaldau und andrer Deutschen auserlesener und bißher noch nie zusammen-gedruckter Gedichte. Vierdter Theil, hrsg. v. A. G. de Capua, E. A. Metzger, Tübingen 1975, S. 143 f.

Ein weiteres Zitat, das gleichfalls eine Kindheitserinnerung Karnaus schildert, soll die enge Verknüpfung der Flughunde mit der Nacht und damit einer Welt jenseits des menschlichen Lärms aufzeigen:

> Und es stand nicht in meiner Macht, das Dunkel länger walten, die fremden Stimmen schlafen zu lassen, während die Elternhand mich weiter zog, durch die nun bald gefährliche Restnacht, die unweigerlich umschlagen mußte in die Welt der Herrenstimmen, des Kreischens und des Lärmens [...] Und nur die Flughunde in meinem Album waren davon ausgeschlossen. Niemals flogen sie bei Sonnenlicht, nur in der Dunkelheit, die ihre schwarzen Körper noch verstärkten, als schluckten diese Flügel noch das letzte Licht. Sie allein hätten mich vor dem Tag bewahren können, eingehüllt von diesen weichen Flügeln, versunken in der Lichtlosigkeit.[20]

„Eingehüllt von diesen weichen Flügeln, versunken in der Lichtlosigkeit": Karnau zeichnet sich als ein Kind, das sich vor dem Tag und den Begegnungen mit Menschen ängstigt und das Schutz und Zuwendung nicht bei seinen Eltern, sondern bei den imaginierten Flughunden der Zigarettenbilder sucht. Die Angst des Kindes spiegelt sich, wie bereits erwähnt, in der Beziehungslosigkeit Karnaus als Erwachsener und zeigt zugleich seine Inszenierung als schutzsuchendes Opfer an.

Es ist gerade diese Diskrepanz, die Karnau ausmacht: seine Zuwendung und sein Mitfühlen mit den Kindern und Tieren auf der einen Seite und seine Ignoranz gegenüber den Verbrechen des NS-Regimes, an denen er zunehmend aktiv beteiligt ist, auf der anderen. Diese Diskrepanz löst sich allerdings in erschreckender Weise auf, wenn man Karnaus Theorien folgt, die im Kind und im Tier das wahrhaftig Ursprüngliche und Zivilisation sowie Kultur nur als Verformung sehen.

Die Flughunde können somit als Projektionsfigur auf zwei Ebenen gesehen werden: Karnau projiziert auf die Doppelnatur der *Flug-Hunde* seine Stimmtheorie: Die Flughunde repräsentieren die Trennung von einer als ursprünglich gedachten Stimme und menschlicher Sprache, die immer schon durch soziale Verformung gekennzeichnet ist. Diese Form der Sprachkritik führt zu einer wahnhaften Suche nach dem Ursprünglichen, Unverformten, die mit einer mythischen Aufladung der Tier- als menschlicher Gegenwelt verbunden ist. All dies resultiert wiederum aus der Soziophobie Karnaus, die sich gleichfalls in den Flughunden als Projektionsfigur seines Wunsches nach einer immer währenden menschenleeren Nacht spiegelt. Und: Karnau entlarvt sich selbst als blindes Augentier, das nicht nur mit der Stimmen-

20 Beyer (wie Anm. 3), S. 43.

landkarte ein Projekt verfolgt, welches seinem Wissen entgegensteht, sondern das vor allem seine Stimme bzw. seine Täterschaft nicht (an)erkennt.

## *II. „Kaltenburg": Tier-Mensch-Beobachtungen*

Der Zusammenhang von menschlicher Selbsterkenntnis und Konzeptualisierungen des Tiers ist auch für den Roman *Kaltenburg* (2009) zentral. Allerdings wird durch die Figur des Verhaltensforschers Kaltenburg die Frage nach der Vergleich- und Erklärbarkeit von menschlichem und tierischem Verhalten fokussiert.

### *II.1. Affen und vom Himmel fallende Vögel: Tiere als Indikatoren menschlichen Verhaltens*

Obwohl Ludwig Kaltenburg ein Verhaltensforscher ist und damit die Untersuchung des Verhaltens lebender Tiere naheliegend erscheint, sind es vor allem tote Tiere bzw. die enge Verknüpfung der Tiere mit Tod und Vernichtung, die den Roman bestimmen. Das sicher markanteste Ereignis ist die Schilderung der Dresdner Bombennacht, in der zugleich die brüchige Zeugenschaft der Erzählinstanz Hermann Funk herausgestellt wird:

> Der Zeuge – damals noch ein Kind – sei während der Nacht, als Dresden zu Schutt und Asche zerfiel, auf der Suche nach seinen Eltern in der größten Parkanlage der Stadt herumgeirrt und habe sich am folgenden Morgen nach wie vor in buchstäblich aufgelöstem Zustand befunden, nämlich jeglicher Vorstellung von sich selbst beraubt. Am Rand des Großen Gartens sei er bei einer Gruppe verstörter Menschen stehengeblieben, unter die sich ein halbes Dutzend Schimpansen oder Orang-Utans oder Rhesus-Affen gemischt hatte – an die genaue Zusammensetzung der Horde vermag sich Kaltenburgs Zeuge nicht zu erinnern. Mit gesenktem Blick forschen die Überlebenden nach bekannten Gesichtern. Irgendwann beginnen auch die Schimpansen, die Züge der reglos am Boden liegenden Gestalten zu betrachten, man könnte glauben, sie sähen abwechselnd den Toten und den Lebenden ratsuchend in die Augen. Tatsächlich meint der Beobachter so etwas wie Erleichterung unter den Tieren zu bemerken, als die Menschen aus ihrer Apathie erwachen, die überall verstreuten Leichname zusammensammeln und sie auf einem unversehrten Rasenstreifen in eine Ordnung bringen. Nichts wissen die Schimpansen von der Identifizierung verstorbener Angehöriger, nichts von den Toten, die man in einer Reihe im Gras bettet, und nichts davon, wie man einen Leichnam an Schultern und Füßen greift, um ihn zu seinesgleichen zu tragen. Und dennoch schließt sich ein Affe nach dem anderen dieser

> Arbeit an, wie Kaltenburg berichtet, ohne zu sagen, wer ihm diese Szene beschrieben hat. Ich.[21]

Das harmonische Agieren von Tier und Mensch angesichts des Todes referiert auf Augenzeugenberichte aus der Dresdner Bombennacht, in denen geschildert wird, dass Löwen und Menschen friedlich beieinander lagen.[22] Damit greift Beyer zum einen die in solchen Erinnerungsbildern eingelassenen Versuche, das Unfassbare in einen sinnstiftenden Kontext zu stellen, auf.[23] Zum anderen zeigt sich in dem geschilderten Verhalten der Affen die Verkehrung bzw. das Fragwürdig-Werden des Natur-Kultur-Verhältnisses.

Neben den in der Bombennacht tot vom Himmel fallenden Vögel und den getöteten Dohlen Kaltenburgs ist schließlich das Exemplar des ausgestorbenen Riesenalks im Dresdner Tierkundemuseum ein weiteres Beispiel für die Verschränkung der Isotopieebenen, Tiere – Tod/Verdrängung, im Roman: An dem Tag vor dem verheerenden Bombenangriff auf Dresden will die Mutter Hermann den Riesenalk zeigen, doch das Museum liegt in Trümmern. Der Riesenalk ist somit assoziiert mit dem Tod der Eltern in der Bombennacht und mit folgender Aussage der Mutter:

> Siehst du, die Menschen sind zu allem fähig, an diesen Tag wirst du dich später noch erinnern, dein Leben lang.[24]

Das zerstörte Tierkundemuseum ebenso wie das lange Zeit verschwundene Exemplar des aufgrund menschlichen Jagdverhaltens ausgestorbenen Riesenalks spiegeln die auf Vernichtung ausgerichtete menschliche Disposition. Dabei wird der Riesenalk zunächst durch die Zerstörung des Tierkundemuseums mit den grausamen Kriegsgeschehnissen des Zweiten Weltkrieges as-

21 Marcel Beyer: Kaltenburg. Roman, Frankfurt a. M. 2009, S. 16 f.

22 Vgl. Marcel Beyer: Das wilde Tier im Kopf des Historikers. In: S. Deines, St. Jaeger, A. Nünning (Hrsg.): Historisierte Subjekte – subjektivierte Historie. Zur Verfügbarkeit und Unverfügbarkeit von Geschichte, Berlin 2003, S. 295–301; Franz Fromholzer: Gut und Böse aus der Vogelperspektive. Unerzählbares in Marcel Beyers *Kaltenburg*. In: Ders., M. Preis, B. Wisiorek (Hrsg.): Noch nie war das Böse so gut. Die Aktualität einer alten Differenz, Heidelberg 2012, S. 325–345, hier S. 329.

23 Zu den literarischen Erinnerungsverfahren und -potentialen im Kontext der Bombardierung deutscher Städte im Zweiten Weltkrieg vgl. Ulrike Vedder: Luftkrieg und Vertreibung. Zu ihrer Übertragung und Literarisierung in der Gegenwartsliteratur. In: C. Caduff, U. Vedder (Hrsg.): Chiffre 2000. Neue Paradigmen der Gegenwartsliteratur, München 2005, S. 59–79.

24 Beyer (wie Anm. 21), S. 35 f.

soziiert, während er später im Roman, als Kaltenburg über die Rücküberführung des Riesenalks aus der Sowjetunion verhandelt, mit den stalinistischen Arbeitslager verbunden wird.

Doch schon im Anfang des Romans, in dem der gealterte und vereinsamte Ludwig Kaltenburg beschrieben wird, zeigt sich der für den Roman konstitutive Konnex zwischen Tieren und menschlicher Schuld:

> Ludwig Kaltenburg wartet bis zu seinem Tod im Februar 1989 auf die Rückkehr der Dohlen. Besuchern gegenüber äußert er sich noch in seinem letzten Winter zuversichtlich, eines Tages werde ein Paar dieser von ihm geliebten, von ihm bewunderten weißäugigen Krähenvögel den Kamin im Arbeitszimmer als Nistplatz wählen und mit seiner Brut eine neue Dohlenkolonie ins Leben rufen. [...] „Die Vögel fliehen den Rauch“, sagt er, darum halte er es nicht für ratsam, den Ofen in dem kleinen Anbau vom frühen Morgen bis in die Abendstunden brennen zu lassen.[25]

Kaltenburgs Hoffnung auf die Rückkehr der Dohlen steht für die Hoffnung auf Wiedergutmachung, auf Entlastung von seiner letztlich nicht aufgeklärten Schuld. Doch die Tiere, speziell die Dohlen, meiden ihn. Auch das Wissen, dass die Dohlen den Rauch fliehen, und die daraus resultierende Vermeidung der Befeuerung des Kamins, zeigen keine Wirkung. Denn der Rauch als Zeichen des Feuers ist nicht nur ein Verweis auf einen entscheidenden Punkt der menschlichen Evolution und kulturellen Entwicklung, sondern stellt zugleich eine Verbindung zu Kaltenburgs bis zum Ende des Romans nicht gänzlich aufgeklärten Verstrickungen in der Zeit des Nationalsozialismus her. Dies ist durch Wiederholungen im Roman markiert: Der Satz „Die Dohlen fliehen den Rauch“, der gleich zu Beginn des Romans nochmals wiederholt wird, wird in einem Gespräch über den Kollegen Kaltenburgs, Eberhard Matzke, der in einem Konzentrationslager als Wachmann tätig war und zugleich seinen vogelkundnerischen Interessen folgte, wieder aufgegriffen.[26]

So zeigen sowohl die toten als auch die lebendigen Tiere die unmenschlichen Verbrechen und die Toten des Nationalsozialismus bzw. des Zweiten Weltkriegs an, legen somit das offen, was in den Gesprächen verdrängt wird. Ein weiterer Beleg für diese These sind die Krähen.[27] Und auch hier sind es wieder Erinnerungsbilder, in denen die Krähen die anhaltende Verdrängung der beobachteten Deportationen offenbar werden lassen. So bedecken die

25 Ebenda, S. 9.

26 Ebenda, S. 398, vgl. Fromholzer (wie Anm. 22), S. 340 ff.

27 Beyer (wie Anm. 21), S. 89, 95, 97, 315, 320.

Krähen den Himmel, während Hermann Funk (als Kind) die Züge mit Viehwaggons, in denen kein Vieh ist, während der botanischen Exkursionen mit seinem Vater beobachtet. Die Assoziation der Krähen mit den Deportationen wiederholt sich in einer Erinnerung der Frau Hermann Funks. Klara meint in der Nacht den Ruf einer Krähe zu vernehmen, zu der sie mit ihrer Schwester eine besondere Beziehung aufgebaut hat, sieht aber keine Krähe, sondern beobachtet die Deportation ihres Nachbars durch zwei Männer im Ledermantel. Hier ist es die Abwesenheit der Krähen, die – in der Narration – auf die verdeckten Kriegsverbrechen verweist.

Fungieren die Tiere im Roman somit als Indikatoren menschlicher Schuld, wird auf der Ebene bzw. durch die Figur des Verhaltensforschers Kaltenburg das Verhältnis von tierischem und menschlichem Verhalten thematisiert. Dem soll im Folgenden nachgegangen werden.

### *II.2. Leben heißt Beobachten*

> „Leben heißt Beobachten", sagt Kaltenburg, und: Man müsse die Gesellschaft der Tiere suchen. Er ist in seinem Leben viel mit Tieren allein gewesen, das war für ihn ein Grundbedürfnis, und so wie andere mit der Zeit unruhig werden, weil ihnen menschliche Gesellschaft fehlt, wie es sie auf die Straße, ins Theater, einfach unter Leute zieht, hat Kaltenburg die Abwesenheit seiner Tiere immer nur wenige Stunden lang ausgehalten, ohne nervös zu werden.[28]

„Leben heißt Beobachten" – während für Hermann Karnau der Hörsinn den zentralen Zugang zur Welt darstellt, scheint es für Kaltenburg das visuelle Vermögen zu sein, das ihn auszeichnet. Kaltenburg präsentiert sich selbstbewusst als Augentier – und entlarvt sich damit ebenso wie Karnau, d. h. er verfängt sich im Spannungsfeld von Wahrnehmen und Erkennen.

Es sind aber weitere Parallelen zwischen den Figuren Hermann Karnau und Ludwig Kaltenburg zu erkennen: Beide meiden die Menschen und suchen die Nähe der Tiere. Zudem steht Kaltenburgs wissenschaftliches Ziel, durch die Beobachtung der Tiere deren, aber auch menschliches Verhalten aufzuklären, in einem auffälligen Spannungsverhältnis zu seinem Unwillen, die eigene Vergangenheit zu erhellen. Auch wenn man bedenkt, dass im Roman alles Wissen über Kaltenburg durch die Vermittlung von Hermann Funk präsentiert wird, löst sich die Auffälligkeit nicht auf. Denn es gibt genügend Hinweise auf die Verdunklungsstrategien Kaltenburgs: So tilgt er in

28 Ebenda, S. 145.

seinem Lebenslauf die beiden Jahre im Posener Lazarett, und auch seine Erzählungen über die Zeit unter Stalins Augen in russischer Gefangenschaft werfen mehr Fragen auf, als dass sie den Zuhörern Aufklärung verschaffen. Kaltenburgs Prämissen und sein Verhalten stehen in einem auffälligen Spannungsverhältnis:

> Als Zoologe, darauf hat Ludwig Kaltenburg zeitlebens besonderen Wert gelegt, muß man die Fähigkeit zur rückblickenden Selbstbeobachtung aufbringen, muß in der Lage sein, Fehlschlüsse der Vergangenheit zu korrigieren.[29]

Über diese Fähigkeit zur Selbstbeobachtung scheint Ludwig Kaltenburg aber nicht zu verfügen. Lediglich indirekt zeigt sich eine Form der Selbstreflexion: Kaltenburg verteilt am Ende seines Lebens seine Manuskripte an die in seinem Haushalt lebenden Enten und Nager als Nistmaterial. Es handelt sich dabei um sein Buch *Urformen der Angst,* welches die Formen und die lebenserhaltende Bedeutung der Angst für Tiere und Menschen beschreibt und mit dem Ludwig Kaltenburg eine Schwelle übertritt, indem er direkte Bezüge zwischen tierischem und menschlichem Verhalten herstellt. Eben diese Grenzverletzung führt zur vehementen Ablehnung Kaltenburgs in der wissenschaftlichen Gemeinschaft bei gleichzeitigem Erfolg in der Öffentlichkeit. Das Bedürfnis, menschliches Verhalten, in diesem Fall durch die Beobachtung von Tieren, zu erklären bzw. biologisch zu begründen, wird in seinen ambivalenten Zügen vorgeführt.

In seiner Dresdner Zeit, d. h. in den 1950er Jahren und damit lange vor der Abfassung der *Urformen der Angst,* versucht die Figur Kaltenburg noch strikt zwischen tierischem und menschlichem Verhalten zu trennen:

> In der Öffentlichkeit verbot er sich alles Spekulative, auch wenn das Spekulieren selbstverständlich ein wichtiger Bestandteil der Arbeit am Institut war, Kaltenburg verbot sich jegliches ‚Philosophieren', wie er es nannte. Er hielt sich strikt an die Tierwelt, und sein Dresdner Publikum dankte es ihm, man empfand es als Erholung, daß jemand ausschließlich von Beobachtungen, von gesicherten Erkenntnissen, von unumstößlichen Tatsachen sprach, an denen kein vernunftbegabtes Wesen zweifeln würde. Mit der Zeit wuchs so ein Stammpublikum heran, man kannte immer mehr Gesichter vom Sehen, nickte einander zu, fast wie im stillen Einverständnis: Auch dieser Abend wird den Tieren und der Wirklichkeit vor unseren Augen vorbehalten bleiben.[30]

29 Ebenda, S. 335.
30 Ebenda, S. 166.

Die Beschäftigung bzw. Beobachtung der Tiere erscheint als ‚Übersprungshandlung' und steht für die Abwendung von der Vergangenheit und dem eigenen Verhalten in der nationalsozialistischen Vergangenheit. Nicht psychologisierende Erklärungen, sondern gesicherte wissenschaftliche Erkenntnisse und die Zuwendung zu einer positivistisch gefassten Wirklichkeit sind erwünscht. Dass dabei Beobachtung und gesicherte Erkenntnis parallelisiert werden, ist jedoch aufschlussreich. Zudem wird der Mensch als vernunftbegabtes Wesen vom Tier abgegrenzt. Diese Beschreibung der Nachkriegsgesellschaft ist selbstverständlich auch im Kontext der bereits zitierten Szene aus dem Großen Garten, in der die Affen die Leichen bergen, zu sehen: Die Selbstdefinition des Menschen als vernunftbegabten Wesens ist kurz zuvor ins Wanken geraten und das Bedürfnis, diese Bestimmung nun durch die Tierbeobachtung wieder zu sichern, mehr als fragwürdig.

Das Verhältnis von tierischem und menschlichem Verhalten wird für die Forschung Kaltenburgs jedoch stetig bedeutsamer. So äußert sich Kaltenburg gegenüber unliebsamen Besuchern in seinem Institut, die ihn nach dem Zweck seiner Tierstudien fragen, dass er nicht die Tiere studiere, sondern die Menschen.[31] Bleibt in dieser ironischen Antwort noch offen, in welchem Verhältnis sie zu den Forschungsabsichten Kaltenburgs steht, wird nach seinem Weggang aus Dresden deutlich, dass sich Kaltenburg nun einem gänzlich neuen Beobachtungsfeld zuwendet: dem Menschen. Damit rührt er zugleich an die verdrängten Forschungsarbeiten während seiner Tätigkeit im Posener Lazarett.

Die Dolmetscherin Katharina Fischer, d. h. die Person, die durch ihre Fragen an Hermann Funk erst die Erinnerungserzählung generiert, äußert in diesem Zusammenhang die These, dass Kaltenburg mit der Hinwendung zum Menschen den Boden unter den Füßen verloren und in blinde Wut geraten sei. Nur ein Tier, so Katharina Fischer, „das den Professor aus seiner Welt heraus betrachtet, ohne jedes Verständnis für diesen lauten, alles hinwegfegenden Mann und seine düsteren Zukunftsbilder", hätte ihn bewahren können.[32] Kaltenburgs wissenschaftliches wie persönliches Schicksal scheint bestimmt durch das Verhältnis und die gegenseitige Beobachtung von Mensch und Tier – mit allen damit verbundenen Risiken der Selbstoffenbarung und der Verkennung des Eigenen.

Doch es ist eben letztlich nicht die Beobachtung, die Kaltenburg zu Fall bringt, sondern das Spekulieren. Beobachtungen müssen interpretiert wer-

31 Ebenda, S. 225, 246.

32 Ebenda, S. 392.

den, und genau dies ist die Herausforderung der Verhaltensforschung. Hier scheitert Kaltenburg (ähnlich wie Konrad Lorenz in Bezug auf seine Instinkttheorie). Auch er ist ein blindes Augentier.

### *II.3. Erkenntnisformen im Umgang mit Tieren: Beobachten – Zeigen – Gestalten*

Es lassen sich somit mehrere Ebenen des Tier-Mensch-Verhältnisses in *Kaltenburg* aufzeigen: Neben der Offenlegung schuldhaften menschlichen Verhaltens, insbesondere der nationalsozialistischen Verbrechen, durch das Verhalten der Tiere und der sich in der Figur Kaltenburgs kristallisierenden Erkenntnis, dass Beobachtung immer auch Selbstbeobachtung voraussetzt, sind dies der Zusammenhang von Beobachtung und Interpretation von Verhalten bzw. die Risiken der Spekulation.

Mit den drei zentralen Figuren des Romans, Ludwig Kaltenburg, dem Tierfilmer Knut Sieverding und dem Künstler Martin Spengler, ist aber noch eine weitere Frage zum Verhältnis von Tier und Mensch aufgeworfen: die Frage, wie man sich dem Tier nähern, wie man überhaupt Erkenntnisse über Tiere gewinnen kann.

Das Prinzip Ludwig Kaltenburgs, „Leben heißt beobachten“, ist im Unterschied zu den Prinzipien des Tierfilmers Knut Sieverding mit der direkten Begegnung von Tier und Mensch verbunden. Während Sieverding nie in einem seiner Filme zu sehen ist, arbeitet Kaltenburg „von Angesicht zu Angesicht“[33]. Die Frage, welche Erkenntnisse über Tiere durch diese Form der *symbiotischen Beobachtung* gewonnen werden können, wird im Roman nicht direkt thematisiert. Hermann Funk schildert vor allem das symbiotische Zusammenleben von Kaltenburg mit seinen Tieren, insbesondere mit seiner Dohle Taschotschek: Ludwig Kaltenburg, der Kumpan seiner Dohle, die ihn jedoch in Sachen Menschenkenntnis übertrifft.[34] Diese (vermeintliche) Nähe zum Tier, bei gleichzeitiger (zumindest behaupteter) wissenschaftlicher Distanz, ist kennzeichnend für Kaltenburg.

Der Tierfilmer Knut Sieverding steht für ein grundsätzlich anderes Prinzip der Begegnung mit dem Tier. Sieverding beschränkt sich auf das *Zeigen* der Natur. So berichtet er von der ersten Vorführung eines seiner Tierfilme im Zoologischen Institut in Königsberg:

33 Ebenda, S. 277.

34 Ebenda, S. 126 f.

„Natürlich gab es, das will ich nicht verschweigen, auch Kritiker, die etwas völlig anderes erwartet hatten. Mein Wunsch war ganz einfach, die Welt zu zeigen, sie aber [die Zuhörer] hatten sich wohl gewünscht, ich würde ihnen die Welt erklären, so wie vielleicht eine Großmutter ihrem Enkel die Welt erklärt." „Als ob das Zeigen einfach wäre." Knut und mein Vater lachten.[35]

Nicht nur für den jungen Hermann Funk ist die Abwesenheit bzw. das Nicht-Erscheinen des Tierfilmers im eigenen Film irritierend. Das Prinzip des Zeigens, das die Mitwirkung des Menschen an den gezeigten Aufnahmen bewusst ausblendet bzw. nicht mit ins Bild nimmt, ist als inszenierte Natürlichkeit zu lesen. Doch der inszenierte Blick auf Tiere wird in den Erinnerungen Hermann Funks an Aufnahmen zu einem Film über den Kampf einer Hamstermutter mit einem Hermelin noch auf einer anderen Ebene thematisiert:

Die Szene war bis in die letzte Einzelheit geplant, man könnte auch sagen: inszeniert, und für das Hermelin spielte es keine Rolle, ob nun eine Hamstermutter auftauchte, um es zu vertreiben, oder nicht.[36]

Die (vorgetäuschte) Beschränkung Sieverdings auf das Zeigen der Natur, die sich auch in dem bewussten Verzicht auf Musikuntermalung in seinen Tierfilmen spiegelt, kontrastiert mit den dahinter stehenden Inszenierungsprozessen.

Das dritte Modell der Tierbeobachtung bzw. -inszenierung in Beyers Roman wird durch den Künstler Martin Spengler repräsentiert. Martin Spengler verbringt schon während seiner Studienzeit an der Dresdner Kunstakademie Stunde um Stunde im Dresdner Zoo, um dort die verschiedensten Tiere zu zeichnen. Besondere Bedeutung gewinnen seine Hyänen-Studien, worin eine Assoziation zu dem Koyoten-Projekt von Joseph Beuys gesehen werden kann:

Er zeichnete tatsächlich Tiere, zeichnete in einem leichten Anflug von Hyänenstil, als wolle er Doktor Matzke [den Dozenten] nicht überfordern, als erwarte er, statt des freundlichen „Aha" ein trauriges Kopfschütteln zu ernten, wenn er sich von den Vorlagen zu weit entfernte. Zu Hause arbeitete er längst mit Tierblut, arbeitete mit Schmalz, mit Teeflecken auf Packpapier, zeichnete Wesen, in denen kaum jemand auf den ersten Blick Tiere hätte erkennen wollen. Aber mit Kopfschütteln betrachtete Martin seine Arbeiten selbst, er

35 Ebenda, S. 56.
36 Ebenda, S. 68 f.

traute weder dem, was er vor sich auf dem Papier sah, noch den Gestalten, die nach und nach begonnen hatten, seine Vorstellungswelt zu bevölkern.[37]

Es sind jedoch nicht die Parallelen zu den Arbeiten von Beuys, die hier von Interesse sind, vielmehr ist es Martin Spenglers Form der Tierdarstellung und vor allem seine Skepsis gegenüber den eigenen Möglichkeiten, das Tier zu erfassen. Kaltenburg, der mit zunehmender Aufmerksamkeit die Tierstudien Martin Spenglers zur Kenntnis nimmt, will schließlich nachvollziehen, „wie jemand sich den Tieren nähert, ohne ihre Regungen mit dem Blick des Wissenschaftlers zu analysieren“.[38] Seine These, dass Spengler sich der Hyäne annähere, weist dieser jedoch vehement zurück:

Eine Annäherung? So würde ich es nicht nennen. Je länger ich die Hyäne untersucht habe, desto stärker wurden meine Zweifel, ob überhaupt jemand die Fähigkeit besitzt, sich der Hyäne anzunähern.[39]

Martin Spengler ist im Gegensatz zu Kaltenburg und Sieverding von einer großen Skepsis bezüglich der menschlichen Möglichkeiten der Annäherung an das Tier getragen. Kaltenburg hält hingegen an der Überlegenheit der wissenschaftlichen Beobachtung fest:

Ich sprach über das tiefe Verständnis der Tiere, von dem Martin geleitet sei. Bestimmt handele es sich nicht um den gleichen Blick, wie ihn der Professor einnehme, aber Kaltenburg müsse zugeben, daß gerade dieser Unterschied erst sein Interesse an Martin geweckt habe. „Auf welche Weise soll er zu einem, wie du es nennst, tiefen Verständnis der Tiere finden, wenn er sie nicht aufmerksam beobachtet? Das ist der pure Widersinn.“ Martin sei eben nicht vom selben Forscherdrang geprägt wie ein ausgebildeter Zoologe, er frage bei der Beobachtung nicht nach Funktionszusammenhängen, lasse die Eindrücke auf sich wirken.[40]

Kaltenburgs Beharren auf der wissenschaftlichen Beobachtung wird durch das Romangeschehen jedoch mehr als in Frage gestellt. So ist es letztlich der Künstler Martin Spengler, der zu einem „tiefen Verständnis“ der Tiere findet, und nicht der Tierfilmer Sieverding oder der Verhaltensbiologe Kaltenburg, auch wenn dies vom Zoologen Kaltenburg negiert wird und er ihm vorwirft, er habe zu viel in *Brehms Tierleben* gelesen und finde Tiere putzig,

37 Ebenda, S. 344.
38 Ebenda, S. 359.
39 Ebenda.
40 Ebenda, S. 368.

was dem „würdigen Ernst des Tieres“[41] entgegenstehe. Doch in seiner Skepsis bezüglich der Annäherung von Mensch und Tier ist es eben doch Martin Spengler, der die Grenzen der Erkenntnis des Verhaltens von Tieren (und damit letztlich auch von Menschen) anerkennt.

## *III. Resümee*

Die Hinwendung zu den Tieren ist bei Hermann Karnau *(Flughunde)* und Ludwig Kaltenburg *(Kaltenburg)* verbunden mit der Abwendung von der eigenen Person, von der eigenen Verantwortung: Die Tiere fungieren als Ausweich- und Projektionsobjekte. Damit verbunden ist die Präsentation des Menschen als Augentier: Die Protagonisten sind nicht fähig bzw. nicht willens, die Begrenztheit ihrer kognitiven Deutungsmuster zu erfassen, was sich vor allem in ihrer Wahrnehmung der Tiere zeigt. In beiden Romanen wird somit die Erinnerungs- und Reflexionsfähigkeit des Menschen befragt. Indem dies durch die enge Verknüpfung der Protagonisten mit der Tierwelt geschieht, verlieren die zahlreichen Bezüge zu historischen Figuren und Ereignisse an Bedeutung, und die Romane sind folglich auch nur bedingt als historische zu lesen.[42]

Gerhard Neumann führt mit Blick auf die Frage nach dem Ursprung des Menschen und unter Bezug auf Kafkas *Ein Bericht für eine Akademie* und Flauberts *Quidquid volueris* Folgendes aus: „Literarische Texte sind Detektoren kultureller Sachverhalte, an denen die exakten Wissenschaften verzweifeln“,[43] und knüpft damit an den Diskurs um literarische Wissensformen an. Würde man diese These auf *Flughunde* und *Kaltenburg* beziehen, dann wäre es (u. a.) die Frage nach der Erklärung von (menschlichem) Verhalten: Durch die Konzeption der Tiere als Projektionsflächen in *Flughunde* und als Gegenstände der scheiternden wissenschaftlichen Beobachtung in *Kaltenburg* wer-

41 Ebenda, S. 369.

42 Vgl. den Befund von Stephan Braese: „[S]o künden Beyers *Flughunde* von einer Literatur, die die NS-Ära und ihre Verbrechen zuallererst als eine thematische, motivische Option unter gleichberechtigt vielen wahrnimmt.“ Ders.: Im Schatten der „gebrannten Kinder“. Zur poetischen Reflexion der Vernichtungsverbrechen in der deutschsprachigen Literatur der neunziger Jahre. In: Caduff, Vedder (wie Anm. 24), S. 81–106, hier S. 106.

43 Gerhard Neumann: Menschen/Affen. Erkundung der Grenze zwischen Kultur und Natur. In: T. Anz (Hrsg.): Natur – Kultur. Zur Anthropologie von Sprache und Literatur, Paderborn 2009, S. 93–108, hier S. 106.

den die Grenzen der menschlichen Selbsterkenntnis und zugleich der Erklärbarkeit von Verhalten vorgeführt.[44]

Und auch die Leserin bzw. der Leser ist letztlich den Erinnerungskonstruktionen ausgeliefert und somit nur bedingt in einer privilegierten Position. Zwar kann man, die These von Silvia Bovenschen, dass der Mensch über sich spreche, wenn er über Tiere spreche, und dabei unvorsichtig werde, nochmals aufgreifend, Fehldeutungen und Verdrängungen rekonstruieren, doch weiter reicht auch die Erkenntnis des Lesenden nicht.

44 In Bezug auf diesen Aspekt ist, wie bereits ausgeführt, auch die Position Martin Spenglers in *Kaltenburg* aufschlussreich, indem durch diese Figur ästhetische und rationale Erkenntnisformen kontrastiert werden.

# IV. Anhang

# Siglen

| | | |
|---|---|---|
| IASL | = | Internationales Archiv für Sozialgeschichte der deutschen Literatur |
| IGL | = | Internationales Germanistenlexikon 1800–1959, 3 Bde., Berlin, New York |
| LiLi | = | Zeitschrift für Literaturwissenschaft und Linguistik |
| RLL | = | Jan-Dirk Müller u. a. (Hrsg.): Reallexikon der deutschen Literaturwissenschaft. Neubearbeitung des Reallexikons der deutschen Literaturgeschichte |
| VL | = | Die deutsche Literatur des Mittelalters. Verfasserlexikon |
| ZfdPh | = | Zeitschrift für deutsche Philologie |
| ZfGerm | = | Zeitschrift für Germanistik |

# AUSWAHLBIBLIOGRAPHIE: TIER IM TEXT


AGAMBEN, Giorgio: Das Offene. Der Mensch und das Tier, aus d. Italien. v. Davide Giuriato, Frankfurt a. M. 2003.

AMEISENOWA, Zofia: Animal-headed Gods, Evangelists, Saints, and Righteous Men. In: Journal of the Warburg and Courtauld Institutes 12 (1949), S. 21–45.

animaliter. *animalia in litteris medii aevi*. Tiere in der Literatur des Mittelalters (<http://www.encyclopaedia-animalium.germanistik.uni-mainz.de/index.html>, zuletzt: 4.8.2015).

BARATAY, Eric, Elisabeth HARDOUIN-FUGIER: Zoo. Von der Menagerie zum Tierpark, Berlin 2000.

BAXTER, Ron: Bestiaries and their Users in the Middle Ages, Stroud 1998.

BECKER, Siegfried, Andreas C. BIMMER (Hrsg.): Mensch und Tier. Kulturwissenschaftliche Aspekte einer Sozialbeziehung, Marburg 1991.

BENECKE, Norbert: Der Mensch und seine Haustiere. Die Geschichte einer jahrtausendealten Beziehung, Stuttgart 1994.

BERGER, John: Warum sehen wir Tiere an? In: Ders.: Das Leben der Bilder oder die Kunst des Sehens, Berlin 1990, S. 12–35.

BLÉCOURT, Willem de: Tierverwandlungen. Codierungen und Diskurse, Tübingen 2011.

BLUMENBERG, Hans: Löwen, Frankfurt a. M. 2001.

BODENBURG, Julia: Tier und Mensch. Zur Disposition des Humanen und Animalischen in Literatur, Philosophie und Kultur um 2000, Freiburg i. Br. 2012.

BÖHME, Hartmut u. a. (Hrsg.): Tiere. Eine andere Anthropologie. Schriften des Deutschen Hygiene-Museums Dresden, Bd. 3, Köln 2004.

BÖLSCHE, Wilhelm: Aus Urtagen der Tierwelt. Stunden im Zoologischen Garten, Dresden 1922.

BOGDAN, Robert: Exotik als Attraktion. In: P. Blanchard u. a. (Hrsg.): MenschenZoos. Schaufenster der Unmenschlichkeit: Völkerschauen in Deutschland, Österreich, Schweiz, UK, Frankreich, Spanien, Italien, Japan, USA…, Hamburg 2012, S. 109–116.

BORGARDS, Roland: Wolf, Mensch, Hund. Theriotopologie in Brehms Tierleben und Storms Aquis Submersus. In: A. von der Heiden, J. Vogl (Hrsg.): Politische Zoologie, Zürich, Berlin 2007, S. 131–147.

–: Hund, Affe, Mensch. Theriotopien bei David Lynch, Paulus Potter und Johann Gottfried Schnabel. In: M. Bergengruen, ders. (Hrsg.): Bann der Gewalt. Studien zur Literatur- und Wissensgeschichte, Göttingen 2009, S. 105–142.

–: Der Affe als Mensch und der Europäer als Ureinwohner. Ethnozoographie um 1800 (Cornelis de Pauw, Wilhelm Hauff, Friedrich Tiedemann). In: D. Wellbery (Hrsg.): Romantische Ethnographie, Würzburg 2012, S. 17–42.

–: Tiere in der Literatur. Eine methodische Standortbestimmung. In: H. Grimm, C. Otterstedt (Hrsg.): Das Tier an sich. Disziplinenübergreifende Perspektiven für neue Wege im wissenschaftsbasierten Tierschutz, Göttingen 2012, S. 87–119.

– (Hrsg.): Tiere. Kulturwissenschaftliches Handbuch, Stuttgart, Weimar 2015.

–, Esther KÖHRING, Alexander KLING (Hrsg.): Texte zur Tiertheorie, Stuttgart 2015.

BRANTZ, Dorothee u. a. (Hrsg.): Tierische Geschichte. Die Beziehung von Mensch und Tier in der Kultur der Moderne, Paderborn 2009.

BRUNNER, Horst: Der König der Kranichschnäbler. Literarische Quellen und Parallelen zu einer Episode des Herzog Ernst. In: Ders.: Annäherungen. Studien zur deutschen Literatur des Mittelalters und der Frühen Neuzeit, Berlin 2008, S. 21–37.

BUCHNER, Jutta: Kultur mit Tieren. Zur Formierung des bürgerlichen Tierverständnisses im 19. Jahrhundert, Münster, New York 1996.

–: Gebändigte Wildheit im Stadtraum. Zur Geschichte der Zoologischen Gärten im 19. Jahrhundert. In: R.-W. Brednich u. a. (Hrsg.): Natur – Kultur. Volkskundliche Perspektiven auf Mensch und Umwelt, Münster 2001, S. 291–304.

BÜHLER, Benjamin, Stefan RIEGER: Vom Übertier. Ein Bestiarium des Wissens, Frankfurt a. M. 2006.

–: Zwischen Tier und Mensch. Grenzfiguren des Politischen in der Frühen Neuzeit, München 2013.

CHIMAIRA. Arbeitskreis für Human-Animal Studies (Hrsg.): Human-Animal Studies. Über die gesellschaftliche Natur von Mensch-Tier-Verhältnissen, Bielefeld 2011.

CLARK, Willene B. (Hrsg.): Beasts and Birds of the Middle Ages. The Bestiary and its Legacy, Philadelphia 1990.

DERRIDA, Jacques: Das Tier, das ich also bin, Wien 2010.

–: Das Tier und der Souverän I. Seminar 2001–2002, Wien 2015.

DETIENNE, Marcel, Jean-Pierre VERNANT: Les Ruses de l'intelligence. La Mètis des grecs, Paris 1974 (engl. Übers.: Cunning Intelligence in Greek Culture and Society, übers. v. Janet Lloyd, Chicago 1991).

DICKE, Gerd, Klaus GRUBMÜLLER (Hrsg.): Die Fabeln des Mittelalters und der frühen Neuzeit. Ein Katalog der deutschen Versionen und ihrer lateinischen Entsprechungen, München 1987.

DITTRICH, Sigrid, Lothar DITTRICH: Lexikon der Tiersymbole. Tiere als Sinnbilder in der Malerei des 14.–17. Jahrhunderts, Petersberg 2004.

DOMANSKI, Juliusz: Bienen-Metapher und Mythologiekritik in der Renaissance. In: B. Guthmüller u. a. (Hrsg.): Renaissancekultur und antike Mythologie, Tübingen 1999, S. 1–14.

DUVE, Karen, Thies VÖLKER: Lexikon berühmter Tiere. 1200 Tiere aus Geschichte, Film, Märchen, Literatur und Mythologie, Frankfurt a. M. 1997.

EINHORN, Jürgen Werinhard: Spiritalis unicornis. Das Einhorn als Bedeutungsträger in Literatur und Kunst des Mittelalters, München $^{2}$1998.

EKE, Norbert Otto, Eva GEULEN (Hrsg.): Texte, Tiere, Spuren. In: DVjs 126 (2007).

ESTERL, Arnica, Wilhelm SOLMS (Hrsg.): Tiere und Tiergestaltige im Märchen, Regensburg 1991.

FEBEL, Gisela, Georg MAAG (Hrsg.): Bestiarien im Spannungsfeld zwischen Mittelalter und Moderne, Tübingen 1997.

FERRARI, Arianna, Klaus PETRUS (Hrsg.): Lexikon der Mensch/Tier-Beziehungen, Bielefeld 2015.

FLORES, Nona C.: Animals in the Middle Ages. A Book of Essays, New York 1996.
–: Archäologie des Wissens, übers. v. Ulrich Köppen, Frankfurt a. M. 1981.
FRIEDRICH, Udo: Menschentier und Tiermensch. Diskurse der Grenzziehung und Grenzüberschreitung im Mittelalter, Göttingen 2009.
FROMM, Erich: Märchen, Mythen, Träume. Eine Einführung in das Verständnis einer vergessenen Sprache, Reinbek b. Hamburg 1981 ([1]1951).
GAEDE, Friedrich: „Hüte dich, das wilde Tier zu wecken" (Eichendorff). Beobachtungen zum Verhältnis Mensch – Tier in der Literatur des 19. Jahrhunderts. In: M. Batts, A. W. Riley (Hrsg.): Echoes and Influences of German Romanticism. Essays in Honour of Hans Eichner, New York 1987, S. 53–62.
GERLACH, Richard: Das Tier in der deutschen Lyrik seit 1900. In: Welt und Wort 26 (1971), S. 347–351.
GLOCK, Johann Philipp (Hrsg.): Die Symbolik der Bienen und ihrer Produkte in Sage, Dichtung, Kultus, Kunst und Bräuchen der Völker, Heidelberg 1891, S. 128–144.
GRIEM, Julika: Monkey Business. Affen als Figuren anthropologischer und ästhetischer Reflexion 1800–2000, Berlin 2010.
GRIESER, Dietmar: Im Tiergarten der Weltliteratur. Auf den Spuren von Kater Murr, Biene Maja, Bambi, Möwe Jonathan und den anderen, München 1991.
GRUBMÜLLER, Klaus: Meister Esopus. Untersuchungen zu Geschichte und Funktion der Fabel im Mittelalter, München 1977.
HAAS, Gerhard: Das Tierbuch. In: Ders. (Hrsg.): Kinder- und Jugendliteratur. Ein Handbuch, Stuttgart [3]1984, S. 177–205.
HAGENMAIER, Winfried: Das Einhorn. Eine Spurensuche durch die Jahrtausende, München 2003.
HAMMER, Andreas: Der heilige Drachentöter: Transformationen eines Strukturmusters. In: Ders., S. Seidl (Hrsg.): Helden und Heilige. Kulturelle und Literarische Leitbilder des europäischen Mittelalters, Heidelberg 2010, S. 143–179.
HARAWAY, Donna: The Companion Species Manifesto. Dogs, People and Significant Otherness, Chicago 2003.
–: When Species Meet. Minneapolis, London 2008.
HASSIG, Debra (Hrsg.): The mark of the beast. The medieval bestiary in art, life, and literature, New York 1999.
–: Medieval bestiaries. Text, Image, Ideology, Cambridge 1995.
HEIDEN, Anne von der, Joseph VOGL (Hrsg.): Politische Zoologie, Zürich, Berlin 2007.
HELLER-ROAZEN, Daniel: The Inner Touch. Archaeology of a Sensation, New York 2007.
HENKEL, Nikolaus: Studien zum Physiologus im Mittelalter, Tübingen 1976.
HÖRISCH, Jochen (Hrsg.): Das Tier, das es nicht gibt. Eine Text- und Bild-Collage über das Einhorn, München 2005.
HONEGGER, Thomas, W. Günther ROHR (Hrsg.): Tier und Religion. In: Das Mittelalter 12 (2007), H. 2.
HORN, Eva, Lucas MARCO (Hrsg.): Schwärme. Kollektive ohne Zentrum. Eine Wissensgeschichte zwischen Leben und Information, Bielefeld 2009.
HÜPPAUF, Bernd: Vom Frosch. Eine Tiergeschichte zwischen Tierphilosophie und Ökologie, Bielefeld 2011.
ILLIES, Joachim: Zoologie des Menschen. Entwurf einer Anthropologie, München 1971.
–: Anthropologie des Tieres. Entwurf einer anderen Zoologie, München 1973.

INGENSIEP, Hans Werner, Heike BARANZKE: Das Tier, Stuttgart 2008.

JAHN Bernhard, Otto NEUDECK (Hrsg.): Tierepik und Tierallegorese. Studien zur Poetologie und historischen Anthropologie vormoderner Literatur, Frankfurt a. M. 2004.

KLINGENDER, Francis: Animals in art and thought to the end of the Middle Ages, hrsg. v. Evelyn Antal, John Hartan, London 1971.

JAUSS, Hans Robert: Untersuchungen zur mittelalterlichen Tierdichtung, Tübingen 1959.

JOHACH, Eva: ‚Schicksalvolles Zauberbild'. Maurice Maeterlincks Leben der Bienen zwischen Wissenschaft und Poesie. In: E. Geulen, N. O. Eke (Hrsg.): Tiere, Texte, Spuren, Berlin 2007, S. 322–338.

KARRENBROCK, Helga: Märchenkinder-Zeitgenossen. Untersuchungen zur Kinderliteratur der Weimarer Republik, Stuttgart 1995.

KASSUNG, Christian, Jasmin MERSMANN, Olaf B. RADER (Hrsg.): Zoologicon. Ein kulturhistorisches Wörterbuch der Tiere, München 2012.

KOŠENINA, Alexander (Hrsg.): Literatur – Bilder. Johann Heinrich Ramberg als Buchillustrator der Goethezeit, Hannover 2013.

KRAJEWSKI, Markus, Harun MAYE (Hrsg.): Die Hyäne. Lesarten eines politischen Tiers, Zürich 2010.

KRASS, Andreas: Meerjungfrauen. Geschichten einer unmöglichen Liebe, Frankfurt a. M. 2010.

LOETSCHER, Hugo: Der predigende Hahn. Das literarisch-moralische Nutztier, Zürich 1992.

MACHO, Thomas: Zoologiken. Tierpark, Zirkus und Freakshow. In: H. Fischer (Hrsg.): TheaterPeripherien, Tübingen 1997, S. 13–33.

–: Das zeremonielle Tier. Rituale – Feste – Zeiten zwischen den Zeiten. Bibliothek der Unruhe und des Bewahrens, Bd. 9, Wien u. a. 2004.

–: Arme Schweine. Eine Kulturgeschichte, Berlin 2006.

–: Schweine. Ein Porträt, Berlin 2015.

MARVIN, Garry, Susan MCHUGH (Hrsg.): The Routledge Handbook of Human-Animal Studies, London 2014.

MATALA DE MAZZA, Ethel: Kapitel 90: Heads or Tails. Der König unter den Fischen. In: Neue Rundschau 124 (2013), H. 2, S. 150–159.

MCHUGH, Susan: Animal Stories. Narrating across Species Lines, Minneapolis, London 2011.

MICHEL, Paul (Hrsg.): Tiersymbolik, Bern u. a. 1991.

MOE, Aaron M.: Zoopoetics. Animals and the Making of Poetry, Lanham 2014.

MÜNCH, Paul, Rainer WALZ (Hrsg.): Tiere und Menschen. Geschichte und Aktualität eines prekären Verhältnisses, 2., unveränd. Aufl., Paderborn u. a.

MUNK, Martina: Ungeheure Massen. Tierbilder für das Phänomen der Massenhaften in der Literatur des 20. Jahrhunderts, Köln 2011.

NESSEL, Sabine: Medialität der Tiere. Zur Produktion von Präsenz am Beispiel von Zoo und Kino. In: M. Rautzenberg, A. Wolfsteiner (Hrsg.): Hide and Seek. Das Spiel von Transparenz und Opazität, München 2010, S. 297–310.

NEUMANN, Gerhard: Der Blick des Anderen. Zum Motiv des Hundes und des Affen in der Literatur. In: Jahrbuch der deutschen Schillergesellschaft 40 (1996), S. 87–122.

NITSCHKE, August: Verhalten und Bewegung der Tiere nach frühen christlichen Lehren. In: Studium Generale 20 (1967), H. 4, S. 235–262.

NUSSBAUM, Martha C.: Aristotle's ‚De motu animalium'. Text with Translation, Commentary and Interpretive Essays by M. N., Princeton 1978.

OBERMAIER, Sabine (Hrsg.): Tiere und Fabelwesen im Mittelalter, Berlin, New York 2009.

PASTOUREAU, Michel: Les Animaux célèbres, Paris 2001.

–: Le Bestiaire des cinq sens (XII^e^–XVI^e^ siècle). In: Micrologus X (2002): I cinque sensi. The five senses, Turnhout 2002, S. 133–145.

–: Bestiaires du Moyen Âge, Paris 2011.

PEITER, Anne D.: Ambivalente Ritte durch den Wissensraum. Kamelbeschreibungen deutschsprachiger Orient-Reisender des 19. Jahrhunderts. In: ZfGerm XXIV (2014), H. 1, S. 79–96.

POLHILL, Marian E.: „Scientific" bestiaries. Translations, misreadings, and cultural significance. In: A. Groos (Hrsg.): Kulturen des Manuskriptzeitalters. Ergebnisse der Amerikanisch-Deutschen Arbeitstagung an der Georg-August-Universität Göttingen vom 17. bis 20. Oktober 2002, Göttingen 2004, S. 279–297.

POROMBKA, Stephan: „Bewundernswert war die Ordnung". Der Ameisenstaat und die biologische Modernisierung. In: E. Schütz, G. Streim (Hrsg.): Reflexe und Reflexionen von Modernität 1933–1945, Bern 2002, S. 109–124.

PSCHERA, Alexander: Das Internet der Tiere. Der neue Dialog zwischen Mensch und Natur, Berlin 2014.

REBSCHLOE, Timo: Der Drache in der mittelalterlichen Literatur Europas, Heidelberg 2014.

RÖHRICH, Lutz: Drachen – gestern und heute. Vom Wandel eines Feindbildes. In: Österreichische Zeitschrift für Volkskunde 103 (2000), S. 183–214.

RÖMHILD, Dorothee (Hrsg.): Die Zoologie der Träume. Studien zum Tiermotiv in der Literatur der Moderne, Opladen, Wiesbaden 1999.

–: „Belly'chen ist Trumpf". Poetische und andere Hunde im 19. Jahrhundert, Bielefeld 2005.

ROTH, Klaus: Art.: Tier, Tiere. In: R. Wilhelm (Hrsg.): Enzyklopädie des Märchens, Bd. 13. Berlin, New York 2010, S. 540–552.

RUBERG, Uwe: Die Tierwelt auf der Ebstorfer Weltkarte im Kontext mittelalterlicher Enzyklopädik. In: H. Kugler (Hrsg.): Ein Weltbild vor Columbus. Die Elbstorfer Weltkarte. Interdisziplinäres Colloquium 1988, Weinheim 1991, S. 319–346.

SALISBURY, Joyce E.: The Beast Within. Animals in the Middle Ages, New York, London 1994.

SCHEIBELREITER, Georg: Tiernamen und Wappenwesen, Wien 1976.

SCHEUER, Hans Jürgen: Ex motu animalium. Spuren der Imagination in Schrift und Bild. Hans Vintlers ‚Pluemen der tugent' in der Handschrift Innsbruck, Tiroler Landesmuseum Ferdinandeum, Dip. 877, und das Bestiar im Runkelsteiner Westpalas. In: E. Locher, ders. (Hrsg.): Archäologie der Phantasie. Vom „Imaginationsraum Südtirol" zur longue durée einer „Kultur der Phantasmen" und ihrer Wiederkehr in der Kunst der Gegenwart, Innsbruck u. a. 2013, S. 161–184.

– (Hrsg.): Am Beispiel des Esels. Denken, Wissen und Weisheit in literarischen Darstellungen der „asinitas". In: ZfGerm XXV (2015), H. 1.

SCHILLING, Michael: Macht und Ohnmacht der Sprache. Die Vita Aesopi als Anleitung zum Gebrauch der Fabel bei Steinhöwel. In: D. Rose (Hrsg.): Europäische Fabeln des 18. Jahrhunderts zwischen Pragmatik und Autonomisierung. Traditionen, Formen, Perspektiven, Bucha 2010, S. 39–54.

SCHMIDT, Dietmar: Die Physiognomie der Tiere. Von der Poetik der Fauna zur Kenntnis des Menschen, Paderborn 2011.

SCHMIDTKE, Dietrich: Geistliche Tierinterpretation in der deutschsprachigen Literatur des Mittelalters (1100–1500), 2 Bde., Berlin 1968.

SCHRÖTER, Julian: Figur – Personalität – Verhaltenstheorien: Zu einer Theorie fiktiver Tiere in Erzählungen der Romantik, Saarbrücken 2013.

SCHÜTZ, Erhard: Lebensführer zum Gott-Tier. Frank Thiess – Skizze eines nationalrevolutionären Erfolgsautors. In: ZfGerm VIII (1998), H. 1, S. 65–82.

SCHWAB, Ute (Hrsg.): Das Tier in der Dichtung, Heidelberg 1970.

SORABJI, Richard: Animal Minds and Human Morals. The Origins of a Western Debate, London 1993.

STIFTUNG DEUTSCHES HYGIENE-MUSEUM (Hrsg.): Mensch und Tier. Eine paradoxe Beziehung, Ostfildern 2002.

STEEL, Carlos, Guy GULDENTOPS, Pieter BEULLENS (Hrsg.): Aristotle's Animals in the Middle Ages and Renaissance, Leuven 1999.

STOCKHAMMER, Robert: Warum der Wal ein Fisch ist: Melvilles *Moby-Dick* und die zeitgenössische Biologie. In: B. J. Dotzler, S. Weigel (Hrsg.): „fülle der combination". Literaturforschung und Wissenschaftsgeschichte, München 2005, S. 143–171.

TABURET-DELAHAYE, Elisabeth, Michel PASTOUREAU: Les secrets de la licorne, Paris 2013.

TELLKAMP, Jörg Alejandro: Sinne, Gegenstände und Sensibilia. Zur Wahrnehmungslehre des Thomas von Aquin, Leiden u. a. 1999.

UEXKÜLL, Jakob von: Umwelt und Innenwelt der Tiere, Berlin 1909.

ULLRICH, Jessica (Hrsg.): Tierstudien (ZS seit 2012).

UNZEITIG-HERZOG, Monika: Vom Sieg über den Drachen. In: T. Ehlert (Hrsg.): Chevaliers errants, demoiselles et l'Autre. Höfische und nachhöfische Literatur im europäischen Mittelalter, Göppingen 1998, S. 41–61.

VANCE, Eugene: From Man-Beast to Lion-Knight: Difference, Kind, and Emblem. In: From Topic to Tale. Logic and Narrativity in the Middle Ages. Foreword by Wlad Godzich, Minneapolis 1987, S. 80–108.

VOGL, Joseph, Ethel MATALA DE MAZZA: Bürger und Wölfe. Versuch über politische Zoologie. In: C. Geulen u. a. (Hrsg.): Vom Sinn der Feindschaft, Berlin 2002, S. 207–217.

WASZINK, Jan W.: Bienen und Honig als Symbol des Dichters und der Dichtung der griechisch-römischen Antike, Düsseldorf 1974.

WERBER, Niels: Ameisengesellschaften. Eine Faszinationsgeschichte, Frankfurt a. M. 2013.

WESSELY, Christina: Künstliche Tiere. Zoologische Gärten und urbane Moderne, Berlin 2008.

WILD, Markus: Die anthropologische Differenz. Der Geist der Tiere in der frühen Neuzeit bei Montaigne, Descartes und Hume, Berlin, New York 2006.

–: Tierphilosophie zur Einführung, Hamburg 2008.

WILHELM, Rüdiger: Ihr Name ist Apis. Kulturgeschichte der Biene, [München] 1977.

WILLEMSEN, Roger: „Froschkopf". Begegnungen mit einem Monster. In: Ders.: Gute Tage. Begegnungen mit Menschen und Orten, Frankfurt a. M. 2004.

WOLF, Ursula (Hrsg.): Texte zur Tierethik, Stuttgart 2008.

WULF, Christoph (Hrsg.): Vom Menschen. Handbuch historische Anthropologie, Weinheim, Basel 1997, S. 62–85.

ZDF-NACHTSTUDIO (Hrsg.): Mensch und Tier. Geschichte einer heiklen Beziehung, Frankfurt a. M. 2001.

# Zu den Autorinnen und Autoren

## Roland Berbig

Professor für Neuere deutsche Literatur am Institut für deutsche Literatur der Humboldt-Universität zu Berlin; Forschungsschwerpunkte: Deutsche Literatur des 19. Jahrhunderts (Heine, Fontane, Storm), Literatur nach 1945 (Aichinger, Eich, Johnson), Theorie und Geschichte des literarischen Lebens; zuletzt erschienen: *Fontane als Biograph* (Hrsg., 2010), *Theodor Fontane Chronik* (5 Bde., 2010), *Am Rande der Welt. Günter Eich in Geisenhausen* (1944–1954) (2014).

## Sabine Kalff

Dr. phil., wissenschaftliche Mitarbeiterin am Institut für deutsche Literatur der Humboldt-Universität zu Berlin; Forschungsschwerpunkte: Literatur und Wissenschaft der Frühen Neuzeit, Europäische Wissensgeschichte, Medizingeschichte, Politische Theorie, Life Writing im 17. und 20. Jahrhundert; zuletzt erschienen: *Welt und Wissen auf der Bühne. Die Theatrum-Literatur der Frühen Neuzeit. Repertorium* (hrsg. mit N. Roßbach u. a. 2011), *Politische Medizin der Frühen Neuzeit. Die Figur des Arztes in Italien und England im frühen 17. Jahrhundert* (2014).

## Ralf Klausnitzer

PD Dr. phil., wissenschaftlicher Mitarbeiter am Institut für deutsche Literatur der Humboldt-Universität zu Berlin; Forschungsschwerpunkte: Wissenschaftstheorie und -geschichte; Gattungen; literarisches Wissen; zuletzt erschienen: *Literatur und Wissen. Zugänge – Modelle – Analysen* (2008); *Literaturwissenschaft. Begriffe – Verfahren – Arbeitstechniken* (2., aktual. u. erw. Aufl. 2012); *Ethos und Pathos der Geisteswissenschaften* (2015; zs. m. C. Spoerhase u. D. Werle).

## Alexander Košenina

Professor für Deutsche Literatur des 17.–19. Jahrhunderts an der Leibniz Universität Hannover; Forschungsschwerpunkte: Literarische Anthropologie, Theater der Aufklärung, Frühgeschichte der Kriminalliteratur, Bild und Text; zuletzt erschienen: *Literatur – Bilder. Johann Heinrich Ramberg als Buchillustrator der Goethezeit* (Hrsg., 2013), *Bühnen-Bilder. Von den Grenzen der Malerei und Dramaturgie bei Lessing* (Lessing Yearbook, 2014), *Kriminalfallgeschichten* (Hrsg., 2014), *Aktenzeichen Eselschatten ungelöst. Vertrackter Rechtsfall in den literarischen Gerichtshöfen von Wieland, Kotzebue und Dürrenmatt* (ZfGerm XXV [2015], H. 1).

### ANDREAS KRASS

Professor für Ältere deutsche Literatur an der Humboldt-Universität zu Berlin; Forschungsschwerpunkte: Poetik der höfischen Dichtung, geistliche Übersetzungsliteratur des Spätmittelalters, Geschlechterforschung; zuletzt erschienen: *Meerjungfrauen. Geschichten einer unmöglichen Liebe* (2010), *„Meine erste Geliebte": Magnus Hirschfeld und sein Verhältnis zur schönen Literatur* (2013), *Durchkreuzte Helden. Das Nibelungenlied und Fritz Langs Die Nibelungen im Licht der Intersektionalitätsforschung* (hrsg. m. N. Bedeković, A. Lembke, 2014).

### ASTRID LEMBKE

Dr. phil., wissenschaftliche Mitarbeiterin am Institut für deutsche Literatur der Humboldt-Universität zu Berlin; Forschungsschwerpunkte: Höfische Romane des 13. Jahrhunderts, Jüdische Literatur im mittelalterlichen und frühneuzeitlichen Aschkenas, Hagiographie, mittelalterliche Narratologie; zuletzt erschienen: *Erzählte Heiligkeit. St. Georg in mittelalterlicher Dichtung* (2008), *Dämonische Allianzen. Jüdische Mahrtenehenerzählungen der europäischen Vormoderne* (2013), *Durchkreuzte Helden. Das ‚Nibelungenlied' und Fritz Langs Film ‚Die Nibelungen' im Licht der Intersektionalitätsforschung* (hrsg. m. N. Bedekovic, A. Kraß, 2014).

### HANS JÜRGEN SCHEUER

Professor für Deutsche Literatur des späten Mittelalters und der Frühen Neuzeit an der Humboldt-Universität zu Berlin; Forschungsschwerpunkte: Rhetorik – Topik – Poetik, vormoderne Imaginationstheorie, literarische Anthropologie der Adelskultur, Dichtung und religiöse Kommunikation, prädramatisches Theater; zuletzt erschienen: *Archäologie der Phantasie* (hrsg. m. E. Locher, 2012); *Am Beispiel des Esels. Denken, Wissen und Weisheit in literarischen Darstellungen der asinitas* (2015).

### ERHARD SCHÜTZ

Professor für Neuere deutsche Literatur an der Humboldt-Universität zu Berlin bis zum 30.9.2011; Forschungsschwerpunkte: Literatur-, Medien- u. Kulturgeschichte der Weimarer Republik und des ‚Dritten Reichs', Literatur in Berlin, literarische Publizistik und Literaturmarkt; zuletzt erschienen: *Perspektiven konservativen Denkens. Deutschland und die Vereinigten Staaten nach 1945* (hrsg. m. P. U. Hohendahl, 2012), *Handbuch Nachkriegskultur. Literatur, Sachbuch und Film in Deutschland (1945–1962)* (hrsg. m. E. Agazzi, 2013), *Michael Kleeberg – eine Werksbegehung* (hrsg. m. J. Birgfeld, 2014).

### ULRIKE STAMM

PD Dr. phil., Gastprofessorin am Institut für deutsche Literatur der Humboldt-Universität zu Berlin im SoSe 2015; Forschungsschwerpunkte: weibliches Schreiben, postkoloniale Theorie, cultural literary animal studies; zuletzt erschienen: *Der Orient der Frauen. Deutschsprachige Reiseberichte aus dem frühen 19. Jahrhundert* (2010), *Oriental sexuality and its Uses in Nineteenth-Century Travelogues* (in: J. Hodkinson, J. Walker [Hrsg.]: *Deploying Orientalism in Culture and History. From Germany to Central and Eastern Europe*, 2013), *Zur Problematik von ‚Anerkennung' im Rahmen der postkolonialen Theorie* (2013).

ULRIKE VEDDER
Professorin für Neuere deutsche Literatur am Institut für Deutsche Literatur der Humboldt-Universität zu Berlin; Arbeitsschwerpunkte: Literatur des 18. bis 21. Jahrhunderts, Wissenspoetik und Geschlechterforschung, Kulturelle Transformationen von Dingen; zuletzt erschienen: *Das Testament als literarisches Dispositiv. Kulturelle Praktiken des Erbes in der Literatur des 19. Jahrhunderts* (2011), *Wirklichkeit und Wahrnehmung. Neue Perspektiven auf Theodor Storm* (hrsg. m. E. Strowick, 2013), *Das Leben vom Tode her. Zur Kulturgeschichte einer Grenzziehung* (hrsg. m. K. Solhdju, 2015).

JULIA WEITBRECHT
Juniorprofessorin für Deutsche Literatur des späten Mittelalters und der Frühen Neuzeit an der Christian-Albrechts-Universität zu Kiel; Forschungsschwerpunkte: legendarische Literatur, Jenseitsvorstellungen und Raumordnungen des Mittelalters, Tiere in Enzyklopädik und Tierdichtung des Mittelalters; zuletzt erschienen: *Aus der Welt. Reise und Heiligung in Legenden und Jenseitsreisen der Spätantike und des Mittelalters* (2011), *Transformation. Ein Konzept zur Erforschung kulturellen Wandels* (hrsg. m. H. Böhme u. a., 2011), *Antikes erzählen. Narrative Transformationen der Antike in Mittelalter und Früher Neuzeit* (hrsg. m. A. Heinze, A. Schirrmeister, 2013).

DOROTHEE WIESER
Professorin für Neueste deutsche Literatur und Didaktik der deutschen Sprache und Literatur an der TU Dresden; Forschungsschwerpunkte: fachdidaktische Lehrerforschung, Verstehen von Metaphern in literarischen Texten, Interpretationskulturen in Literaturwissenschaft und Literaturunterricht; zuletzt erschienen: *Fachliches Wissen und Literarisches Verstehen* (hrsg. m. I. Pieper 2012), *Zugänge zu Metaphern – Übergänge durch Metaphern* (hrsg. m. M. Lessing, 2013), *Interpretationskulturen: Literaturdidaktik und Literaturwissenschaft im Dialog über Theorie und Praxis des Interpretierens* (hrsg. m. M. Lessing-Sattari, M. Löhden, A. Meissner, erscheint 2015).

ROGER WILLEMSEN
Dr. phil., Honorarprofessor am Institut für deutsche Literatur der Humboldt-Universität zu Berlin, Essayist, Herausgeber und Übersetzer u. a. von Thomas Moore und Umberto Eco; Publikationsschwerpunkte: Musil, Tod in der Literatur; zuletzt erschienen: *Der Selbstmord. Briefe, Manifeste, Literarische Texte* (2002), *Das Hohe Haus. Ein Jahr im Parlament* (2014), *Es war einmal oder nicht. Afghanische Kinder und ihre Welt* (2014).

BURKHARDT WOLF
PD Dr. phil., wissenschaftlicher Mitarbeiter am Institut für deutsche Literatur der Humboldt-Universität zu Berlin; Forschungsschwerpunkte: Poetik der politischen Repräsentation, Medien des Affekts, Diskursgeschichte von Gefahr und Risiko, Mentalitätsgeschichte von Gewalt und Religion, Kulturgeschichte des Meers; zuletzt erschienen: *Gewalt der Archive. Studien zur Kulturgeschichte der Wissensspeicherung* (hrsg. m. Th. Weitin, 2012), *Fortuna di mare. Literatur und Seefahrt* (2013).

# Personenregister

## In der Reihe *Publikationen zur Zeitschrift für Germanistik* sind bereits erschienen:

Band 1
Walter Delabar, Horst Denkler, Erhard Schütz (Hrsg.):
*Banalität mit Stil.* Zur Widersprüchlichkeit der Literaturproduktion im Nationalsozialismus, Bern 1999, 289 S., ISBN 3-906762-18-1, br.

Band 2
Alexander Honold, Klaus R. Scherpe (Hrsg.):
*Das Fremde.* Reiseerfahrungen, Schreibformen und kulturelles Wissen, unter Mitarbeit von Stephan Besser, Markus Joch, Oliver Simons, Bern 1999, 341 S., zahlr. Abb., ISBN 3-906765-28-8, br., 2. überarb. Aufl. 2002.

Band 3
Werner Röcke (Hrsg.):
*Thomas Mann. Doktor Faustus.* 1947–1997, Bern 2001, 378 S., zahlr. Abb., ISBN 3-906766-29-2, br., 2. Aufl. 2004.

Band 4
Kai Kauffmann (Hrsg.):
*Dichterische Politik.* Studien zu Rudolf Borchardt, Bern 2001, 214 S., ISBN 3-906768-85-6, br.

Band 5
Ernst Osterkamp (Hrsg.):
*Wechselwirkungen.* Kunst und Wissenschaft in Berlin und Weimar im Zeichen Goethes, Bern 2002, 341 S., zahlr. Abb., ISBN 3-906770-13-3, br.

Band 6
Erhard Schütz, Gregor Streim (Hrsg.):
*Reflexe und Reflexionen von Modernisierung.* 1933–1945, Bern 2002, 364 S., zahl. Abb., ISBN 3-906770-14-1, br.

Band 7
Inge Stephan, Hans-Gerd Winter (Hrsg.):
*„Die Wunde Lenz“.* J. M. R. Lenz. Leben, Werk und Rezeption, Bern 2003, 507 S., zahl. Abb., ISBN 3-03910-050-5, br.

Band 8
CHRISTINA LECHTERMANN, CARSTEN MORSCH (Hrsg.):
*Kunst der Bewegung.* Kinästhetische Wahrnehmung und Probehandeln in virtuellen Welten, Bern 2004, 364 S., zahlr. Abb., ISBN 3-03910-418-7, br.

Band 9
INSTITUT FÜR DEUTSCHE LITERATUR DER HUMBOLDT-UNIVERSITÄT ZU BERLIN (Hrsg.):
*„lasst uns, da es uns vergönnt ist, vernünftig seyn! –"* Ludwig Tieck (1773–1853), Bern 2004, 407 S., 5 Abb, 1 Tab., 2 Notenbeispiele, ISBN 3-03910-419-5, br.

Band 10
INGE STEPHAN, BARBARA BECKER-CANTARINO (Hrsg.):
*„Von der Unzerstörbarkeit des Menschen".* Ingeborg Drewitz im literarischen und politischen Feld der 50er bis 80er Jahre, Bern 2004, 441 S., zahlr. Abb., ISBN 3-03910-429-2, br.

Band 11
STEFFEN MARTUS, STEFAN SCHERER, CLAUDIA STOCKINGER (Hrsg.):
*Lyrik im 19. Jahrhundert.* Gattungspoetik als Reflexionsmedium der Kultur, Bern 2005, 486 S., ISBN 3-03910-608-2, br.

Band 12
THOMAS WEGMANN (Hrsg.):
*MARKT.* Literarisch, Bern 2005, 258 S., zahlr. Abb., ISBN 3-03910-693-7, br.

Band 13
STEFFEN MARTUS, ANDREA POLASCHEGG (Hrsg.):
*Das Buch der Bücher – gelesen.* Lesarten der Bibel in den Wissenschaften und Künsten, Bern 2006, 490 S., zahl. Abb., ISBN 3-03910-839-5, br.

Band 14
INGE STEPHAN, HANS-GERD WINTER (Hrsg.):
*Jakob Michael Reinhold Lenz.* Zwischen Kunst und Wissenschaft, Bern 2006, 307 S., zahlr. Abb., ISBN 3-03910-885-9, br.

Band 15
MANUEL KÖPPEN, ERHARD SCHÜTZ (Hrsg.):
*Kunst der Propaganda.* Der Film im Dritten Reich, Bern 2007, 300 S., zahlr. Abb., ISBN 978-03911-179-4, br., 2. überarb. Aufl. 2008.

Band 16
JOACHIM RICKES, VOLKER LADENTHIN, MICHAEL BAUM (Hrsg.):
*1955–2005:* Emil Staiger und *Die Kunst der Interpretation* heute, Bern 2007, 288 S., zahlr. Abb., ISBN 978-3-03911-171-8, br.

Band 17
Carsten Würmann, Ansgar Warner (Hrsg.):
*Im Pausenraum des Dritten Reiches.* Zur Populärkultur im nationalsozialistischen Deutschland, Bern 2008, 273 S., zahlr. Abb., ISBN 978-3-03911-443-6, br.

Band 18
Christina Lechtermann, Haiko Wandhoff (Hrsg.):
unter Mitarbeit von Christof L. Diedrichs, Kathrin Kiesele, Carsten Morsch, Jörn Münkner, Julia Plappert, Moritz Wedell:
*Licht, Glanz, Blendung.* Beiträge zu einer Kulturgeschichte des Scheinens, Bern 2007, 253 S., zahlr. Abb., ISBN 978-3-03911-309-5, br.

Band 19
Ralf Klausnitzer, Carlos Spoerhase (Hrsg.):
Kontroversen in der Literaturtheorie/ Literaturtheorie in der Kontroverse, Bern 2007, 516 S., ISBN 978-3-03911-247-0, br.

Band 20
Katja Gvozdeva, Werner Röcke (Hrsg.):
*„risus sacer – sacrum risibile".* Interaktionsfelder von Sakralität und Gelächter im kulturellen und historischen Wandel, Bern 2009, 339 S., ISBN 978-3-03911-520-4, br.

Band 21
Marina Münkler (Hrsg.):
*Aspekte einer Sprache der Liebe.* Formen des Dialogischen im Minnesang, Bern 2010, 342 S., ISBN 978-3-03911-783-3, br.

Band 22
Mark-Georg Dehrmann, Alexander Nebrig (Hrsg.):
*Poeta philologus.* Eine Schwellenfigur im 19. Jahrhundert, Bern 2010, 288 S., ISBN 978-3-0343-0009-4, br.

Band 23
Brigitte Peters, Erhard Schütz (Hrsg.):
*200 Jahre Berliner Universität.* 200 Jahre Berliner Germanistik. 1810–2010 (Teil III), Bern 2011, 391 S., ISBN 978-3-0343-0622-5, br.

Band 24
Nordverbund Germanistik (Hrsg.):
*Frühe Neuzeit – Späte Neuzeit.* Phänomene der Wiederkehr in Literaturen und Künsten ab 1970, Bern 2011, 239 S., zahlr. Abb., ISBN 978-3-03943-0469-6, br.

Band 25
Alexander Nebrig, Carlos Spoerhase (Hrsg.):
*Die Poesie der Zeichensetzung.* Studien zur Stilistik der Interpunktion, Bern 2012, 455 S. zahlr. Abb., ISBN 978-3-0343-1000-0, br.

Band 26
Peter Uwe Hohendahl, Erhard Schütz (Hrsg.):
*Perspektiven konservativen Denkens.* Deutschland und die Vereinigten Staaten nach 1945, Bern 2012, 362 S., ISBN 978-3-0343-1139-7, br.

Band 27
Elisabeth Strowick, Ulrike Vedder (Hrsg.):
*Wirklichkeit und Wahrnehmung.* Neue Perspektiven auf Theodor Storm, Bern 2013, 240 S., ISBN 978-3-0343-1404-6 pb., ISBN 978-3-0351-0644-2 eBook.

Band 28
Tanja van Hoorn, Alexander Košenina (Hrsg.):
*Naturkunde im Wochentakt.* Zeitschriftenwissen der Aufklärung, Bern 2014, 274 S., ISBN 978-3-0343-1513-5 pb., ISBN 978-3-0351-0753-1 eBook.

Band 29
Hans Jürgen Scheuer, Ulrike Vedder (Hrsg.):
*Tier im Text.* Exemplarität und Allegorizität literarischer Lebewesen, Bern 2015, 338 S., zahlr. Abb., ISBN 978-3-0343-1652-1 pb., ISBN 978-3-0351-0875-0 eBook.

www.ingramcontent.com/pod-product-compliance
Ingram Content Group UK Ltd.
Pitfield, Milton Keynes, MK11 3LW, UK
UKHW021133041026
8980IPUK00034B/1755

9 783034 316521